财政部规划教材

中央财经大学"双一流"建设精品教材

Python 机器学习进阶

王成章　编著

中国财经出版传媒集团

中国财政经济出版社

图书在版编目（CIP）数据

Python机器学习进阶 / 王成章编著. –– 北京：中
国财政经济出版社，2022.7
财政部规划教材　中央财经大学"双一流"建设精品
教材
ISBN 978-7-5223-1410-5

Ⅰ . ① P… 　Ⅱ . ①王… 　Ⅲ . ①软件工具—程序设计—
高等学校—教材②机器学习—高等学校—教材 　Ⅳ .
① TP311.561 ② TP181

中国版本图书馆 CIP 数据核字（2022）第 074023 号

责任编辑：马　真　　　　　　责任校对：徐艳丽
封面设计：育林华夏　　　　　　责任印制：党　辉

Python 机器学习进阶

Python JIQI XUEXI JINJIE

中国财政经济出版社 出版

URL：http：// www.cfeph.cn
E–mail：cfeph @cfemg.cn
（版权所有　翻印必究）

社址：北京市海淀区阜成路甲28号　邮政编码：100142
营销中心电话：010-88191522
天猫网店：中国财政经济出版社旗舰店
网址：https：//zgczjjcbs.tmall.com
北京中兴印刷有限公司印刷　各地新华书店经销
成品尺寸：185mm×260mm　16开　27.75印张　614 000字
2022年8月第1版　2022年8月北京第1次印刷
定价：80.00元
ISBN 978-7-5223-1410-5
（图书出现印装问题，本社负责调换，电话：010-88190548）
本社质量投诉电话：010-88190744
打击盗版举报热线：010-88191661　QQ：2242791300

目录
Contents

上篇 Python 语言基础

Python 语言基础

典型的数据分析任务主要包含问题分析、数据获取、数据清洗、数据挖掘、数据及结果的可视化等组成部分，任务的完成单纯靠手工计算是难以实现的，往往需要借助计算机编程语言编写程序代码来解决问题。Python语言具有简洁、优美、易读、易维护、易掌握的特点，即便使用者不具备很深的计算机编程背景，依然可以很快地掌握并应用该语言编写程序代码，从而可以分配更多的时间和精力去分析和理解目标任务。

本篇旨在介绍Python语言的基础知识，为后续采用该语言编写程序代码进行数据分析、实现机器学习任务打下坚实的基础。主要内容包含了Python语言的编码风格、基本数据类型、控制结构、函数与类、高级数据结构及数据的可视化作图。

第一章 Python基础知识

学习目标：

了解并掌握Python语言的编码特点和编码规范，以及Python语言基本数据类型的定义、运算和函数操作。

每一种编程语言都规定了其特定的编码风格、命名规则、编程范式、语法结构，使用者在编写程序代码时需遵循这些规范，才能编写出符合编译要求的程序代码，从而进一步编译、执行计算机程序以得到期望的结果。

第一节 Python编码风格

早在1989年，身处阿姆斯特丹的吉多·范罗苏姆（Guido van Rossum）为了打发无聊的圣诞节时光，便开发设计了一种新脚本解释程序语言，Python语言便由此而诞生。这种新的编程语言继承了解释性语言ABC的优点，融入了Modula-3语言的思想和Unix Shell及C语言的习惯，一经发布便取得了非常不错的效果，越来越多的开发者将Python语言作为自己的首选。

TIOBE编程语言排行榜早在2011年1月就将Python语言评为"2010年度语言"。TIOBE基于全球技术工程师的统计数据，发布了动态的月度更新编程社区流行指数。2015年5月，Python语言在该指数排行榜中位居第六，且以3.725%的排名增长率递增。到了2019年3月，在该指数排行榜上Python语言的排名已经攀升到第三位，仅次于Java和C语言，且以8.262%的排名增长率递增。2021年11月，Python语言在该编程社区流行指数排行榜中位居第一，且以11.77%的排名增长率递增。图1-1为2021年TIOBE公布的历年编程社区指数变化趋势图。

纵然Python语言功能强大，但是使用者也可以采用该语言来编写简短而精致的小程序，从这个角度上讲，Python语言可以被定义为"脚本语言"（Script Language）。更重要的是，Python语言还是一种可扩展的计算机编程语言，该语言的核心部分保持了简洁、轻量级的特性，并未集成大量的功能。但同时Python语言却给使用者提供了大量的API和工具，使得他们能够方便地采用C或C++等其他计算机编程语言编译新的功能模块，以丰富和增强Python语言的功能。与此同时，使用者也可以方便地将Python语言编译器本身集成

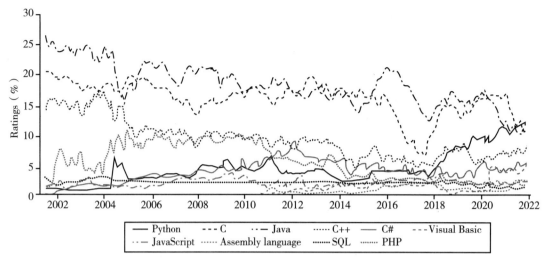

图1-1　TIOBE公布的编程社区指数

资料来源：Source：www.tiobe.com。

到其他需要脚本语言的程序内，采用Python语言来集成和封装其他计算机编程语言编写的程序代码，正因为如此，Python语言也被昵称为一种"胶水语言"（Glue Language）。诸如计算机视觉库OpenCV、三维可视化库VTK、医学图像处理库ITK等著名的开源科学计算软件包也都提供了Python语言的调用接口；而Python语言提供的科学计算拓展库也在逐渐地增加和完善，例如，NumPy、SciPy、Pandas、Sympy、Matplotlib、Scikit-learn等，这些拓展库丰富并增强了Python语言快速处理数组数据、科学计算、数据分析、符号计算、图表绘制及数据挖掘和机器学习任务的功能。

目前，国内外越来越多的研究机构开始采用Python语言来实施科学计算和数据分析的任务，越来越多的知名大学也已经开始采用Python语言来教授与程序设计、统计计算、数据挖掘、机器学习等相关的课程。例如，卡耐基梅隆大学采用Python语言讲授编程基础，麻省理工学院采用Python语言教授计算机科学及编程导论，北京大学采用Python语言讲授数据结构与算法，中央财经大学采用Python语言教授数据分析与数据挖掘。

一、Python语言的特点

Python语言在设计上秉承的一贯原则是"优雅""简单"和"明确"的风格，在解决问题的过程中，如果存在多种选择，Python语言的开发者往往会摒弃那些花哨、晦涩的语法结构，而是选择明确的、没有或者很少有歧义的语法，这样便使得Python语言的程序代码具备良好的可读性，易于维护，且能够提供大规模软件开发所需要的支撑条件。这便是Tim Peters津津乐道的Python格言（The Zen of Python）。在Python语言解释器内执行"import this"命令，便可以得到该格言的完整内容。图1-2为Python格言的完整内容。

```
>>>import this
The Zen of Python, by Tim Peters

Beautiful is better than ugly.
Explicit is better than implicit.
Simple is better than complex.
Complex is better than complicated.
Flat is better than nested.
Sparse is better than dense.
Readability counts.
Special cases aren't special enough to break the rules.
Although practicality beats purity.
Errors should never pass silently.
Unless explicitly silenced.
In the face of ambiguity, refuse the temptation to guess.
There should be one-- and preferably only one --obvious way to do it.
Although that way may not be obvious at first unless you're Dutch.
Now is better than never.
Although never is often better than *right* now.
If the implementation is hard to explain, it's a bad idea.
If the implementation is easy to explain, it may be a good idea.
Namespaces are one honking great idea -- let's do more of those !
```

图 1-2 Python 格言

相较于其他计算机编程语言，Python语言有哪些优势？它是如何在众多的编程语言中脱颖而出，赢得大家的青睐呢？在充分融合了Wesley J.Chun（2008）和Wes McKinney（2014）在该问题上的看法，Python语言的优势可以归纳为如下几个方面：

（一）易于上手

当人们遇到问题时，主要的时间和精力应该投入到分析、理解和解决问题上面，而不应该花费大量的力气来选择解决问题所需要的工具，或者投入太多的精力去学习一种工具，掌握它的用法。就好像人们喝水的主要目的是解渴，那就没有必要过多地在意是用玻璃杯喝水，还是用陶瓷杯喝水。Python语言是一种自始至终贯穿着简单主义思想的编程语言，阅读一段优雅规范的Python语言编写的程序代码，可以让使用者感觉就像是阅读英语短文一样简单。同时，Python语言配备有简单明了的说明文档，这可以让使用者快速学习并掌握语言的精髓，更加容易地采用Python语言编写自己的代码来解决问题。

（二）功能强大的核心库

一种编程语言对于使用者而言，简单易学、易于上手还远远不够，对于很多在解决问题的过程中经常需要用到的分析和计算功能，总不能动不动就要求使用者从头开始自己去编写各种各样的程序代码来实现。一种强大的编程语言应该具备功能完善的核心库来支撑这些常用的功能，Python语言的内核部分涵盖了数字、字符串、列表、元组、字典、集合、文件等常见的数据类型及相应的函数；Python语言的核心库则提供了系统管理、网络通信、文本处理、数据库接口、图形系统、XML处理等额外的功能，Python语言的核心库有时也被形象地称为"内置电池（Batteries Included）"。

在文本处理方面，Python语言的核心库提供了包含文本格式化、正则表达式匹配、文本差异计算与合并、Unicode支持、二进制数据处理等在内的诸多功能。

在文件处理方面，Python语言的核心库提供了包含文件操作、创建临时文件、文件压缩与归档、操作配置文件等在内的诸多功能。

在操作系统方面，Python语言的核心库提供了包含线程与进程支持、IO复用、日期与时间处理、调用系统函数、日志（logging）等在内的诸多功能。

在网络通信及网络协议方面，Python语言的核心库提供了包含网络套接字，SSL加密通信，异步网络通信，对HTTP、FTP、SMTP、POP、IMAP、NNTP、XMLRPC等多种网络协议的支持，网络服务器框架编写等在内的诸多功能。

在W3C格式支持方面，Python语言的核心库提供了包含HTML、SGML、XML的处理在内的诸多功能。

除此之外，Python语言的核心库还提供了包括国际化支持、数学运算、HASH、Tkinter等在内的其他功能。

（三）优良的可拓展性

登录Python语言的官网www.python.org就不难发现，除了内置的核心库之外，在Python社区还提供了大量功能各异的第三方模块，支撑的领域涵盖了网络开发、图形化用户界面开发、科学和数值计算、软件开发及系统管理等。这些模块往往是使用者基于其特定的需求，采用Python语言或者C语言编写的程序代码，而Python语言模块化编程的模式和可插入的特性使得这些第三方拓展库的编程任务更加易于实现。Python语言良好的可拓展性使得第三方拓展库的规模和功能随着时间的推移不断发展和完善，更为难能可贵的是，这些拓展库的使用模式与核心库的使用方法几乎没有差异，调用者可以方便快捷地体验到Python语言的强大功能。

（四）支持面向对象

面向对象的编程架构是高级计算机编程语言必须具备的一大特性，不但支持面向过程的编程模式，Python语言同样也支持面向对象的编程模式，对象、类、继承、重载、多态的概念在Python语言中也有相应的体现。Python语言的灵活性使得其不但支持仅由过程或者可重用代码的函数构建起来的"面向过程"的程序开发，而且也支持由数据和功能组合而成的对象构建起来的"面向对象"的程序编写。

（五）开源、跨平台

有别于常用的计算机编程语言，如Matlab、SAS、SPSS等，Python语言类似于R语言，也是一种开源的编程语言，可以为使用者提供免费、开源的学习和编译环境。同时，Python语言还是一种跨平台的语言，可以在诸如Windows、Unix、Linux、Mac等不同的操作环境下运行。

（六）自动管理内存

内存的使用与管理是数据分析和计算机编程需要关注的重要因素，Python语言是由

Python解释器自动负责内存的管理工作。这一特性将使用者从繁杂的内存管理任务中释放出来，从而可以使其更加专注于要解决的目标问题，将更多的时间和精力投入到核心问题的分析与程序代码的编写，并且可以减少代码编写过程中的错误，使得编写的程序代码更健壮，解决问题的周期更短。

（七）优雅的代码

为了规范程序代码的编写，Python语言制定了强制缩进的规则。相同等级的代码对应的缩进规格是一样的。同时，Python语言编写的代码在执行过程中无须编译成二进制代码格式，这就使得编写出的程序代码更加符合人们的阅读习惯，具有更好的可读性和规范性。

二、Python 语言的编译环境

Python语言的核心版本包括Python 2.X系列和Python 3.X系列。2.X系列为早期版本，Python官网目前仍然提供Python 2.7版本的下载，但是截至2020年1月，2.X版本就已经不再维护和更新了，官网标记的状态为"end-of-life"。目前Python官网提供的主要版本为3.X系列，其中最新版本为2021年10月4日发布的Python 3.10版本。值得注意的是，Python 3.9和Python 3.10两个版本的Python语言目前还处在完善阶段，官网标记状态为"bugfix"。Python 3.6、Python 3.7和Python 3.8版本为稳定版本，官网标记状态为"security"。对于大多数使用者而言，采用稳定的Python语言3.8版本即可。

Python语言的发行版本还提供了跨平台的支持，官网提供的发行版本主要支持的操作系统包括Windows、Linux/UNIX、MacOS。除此之外，官网也提供了其他诸如AIX、Solaris、iOS、iPadOS、IBMi等在内的操作系统下运行的Python版本，关于Python语言各个版本的特点及不同操作系统下可以运行的Python语言版本的具体信息可参见Python官网：www.python.org。

默认情况下，Python语言的编译运行环境为控制台模式，即通常所说的黑屏命令行模式，如图1-3所示。

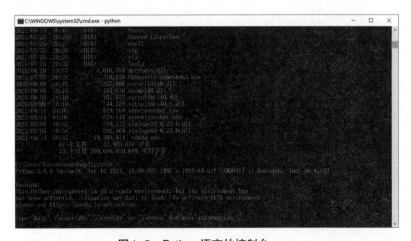

图1-3 Python 语言的控制台

在该环境下可以编写单行的Python代码，并按回车执行，此时代码的执行结果将会在该控制台输出。图1-4所示为控制台编写执行单行Python代码的结果。

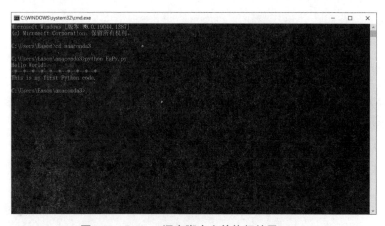

图1-4　执行单行命令

当然，使用者也可以采用文本编辑器编辑Python代码，然后在控制台模式下编译执行对应的脚本文件（Python语言的脚本文件的后缀为.py）。图1-5所示为Python脚本文件执行的结果。

图1-5　Python语言脚本文件执行结果

不难发现，控制台模式的编译运行环境较为"简陋"，且程序代码的运行结果在控制台关闭后会自动消失，Python语言脚本文件的编写与执行需要在不同的环境下进行，这都使得Python语言的学习和使用者感到有些烦琐。

类似于很多其他的计算机编程语言，Python语言也拥有自己的用户图形化集成开发环境，当前流行的集成开发环境主要有Jupyter Notebook、Spider、PyCharm等。采用Python语言的集成开发环境编写、编译和执行代码可以使程序代码的开发工作变得更加简单，整个流程更具有逻辑性，还可极大提升使用者的编程体验和效率。当然，各种不同的集成开发环境具有各自的特点，具体信息可参见其官网，本书推荐使用者采用Jupyter Notebook和

Spider来进行代码的编写、编译和执行。在电脑中下载、安装Anaconda软件即可同时安装好Jupyter Notebook和Spider两种编译环境。

　　Anaconda软件的安装包可以在其官网www.anaconda.com上找到，目前其官网提供了个人版本、商业版本、团队版本和企业版本四种类别。普通使用者可以选择个人版本，该版本为免费开源软件，且同时支持Windows系统、Linux/Unix系统和MacOS系统。图1-6所示为三种操作系统下提供的安装软件包的下载界面。本书选择的是Windows操作系统下的安装包，后续的代码示例也均是在该集成开发环境下编译运行的结果。

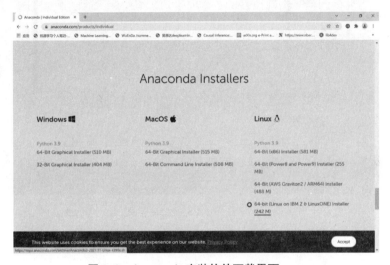

图1-6　Anaconda安装软件下载界面

　　Anaconda软件安装成功后，即可打开Jupyter Notebook或者Spider集成开发环境。图1-7所示为Jupyer Notebook集成开发环境主界面（由于不同机器的目录不一样，所以界面中显式的目录可能有所差异）。

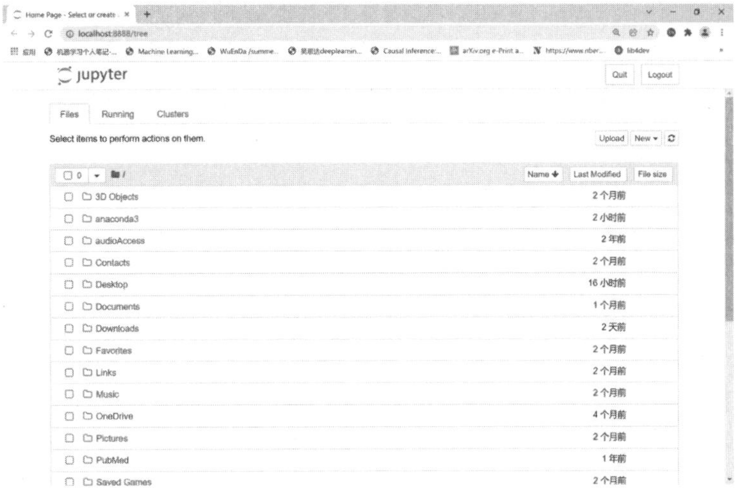

图1-7　Jupyter Notebook 主界面

图1-8所示为 Spider 集成开发环境主界面。其中界面的左半部分为 Python 语言脚本代码编辑区域，右半部分的上部为资源管理区域，右半部分的下部为交互式命令行执行的控制台区域。

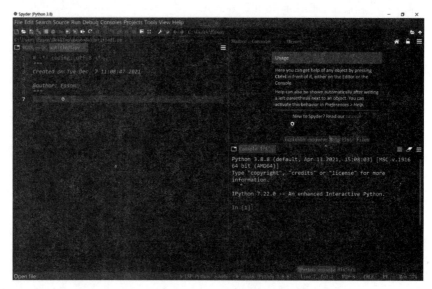

图1-8　Spider 主界面

本书后续所有的示例代码均在 Anaconda 软件的 Jupyter Notebook 和 Spider 图形化编译环境中编译、运行。

三、Python 语言的编码规范

计算机语言实际上是使用者和机器之间进行交流的一种媒介，为了让计算机明白使用者的意图，执行使用者的指令，完成使用者的目的，使用者必须通过一种规范的语言格式来和计算机进行沟通。这种规范的语言格式就是每一种计算机编程语言的编码规范。

（一）命名规则

对于 Python 语言而言，所有符合规范的变量的命名必须以字母或下划线"_"作为首字符，变量名中的其他字符可以包含字母、数字或下划线。需要注意的是，Python 语言的变量命名是大小写敏感的，同一个字符的大小写会被识别为不同的变量。例如：n、_number5、x、X 都是符合规范的变量名，且两个大小写不同的同一个字母 x，Python 语言会识别为2个变量；而 12，34unix 则是不符合 Python 语言命名规则的变量名。

另外，Python 语言本身给一些变量名赋予了特定的含义，不允许使用者在编写代码时将这些变量名再用作其他的目的，这些已经被保留使用的变量名被称之为关键字。Python 语言保留的关键字如图1-9所示。

```
import keyword
print('Python语言的关键字列表为：')
print(*keyword.kwlist,sep=';')

Python语言的关键字列表为：
False;None;True;and;as;assert;async;await;break;class;continue;def;del;elif;else;except;finally;for;from;
global;if;import;in;is;lambda;nonlocal;not;or;pass;raise;return;try;while;with;yield
```

图1-9 关键字列表

如果使用者在编写代码时误用了某个关键字，则会带来语法错误。图1-10所示为误用关键字后系统提示语法错误的结果。

```
and=10

  File "<ipython-input-9-fe6daae316aa>", line 1
    and=10
      ^
SyntaxError: invalid syntax
```

图1-10 语法错误

（二）代码块规则

不同于C或者C++语言采用大括号来标记代码块的结束，Python语言采用命令行行尾的冒号和下一行的缩进来标记下一个代码块的开始；同时，采用缩进的结束来标记相应代码块的结尾。一般情况下都是采用4个空格的长度来作为一个缩进量（或者一个Tab键：一个Tab键就表示了4个空格），相同缩进的代码行表示位于相同的模块。Python语言代码块示例如图1-11所示。

```
var_1st=100
var_2nd=200
for i in range(10):
    i+=1
    var_3rd=i
print(var_3rd)
```

图1-11 代码块示例

图中第1、2、3、6行的代码缩进相同，表示位于同一级的代码块中，而第4、5行的代码缩进相同，表示位于同一级的代码块中；但是第4、5行的代码位于第3行代码结尾的冒号后面，因此它们属于不同于第3行代码所在的代码块的另外一个代码块。

如果想要在一行中编写多个命令行，可以在不同的命令行之间添加分号隔开，此时需要注意这些命令行隶属于同一级的代码块。图1-12所示为一行编写多行命令代码。

```
var_1st=100; var_2nd=200
```

图1-12 多行命令代码

（三）注释规则

Python语言的代码分为两大类，一类是命令行代码，也就是程序在编译后将会被执行的代码；另一类是注释行代码，也就是程序在编译后不被执行的代码，仅起到注释说明的作用。

在控制台编译环境中，Python语言的主提示符为"＞＞＞"，从属提示符为"…"。主提示符后面输入命令行语句，而从属提示符为等待继续输入尚未结束的命令行语句。在Python语言中采用"#"注释单行的内容，采用成对的三个单引号''''''来注释多行的内容。控制台编译环境下，Python语言的注释示例如图1-13所示。

```
>>> # This is a line of annotation.
>>> '''These are lines of annotation. ...
... This is 2nd line. ...
... This is 3rd lin. ...
... '''
```

图1-13　注释示例

需要注意的是，一般情况下Python语言是采用英文进行代码的注释，如果使用者需要在程序代码段中添加中文语言的注释，就需要在脚本文件的开头注明编码方式，在首行输入#coding=gbk 或 #coding=utf-8。

第二节　Python语言的基本数据类型

在编写程序的过程中，变量或者对象可以被赋值，并且存储不同类型的数据，执行不同类型的操作。对于Python语言而言，内置的基本数据类型包括数字类型的整数（Int）、浮点数（Float）、复数（Complex）；文本类型的字符串（String）；序列类型的列表（List）、元组（Tuple）；映射类型的字典（Dictionary）；逻辑类型的布尔数据（Bool）；集合类型的集合数据（Set）。

一、数字类型

在Python语言中，变量可以被赋值的数字类型数据包括整数型数据（Int）、浮点型数据（Float）和复数型数据（Complex）。使用者可以通过内置函数type（变量名）来查看对应变量的数据类型。为不同变量赋值不同类型的数字型数据的例子如图1-14所示。

```
# 数字型数据
cz_int=35
cz_float=25.97
cz_complex=2+8j
print('变量cz_int的数据类型为：',type(cz_int))
print('变量cz_float的数据类型为：',type(cz_float))
print('变量cz_complex的数据类型为：',type(cz_complex))

变量cz_int的数据类型为：　<class 'int'>
变量cz_float的数据类型为：　<class 'float'>
变量cz_complex的数据类型为：　<class 'complex'>
```

图1-14　数字型数据

可以看到，在Python语言中复数型数据的虚单位用符号"j"来表示。对于存储数值型数据的变量，可以直接执行简单的赋值、代数和比较运算。当参与运算的两个变量的数字型数据类型不同时，Python语言会自动将所有变量升级成更高的数值型数据类型。赋值运算的例子如图1-15所示，浮点数数据和复数型数据的赋值运算与整数型数据类似。

```
#赋值运算
cz_int=25;print('cz_int变量被赋值为：',cz_int)
print('----'*10)
cz_int=25;cz_int += 4
print('+= 运算：',cz_int)
cz_int=25;cz_int -= 4
print('-= 运算：',cz_int)
cz_int=25;cz_int *= 4
print('*= 运算：',cz_int)
cz_int=25;cz_int /= 4
print('/= 运算：',cz_int)
cz_int=25;cz_int %= 4
print('%= 运算：',cz_int)
cz_int=25;cz_int //= 4
print('//= 运算：',cz_int)
cz_int=25;cz_int **= 4
print('**= 运算：',cz_int)

cz_int变量被赋值为：　25
------------------
+= 运算：　29
-= 运算：　21
*= 运算：　100
/= 运算：　6.25
%= 运算：　1
//= 运算：　6
**= 运算：　390625
```

图1-15　赋值运算

代数运算的例子如图1-16所示。

```
#代数运算
cz_int=12;cz_float=36.4
print('cz_int 和 cz_float分别被赋值为：',cz_int,'和',cz_float);
print('----'*10)
print('+运算',cz_int+cz_float)
print('-运算',cz_int-cz_float)
print('*运算',cz_int*cz_float)
print('/运算',cz_int/cz_float)
print('%运算',cz_int%cz_float)
print('//运算',cz_int//cz_float)
print('**运算',cz_float**cz_int)

cz_int 和 cz_float分别被赋值为：　12 和 36.4
------------------------------
+运算 48.4
-运算 -24.4
*运算 436.79999999999995
/运算 0.32967032967032966
%运算 12.0
//运算 0.0
**运算 5.410240907043326e+18
```

图1-16　代数运算

比较运算的例子如图1-17所示。

```
# 比较运算
cz_int=12;cz_float=36.4
print('cz_int 和 cz_float 分别被赋值为：',cz_int,'和',cz_float);
print('----'*10)
print('== 运算',cz_int==cz_float)
print('!= 运算',cz_int!=cz_float)
print('> 运算',cz_int>cz_float)
print('< 运算',cz_int<cz_float)
print('>= 运算',cz_int>=cz_float)
print('<= 运算',cz_int<=cz_float)
```
```
cz_int 和 cz_float 分别被赋值为：  12 和 36.4
--------------------------------
== 运算 False
!= 运算 True
> 运算 False
< 运算 True
>= 运算 False
<= 运算 True
```

图 1-17　比较运算

二、文本类型

字符串是Python语言中的文本类型数据，该类型数据采用单引号（''）或者双引号（""）标记对应的内容，也就是说，单引号或者双引号括起来的内容即为该字符串的内容。类似于数字类型变量的赋值模式，字符串变量可以采用等号（＝）来方便地赋值。字符串变量的赋值示例如图1-18所示。

```
# 文本型数据—— 字符串
cz_string='这是一个字符串的变量。'
cz_string1="This is another string variable."
print(cz_string)
print('-'*4+'分隔符也是字符串'+'-'*4)
print(cz_string1)
```
```
这是一个字符串的变量。
----分隔符也是字符串----
This is another string variable.
```

图 1-18　字符串变量

对于文本类型的变量，如果需要在其中插入类似单引号或者双引号的特殊字符，则需要使用转义字符。Python语言支持的转义字符及其定义的意义如表1-1所示。

表1-1　　　　　　　　　　　字符串转义字符及意义

转义字符	意义
\（行尾）	续行符
\\	反斜杠符号
\'	单引号
\"	双引号
\b	退格（Backspace）

续表

转义字符	意义
\000	空
\n	换行
\v	纵向制表符
\t	横向制表符
\r	回车
\f	换页
\oyy	八进制数，yy 代表的字符，例如，\o12 代表换行
\xyy	十六进制数，yy 代表的字符，例如，\x0a 代表换行

不同于 C 或者 C++ 语言，Python 语言将字符串和字符数组合并在一种数据类型里面，并且提供了丰富的字符串运算操作模式，部分字符串运算操作示例如图 1-19 所示。

```
#字符串变量的运算
cz_str1='Hello world!'
cz_str2="It's my favorite fruit!"
print('字符串的合并：    ',cz_str1+cz_str2)
print('字符串的重复：\000',cz_str2*2)
print('这里添加一个回车：\n')
print('字符串的截取：\000',cz_str2[4:16])
print('查找特定字符：\000',('v' in cz_str2))

字符串的合并：    Hello world!It's my favorate fruit!
字符串的重复：  It's my favorate fruit!It's my favorate fruit!
这里添加一个回车：

字符串的截取：  my favorate
查找特定字符：True
```

图 1-19　字符串的运算

除了示例中的运算之外，Python 语言还支持很多其他字符串的运算操作，具体如表 1-2 所示。

表 1-2　　　　　　　　　　　　　　　字符串的运算操作

操作符	运算操作意义
+	字符串连接
*	重复输出同一个字符串
[]	通过索引获取字符串中的部分字符
[:]	截取字符串中的部分字符，遵循左闭右开原则
in	成员运算符，如果字符串中包含给定的字符，返回 True
not in	成员运算符，如果字符串中不包含给定的字符，返回 True
r/R	所有字符串都直接按照字面意思来使用，没有转义特殊或不能打印的字符
%	格式化字符串的输出

为了方便地操作字符串对象，Python 语言还内建了很多与字符串操作相关的函数，部分字符串内建的操作函数示例如图1-20所示。

```
#字符串内建函数操作示例
cz_str1='hello World!'
cz_str2="This is my college!"
print('字符串',cz_str1,'的首字符大写格式为：\000',cz_str1.capitalize())
print('字母\'o\'在字符串',cz_str2,'中的个数为：\000',cz_str2.count('o'))
print('字符\'is\'在字符串',cz_str2,'中首次出现的位置是：\000',cz_str2.find('is'))
print('字符串',cz_str2,'单词首字母大写为：\000',cz_str2.title())

字符串 hello World! 的首字符大写格式为：  Hello world!
字母 'o' 在字符串 This is my college! 中的个数为：  1
字符 'is' 在字符串 This is my college! 中首次出现的位置是：  2
字符串 This is my college! 单词首字母大写为：  This Is My College!
```

图1-20　字符串内建的操作函数

包括示例中给出的内建函数在内，Python 语言支持的字符串内建的操作函数及其含义如表1-3所示。

表1-3　　　　　　　　　　　字符串内建的操作函数

内建函数	内建函数操作结果
capitalize()	将字符串的首字符转换为大写格式
count(str,start=0, end=len(string))	返回 str 在 string 的指定范围内出现的次数
encode(encoding='UTF-8', errors='strict')	以 encoding 指定的编码格式编码字符串，如出现错误，则抛出 ValueError 异常，除非 errors 为 'ignore' 或 'replace'
endswith(obj, start=0, end=len(string))	检查字符串指定范围内是否以 obj 结束，如果是，则返回 True，否则，返回 False
expandtabs(tabsize=8)	把字符串中的 tab 符号转为空格，tab 符号默认的空格数是 8
find(str, start=0, end=len(string))	检查 str 是否包含在字符串指定范围内，如果包含，返回开始的索引值，否则，返回 -1
index(str, start=0, end=len(string))	类似 find 函数，但如果 str 不在字符串中会抛出异常
isalnum()	如果字符串至少有一个字符并且所有字符都是字母或数字，则返回 True，否则，返回 False
isalpha()	如果字符串至少有一个字符并且所有字符都是字母，则返回 True，否则，返回 False
isdigit()	如果字符串只包含数字，则返回 True，否则，返回 False
islower()	如果字符串中包含至少一个区分大小写的字符，并且所有这些（区分大小写的）字符都是小写，则返回 True，否则，返回 False
isnumeric()	如果字符串中只包含数字字符，则返回 True，否则，返回 False
isspace()	如果字符串中只包含空格，则返回 True，否则，返回 False.

续表

内建函数	内建函数操作结果
isupper()	如果字符串中包含至少一个区分大小写的字符,并且所有这些(区分大小写的)字符都是大写,则返回 True,否则,返回 False
join(seq)	以指定字符串作为分隔符,将 seq 中所有的字符串合并为新的字符串
len(string)	返回字符串长度
ljust(width[, fillchar])	返回一个原字符串左对齐,并使用 fillchar 填充至长度为 width 的新字符串,fillchar 默认为空格
lower()	转换字符串中所有大写字符为小写
lstrip()	截掉字符串左边的空格
max(str)	返回字符串 str 中最大的字母
min(str)	返回字符串 str 中最小的字母
replace(old, new [, max])	把字符串中的 old 替换成 new,且替换不超过 max 次
rfind(str, beg=0, end=len(string))	类似 find 函数,只是从右边开始查找
rindex(str, beg=0, end=len(string))	类似于 index 函数,只是从右边开始
rjust(width,[, fillchar])	返回一个原字符串右对齐,并使用 fillchar(默认空格)填充至长度为 width 的新字符串
rstrip()	删除字符串末尾的空格
startswith(substr, start=0,end=len(string))	在指定范围内检查字符串是否是以指定的 substr 开头,正确则返回 True,否则,返回 False
strip([chars])	删除字符串左边和右边的空格
swapcase()	将字符串中大写转换为小写,小写转换为大写
title()	字符串所有单词都以大写开始,其余字母均为小写
upper()	转换字符串中的小写字母为大写
zfill(width)	返回长度为 width 的字符串,原字符串右对齐,前面填充 0
isdecimal()	检查字符串是否只包含十进制字符,如果是则返回 True,否则,返回 False

三、序列类型

Python 语言中序列类型的数据类型包括列表(List)和元组(Tuple)两种。

(一)列表

类似于数学上定义的数列,Python 语言中的列表就是一种具有序列属性的元素的集合。

列表对象中可以存储数量不同、类型各异的元素，不同元素之间存在次序关系，但是列表中存储的元素的数量和内容都可以修改。由于列表对象中的元素具有序列属性，因而可以通过元素的序列属性——在 Python 语言中称之为索引（Index）——来访问并获取该元素的内容。列表对象中元素的索引通常是从 0 开始，然后依次增加 1；为了灵活访问列表对象中的元素，Python 语言还提供了一种从列表对象的最后一个元素开始编码的索引，只是这种索引模式的第一个数字是 –1，然后逆向索引依次减 1。列表对象的索引模式如图 1-21 所示。

正向索引	0	1	……	n–2	n–1	
列表	元素 1	元素 2	……	元素 n–1	元素 n	
	–n	–n+1	……	–2	–1	逆向索引

图 1-21　列表的索引示意图

1. 列表的创建

列表数据类型以中括号"[]"为标记，也就是说包含在中括号内部的内容为列表里的内容，称之为列表的元素。在同一个列表中，不用元素之间以逗号","分隔。列表中的元素可以是 Python 语言中认可的任何一种数据类型的数据。创建列表的例子如图 1-22 所示。

```
#列表是Python中的一种对象
['经济学','管理学','Finance',200,15.5,9+8j,True,['CUFE',25,False]]

['经济学', '管理学', 'Finance', 200, 15.5, (9+8j), True, ['CUFE', 25, False]]
```

图 1-22　创建列表

列表在 Python 语言中是一种数据对象，因此可以将该对象赋值给变量。列表对象的赋值及内容查看如图 1-23 所示。

```
#列表对象的赋值
cz_list=['经济学','管理学','Finance',200,15.5,9+8j,True,['CUFE',25,False]]
print('变量的类型：',type(cz_list))
print('打印对象：',cz_list)
print('打印对象的内容：',*cz_list)

变量的类型：  <class 'list'>
打印对象：  ['经济学', '管理学', 'Finance', 200, 15.5, (9+8j), True, ['CUFE', 25, False]]
打印对象的内容：  经济学 管理学 Finance 200 15.5 (9+8j) True ['CUFE', 25, False]
```

图 1-23　列表对象的赋值及查看

在 Python 语言中变量对象的内容与变量的名称是两个概念，使用者可以将变量的内容赋值给新的变量，并且删除旧的变量名，此时变量的内容并未被删除，因此新的变量仍然存储有原变量的内容。具体例子如图 1-24 所示。

```
#变量的内容和名称不同
cz_list_new=cz_list  #赋值变量的内容给新的变量
del cz_list  #删除旧的变量名称
print('新变量的内容：',cz_list_new)

新变量的内容：  ['经济学', '管理学', 'Finance', 200, 15.5, (9+8j), True, ['CUFE', 25, False]]
```

图 1-24　变量名称与内容

这是因为在Python语言中简单的变量赋值本质上只是将原变量的内存地址赋给了新变量，因此两个变量的内存地址是相同的，如图1-25所示。删除其中任何一个变量，另外一个变量仍然存在。

```
# 其实变量赋值只是将变量的内存地址赋给了新的变量
cz_list=['经济学','管理学','Finance',200,15.5,9+8j,True,['CUFE',25,False]]
cz_list_new=cz_list
print('原变量的地址：',id(cz_list))
print('新变量的地址：',id(cz_list_new))

原变量的地址： 2446030416896
新变量的地址： 2446030416896
```

图1-25　变量的内存地址

在Python语言中有一个内置函数range()可以用来生成数字类型元素的列表，该函数本身返回的是一个range对象，使用者可以采用强制类型转换的模式将其转换为列表数据类型。具体的例子如图1-26所示。

```
# 数字类型元素的列表
print('range函数返回的数据类型：',type(range(2,16,3)))
print('强制类型转换后的结果：',list(range(2,16,3)))

range函数返回的数据类型： <class 'range'>
强制类型转换后的结果： [2, 5, 8, 11, 14]
```

图1-26　数字类型元素的列表

由程序运行结果可以看到，range()函数可以从初始值（包含）2，到终止值（不包含）16，生成步长间隔为3的等差数列。list(range(2，16，3))命令将range函数返回的对象强制转换为列表类型。

2. 列表的操作

Python语言对列表数据类型提供了功能丰富的操作。

（1）列表的访问。对于序列类型的数据类型，在Python语言中其对象的访问是依赖索引这个概念的。索引就相当于元素在一个列表中的位置编号，进而使用者通过索引就可以把对应位置上的数据元素取出来。

①列表的单一访问。列表元素单一访问的语法结构为：

列表对象[索引号]

如图1-21所示，Python语言对序列类型的数据对象提供了两种模式的索引：正向索引和逆向索引。其中，正向索引的编号是从0开始计数，列表中第一个位置上元素的索引标号为0，向后依次累加，第n个位置上元素的索引标号为n-1。而对于逆向索引，列表中元素的索引编号是从-1开始，向前依次递减，左边元素的索引比其相邻的右边元素的索引小1。列表访问的例子如图1-27所示。

```
# 列表的访问
cz_list=['经济学','管理学','Finance',200,15.5,9+8j,True,['CUFE',25,False]]
print('第{}个元素的正向索引为：{}；元素的值为：{}。'.format(2,2-1,cz_list[2-1]))
print('第{0}个元素的逆向索引为：{2}；元素的值为：{1}。'.format(2,cz_list[2-1],-(len(cz_list))+1))
print('-*-'*10)
print('列表第2个元素的正向索引访问语法为：cz_list[2-1]')
print('列表第2个元素的逆向索引访问语法为：cz_list[-(len(cz_list))+1)]')
```

```
第2个元素的正向索引为：1；元素的值为：管理学。
第2个元素的逆向索引为：-7；元素的值为：管理学。
-*--*--*--*--*--*--*--*--*-
列表第2个元素的正向索引访问语法为：cz_list[2-1]
列表第2个元素的逆向索引访问语法为：cz_list[-(len(cz_list))+1)]
```

图1-27　列表的访问

②列表的切片访问。Python语言中除了可以一次访问列表中的单个元素，还可以一次访问列表中的多个元素，这被称为切片访问。列表中元素切片访问的语法结构为：

列表对象[初始位置索引号：终止位置索引号：步长]

在Python语言中，所有切片访问的索引编号均遵循高等数学中左闭右开的区间规则，也就是说，初始位置的索引编号包含在待访问元素的索引范围内，终止位置的索引编号不包含在待访问元素的索引范围内。

在切片访问的语法结构中也可以只提供终止位置的索引号，此时初始位置的索引号默认设置为0，步长默认设置为1；或者只提供起始位置的索引号，此时，终止位置的索引号默认设置为列表对象的长度，步长默认设置为1；或者只提供步长，此时，初始位置的索引号默认设置为0，终止位置的索引号默认设置为列表对象的长度。列表切片访问的例子如图1-28所示。

```
#列表的切片访问
cz_list=['经济学','管理学','Finance',200,15.5,9+8j,True,['CUFE',25,False]]
print('第{}个元素到第{}个元素的值为：{}。'.format(2,6,cz_list[1:7-1:1]))
print('第{}个元素到第{}个元素的值为：{}。'.format(2,6,cz_list[-(len(cz_list))+1:-(len(cz_list))+6:1]))
print('第{}个元素到第{}个元素的值为：{}。'.format(2,6,cz_list[-(len(cz_list))+5:-(len(cz_list)):-1]))
print('-*-'*10)
print('只提供起始位置索引：',cz_list[2::])
print('只提供终止位置索引：',cz_list[:6:])
print('只提供步长：',cz_list[::2])
print('全部不提供就是整个列表：',cz_list[::])

第2个元素到第6个元素的值为：['管理学', 'Finance', 200, 15.5, (9+8j)]。
第2个元素到第6个元素的值为：['管理学', 'Finance', 200, 15.5, (9+8j)]。
第2个元素到第6个元素的值为：[(9+8j), 15.5, 200, 'Finance', '管理学']。
-*--*--*--*--*--*--*--*--*-
只提供起始位置索引： ['Finance', 200, 15.5, (9+8j), True, ['CUFE', 25, False]]
只提供终止位置索引： ['经济学', '管理学', 'Finance', 200, 15.5, (9+8j)]
只提供步长： ['经济学', 'Finance', 15.5, True]
全部不提供就是整个列表： ['经济学', '管理学', 'Finance', 200, 15.5, (9+8j), True, ['CUFE', 25, False]]
```

图1-28　列表的切片访问

其实，使用者可以灵活地采用列表的切片访问来实现列表内容的逆序操作，具体代码及结果如图1-29所示。

```
#列表的逆序
cz_list=['经济学','管理学','Finance',200,15.5,9+8j,True,['CUFE',25,False]]
cz_list_rev=cz_list[::-1]
print('原始列表为：',cz_list)
print('逆序列表为：',cz_list_rev)

原始列表为： ['经济学', '管理学', 'Finance', 200, 15.5, (9+8j), True, ['CUFE', 25, False]]
逆序列表为： [['CUFE', 25, False], True, (9+8j), 15.5, 200, 'Finance', '管理学', '经济学']
```

图1-29　列表的逆序

（2）列表元素的增减。列表中的元素在Python语言中支持修改操作，使用者可以修改已有列表中的某个元素的数据，也可以采用"+"操作在一个列表的末尾增加新的元素。具体例子如图 1-30 所示。

```
#列表元素的增加
cz_list=['经济学','管理学','Finance',200,15.5,9+8j,True,['CUFE',25,False]]
cz_list_add=cz_list+['统计学','Causal Inference']
cz_list_add[0]='Machine Learning'
print('原来的列表：',cz_list)
print('增加元素后的列表：',cz_list_add)

原来的列表：['经济学', '管理学', 'Finance', 200, 15.5, (9+8j), True, ['CUFE', 25, False]]
增加元素后的列表：['Machine Learning', '管理学', 'Finance', 200, 15.5, (9+8j), True, ['CUFE', 25, False], '统计学', 'Causal Inference']
```

图 1-30　列表元素的增加

使用者还可以采用列表的内置函数 append() 在一个列表的末尾追加列表元素，列表的 append() 函数的语法结构为：

列表对象 .append（元素的数据）

值得注意的是，在 Python 语言中采用 append() 函数追加的元素是作为一个元素添加到原列表中。具体的示例如图 1-31 所示。

```
#列表元素的追加
cz_list=['经济学','管理学','Finance',200,15.5,9+8j,True,['CUFE',25,False]]
print('原来的列表：',cz_list)
cz_list.append('Python')
print('追加单个元素后的列表：',cz_list)
cz_list.append(['统计学','Causal Inference'])
print('追加列表元素后的列表：',cz_list)

原来的列表：['经济学', '管理学', 'Finance', 200, 15.5, (9+8j), True, ['CUFE', 25, False]]
追加单个元素后的列表：['经济学', '管理学', 'Finance', 200, 15.5, (9+8j), True, ['CUFE', 25, False], 'Python']
追加列表元素后的列表：['经济学', '管理学', 'Finance', 200, 15.5, (9+8j), True, ['CUFE', 25, False], 'Python', ['统计学', 'Causal Inference']]
```

图 1-31　列表元素的追加

"+"号操作和 append() 函数只能在列表的末尾增加元素，如果需要在一个列表的指定位置增加元素，可以采用列表的内置函数 insert() 来实现。列表的 insert() 函数的语法结构为：

列表对象 .insert(索引位置号，元素的数据)

该函数可以将待插入的元素数据在指定的索引位置插入列表中，后续列表元素的索引号依次增加 1，具体示例如图 1-32 所示。

```
#列表元素的插入
cz_list=['经济学','管理学','Finance',200,15.5,9+8j,True,['CUFE',25,False]]
print('原来的列表：',cz_list)
cz_list.insert(1,'Python')
print('插入单个元素后的列表：',cz_list)
cz_list.insert(3,['统计学','Causal Inference'])
print('插入列表元素后的列表：',cz_list)

原来的列表：['经济学', '管理学', 'Finance', 200, 15.5, (9+8j), True, ['CUFE', 25, False]]
插入单个元素后的列表：['经济学', 'Python', '管理学', 'Finance', 200, 15.5, (9+8j), True, ['CUFE', 25, False]]
插入列表元素后的列表：['经济学', 'Python', '管理学', ['统计学', 'Causal Inference'], 'Finance', 200, 15.5, (9+8j), True, ['CUFE', 25, False]]
```

图 1-32　列表元素的插入

列表的元素既然可以增加，当然就可以删除。在Python语言中可以通过del命令和remove()函数来删除列表中的元素。其中，del命令的语法结构为：

del 列表对象 [起始索引号：终止索引号：步长]

采用del命令删除列表元素及列表对象的示例如图1-33所示。

```
# 删除列表元素和列表对象
cz_list=['经济学','管理学','Finance',200,15.5,9+8j,True,['CUFE',25,False]]
print('原来的列表：',cz_list)
print('-*-'*10)
del cz_list[3]
print('删除第4个元素：',cz_list)
cz_list=['经济学','管理学','Finance',200,15.5,9+8j,True,['CUFE',25,False]]
del cz_list[3:6]
print('删除多个个元素：',cz_list)
cz_list=['经济学','管理学','Finance',200,15.5,9+8j,True,['CUFE',25,False]]
del cz_list[::2]
print('间隔删除多个元素：',cz_list)
cz_list=['经济学','管理学','Finance',200,15.5,9+8j,True,['CUFE',25,False]]
del cz_list[::]
print('删除所有元素：',cz_list)
cz_list=['经济学','管理学','Finance',200,15.5,9+8j,True,['CUFE',25,False]]
del cz_list
print('删除列表对象：',cz_list)
```

```
原来的列表： ['经济学', '管理学', 'Finance', 200, 15.5, (9+8j), True, ['CUFE', 25, False]]
-*-*-*-*-*-*-*-*-*-*-
删除第4个元素： ['经济学', '管理学', 'Finance', 15.5, (9+8j), True, ['CUFE', 25, False]]
删除多个个元素： ['经济学', '管理学', 'Finance', True, ['CUFE', 25, False]]
间隔删除多个元素： ['管理学', 200, (9+8j), ['CUFE', 25, False]]
删除所有元素： []
----------------------------------------------------------------
NameError                          Traceback (most recent call last)
<ipython-input-8-6755613fee0a> in <module>
     15 cz_list=['经济学','管理学','Finance',200,15.5,9+8j,True,['CUFE',25,False]]
     16 del cz_list
---> 17 print('删除列表对象：',cz_list)
NameError: name 'cz_list' is not defined
```

图1-33 删除列表元素

由程序的执行结果可以看到，del命令可以灵活地删除列表中的元素。当列表对象后面没有给出索引信息时，del命令将会删除列表对象，此时再次引用被删除的列表对象时将会触发命名错误异常。

与del命令删除列表元素的机理不同，remove()函数不是基于列表中元素的索引删除该元素，而是基于给定的元素值删除对应的列表元素。Remove()函数的语法结构为：

列表对象 .remove(元素值)

需要注意的是，remove()函数每次只能删除列表中第一个与给定值相同的元素，并且给定的数值必须在列表中存在，否则将会触发数值错误的异常。具体示例如图1-34所示。

```
# 基于数值删除列表元素
cz_list=['经济学','管理学','Finance',200,15.5,9+8j,'经济学',200,True,['CUFE',25,False]]
print('原来的列表：',cz_list)
print('-*-'*10)
cz_list.remove(200)
print('删除数值为200的第一个元素：',cz_list)
cz_list=['经济学','管理学','Finance',200,15.5,9+8j,'经济学',200,True,['CUFE',25,False]]
cz_list.remove('经济学')
print('删除数值为\'经济学\'的第一个元素：',cz_list)
cz_list=['经济学','管理学','Finance',200,15.5,9+8j,'经济学',200,True,['CUFE',25,False]]
cz_list.remove('Python')
print('被删除的数值不在列表中会触发异常：',cz_list)
```

```
原来的列表：['经济学', '管理学', 'Finance', 200, 15.5, (9+8j), '经济学', 200, True, ['CUFE', 25, False]]
－*－－*－－*－－*－－*－－*－－*－

删除数值为 200 的第一个元素：['经济学', '管理学', 'Finance', 15.5, (9+8j), '经济学', 200, True, ['CUFE', 25, False]]
删除数值为'经济学'的第一个元素：['管理学', 'Finance', 200, 15.5, (9+8j), '经济学', 200, True, ['CUFE', 25, False]]
－－－－－－－－－－－－－－－－－－－－－－－－－－－－－－－－－－－－－－－－－－－－－－－－－

ValueError                         Traceback (most recent call last)
<ipython-input-18-41783524ba08> in <module>
      9 print('删除数值为\'经济学\'的第一个元素：',cz_list)
     10 cz_list=['经济学','管理学','Finance',200,15.5,9+8j,'经济学',200,True,['CUFE',25,False]]
---> 11 cz_list.remove('Python')
     12 print('被删除的数值不在列表中会触发异常：',cz_list)
ValueError: list.remove(x): x not in list
```

图1-34　基于数值删除列表元素

（二）元组

元组是与列表数据类型相似度非常高的另外一种序列数据类型，元组中的元素也有对应的索引，元组中的元素也可以是Python语言中支持的任何一种数据类型，对元组中元素的访问也是通过索引来实现。元组与列表的最大区别就在于元组对象中的元素一旦被定义好，将是不可修改的。元组数据类型以小括号"（）"作为标记，也就是说包含在小括号内部的内容即为元组里的元素。在同一个元组中，不用元素之间以逗号"，"分隔。

1. 元组的创建

元组对象的创建类似于列表对象，具体示例如图1-35所示。

```
# 元组是Python中的一种对象
('经济学','管理学','Finance',(200,15.5),9+8j,True,['CUFE',25,False])

('经济学', '管理学', 'Finance', (200, 15.5), (9+8j), True, ['CUFE', 25, False])
```

图1-35　创建元组

元组在Python语言中也是一种数据对象，因此可以将该对象赋值给变量。元组对象的赋值及查看如图1-36所示。

```
# 元组对象的赋值
cz_tuple=('经济学','管理学','Finance',(200,15.5),9+8j,True,['CUFE',25,False])
print('变量的类型：',type(cz_tuple))
print('打印对象：',cz_tuple)
print('打印对象的内容：',*cz_tuple)

变量的类型：　<class 'tuple'>
打印对象：　('经济学', '管理学', 'Finance', (200, 15.5), (9+8j), True, ['CUFE', 25, False])
打印对象的内容：　经济学 管理学 Finance (200, 15.5) (9+8j) True ['CUFE', 25, False]
```

图1-36　元组对象的赋值及查看

使用者可以采用强制类型转换的模式将其他数据类型对象转换为元组数据类型。具体的例子如图1-37所示。

```
# 强制类型转换为元组
print('range 函数返回的数据类型：',type(range(2,16,3)))
print('强制类型转换后的结果：',tuple(range(2,16,3)))
print('强制类型转换列表为元组：',tuple([23,56,'Python','C++',[8+9j],'金融学']))
```

```
range 函数返回的数据类型： <class 'range'>
强制类型转换后的结果： (2, 5, 8, 11, 14)
强制类型转换列表为元组： (23, 56, 'Python', 'C++', [(8+9j)], '金融学')
```

图 1-37　元组的强制类型转换

2. 元组的操作

在 Python 语言中元组只是支持访问和合并操作，并不支持元组对象元素的增加和删除操作。

（1）元组的访问。类似于列表对象，使用者通过索引就可以实现对元组对象的各种访问操作。具体示例如图 1-38 所示。

```
# 元组的访问
print('元组的单个元素访问：')
cz_tuple=('经济学','管理学','Finance',(200,15.5),9+8j,True,['CUFE',25,False])
print('第{}个元素的正向索引为：{}；元素的值为：{}。'.format(2,2-1,cz_tuple[2-1]))
print('第{0}个元素的逆向索引为：{2}；元素的值为：{1}。'.format(2,cz_tuple[2-1],-(len(cz_tuple))+1))
print('-'*10)
print('元组第2个元素的正向索引访问语法为：cz_tuple[2-1]')
print('元组第2个元素的逆向索引访问语法为：cz_tuple[-(len(cz_tuple))+1)]')

# 元组的切片访问
print('-*-'*10)
print('元组的切片访问：')
cz_tuple=['经济学','管理学','Finance',200,15.5,9+8j,True,'CUFE',25,False]
print('第{}个元素到第{}个元素的值为：{}。'.format(2,6,cz_tuple[1:7-1:1]))
print('第{}个元素到第{}个元素的值为：{}。'.format(2,6,cz_tuple[-(len(cz_tuple))+1:-(len(cz_tuple))+6:1]))
print('第{}个元素到第{}个元素的值为：{}。'.format(2,6,cz_tuple[-(len(cz_tuple))+5:-(len(cz_tuple)):-1]))
print('-*-'*10)
print('只提供起始位置索引：',cz_tuple[2::])
print('只提供终止位置索引：',cz_tuple[:6:])
print('只提供步长：',cz_tuple[::2])
print('全部不提供就是整个元组：',cz_tuple[::])

# 元组的逆序
print('-*-'*10)
print('元组的逆序：')
cz_tuple=['经济学','管理学','Finance',200,15.5,9+8j,True,'CUFE',25,False]
cz_tuple_rev=cz_tuple[::-1]
print('原始元组为：',cz_tuple)
print('逆序元组为：',cz_tuple_rev)
```

```
元组的单个元素访问：
第2个元素的正向索引为：1；元素的值为：管理学。
第2个元素的逆向索引为：-6；元素的值为：管理学。
----------
元组第2个元素的正向索引访问语法为：cz_tuple[2-1]
元组第2个元素的逆向索引访问语法为：cz_tuple[-(len(cz_tuple))+1)]
-*---*---*---*---*---*-
元组的切片访问：
第2个元素到第6个元素的值为：['管理学', 'Finance', 200, 15.5, (9+8j)]。
第2个元素到第6个元素的值为：['管理学', 'Finance', 200, 15.5, (9+8j)]。
第2个元素到第6个元素的值为：[(9+8j), 15.5, 200, 'Finance', '管理学']。
-*---*---*---*---*---*-
只提供起始位置索引：['Finance', 200, 15.5, (9+8j), True, 'CUFE', 25, False]
只提供终止位置索引：['经济学', '管理学', 'Finance', 200, 15.5, (9+8j)]
只提供步长：['经济学', 'Finance', 15.5, True]
全部不提供就是整个元组：['经济学', '管理学', 'Finance', 200, 15.5, (9+8j), True, 'CUFE', 25, False]
-*---*---*---*---*---*-
元组的逆序：
原始元组为：['经济学', '管理学', 'Finance', 200, 15.5, (9+8j), True, 'CUFE', 25, False]
逆序元组为：[['CUFE', 25, False], True, (9+8j), 15.5, 200, 'Finance', '管理学', '经济学']
```

图 1-38　元组的访问

（2）元组的合并。有别于列表对象，对于元组对象而言并不存在 append、insert、del 等方法和函数来实现元组中元素的增减操作，如果试图实施类似的操作，Python 语言解释器会触发相应的错误异常。然而，虽然元组对象中元素的内容不能够修改，但是元组对象之间仍然可以通过加号"+"来实现两个元组对象的合并操作。具体示例代码及执行结果如图 1-39 所示。

```
#元组对象的合并
cz_tuple=('经济学',(200,15.5),9+8j,True,['CUFE',25,False])
cz_tuple1=('管理学','金融学','统计学')
print('两个元组对象的合并结果为：',cz_tuple+cz_tuple1)
```
```
两个元组对象的合并结果为： ('经济学', (200, 15.5), (9+8j), True, ['CUFE', 25, False], '管理学', '金融学', '统计学')
```

图 1-39　元组的合并操作

由程序执行的结果可以看到，"+"号操作将位于加号后面的元组对象的元素追加到了位于加号前面的元组对象的末尾，创建了一个新的元组对象。

在 Python 语言中还支持对元组的复制操作，也就是将元组的内容进行拷贝粘贴操作。元组的复制操作包含两种：一种是将整个元组对象作为整体进行复制，另一种是将元组内的元素作为对象进行复制。复制操作的具体示例如图 1-40 所示。

```
#元组的复制
cz_tuple=('管理学',200,'统计学')
print('元组作为对象复制的结果：',(cz_tuple,)*3)
print('元组元素复制的结果：',(*cz_tuple,)*3)
```
```
元组作为对象复制的结果：(('管理学', 200, '统计学'), ('管理学', 200, '统计学'), ('管理学', 200, '统计学'))
元组元素复制的结果：('管理学', 200, '统计学', '管理学', 200, '统计学', '管理学', 200, '统计学')
```

图 1-40　元组的复制操作

在进行元组的复制操作时，元组对象后面一定要加上元素分隔符逗号"，"。

四、映射类型

在 Python 语言中，字典（dict）是一种映射类型的数据类型。字典中的每一个元素包含两个分量：键（Key）和键值（Value），键和键值之间构成一种映射关系。不同于列表和元组，字典中的元素是无序存储，字典对象并不是通过索引来访问其中的元素，而是通过键来映射对应的键值。字典对象中键是唯一的，但是键值可以不唯一。

（一）字典对象的创建

字典数据类型的标记是大括号"{}"，也就是包含在大括号内的部分就是字典对象的元素。字典中的每一个元素由键和键值的序对组成，中间以冒号"："分割，不同元素之间以逗号"，"分割。字典对象创建的语法结构为：

{键1：键值1，键2：键值2，…，键n：键值n}

字典对象中的元素可以取 Python 语言支持的任何类型的数值。字典创建的具体示例如

图1-41所示。

```
# 字典的创建
{1:'金融学','cufe':5,12.5:'float','complex':6+8j,'真':True}

{1:'金融学', 'cufe':5, 12.5:'float', 'complex':(6+8j), '真':True}
```

图1-41　字典的创建

虽然字典对象中元素的取值可以是任意的，但是在使用的过程中键通常还是按照某种含义或者规则来定义，这样便于理解和使用。

使用者还可以通过字典和元组的组合来灵活的创建字典对象，并且可以将字典对象赋值给相应的变量。具体示例如图1-42所示。

```
# 通过列表和元组创建字典
cz_list=[('Finance',99),('Economics',97),('Python',100)]
cz_dict=dict(cz_list)
print('原来的列表为：',cz_list)
print('创建的字典为：',cz_dict)
cz_tuple=(['C++',99],['Statistics',97],['Stata',100])
cz_dict=dict(cz_tuple)
print('--'*10)
print('原来的元组为：',cz_tuple)
print('创建的字典为：',cz_dict)

原来的列表为： [('Finance', 99), ('Economics', 97), ('Python', 100)]
创建的字典为： {'Finance':99, 'Economics':97, 'Python':100}
--------------------
原来的元组为： (['C++', 99], ['Statistics', 97], ['Stata', 100])
创建的字典为： {'C++':99, 'Statistics':97, 'Stata':100}
```

图1-42　字典对象的创建和赋值

（二）字典元素的访问

字典对象中元素的访问不是通过索引来实现，而是通过字典元素的键来访问映射的键值。字典元素访问的语法结构为：

字典对象［键］

指定字典对象的键即可访问到与之对应的键值，具体示例如图1-43所示。

```
# 字典对象中元素的访问
cz_dict={'Finance': 99, 'Economics': 97, 'Python': 100}
print('字典中键\'Finance\'对应的键值为：',cz_dict['Finance'])
print('字典中键\'Python\'对应的键值为：',cz_dict['Python'])
print('字典中不包含键\'C++\',访问将会触发键错误的异常：',cz_dict['C++'])

字典中键'Finance'对应的键值为：99
字典中键'Python'对应的键值为：100
----------------------------------------------------------------
KeyError                Traceback (most recent call last)
<ipython-input-17-a2358fe58e2f> in <module>
      3 print('字典中键\'Finance\'对应的键值为：',cz_dict['Finance'])
      4 print('字典中键\'Python\'对应的键值为：',cz_dict['Python'])
----> 5 print('字典中不包含键\'C++\',访问将会触发键错误的异常：',cz_dict['C++'])

KeyError: 'C++'
```

图1-43　字典元素的访问

由程序执行的结果可以看到，当通过键来访问字典中的元素时，给定的键如果存在，则会返回对应的键值，但是当给定的键不存在时，将会触发键错误的异常。这就意味着在访问字典元素之前应该知道字典中包含了哪些键，使用者可以采用字典对象内置函数 keys() 来得到一个字典对象中所有的键，具体示例如图 1-44 所示。

```
# 字典的键
cz_dict={'Finance': 99, 'Economics': 97, 'Python': 100}
print('字典中的键为：',list(cz_dict.keys()))

字典中的键为：['Finance', 'Economics', 'Python']
```

图 1-44　字典的键

在 Python 语言中还有一个内置函数 __contains__()，可以用来判断指定的键是否包含在字典对象中。值得注意的是，函数前后跟的是双下划线。具体示例代码如图 1-45 所示。

```
# 判断字典的键是否存在
cz_dict={'Finance': 99, 'Economics': 97, 'Python': 100}
print('字典中的键为：',list(cz_dict.keys()))
print('键 \'C++\' 是否在字典中：',cz_dict.__contains__('C++'))
print('键 \'Python\' 是否在字典中：',cz_dict.__contains__('Python'))

字典中的键为：['Finance', 'Economics', 'Python']
键 'C++' 是否在字典中：False
键 'Python' 是否在字典中：True
```

图 1-45　判断键是否存在

一般情况下，在通过键访问字典对象的键值的过程中，如果给定的键存在，则会返回对应的键值，如果给定的键不存在，则会触发异常，造成程序中断。有的时候，使用者并不太关心或者不想去判断字典对象中是否存在某个键，只是想知道到某个给定键对应的键值是什么。如果字典对象中包含该键，返回对应的键值即可，如果字典对象中不包含该键，也不希望触发异常，中断程序。此时，可以通过对给定键设置默认键值来实现。Python 语言中存在一个内置函数 setdefault() 可以轻松实现这一操作，具体的语法结构为：

字典对象 .setdefaulf(键，默认键值)

具体示例代码及执行结果如图 1-46 所示。

```
# 设定默认键值
cz_dict={'Finance': 99, 'Economics': 97, 'Python': 100}
print('原来的字典对象为：',cz_dict)
print('返回键 \'C++\' 对应的键值：',cz_dict.setdefault('C++','此键并不包含在字典对象中'))
print('返回键 \'Python\' 对应的键值：',cz_dict.setdefault('Python','此键并不包含在字典对象中'))
print('**'*10)
print('新的字典对象为：',cz_dict)

原来的字典对象为：{'Finance': 99, 'Economics': 97, 'Python': 100}
返回键 'C++' 对应的键值：此键并不包含在字典对象中
返回键 'Python' 对应的键值：100
********************
新的字典对象为：{'Finance': 99, 'Economics': 97, 'Python': 100, 'C++':'此键并不包含在字典对象中'}
```

图 1-46　设置默认键值

从程序的执行结果可以发现，键'C++'不包含在字典对象中，此时程序并未触发异常或者中断，而是返回了设置的默认键值"此键并不包含在字典对象中"；键'Python'包含在字典对象中，此时返回的就是字典对象中该键对应的键值"100"，而不是设置的默认键值"此键并不包含在字典对象中"。

值得注意的一点是，经过内置函数setdefault()操作后，原来并不包含在字典对象中的键'C++'被自动添加到了字典对象中，其映射的键值就是默认键值"此键并不包含在字典对象中"。

类似于字典对象的键，使用者也可以采用内置函数values()和items()来返回一个字典中包含的所有键值以及所有元素，当然，字典中的元素是以键和键值序对来出现的。具体示例代码及执行结果如图1-47所示。

```
# 返回字典对象中所有键值
cz_dict={'Finance': 99, 'Economics': 97, 'Python': 100}
print('原来的字典对象为: ',cz_dict)
print('**'*10)
print('所有的键值为: ',list(cz_dict.values()))

# 返回字典对象中所有元素
print('所有的元素为: ',list(cz_dict.items()))

原来的字典对象为: {'Finance': 99, 'Economics': 97, 'Python': 100}
********************
所有的键值为: [99, 97, 100]
所有的元素为: [('Finance', 99), ('Economics', 97), ('Python', 100)]
```

图1-47　设置默认键值

（三）字典元素的增减

根据字典对象的特点不难看出，字典对象中元素的修改和增减应该是以键和键值序对的模式进行，语法结构为：

字典对象［键］=键值

具体示例代码及执行结果如图1-48所示。

```
# 字典对象的修改和增减
cz_dict={'Finance': 99, 'Economics': 97, 'Python': 100}
print('原来的字典对象为: ',cz_dict)
print('**'*10)
cz_dict['Economics']=200
print('包含键，则修改为新的键值: ',cz_dict)
cz_dict['Causal Inference']=99.9
print('不包含键，则自动添加到字典中: ',cz_dict)

原来的字典对象为: {'Finance': 99, 'Economics': 97, 'Python': 100}
********************
包含键，则修改为新的键值: {'Finance': 99, 'Economics': 200, 'Python': 100}
不包含键，则自动添加到字典中: {'Finance': 99, 'Economics': 200, 'Python': 100, 'Causal Inference': 99.9}
```

图1-48　字典对象的修改和增减

从程序执行的结果可以发现，当字典对象包含键'Economics'时，执行该操作的结果是将字典对象中该键对应的键值修改为新的键值"200"；当字典对象不包含键'Causal Inference'时，该键和对应的键值"99.9"会自动添加到字典对象中，也即在字典对象中增加一个元素。

如果想要删除一个字典对象中的元素，在 Python 语言中可以采用 del 命令，具体的语法结构为：

del 字典对象 [键]

如果给定了键，则该命令会从字典对象中删除键所对应的元素；如果不给定键，则该命令会删除整个字典对象，具体示例代码及执行结果如图 1-49 所示。

```
# 字典对象的删除
cz_dict={'Finance': 99, 'Economics': 200, 'Python': 100, 'Causal Inference': 99.9}
print('原来的字典对象为：',cz_dict)
print('**'*10)
del cz_dict['Economics']
print('删除 \'Economics\' 对应元素的结果：',cz_dict)
del cz_dict
print('删除整个字典对象的结果：',cz_dict)
```

```
原来的字典对象为：{'Finance': 99, 'Economics': 200, 'Python': 100, 'Causal Inference': 99.9}
********************
删除 'Economics' 对应元素的结果：{'Finance': 99, 'Python': 100, 'Causal Inference': 99.9}
----------------------------------------------------------------------
NameError                        Traceback (most recent call last)
<ipython-input-36-06efd17e385a> in <module>
      6 print('删除 \'Economics\' 对应元素的结果：',cz_dict)
      7 del cz_dict
----> 8 print('删除整个字典对象的结果：',cz_dict)

NameError: name 'cz_dict' is not defined
```

图 1-49　字典对象的删除

（四）字典对象的合并

在 Python 语言中可以灵活地将一个字典对象中的元素合并到另外一个字典对象中。使用者可以首先返回两个字典对象的元素，然后强制类型转换成列表，基于列表的合并操作，最后生成合并后的字典对象。具体示例代码及执行结果如图 1-50 所示。

```
# 字典的合并
cz_dict1={'Finance': 99, 'Economics': 200, 'Python': 100}
cz_dict2={'C++': 99, 'Statistics': 97, 'Stata': 100}
print('原来第一个字典对象为：',cz_dict1)
print('原来第二个字典对象为：',cz_dict2)
print('--'*10)
print('通过 \'+\' 号来合并字典：',dict(list(cz_dict1.items())+list(cz_dict2.items())))
```

```
原来第一个字典对象为：{'Finance': 99, 'Economics': 200, 'Python': 100}
原来第二个字典对象为：{'C++': 99, 'Statistics': 97, 'Stata': 100}
--------------------
通过 '+' 号来合并字典：{'Finance': 99, 'Economics': 200, 'Python': 100, 'C++': 99, 'Statistics': 97, 'Stata': 100}
```

图 1-50　采用加号合并字典对象

第二种方式就是采用 Python 语言的内置函数 update() 来实现字典对象的合并，具体示例代码及执行结果如图 1-51 所示。

```
# 字典的合并
cz_dict1={'Finance': 99, 'Economics': 200, 'Python': 100}
cz_dict2={'C++': 99, 'Statistics': 97, 'Stata': 100}
print('原来第一个字典对象为：',cz_dict1)
print('原来第二个字典对象为：',cz_dict2)
print('--'*10)
cz_dict1.update(cz_dict2)
print('通过update函数来合并字典：',cz_dict1)
```
```
原来第一个字典对象为： {'Finance': 99, 'Economics': 200, 'Python': 100}
原来第二个字典对象为： {'C++': 99, 'Statistics': 97, 'Stata': 100}
--------------------
通过update函数来合并字典： {'Finance': 99, 'Economics': 200, 'Python': 100, 'C++': 99, 'Statistics': 97, 'Stata': 100}
```

图1-51　采用update函数合并字典对象

第三种方式就是首先采用"**"操作返回其中一个字典对象的键和键值序对，然后加入另外一个字典对象中生成合并后的字典对象。具体示例代码及执行结果如图1-52所示。

```
# 字典的合并
cz_dict1={'Finance': 99, 'Economics': 200, 'Python': 100}
cz_dict2={'C++': 99, 'Statistics': 97, 'Stata': 100}
print('原来第一个字典对象为：',cz_dict1)
print('原来第二个字典对象为：',cz_dict2)
print('--'*10)
print('通过**操作来合并字典：',dict(cz_dict1,**cz_dict2))
```
```
原来第一个字典对象为： {'Finance': 99, 'Economics': 200, 'Python': 100}
原来第二个字典对象为： {'C++': 99, 'Statistics': 97, 'Stata': 100}
--------------------
通过**操作来合并字典： {'Finance': 99, 'Economics': 200, 'Python': 100, 'C++': 99, 'Statistics': 97, 'Stata': 100}
```

图1-52　采用"**"操作合并字典对象

五、逻辑类型

逻辑类型的数据就是标明对与错的数据类型，在Python语言中逻辑类型的数据为True和False。值得注意的是，Python语言中的逻辑数据类型是可以参与数值运算的，默认情况下，逻辑真"True"的值为1，逻辑假"False"的值为0。具体示例代码及执行结果如图1-53所示。

```
# 逻辑类型数据
print('默认情况下True是1：',1==True)
print('默认情况下False是0：',0==False)
print('逻辑\'真\'运算：',True+True)
print('逻辑\'假\'运算：',False+False)
print('逻辑\'真、假\'运算：',True+False)
```
```
默认情况下True是1：True
默认情况下False是0：True
逻辑'真'运算：2
逻辑'假'运算：0
逻辑'真、假'运算：1
```

图1-53　逻辑类型数据

其实在Python语言中只是强制规定了0代表逻辑类型的False，而非0数值代表逻辑类型的 True。

六、集合类型

类似于数学中集合的概念，在 Python 语言中集合类型的数据类型是由互不重复的元素构成的整体，集合类型的对象的标记为大括号"{}"，但是与字典类型的对象不同，集合对象的元素只有单个数值，而不是序对的模式。

（一）集合对象的创建

使用者可以采用大括号"{}"的方式将元素包含在内来创建一个集合对象，需要注意的是如果大括号内的元素存在重复，集合对象将会自动去除重复的元素。也可以采用 set()函数创建空的集合对象。具体示例代码及执行结果如图 1-54 所示。

```
#集合的创建
cz_set=set()
print('这是一个空集合对象：',cz_set)
print('采用大括号来创建集合：',{12,34,12,56,'a','ab','a','abcd',True})

这是一个空集合对象：set()
采用大括号来创建集合：{True, 34, 12, 'a', 'ab', 56, 'abcd'}
```

图 1-54　集合对象的创建

（二）集合元素的增减

在 Python 语言中可以通过内置函数 add()和 discard()来给一个集合对象中增加元素和删除集合对象中的元素，可以采用 clear()函数删除集合对象中的所有元素。具体示例代码及执行结果如图 1-55 所示。

```
#集合元素的增减
cz_set={12,3,'a','b',True,False}
print('原来的集合为：',cz_set)
cz_set.add('ele1')
print('增加元素后的集合为：',cz_set)
cz_set.discard('a')
print('删除元素后的集合为：',cz_set)
cz_set.clear()
print('删除集合中的所有元素为：',cz_set)

原来的集合为：{False, True, 3, 'b', 12, 'a'}
增加元素后的集合为：{False, True, 3, 'b', 12, 'ele1', 'a'}
删除元素后的集合为：{False, True, 3, 'b', 12, 'ele1'}
删除集合中的所有元素为：set()
```

图 1-55　集合元素的增减

（三）集合对象的操作

类似于数学中的集合操作，Python 语言中的集合对象也可有集合的交集、并集、差集等操作。具体示例代码及运行结果如图1-56所示。

```
#集合对象的操作
cz_set1={False, True, 3, 'b', 12, 'ele1', 'a','Python'}
cz_set2={False, True, 3, 'b', 12, 34,96,'Economics','ele1', 'a','abc'}
print('原来第一个集合为：',cz_set1)
print('原来第二个集合为：',cz_set2)
print('--'*15)
print('两个集合的并集为：',cz_set1 | cz_set2)
print('两个集合的交集为：',cz_set1 & cz_set2)
print('两个集合的差集为：',cz_set1 - cz_set2)
print('两个集合的对称差集为：',cz_set1 ^ cz_set2)
```

```
原来第一个集合为： {False, True, 3, 'b', 12, 'ele1', 'a', 'Python'}
原来第二个集合为： {False, True, 34, 3, 96, 'abc', 'b', 12, 'ele1', 'a', 'Economics'}
------------------------------
两个集合的并集为： {False, True, 3, 'abc', 'b', 12, 'a', 96, 34, 'ele1', 'Python', 'Economics'}
两个集合的交集为： {False, True, 3, 'b', 12, 'ele1', 'a'}
两个集合的差集为： {'Python'}
两个集合的对称差集为： {34, 96, 'abc', 'Python', 'Economics'}
```

图1-56　集合对象的操作

由程序执行的结果可以发现，其中两个集合的对称差集返回的是两个集合中不重复的元素。

习题

1. 简述Python语言的命名规则。

2. 简述如何判断Python语言的代码块。

3. Python语言的注释是如何标记的？

4. Python语言的基本数据类型可以分为哪几类？

5. 试述Python语言中字符串的基本操作有哪些？

6. Python语言中列表对象如何添加和删除元素？

第二章 Python 的控制结构

学习目标：

　　了解并掌握Python语言的输入输出操作，Python语言中判断和循环操作的实现，以及简单的文本文件内容的读取和存储操作。

　　采用Python语言编写程序时，代码的编写风格通常情况下有别于流式编码方式，使用者需要根据任务需求编写代码，控制代码执行的方向和模式。为了实现程序与控制台的交互，Python语言编写的程序还需要控制数据的控制台输入和结果的控制台输出。

第一节　Python 的输入输出控制

　　Python语言支持即时从诸如键盘之类的标准输入设备直接输入数据，接收到的数据随后便可进入程序参与运算。同时，程序计算得到的结果也可以直接即时输出到控制台或者磁盘文件，以便于进一步的分析和保存。

一、输入控制

　　Python语言的内置函数input()实现了从标准输入设备读取数据的功能，值得注意的是，input()函数默认将所有输入的内容全部都转换成字符串。为了提示使用者输入正确的信息，可以在input()函数的小括号内指定提示信息。具体示例代码及执行结果如图2-1所示。

```
# 控制台输入数据
cz_in=input(' 请输入你的幸运数字：')
cz_in1=input(' 请输入一个成语：')
cz_in2=input(' 请输入一个混合类型数据：')
print('---'*10)
print(' 你输入的内容是：{}、{} 和 {}'.format(cz_in,cz_in1,cz_in2))
```
```
请输入你的幸运数字：17
请输入一个成语：兢兢业业
请输入一个混合类型数据：Hello,今天天气不错！
------------------------------
你输入的内容是：17、兢兢业业和Hello,今天天气不错！
```

图2-1　控制台输入数据

由程序执行的结果可以发现，input()函数将所有接收到的内容全都转换成了字符串，因此，无论从控制台输入任何内容都不会触发错误异常。

如果想要用输入的数据参与运算，则需要使用者将对应的内容做数据类型的强制转换，然后才能参与运算。具体示例代码及执行结果如图2-2所示。

```
#输入内容的转换
print('这是一个数值计算的例子！')
cz_fac1=float(input('请输入被除数：'))
cz_fac2=float(input('请输入除数：'))
print('{}除以{}的结果为：{}'.format(cz_fac1,cz_fac2,cz_fac1/cz_fac2))
print('--'*10)
print('这是一个字符串拆分的例子！')
cz_str1=str(input('请输入你的名字：'))
cz_gn,cz_fn=cz_str1.split(sep=' ',maxsplit=2)
print('{}，你好。你姓{}，名叫{}。'.format(''.join(cz_str1.split(sep=' ')),cz_gn,cz_fn))

这是一个数值计算的例子!
请输入被除数：24.8
请输入除数：3.2
24.8除以3.2的结果为：7.75
--------------------
这是一个字符串拆分的例子!
请输入你的名字：王 成章
王成章，你好。你姓王，名叫成章。
```

图2-2　输入内容转换

二、输出控制

默认情况下，Python语言会自动计算输入的数据，然后在控制台输出结果。具体示例代码及执行结果如图2-3所示。

```
#控制台输出
23+67+98-65

123
```

图2-3　控制台输出结果

一般情况下，Python语言中控制输出都是采用内置函数print()来实现，具体的语法结构为：
print(对象1，对象2，…，对象n)

内置函数print()可以同时输出多个对象的内容，不同的输出对象之间以逗号"，"分割，函数将所有对象的内容传递到一个字符串表达式，最后将其输出到标准的控制台。具体示例代码及执行结果如图2-4所示。

```
#输出多个对象内容
print('Hello',',你好！',23,'+',27,'的结果是',23+27,'.','It\'s', True)

Hello ,你好！ 23 + 27 的结果是 50 . It's True
```

图2-4　输出多个对象内容

由程序执行的结果可以发现，print()函数同时输出多个不同数据类型对象的内容，这些对象的数据类型可以是数值、字符串、布尔型变量。其实，待输出对象的数据类型可以是任何Python语言支持的类型。

不仅如此，Python语言中还可以根据使用者的要求，将相同数据类型的对象以统一的格式输出其内容。在Python语言中提供了三种模式的格式化输出，一种是以百分号"%"为标记的模式；一种是以f–字符串格式为标记的模式；一种是以format()为标记的模式。

（一）整数对象的格式化输出

print()函数将整数对象格式化输出的语法结构为：

print（"%+–0nr"% obj)

在这种格式化输出模式中，以百分号"%"为格式化输出标记的开始。加号"+"表示在输出结果中显示数值的正负号；减号"–"表示输出结果中数字左对齐；"0"表示输出结果中位数不足时以0填充；"n"表示输出结果数值的最小位数；"r"表示输出结果的进制，当取"d"时表示十进制，取"x"时表示十六进制，取"o"时表示八进制；第二个百分号"%"后面为待输出内容的整数类型对象，当有多个对象时，以元组的形式提供。具体示例代码及执行结果如图2–5所示。

```
# 整数对象的格式化输出
print('这是十进制整数：%+06d'%(2345))
print('这是十进制整数：%+06d'%(-2345))
print('这是八进制整数：%+06o'%(2345))
print('这是十六进制整数：%+06x'%(2345))
print('这是多个整数：%d+%d=%d'%(12,35,12+35))
print('---'*10)
print('默认右对齐数字：%7d'%(234))
print('默认右对齐数字：%7d'%(78234))
print('左对齐数字：%-7d'%(234))
print('左对齐数字：%-7d'%(78234))
```

```
这是十进制整数：+02345
这是十进制整数：–02345
这是八进制整数：+04451
这是十六进制整数：+00929
这是多个整数：12+35=47
——————————————
默认右对齐数字：    234
默认右对齐数字：  78234
左对齐数字：234
左对齐数字：78234
```

图2–5　整数对象的格式化输出

print()函数将整数对象格式化输出的另外两种模式的语法结构为：

print（f"obj:+–0nr"）

print（":+–0nr".format(obj)）

与第一种模式以百分号"%"作为标准化格式输出的标记不同，后两种模式均是以冒号"："作为标准化格式输出的标记，其中的标准化格式字母的含义，除了减号"–"之外，其余均与第一种模式是完全一样的。后两种模式要实现整数类型输出的左对齐应该采用小于号"<"。f–字符串标准化格式输出的具体示例代码及执行结果如图2–6所示。

```
# 整数对象的格式化输出
print(f'这是十进制整数：{2345:+06d}')
print(f'这是十进制整数：{-2345:+06d}')
print(f'这是八进制整数：{2345:+06o}')
print(f'这是十六进制整数：{2345:+06x}')
print(f'这是多个整数：{12:d}+{35:d}={12+35:d}')
print('--'*10)
print(f'默认右对齐数字：{234:7d}')
print(f'默认右对齐数字：{78234:7d}')
print(f'左对齐数字：{-234:<7d}')
print(f'左对齐数字：{78234:<7d}')
```

```
这是十进制整数：+02345
这是十进制整数：-02345
这是八进制整数：+04451
这是十六进制整数：+00929
这是多个整数：12+35=47
--------------------
默认右对齐数字：    234
默认右对齐数字：  78234
左对齐数字：-234
左对齐数字：78234
```

图2-6　f-字符串模式的格式化输出

format()模式的标准化格式输出的具体示例代码及执行结果如图2-7所示。

```
# 整数对象的格式化输出
print('这是十进制整数：{:+06d}'.format(2345))
print('这是十进制整数：{:+06d}'.format(-2345))
print('这是八进制整数：{:+06o}'.format(-2345))
print('这是十六进制整数：{:+06x}'.format(2345))
print('这是多个整数：{:d}+{:d}={:d}'.format(12,35,12+35))
print('--'*10)
print('默认右对齐数字：{:7d}'.format(234))
print('默认右对齐数字：{:7d}'.format(78234))
print('左对齐数字：{:<7d}'.format(-234))
print('左对齐数字：{:<7d}'.format(78234))
```

```
这是十进制整数：+02345
这是十进制整数：-02345
这是八进制整数：-04451
这是十六进制整数：+00929
这是多个整数：12+35=47
--------------------
默认右对齐数字：    234
默认右对齐数字：  78234
左对齐数字：-234
左对齐数字：78234
```

图2-7　format模式的格式化输出

在Python语言中，format()模式的标准化格式输出还可以根据待输出对象的位置编号来决定输出的具体顺序。具体示例代码及执行结果如图2-8所示。

```
# format的位置格式输出
print('{0:d}除以{1:d}等于{2:d}'.format(35,5,7))
print('{1:d}除以{0:d}等于{2:d}'.format(35,5,0))
```

```
35除以5等于7
5除以35等于0
```

图2-8　format模式的位置格式

由程序的执行结果可以发现，在format()模式的格式化输出中冒号"："前面的数字为待输出对象的位置编号。

（二）浮点数对象的格式化输出

print()函数将浮点数对象格式化输出的语法结构为：

print（"%+-0n.pf"% obj)

在这种格式化输出模式中，以百分号"%"为格式化输出标记的开始。加号"+"表示在输出结果中显示数值的正负号；减号"-"表示输出结果中数字左对齐；"0"表示输出结果中位数不足时以0填充；"n"表示输出结果数值的最小位数；"p"表示输出结果的精度，也就是小数点后面的位数；"f"表示输出的结果为浮点型数值；第二个百分号"%"后面为待输出内容的整数类型对象，当有多个对象时，以元组的形式提供。具体示例代码及执行结果如图2-9所示。

```
# 浮点数对象的格式化输出
print('这是一个浮点数：%+010.2f'%(234.578))
print('这是一个浮点数：%+010.2f'%(-2345.3219))
print('这是多个浮点数：%.1f+%.1f=%.1f'%(12.7,35.4,12.7+35.4))
print('---'*10)
print('默认右对齐数字：%10.2f'%(234.347))
print('默认右对齐数字：%10.2f'%(78234.2))
print('左对齐数字：%-7f'%(234.347))
print('左对齐数字：%-7f'%(78234.2))

这是一个浮点数：+000234.58
这是一个浮点数：-002345.32
这是多个浮点数：12.7+35.4=48.1
------------------------
默认右对齐数字：    234.35
默认右对齐数字：  78234.20
左对齐数字：234.347000
左对齐数字：78234.200000
```

图2-9 浮点数的格式化输出

print()函数将整数对象格式化输出的另外两种模式的语法结构为：

print (f"obj：+-0n.pf")

print（"：+-0n.pf".format(obj))

与第一种模式以百分号"%"作为标准化格式输出的标记不同，后两种模式均是以冒号"："作为标准化格式输出的标记，其中的标准化格式字母的含义均与第一种模式是完全一样的。f-字符串标准化格式输出浮点型数值的具体示例代码及执行结果如图2-10所示。

```
# 浮点数对象的格式化输出
print(f'这是十进制整数：{2345.578:+010.2f}')
print(f'这是十进制整数：{-2345.3219:+010.2f}')
print(f'这是多个整数：{12.7:.1f}+{35.4:.1f}={12.7+35.4:.1f}')
print('---'*10)
print(f'默认右对齐数字：{234.347:10.2f}')
print(f'默认右对齐数字：{78234.2:10.2f}')
print(f'左对齐数字：{-234.347:-7f}')
print(f'左对齐数字：{78234.2:-7f}')
```

```
这是十进制整数：+002345.58
这是十进制整数：-002345.32
这是多个整数：12.7+35.4=48.1
-----------------------
默认右对齐数字：    234.35
默认右对齐数字： 78234.20
左对齐数字：-234.347000
左对齐数字：78234.200000
```

图2-10　f-字符串模式的浮点数格式化输出

format()模式的标准化格式输出浮点型数值的具体示例代码及执行结果如图2-11所示。

```
#浮点数对象的格式化输出
print('这是十进制整数：{:+010.2f}'.format(2345.578))
print('这是十进制整数：{:+010.2f}'.format(-2345.3219))
print('这是多个整数：{:.1f}+{:.1f}={:.1f}'.format(12.7,35.4,12.7+35.4))
print('--'*10)
print('默认右对齐数字：{:10.2f}'.format(234.347))
print('默认右对齐数字：{:10.2f}'.format(78234.2))
print('左对齐数字：{:-7f}'.format(-234.347))
print('左对齐数字：{:-7f}'.format(78234.2))
print('**'*10)
print('{0:.2f}乘以{1:.2f}等于{1:.2f}乘以{0:.2f}'.format(23.5,56.876))

这是十进制整数：+002345.58
这是十进制整数：-002345.32
这是多个整数：12.7+35.4=48.1
-----------------------
默认右对齐数字：    234.35
默认右对齐数字： 78234.20
左对齐数字：-234.347000
左对齐数字：78234.200000
********************
23.50乘以56.88等于56.88乘以23.50
```

图2-11　format模式的浮点数格式化输出

（三）字符串对象的格式化输出

print()函数将字符串格式化输出的语法结构为：

print（"%+-n.ps"%obj）

在这种格式化输出模式中，以百分号"%"为格式化输出标记的开始。字符"+"表示格式化输出的字符串右对齐；字符"-"表示格式化输出的字符串左对齐；字符"n"表示在格式化输出字符串的结果中字符串的总长度；字符"p"表示在格式化输出字符串的结果中字符串的总个数；字符"s"表示待输出对象的格式化输出类型为字符串数据类型；第二个百分号"%"后面为待输出内容的字符串类型对象，当有多个对象时，以元组的形式提供。具体示例代码及执行结果如图2-12所示。

```
#字符串的格式化输出
print('字符串格式化输出：  |%10.6s|'%('我要刻苦学习，天天向上！'))
print('字符串格式化输出：  |%10.6s|'%('I will study hardly.'))
print('字符串默认右对齐：  |%+10.6s|'%('我要刻苦学习！'))
print('字符串左对齐：  |%-10.6s|'%('我要刻苦学习！'))
```

```
print('--'*10)
print('默认填充空格:        |','我要刻苦学习!  '.ljust(10),'|')
print('字符串的左对齐:      |','我要刻苦学习!  '.ljust(10,'*'),'|')
print('字符串的右对齐:      |','我要刻苦学习!  '.rjust(10,'*'),'|')
print('字符串的中间对齐:    |','我要刻苦学习!  '.center(10,'*'),'|')
```

```
字符串格式化输出:  |    我要刻苦学习|
字符串格式化输出:  |    I will|
字符串默认右对齐:  |    我要刻苦学习|
字符串左对齐:      |我要刻苦学习    |
--------------------
默认填充空格:      |我要刻苦学习!    |
字符串的左对齐:    |我要刻苦学习! ***|
字符串的右对齐:    |***我要刻苦学习! |
字符串的中间对齐:  |*我要刻苦学习! **|
```

图2-12 字符串类型的格式化输出

由程序的执行结果可以发现,想要实现字符串格式化输出中带字符填充的对齐输出,可以采用Python语言的内置函数ljust(),rjutst()和center()。

print()函数将字符串对象格式化输出的另外两种模式的语法结构为:

print (f"obj: *<>^n.ps")

print (": *<>^n.pf".format(obj))

与第一种模式以百分号"%"作为标准化格式输出的标记不同,后两种模式均是以冒号":"作为标准化格式输出的标记,其中的标准化格式字符"n""p""s"的含义均与第一种模式是完全一样的。而字符星号"*"表示在带填充对齐格式化输出字符串时,以星号"*"填充(默认情况下Python语言以空格填充);字符小于号"<"表示格式化输出字符串时左对齐;字符大于号">"表示格式化输出字符串时右对齐;字符尖号"^"表示格式化输出字符串时中间对齐。f-字符串标准化格式输出字符串数据类型对象的具体示例代码及执行结果如图2-13所示。

```
# 字符串的格式化输出
cz_str1='我要刻苦学习,天天向上! '
cz_str2='I will study hardly.'
print(f'字符串格式化输出: |{cz_str1:10.6s}|')
print(f'字符串格式化输出: |{cz_str2:10.6s}|')
print('--'*10)
print(f'字符串右对齐:     |{cz_str1:<10.6s}|')
print(f'字符串左对齐:     |{cz_str1:>10.6s}|')
print(f'字符串中间对齐:   |{cz_str1:^10.6s}|')
print('**'*10)
print(f'字符串填充右对齐:  |{cz_str1:*<10.6s}|')
print(f'字符串填充左对齐:  |{cz_str1:*>10.6s}|')
print(f'字符串填充中间对齐:|{cz_str1:*^10.6s}|')
```

```
字符串格式化输出:|我要刻苦学习    |
字符串格式化输出:|I will    |
--------------------
字符串右对齐:     |我要刻苦学习    |
字符串左对齐:     |    我要刻苦学习|
字符串中间对齐:   |  我要刻苦学习  |
********************
字符串填充右对齐:  |我要刻苦学习****|
字符串填充左对齐:  |****我要刻苦学习|
字符串填充中间对齐:|**我要刻苦学习**|
```

图2-13 f-字符串模式下字符串的格式化输出

由程序执行的结果可以发现，"'字符串'*n"得到的结果是将'字符串'拷贝 n 次并组合成一个新的字符串（其中字符'n'表示一个整数数字）。

format()模式的标准化格式输出字符串数据类型对象内容的具体示例代码及执行结果如图 2-14 所示。

```
#字符串的格式化输出
cz_str1='我要刻苦学习，天天向上！'
cz_str2='I will study hardly.'
print('字符串格式化输出：|{:10.6s}|'.format(cz_str1))
print('字符串格式化输出：|{:10.6s}|'.format(cz_str2))
print('--'*10)
print('字符串右对齐：        |{:<10.6s}|'.format(cz_str1))
print('字符串左对齐：        |{:>10.6s}|'.format(cz_str1))
print('字符串中间对齐：      |{:^10.6s}|'.format(cz_str1))
print('**'*10)
print('字符串填充右对齐：    |{:*<10.6s}|'.format(cz_str1))
print('字符串填充左对齐：    |{:*>10.6s}|'.format(cz_str1))
print('字符串填充中间对齐：  |{:*^10.6s}|'.format(cz_str1))
print('*-**'*10)
print('大家好，我叫{0:s},我的英文名字是{1:s}。'.format('王逸辰','Eason'))
print('Hello, everyone. My name is {1:s}. 我的中文名字是{0:s}。'.format('王逸辰','Eason'))
```

```
字符串格式化输出：|我要刻苦学习    |
字符串格式化输出：|I will    |
----------------------
字符串右对齐：    |我要刻苦学习    |
字符串左对齐：    |    我要刻苦学习|
字符串中间对齐：  |  我要刻苦学习  |
********************
字符串填充右对齐：    |我要刻苦学习****|
字符串填充左对齐：    |****我要刻苦学习|
字符串填充中间对齐：  |**我要刻苦学习**|
*-**-**-**-**-**-**-**-**-**-*
大家好，我叫王逸辰，我的英文名字是Eason。
Hello, everyone. My name is Eason. 我的中文名字是王逸辰。
```

图 2-14　format 模式下字符串的格式化输出

第二节　Python 的判断和循环控制

类似于 C++ 或者其他面向对象的编程语言，Python 语言也有判断控制和循环控制两种重要的控制结构。判断控制会基于逻辑表达式的真假来控制程序接下来的执行方向，而循环控制则是基于逻辑表达式的结果来决定循环代码块是否继续重复执行。

一、判断控制

Python 语言采用了大多数编程语言的方式，定义 if 语句模块来执行判断控制。具体地，if 语句根据其后的逻辑表达式来进行判断，当逻辑表达式的结果为真（True）时，执行一个代码模块（称之为 if 模块）；当逻辑表达式的结果为假（False）时，则执行另外一个不同的模块（称之为 else 模块）。Python 语言支持多个 if 模块，除了第一个之外的 if 模块称之为elif模块，并且在一个判断控制结构中，elif模块和else模块是可选的，不需要一定出现。

Python语言中if判断控制的语法结构为：

if 逻辑条件1： ＃条件1为真
　模块1 ＃执行if模块
elif 逻辑条件2： ＃条件2为真
　模块2 ＃执行else if模块
else： ＃逻辑条件1和2都为假
　模块3 ＃执行else模块

在Python语言中，逻辑表达式的结果只有真（True）和假（False）两种。值得注意的是，最终结果为None/False/空字符串（""）/0/空列表[]/空字典{}/空元组()的逻辑表达式在Python语言中均等同于结果False的情况。

Python语言中逻辑运算符的等级存在优先次序，按照优先次序的等级从高到低依次排列的逻辑运算符分别为：

①比较运算符：<，<=，>，>=，!=，==。比较运算符的优先等级最高；

②"是"判断运算符：is，is not；

③"属于"判断运算符：in，not in；

④逻辑"非"运算符：not；

⑤逻辑"与"运算符：and；

⑥逻辑"或"运算符：or。

接下来通过不同的示例代码举例说明Python语言的判断控制结构的使用方法。

（一）只包含if模块

从键盘接收两个字符串并判断两个字符串的长度，若满足一定的条件，则给出提示信息。具体示例代码及执行结果如图2-15所示。

```
# 只包含if模块
cz_a=input('请输入第一个课程名称：')
cz_b=input('请输入第二个课程名称：')
if len(cz_a)>len(cz_b):
    print('{:s}包含的字符数比{:s}要多。'.format(cz_a,cz_b))
    print('谢谢您的配合！')
```
```
请输入第一个课程名称：Economics
请输入第二个课程名称：Finance
Economics包含的字符数比Finance要多。
谢谢您的配合！
```

图2-15 仅包含if模块的判断控制

（二）包含if-else两个模块

针对上面（一）中的例子，使用者可以通过增加逻辑判断条件使得问题得到更进一步的完善。在Python语言中通过增加else模块可以丰富对问题的判断和处理。具体示例代码及执行结果如图2-16所示。

```
# 包含if-else模块
cz_a=input('请输入第一个课程名称：')
cz_b=input('请输入第二个课程名称：')
if len(cz_a)>len(cz_b):
    print('{:s}包含的字符数比{:s}要多。'.format(cz_a,cz_b))
    print('谢谢您的配合！')
else:
    print('{1:s}包含的字符数比{0:s}要多。'.format(cz_a,cz_b))
    print('谢谢您的配合！')
```
```
请输入第一个课程名称：Statistics
请输入第二个课程名称：Causal Inference
Causal Inference包含的字符数比Statistics要多。
谢谢您的配合！
```

图2-16　包含if-else模块的判断控制

（三）包含if-elif两个模块

从键盘接收两个数字，分别是张三和李四的身高，基于这两个数据判断二人的身高关系并给出结论。具体示例代码及执行结果如图2-17所示。

```
# 包含if-elif模块
cz_heig1=float(input('请输入王成章的身高：'))
cz_heig2=float(input('请输入王逸辰的身高：'))
if cz_heig1>cz_heig2:
    print('{0:s}的身高({2:.2f})比{1:s}的身高({3:.2f})要高。'.format('王成章','王逸辰',cz_heig1,cz_heig2))
    print('谢谢您的配合！')
elif cz_heig1<cz_heig2:
    print('{1:s}的身高({3:.2f})比{0:s}的身高({2:.2f})要高。'.format('王成章','王逸辰',cz_heig1,cz_heig2))
    print('谢谢您的配合！')
```
```
请输入王成章的身高：175.6
请输入王逸辰的身高：195.2
王逸辰的身高(195.20)比王成章的身高(175.60)要高。
谢谢您的配合！
```

图2-17　包含if-elif模块的判断控制

（四）包含if-elif-else三个模块

针对上面（三）中的例子，可以通过添加else模块来实现对逻辑判断的完备划分。具体示例代码及执行结果如图2-18所示。

```
# 包含if-elif-else模块
cz_heig1=float(input('请输入王成章的身高：'))
cz_heig2=float(input('请输入王逸辰的身高：'))
if cz_heig1>cz_heig2:
    print('{0:s}的身高({2:.2f})比{1:s}的身高({3:.2f})要高。'.format('王成章','王逸辰',cz_heig1,cz_heig2))
    print('谢谢您的配合！')
elif cz_heig1<cz_heig2:
    print('{1:s}的身高({3:.2f})比{0:s}的身高({2:.2f})要高。'.format('王成章','王逸辰',cz_heig1,cz_heig2))
    print('谢谢您的配合！')
else:
    print('{1:s}的身高({3:.2f})和{0:s}的身高({2:.2f})一样高。'.format('王成章','王逸辰',cz_heig1,cz_heig2))
    print('谢谢您的配合！')
```

```
请输入王成章的身高：195.3
请输入王逸辰的身高：195.3
王逸辰的身高(195.30)和王成章的身高(195.30)一样高。
谢谢您的配合！
```

图2-18　包含if-elif-else模块的判断控制

（五）多个逻辑判断组合

在Python语言的判断控制结构中逻辑表达式可以是多个逻辑判断的组合。具体示例代码及执行结果如图2-19所示。

```
# 多个逻辑判断条件组合
cz_str1='Central University of Finance and Economics'
cz_str2=input('请猜\'中央财经大学\'英文名称中包含的一个词：')
cz_str3=input('请再猜一个\'中央财经大学\'英文名称中包含的一个词：')
if (cz_str2 in cz_str1) and (cz_str3 in cz_str1):
    print('词 {0:s}和词 {1:s} 在\'中央财经大学\'英文名称中。'.format(cz_str2,cz_str3,cz_str1))
    print('谢谢您的配合！')
elif (cz_str2 not in cz_str1) and (cz_str3 in cz_str1):
    print('词 {0:s}不在\'中央财经大学\'英文名称中，词 {1:s}在\'中央财经大学\'英文名称中。'.format(cz_str2,cz_str3,cz_str1))
    print('谢谢您的配合！')
elif (cz_str2 not in cz_str1) and (cz_str3 not in cz_str1):
    print('词 {0:s}和词 {1:s} 都不在\'中央财经大学\'英文名称中。'.format(cz_str2,cz_str3,cz_str1))
    print('谢谢您的配合！')
elif (cz_str2 in cz_str1) and (cz_str3 not in cz_str1):
    print('词 {1:s}不在\'中央财经大学\'英文名称中，词 {0:s}在\'中央财经大学\'英文名称中。'.format(cz_str2,cz_str3,cz_str1))
    print('谢谢您的配合！')
```
```
请猜'中央财经大学'英文名称中包含的一个词：Finance
请再猜一个'中央财经大学'英文名称中包含的一个词：Business
词 Business 不在'中央财经大学'英文名称中，词 Finance在'中央财经大学'英文名称中。
谢谢您的配合！
```

图2-19　多个逻辑判断条件组合

（六）实现switch判断功能

在Python语言中并未提供switch判断功能，使用者可以采用字典数据类型来实现类似于switch判断的功能。具体示例代码及执行结果如图2-20所示。

```
# 实现switch功能
cz_dict={'金融学': 'Finance','经济学': 'Economics','统计学': 'Statistics'}
cz_str=input('请输入课程名称：')
if cz_str in cz_dict.keys():
    print('\'{:s}\'的英文翻译为 {:s}。'.format(cz_str,cz_dict.get(cz_str)))
if cz_str not in cz_dict.keys():
    print('\'{:s}\'的英文翻译不在当前词典中。'.format(cz_str))
```
```
请输入课程名称：经济学
'经济学'的英文翻译为Economics。
```

图2-20　switch功能

（七）判断结构的三元表达式

在Python语言中也支持判断结构的三元表达式，具体的语法结构为：

模块1 if 逻辑表达式 else 模块2

也即当逻辑表达式为真时执行模块1的操作，否则，执行模块2的操作。其实三元表达式等同于：

if 逻辑表达式：

　　模块1

else：

　　模块2

三元表达式的具体示例代码及执行结果如图2-21所示。

```
#三元表达式
cz_heig1=float(input('请输入王成章的身高：'))
cz_heig2=float(input('请输入王逸辰的身高：'))
cz_max=cz_heig1 if cz_heig1>cz_heig2 else cz_heig2
print('两人身高的最大值为：{:.2f}'.format(cz_max))
cz_min=cz_heig1 if cz_heig1<=cz_heig2 else cz_heig2
print('两人身高的最小值为：{:.2f}'.format(cz_min))

请输入王成章的身高：175.6
请输入王逸辰的身高：196.2
两人身高的最大值为：196.20
两人身高的最小值为：175.60
```

图2-21　三元表达式

二、循环控制

在Python语言中有两种循环控制结构：for循环控制结构和while循环控制结构。

（一）for循环控制结构

for循环控制结构会事先定义一个循环迭代集合，该集合中可以包含任何一种Python语言支持的数据类型对象。然后通过一个迭代指针依次从循环迭代集合中遍历其中的元素，每遍历一个元素将会执行一次for循环控制结构的主体模块，直到集合中所有元素均被遍历到为止。for循环控制结构的主体模块中还可以结合判断控制结构和break命令以及continue命令来控制程序执行的走向。for语句的具体语法结构为：

for 迭代指针 in 循环迭代集合：

　　for循环主体模块

　　if 逻辑表达式1：

　　　　break　　　　#退出循环结构，主体模块后续代码均被忽略

　　if 逻辑表达式2：

　　　　continue　　　#跳回到for循环控制结构的顶端，继续下一次循环操作

else：

else模块　　#for循环控制没有退出时，将会执行该模块

仅包含循环主体模块的for循环控制结构的具体示例代码及执行结果如图2-22所示。

```
# for循环控制结构
cz_bag=[12,45.9,4+8j,'cufe',['Economics','Finance'],('Stata','S'),{1:'Python',2:'C++'},True,{'c','z','w'}]
cz_type={type(1): '整数',type(1.1): '浮点数',type(1+2j): '复数',type('abc'): '字符串', \
        type([]): '列表',type(()): '元组',type({}): '字典',type(set()): '集合',type(True): '逻辑类型'}
for i,itr in enumerate(cz_bag):
    print('循环迭代集合中第 {} 个元素 {:^26s} 的类型为：{:<s}'.format(i,str(itr),cz_type.get(type(itr))))
```

```
循环迭代集合中第0个元素            12          的类型为：整数
循环迭代集合中第1个元素            45.9        的类型为：浮点数
循环迭代集合中第2个元素            (4+8j)      的类型为：复数
循环迭代集合中第3个元素            cufe        的类型为：字符串
循环迭代集合中第4个元素 ['Economics', 'Finance']  的类型为：列表
循环迭代集合中第5个元素          ('Stata', 'S')   的类型为：元组
循环迭代集合中第6个元素 {1:'Python', 2: 'C++'}   的类型为：字典
循环迭代集合中第7个元素            True        的类型为：逻辑类型
循环迭代集合中第8个元素          {'z', 'w', 'c'}   的类型为：集合
```

图2-22　for循环控制结构

由程序执行的结果可以发现，for循环控制结构的循环迭代集合为Python语言内置函数enumerate()的返回对象。此处设置了两个迭代指针"i"和"itr"分别从循环迭代集合中遍历每个元素的编号信息以及元素内容。for循环控制结构的主体模块基于遍历得到的指针内容，判断每个元素内容的数据类型，根据之前定义的字典对象"cz_type"给出对应元素对象的数据类型提示信息。

for循环主体模块中包含if判断控制结构的具体示例代码及执行结构如图2-23所示。

```
# 包含判断控制结构的for循环
cz_bag='大家好，我的名字叫王逸辰。我非常喜欢Python语言。'
for itr in cz_bag:
    if itr=='。':
        print('。','谢谢大家！')
        break
    else:
        print(itr,end='')
```

```
大家好，我的名字叫王逸辰。谢谢大家！
```

图2-23　包含判断控制结构的主体模块

由程序执行的结果可以看到，当迭代指针的内容为第一个句号"。"时，满足判断结构的条件，进而执行if判断结构的主体模块，在输出"'。','谢谢大家！'"内容后跳出当前循环结构，后续内容"我非常喜欢Python语言。"被忽略。

1. 再论列表对象的操作

在第一章中已经讨论过了列表对象的一些内容，本节主要讨论列表对象遍历元素相关的知识。

（1）逐个遍历列表元素。在Python语言中可以结合for循环控制结构来逐个遍历列表对象的元素，具体的示例代码及执行结果如图2-24所示。

```
# 遍历列表元素
cz_list=['经济学','金融学','统计学','大数据','机器学习','人工智能']
num=0
# 逐个遍历所有元素
for itr in cz_list:
    print('列表的第 {} 个元素为：{}'.format(num,itr))
    num+=1
print('-*-'*10)
num=0
# 挑选部分元素遍历
for itr in cz_list:
    if num%2==0:
        print('列表的第 {} 个元素为：{}'.format(num,cz_list[num]))
    num+=1
```

```
列表的第 0 个元素为：经济学
列表的第 1 个元素为：金融学
列表的第 2 个元素为：统计学
列表的第 3 个元素为：大数据
列表的第 4 个元素为：机器学习
列表的第 5 个元素为：人工智能
-*--*--*--*--*--*--*--*--*--*-
列表的第 0 个元素为：经济学
列表的第 2 个元素为：统计学
列表的第 4 个元素为：机器学习
```

图2-24   for循环遍历列表元素

还可以采用多个for循环嵌套结构来遍历多个列表对象，具体的示例代码及执行结果如图2-25所示。

```
# 嵌套for循环遍历多个列表
cz_list1=list(range(1,10))
cz_list2=list(range(1,10))
for i in cz_list1:
    for j in cz_list2:
        if j>=i:
            print('{:<1s}X{:>1s}={:<2s}'.format(str(i),str(j),str(i*j)),end=' ')
    print('\n')
```

```
1×1=1   1×2=2   1×3=3   1×4=4   1×5=5   1×6=6   1×7=7   1×8=8   1×9=9

2×2=4   2×3=6   2×4=8   2×5=10  2×6=12  2×7=14  2×8=16  2×9=18

3×3=9   3×4=12  3×5=15  3×6=18  3×7=21  3×8=24  3×9=27

4×4=16  4×5=20  4×6=24  4×7=28  4×8=32  4×9=36

5×5=25  5×6=30  5×7=35  5×8=40  5×9=45

6×6=36  6×7=42  6×8=48  6×9=54

7×7=49  7×8=56  7×9=63

8×8=64  8×9=72

9×9=81
```

图2-25   嵌套for循环遍历列表元素

（2）列表对象的解析运算。for循环控制结构可以方便地对列表对象的每一个元素进行操作，这被称为列表对象的解析运算。具体示例代码及执行结果如图2-26所示。

```
# 列表对象的解析运算
cz_list=['finance','economics','statistics','python']
cz_list1=[itr.upper() for itr in cz_list]
for i in range(len(cz_list)):
    print('单词 {:^12s} 的大写为 {:>12s}.'.format(cz_list[i],cz_list1[i]))
print('--'*10)
cz_list2=[''.join(str(i)+'X'+str(j)+'='+str(i*j)) for i in range(1,10) for j in range(1,10) if i>=j]
cz_scan=[0,1,3,6,10,15,21,28,36]
for i in range(1,10):
    print(*cz_list2[cz_scan[i-1]:cz_scan[i-1]+i],sep=' ')
```

```
单词   finance   的大写为    FINANCE.
单词 economics   的大写为    ECONOMICS.
单词 statistics  的大写为    STATISTICS.
单词   python    的大写为    PYTHON.
--------------------
1×1=1
2×1=2  2×2=4
3×1=3  3×2=6  3×3=9
4×1=4  4×2=8  4×3=12  4×4=16
5×1=5  5×2=10  5×3=15  5×4=20  5×5=25
6×1=6  6×2=12  6×3=18  6×4=24  6×5=30  6×6=36
7×1=7  7×2=14  7×3=21  7×4=28  7×5=35  7×6=42  7×7=49
8×1=8  8×2=16  8×3=24  8×4=32  8×5=40  8×6=48  8×7=56  8×8=64
9×1=9  9×2=18  9×3=27  9×4=36  9×5=45  9×6=54  9×7=63  9×8=72  9×9=81
```

图2-26　列表对象的解析运算

还可以采用for循环控制结构结合列表的解析运算来返回列表中第n大的元素的索引位置信息，具体示例代码及执行结果如图2-27所示。

```
# 返回一个列表对象中第n大的元素的索引位置
cz_list=[1,2,32,56,98,17,23,34,2,1,56,17,67,34,23,45,17,23,99,1,2]
cz_set=list(sorted(set(cz_list),reverse=True))
num=int(input('请问你想要知道第几大的元素：'))
cz_list1=[i for i in range(len(cz_list)) if cz_list[i]==cz_set[num]]
print('列表中第 {} 大的元素为：{};其索引为：'.format(num,cz_set[num]),end='')
print(*cz_list1,sep=',')
```

```
请问你想要知道第几大的元素：8
列表中第8大的元素为：17；其索引为：5,11,16
```

图2-27　返回列表元素的索引信息

采用for循环控制结构结合列表的解析运算还可以实现多个列表对象间元素级的对位运算，具体示例代码及执行结果如图2-28所示。

```
# 多个列表对象元素级的对位运算
cz_list=list(range(1,15,2))
cz_list1=list(range(2,21,3))
print('原有第一个列表为：',cz_list)
print('原有第二个列表为：',cz_list1)
print("--"*10)
print('两个列表对应位置元素的和为：',[cz_list[i]+cz_list1[i]for i in range(len(cz_list))])
print('两个列表对应位置元素的积为：',[cz_list[i]*cz_list1[i]for i in range(len(cz_list))])
print('两个列表对应位置元素的数对为：',[(cz_list[i],cz_list1[i]) for i in range(len(cz_list))])
```

```
原有第一个列表为：[1, 3, 5, 7, 9, 11, 13]
原有第二个列表为：[2, 5, 8, 11, 14, 17, 20]
--------------------
两个列表对应位置元素的和为：[3, 8, 13, 18, 23, 28, 33]
两个列表对应位置元素的积为：[2, 15, 40, 77, 126, 187, 260]
两个列表对应位置元素的数对为：[(1, 2), (3, 5), (5, 8), (7, 11), (9, 14), (11, 17), (13, 20)]
```

图2-28　列表对象的元素级运算

2. 再论元组对象的操作

类似于列表对象，采用for循环控制结构也可以方便地逐个遍历元组对象的元素，具体的示例代码及执行结果如图2-29所示。

```
# 遍历元组元素
cz_tuple=('经济学','金融学','统计学','大数据','机器学习','人工智能')
num=0
# 逐个遍历所有元素
for itr in cz_tuple:
    print('元组的第 {} 个元素为：{}'.format(num,itr))
    num+=1
print('-*-'*10)
num=0
# 挑选部分元素遍历
for itr in cz_tuple:
    if num%2==1:
        print('元组的第 {} 个元素为：{}'.format(num,cz_tuple[num]))
    num+=1
```

```
元组的第 0 个元素为：经济学
元组的第 1 个元素为：金融学
元组的第 2 个元素为：统计学
元组的第 3 个元素为：大数据
元组的第 4 个元素为：机器学习
元组的第 5 个元素为：人工智能
-*--*--*--*--*--*--*--*--*--*-
元组的第 1 个元素为：金融学
元组的第 3 个元素为：大数据
元组的第 5 个元素为：人工智能
```

图2-29　for循环遍历元组元素

由于元组对象一旦创建即不可修改，所以本质上来讲，在Python语言中元组对象是不支持解析操作的，其解析操作得到的对象为生成器对象"generator"。使用者可以通过强制类型转换的模式，将成器对象"generator"转换成元组对象，进而实现元组对象的解析运行。具体的示例代码及执行结果如图2-30所示。

```
# 元组对象的解析运算
cz_tuple=('finance','economics','statistics','python')
cz_tuple1=tuple(itr.upper() for itr in cz_tuple)
for i in range(len(cz_tuple)):
    print(' 单词 {:^12s} 的大写为 {:>12s}.'.format(cz_tuple[i],cz_tuple1[i]))
print('--'*10)
cz_tuple2=tuple(''.join(str(i)+'X'+str(j)+'='+str(i*j)) for i in range(1,10) for j in range(1,10) if i>=j)
cz_scan=(0,1,3,6,10,15,21,28,36)
for i in range(1,10):
    print(*cz_tuple2[cz_scan[i-1]:cz_scan[i-1]+i],sep=' ')
```

```
单词   finance    的大写为      FINANCE.
单词 economics    的大写为    ECONOMICS.
单词 statistics 的大写为   STATISTICS.
单词   python     的大写为       PYTHON.
--------------------
1×1=1
2×1=2   2×2=4
3×1=3   3×2=6   3×3=9
4×1=4   4×2=8   4×3=12   4×4=16
5×1=5   5×2=10   5×3=15   5×4=20   5×5=25
6×1=6   6×2=12   6×3=18   6×4=24   6×5=30   6×6=36
7×1=7   7×2=14   7×3=21   7×4=28   7×5=35   7×6=42   7×7=49
8×1=8   8×2=16   8×3=24   8×4=32   8×5=40   8×6=48   8×7=56   8×8=64
9×1=9   9×2=18   9×3=27   9×4=36   9×5=45   9×6=54   9×7=63   9×8=72   9×9=81
```

图2-30　元组的解析运算

采用类似的方法，也可以实现多个元组对象间元素级的对位运算。具体的示例代码及执行结果如图2-31所示。

```
# 多个元组对象元素级的对位运算
cz_tuple=tuple(range(1,15,2))
cz_tuple1=tuple(range(2,21,3))
print('原有第一个元组为：',cz_tuple)
print('原有第二个元组为：',cz_tuple1)
print("--"*10)
print('两个元组对应位置元素的和为：',tuple(cz_tuple[i]+cz_tuple1[i]for i in range(len(cz_tuple))))
print('两个元组对应位置元素的积为：',tuple(cz_tuple[i]*cz_tuple1[i]for i in range(len(cz_tuple))))
print('两个元组对应位置元素的数对为：',tuple((cz_tuple[i],cz_tuple1[i]) for i in range(len(cz_tuple))))

原有第一个元组为：(1, 3, 5, 7, 9, 11, 13)
原有第二个元组为：(2, 5, 8, 11, 14, 17, 20)
——————————————————
两个元组对应位置元素的和为：(3, 8, 13, 18, 23, 28, 33)
两个元组对应位置元素的积为：(2, 15, 40, 77, 126, 187, 260)
两个元组对应位置元素的数对为：((1, 2), (3, 5), (5, 8), (7, 11), (9, 14), (11, 17), (13, 20))
```

图2-31　元组元素级运算

3. 再论字典对象的操作

对于字典对象，在Python语言中也可以采用for循环控制结构来实现对其元素的逐个遍历，多个字典对象的合并以及字典对象的解析运算。

（1）逐个遍历字典元素。结合for循环控制结构，使用者可以逐个遍历字典对象的元素，具体的示例代码及执行结果如图2-32所示。

```
# 遍历字典对象
cz_dict={'金融学': 'Finance','经济学': 'Economics','统计学': 'Statistics','机器学习': 'Machine Learning'}
# 遍历字典对象的键
print('字典对象的键为：',end=' ')
for i,key in zip(range(len(cz_dict.keys())),cz_dict.keys()):
    if i==len(cz_dict.keys())-1:
        print(key,end='')
    else:
        print(key,end='; ')
# 遍历字典对象的键值
print('\n 字典对象的键值为：',end=' ')
for i,val in zip(range(len(cz_dict.values())),cz_dict.values()):
    if i==len(cz_dict.values())-1:
        print(val,end='')
    else:
        print(val,end='; ')
# 遍历字典对象的元素
print('\n 字典对象的元素为：',end=' ')
for i,itm in zip(range(len(cz_dict.items())),cz_dict.items()):
    if i==len(cz_dict.items())-1:
        print('('+itm[0]+':'+itm[1]+')',end='')
    else:
        print('('+itm[0]+':'+itm[1]+')',end='; ')

字典对象的键为：金融学; 经济学; 统计学; 机器学习
字典对象的键值为：Finance; Economics; Statistics; Machine Learning
字典对象的元素为：(金融学：Finance); (经济学：Economics); (统计学：Statistics); (机器学习：Machine Learning)
```

图2-32　遍历字典对象

当然，也可以直接返回字典对象的元素，具体的示例代码及执行结果如图2-33所示。

```
# 遍历字典对象的元素
cz_dict={'金融学': 'Finance','经济学': 'Economics','统计学': 'Statistics','机器学习': 'Machine Learning'}
for key,val in cz_dict.items():
    print('键 \'{:^5s}\' 对应的键值为: \'{:>s}\''.format(key,val))
```
```
键 '金融学' 对应的键值为: 'Finance'
键 '经济学' 对应的键值为: 'Economics'
键 '统计学' 对应的键值为: 'Statistics'
键 '机器学习' 对应的键值为: 'Machine Learning'
```

图2-33　遍历字典对象的元素

（2）多个字典对象的合并。结合for循环控制结构，使用者可以合并多个字典对象，具体的示例代码及执行结果如图2-34所示。

```
# 合并字典对象
cz_dict={'金融学': 'Finance','经济学': 'Economics','统计学': 'Statistics','机器学习': 'Machine Learning'}
cz_dict1={'编程语言': 'Python','因果推断': 'Causal Inference'}
cz_con={}
for key,val in cz_dict.items():
    cz_con[key]=val
for key,val in cz_dict1.items():
    cz_con[key]=val
print('原有第一个字典为: ',cz_dict)
print('原有第二个字典为: ',cz_dict1)
print('合并后的字典为: ',cz_con)
```
```
原有第一个字典为:  {'金融学': 'Finance', '经济学': 'Economics', '统计学': 'Statistics', '机器学习': 'Machine Learning'}
原有第二个字典为:  {'编程语言': 'Python', '因果推断': 'Causal Inference'}
合并后的字典为:  {'金融学': 'Finance', '经济学': 'Economics', '统计学': 'Statistics', '机器学习': 'Machine Learning', '编程语言': 'Python', '因果推断': 'Causal Inference'}
```

图2-34　合并字典对象

借助for循环控制结构，使用者还可以方便地将字典对象的键和键值互换，具体的示例代码及执行结果如图2-35所示。

```
# 字典对象键和键值互换
cz_dict={'金融学': 'Finance','经济学': 'Economics','统计学': 'Statistics','机器学习': 'Machine Learning'}
cz_swap={}
for key,val in cz_dict.items():
    cz_swap[val]=key
print('原有字典为: ',cz_dict)
print('互换后的字典为: ',cz_swap)
```
```
原有字典为:  {'金融学': 'Finance', '经济学': 'Economics', '统计学': 'Statistics', '机器学习': 'Machine Learning'}
互换后的字典为:  {'Finance': '金融学', 'Economics': '经济学', 'Statistics': '统计学', 'Machine Learning': '机器学习'}
```

图2-35　字典对象键和键值互换

（3）字典对象的解析运算。类似于列表对象，字典对象也可以进行解析运算，具体的示例代码及执行结果如图2-36所示。

```
# 字典对象的解析运算
cz_dict={'金融学': 94,'经济学': 87,'统计学': 89,'机器学习': 97}
cz_dict1={key:val+10 if val<90 else val for key,val in cz_dict.items()}
print('原来的字典对象为: ',cz_dict)
print('解析运算后的字典对象为: ',cz_dict1)
```
```
原来的字典对象为:  {'金融学': 94, '经济学': 87, '统计学': 89, '机器学习': 97}
解析运算后的字典对象为:  {'金融学': 94, '经济学': 97, '统计学': 99, '机器学习': 97}
```

图2-36　字典对象的解析运算

由程序的执行结果可以看到，通过字典对象的解析运算，将原来字典对象中键值小于90的元素的键值增加了10，其余的元素保持原来不变。

结合for循环控制结构，使用者也可以方便地实现多个字典对象间元素级的运算，具体的示例代码及执行结果如图2-37所示。

```
#字典对象的元素级运算
cz_dict={'金融学': 94,'经济学': 87,'统计学': 89,'机器学习': 97}
cz_dict1={'金融学': 90,'经济学': 92,'统计学': 97,'机器学习': 91}
print('第一次测验结果： ',cz_dict)
print('第二次测验结果： ',cz_dict1)
print('两次的平均值为： ',{key: (cz_dict[key]+cz_dict1[key])/2 for key in cz_dict.keys()})

第一次测验结果： {'金融学': 94,'经济学': 87,'统计学': 89,'机器学习': 97}
第二次测验结果： {'金融学': 90,'经济学': 92,'统计学': 97,'机器学习': 91}
两次的平均值为： {'金融学': 92.0,'经济学': 89.5,'统计学': 93.0,'机器学习': 94.0}
```

图2-37　字典对象的元素级运算

（二）while 循环控制结构

Python语言支持的另外一种循环控制结构为while结构，不同于for循环控制结构以迭代指针从循环迭代集合中取值的操作，while循环控制结构是以逻辑判断条件为循环主体模块执行的依据。当逻辑表达式结果为真（True）时，则执行一次while循环主体模块；接下来继续判断逻辑表达式的结果是否为真，为真则继续执行一次while循环主体模块，为假（False）则终止循环。与for循环控制结构一样，在while循环控制结构中也可以结合if判断条件来控制程序的执行方向。while循环控制的语法结构为：

while 逻辑表达式：
　　while 循环主体模块
　　if 逻辑表达式1：
　　　　break　　　　#退出循环结构，主体模块后续代码均被忽略
　　if 条件2：
　　　　continue　　　#跳回到for循环控制结构的顶端，继续下一次循环操作
　　else：
　　　　else模块　　　#for循环控制没有退出时，将会执行该模块
　　pass

其中，关于if判断控制结构的解释与for循环控制结构相同。在Python语言中保留了pass命令语句，该命令语句不作任何的操作，只是起到占位符的作用。

下面通过具体的示例来说明while循环控制结构的用法。

1. 简单的while循环控制

while循环控制可以根据逻辑表达式的判断结果来控制循环主题的执行，具体示例代码及执行结果如图2-38所示。

```
# while 循环控制结构
cz_num=int(input('请输入一个整数：'))
i=1;cz_sum1=0;cz_sum2=0;cz_sum3=0
while i<=cz_num:
    cz_sum1+=i
    cz_sum2+=i**2
    cz_sum3+=i**3
    i+=1
print('从 1 到 {} 的和为：{}'.format(cz_num,cz_sum1))
print('从 1 到 {} 的平方和为：{}'.format(cz_num,cz_sum2))
print('从 1 到 {} 的立方和为：{}'.format(cz_num,cz_sum3))
```

```
请输入一个整数：9
从 1 到 9 的和为：45
从 1 到 9 的平方和为：285
从 1 到 9 的立方和为：2025
```

图2-38　while 循环控制结构

由程序的执行结果可以看到，while 循环控制结构是以逻辑表达式的判断结果来决定主体模块是否执行。当逻辑表达式中包含类似于 for 循环控制结构中的迭代指针"i"时，需要在 while 主体模块中显式设置该迭代指针的更新"i+=1"，否则，while 循环控制结构将会进入死循环。

主体模块中结合判断控制结构的具体示例代码及执行结果如图2-39所示。

```
# while 循环中结合判断控制结构
A=B=C=D=1
while A<9:
    while B<9:
        while C<9:
            while D<9:
                if not (A==B or A==C or A==D or B==C or B==D or C==D):
                    cz_times=A*(B*100+C*10+D)
                    if len(str(cz_times))>3:
                        if str(cz_times)[0]==str(cz_times)[1]or str(cz_times)[0]==str(cz_times)[2]or str(cz_times)[0]==str(cz_times)[3]or \
                        str(cz_times)[1]==str(cz_times)[2]or str(cz_times)[1]==str(cz_times)[3]or str(cz_times)[2]==str(cz_times)[3]or \
                        str(9) in str(cz_times) or str(0) in str(cz_times) or str(A) in str(cz_times) or str(B) in str(cz_times) or str(C) in str(cz_times) or str(D) in str(cz_times):
                            pass
                        else:
                            print('结果是：{} X {} = {}'.format(A,B*100+C*10+D,cz_times))
                D+=1
            C+=1
            D=1
        B+=1
        C=1
        D=1
    A+=1
    B=1
    C=1
    D=1
```

```
结果是：3 × 582 = 1746
结果是：6 × 453 = 2718
```

图2-39　结合判断控制结构

由程序的执行结果可以发现，while 循环控制的主体模块中，if 判断控制结构可以根据复杂的逻辑表达式来判断一个三位数乘以一个一位数得到一个四位数的结果中，那些所有数字均不重复的情况。另外，主题模块中的 pass 命令语句未执行任何操作。

在while循环控制结构中也可以采用break和continue命令语句来控制程序执行的方向，具体示例代码及执行结果如图2-40所示。

```
cz_1sto=cz_1st=235
cz_2ndo=cz_2nd=2021
while 3: #非零即为真
    if cz_1st>=cz_2nd:
        if cz_1st%cz_2nd ==0:
            print('{}和{}的最大公约数为：{}'.format(cz_1sto,cz_2ndo,cz_2nd))
            break
        else:
            cz_sh=cz_1st//cz_2nd    #取商
            cz_yu=cz_1st%cz_2nd    #取余数
            cz_1st=cz_2nd
            cz_2nd=cz_yu
            continue
    else:
        temp=cz_1st
        cz_1st=cz_2nd
        cz_2nd=temp

235 和 2021 的最大公约数为：47
```

图2-40　跳出循环控制结构

由程序的执行结果可以发现，在Python语言中逻辑表达式的判断结果为"0"表示假（False），非"0"表示真。break命令语句的作用是跳出当前循环结构，continue命令语句的作用是直接返回循环体的头且继续执行循环操作。

三、文本文件的读写控制

到目前为止，本书已经介绍了如何采用Python语言从标准的控制台接收数据，以及如何将程序运行得到的结果在控制台中输出。对于较少量的数据而言，这种操作还可以完成任务，但是对于大数据量的情况，这种模式显然是无法满足要求。一般情况下，数据往往是存储在磁盘文件中，程序接收数据的来源也要从磁盘文件直接读取；而程序运行得到的大量结果也需要直接存储到磁盘文件中以便后续的进一步分析和处理。

在Python语言中，可以采用内置的函数open()来控制文本文件（.txt）的读写操作。open()函数的帮助信息如图2-41所示。

```
# 查询帮助
help(open)

Help on built-in function open in module io:

open(file, mode='r', buffering=-1, encoding=None, errors=None, newline=None, closefd=True, opener=None)
    Open file and return a stream.    Raise OSError upon failure.

    file is either a text or byte string giving the name (and the path
    if the file isn't in the current working directory) of the file to
    be opened or an integer file descriptor of the file to be
    wrapped. (If a file descriptor is given, it is closed when the
    returned I/O object is closed, unless closefd is set to False.)

    mode is an optional string that specifies the mode in which the file
    is opened. It defaults to 'r' which means open for reading in text
    mode.    Other common values are 'w' for writing (truncating the file if
```

it already exists), 'x' for creating and writing to a new file, and
'a' for appending (which on some Unix systems, means that all writes
append to the end of the file regardless of the current seek position).
In text mode, if encoding is not specified the encoding used is platform
dependent: locale.getpreferredencoding(False) is called to get the
current locale encoding. (For reading and writing raw bytes use binary
mode and leave encoding unspecified.) The available modes are:

```
========= =======================================
Character Meaning
--------- ---------------------------------------
'r'       open for reading (default)
'w'        open for writing, truncating the file first
'x'       create a new file and open it for writing
'a'       open for writing, appending to the end of the file if it exists
'b'       binary mode
't'       text mode (default)
'+'       open a disk file for updating (reading and writing)
'U'        universal newline mode (deprecated)
========= =======================================
```

The default mode is 'rt' (open for reading text). For binary random
access, the mode 'w+b' opens and truncates the file to 0 bytes, while
'r+b' opens the file without truncation. The 'x' mode implies 'w' and
raises an `FileExistsError` if the file already exists.

Python distinguishes between files opened in binary and text modes,
even when the underlying operating system doesn't. Files opened in
binary mode (appending 'b' to the mode argument) return contents as
bytes objects without any decoding. In text mode (the default, or when
't' is appended to the mode argument), the contents of the file are
returned as strings, the bytes having been first decoded using a
platform-dependent encoding or using the specified encoding if given.

'U' mode is deprecated and will raise an exception in future versions
of Python.   It has no effect in Python 3.   Use newline to control
universal newlines mode.

buffering is an optional integer used to set the buffering policy.
Pass 0 to switch buffering off (only allowed in binary mode), 1 to select
line buffering (only usable in text mode), and an integer > 1 to indicate
the size of a fixed-size chunk buffer.   When no buffering argument is
given, the default buffering policy works as follows:

* Binary files are buffered in fixed-size chunks; the size of the buffer
  is chosen using a heuristic trying to determine the underlying device's
  "block size" and falling back on `io.DEFAULT_BUFFER_SIZE`.
  On many systems, the buffer will typically be 4096 or 8192 bytes long.

* "Interactive" text files (files for which isatty() returns True)
  use line buffering.   Other text files use the policy described above
  for binary files.

encoding is the name of the encoding used to decode or encode the
file. This should only be used in text mode. The default encoding is
platform dependent, but any encoding supported by Python can be
passed.   See the codecs module for the list of supported encodings.

errors is an optional string that specifies how encoding errors are to
be handled---this argument should not be used in binary mode. Pass
'strict' to raise a ValueError exception if there is an encoding error
(the default of None has the same effect), or pass 'ignore' to ignore
errors. (Note that ignoring encoding errors can lead to data loss.)
See the documentation for codecs.register or run 'help(codecs.Codec)'
for a list of the permitted encoding error strings.

newline controls how universal newlines works (it only applies to text
mode). It can be None, '', '\n', '\r', and '\r\n'.   It works as
follows:

* On input, if newline is None, universal newlines mode is
  enabled. Lines in the input can end in '\n', '\r', or '\r\n', and
  these are translated into '\n' before being returned to the
  caller. If it is '', universal newline mode is enabled, but line

endings are returned to the caller untranslated. If it has any of
the other legal values, input lines are only terminated by the given
string, and the line ending is returned to the caller untranslated.

* On output, if newline is None, any '\n' characters written are
translated to the system default line separator, os.linesep. If
newline is '' or '\n', no translation takes place. If newline is any
of the other legal values, any '\n' characters written are translated
to the given string.

If closefd is False, the underlying file descriptor will be kept open
when the file is closed. This does not work when a file name is given
and must be True in that case.

A custom opener can be used by passing a callable as *opener*. The
underlying file descriptor for the file object is then obtained by
calling *opener* with (*file*, *flags*). *opener* must return an open
file descriptor (passing os.open as *opener* results in functionality
similar to passing None).

open() returns a file object whose type depends on the mode, and
through which the standard file operations such as reading and writing
are performed. When open() is used to open a file in a text mode ('w',
'r', 'wt', 'rt', etc.), it returns a TextIOWrapper. When used to open
a file in a binary mode, the returned class varies: in read binary
mode, it returns a BufferedReader; in write binary and append binary
modes, it returns a BufferedWriter, and in read/write mode, it returns
a BufferedRandom.

It is also possible to use a string or bytearray as a file for both
reading and writing. For strings StringIO can be used like a file
opened in a text mode, and for bytes a BytesIO can be used like a file
opened in a binary mode.

图2-41　查询帮助信息

　　由查询到的帮助信息可以看到，open()函数对文本文件的读写操作主要有读取"'r'"、写入"'w'"、创建新文件"'x'"、在文件尾追加内容"'a'"、更新文件内容"'+'"以及文本内容的读写模式：二进制模式"'b'"和文本模式"'t'"。

　　比如本地磁盘上有个文本文件Intro.txt，文件的内容如图2-42所示。

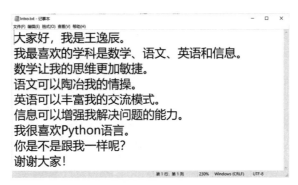

图2-42　文本文件内容

　　采用open()函数读取文本文件的具体示例代码及执行结果如图2-43所示。

```
#读取文本文件内容
with open('Intro.txt','r',encoding='utf-8') as f:
    cz_fdata=f.read()
    print('文本文件的内容是：')
    print('---'*10)
    print(cz_fdata)
    print('---'*10)
```

```
文本文件的内容是：
------------------------------
大家好，我是王逸辰。
我最喜欢的学科是数学、语文、英语和信息。
数学让我的思维更加敏捷。
语文可以陶冶我的情操。
英语可以丰富我的交流模式。
信息可以增强我解决问题的能力。
我很喜欢Python语言。
你是不是跟我一样呢？
谢谢大家！
------------------------------
```

图2-43　读取文本文件内容

由程序执行的结果可以发现，read()函数一次将文本文件所有的内容全都读取出来了，如果想要每次读取一行的内容，可以采用readline()函数。具体示例代码及执行结果如图2-44所示。

```
#逐行读取文本文件内容
with open('Intro.txt','r',encoding='utf-8') as f:
    print('文本文件的内容是：')
    print('---'*10)
    while 5:
        cz_fline=f.readline()
        if cz_fline=='': #读取到文件尾返回空，空行也会有字符，不是空
            break
        else:
            print(cz_fline)
    print('---'*10)
```

```
文本文件的内容是：
------------------------------
大家好，我是王逸辰。

我最喜欢的学科是数学、语文、英语和信息。

数学让我的思维更加敏捷。

语文可以陶冶我的情操。

英语可以丰富我的交流模式。

信息可以增强我解决问题的能力。

我很喜欢Python语言。

你是不是跟我一样呢？

谢谢大家！
------------------------------
```

图2-44　逐行读取文本文件内容

由程序执行的结果可以看到，readline() 函数会读取文本文件每一行的所有字符，包括行尾的回车符，因此输出结果中每一行的后面会有回车出现。

其实也可以采用readlines()函数来一次性读取文本文件所有的内容，但是此时返回的结果是一个列表。具体示例代码及执行结果如图2-45所示。

```
#逐行读取文本文件内容，整体返回结果
with open('Intro.txt','r',encoding='utf-8') as f:
    cz_flines=f.readlines()
    print('列表形式返回读取内容：\n',cz_flines)
    print('\n 文本文件的内容是：')
    print('----'*10)
    for i in cz_flines:
        print(i.strip('\n')) #去除每一行的结尾字符
    print('----'*10)
```

```
列表形式返回读取内容：
 ['大家好，我是王逸辰。\n', '我最喜欢的学科是数学、语文、英语和信息。\n', '数学让我的思维更加敏捷。\n', '语文可以陶冶我的情操。\n', '英语可以丰富我的交流模式。\n', '信息可以增强我解决问题的能力。\n', '我很喜欢 Python 语言。\n', '你是不是跟我一样呢？\n', '谢谢大家！']

文本文件的内容是：
--------------------------------
大家好，我是王逸辰。
我最喜欢的学科是数学、语文、英语和信息。
数学让我的思维更加敏捷。
语文可以陶冶我的情操。
英语可以丰富我的交流模式。
信息可以增强我解决问题的能力。
我很喜欢 Python 语言。
你是不是跟我一样呢？
谢谢大家！
--------------------------------
```

图2-45　逐行读取整体返回文件内容

采用写入 "'w'" 模式可以将变量对象的内容写入文本文件中，具体示例代码及执行结果如图2-46所示。

```
#写入文件内容
cz_rst_list=[]
for a in range(50//1+1):    #求对应单位的最大组合个数
    for b in range(50//5+1):
        for c in range(50//10+1):
            for d in range(50//25+1):
                if a+b*5+c*10+d*25==50:   #组合条件
                    cz_rst_list.append((a,b,c,d))
with open('ZuHe.txt','w',encoding='utf-8') as f:
    f.write('大家好，这是一个组合问题。\n')
    f.write('问 50 可以由几个 1、几个 5、几个 10 和几个 25 组成。\n')
    f.write('每个元素的个数至少是 1。\n')
    f.write('所有可能的结果是：\n')
    for i in    cz_rst_list:
        f.write('50 由 '+str(i[0])+' 个 1、'+str(i[1])+' 个 5、'+str(i[2])+' 个 10 和 '+str(i[3])+' 个 25 组成。\n')
```

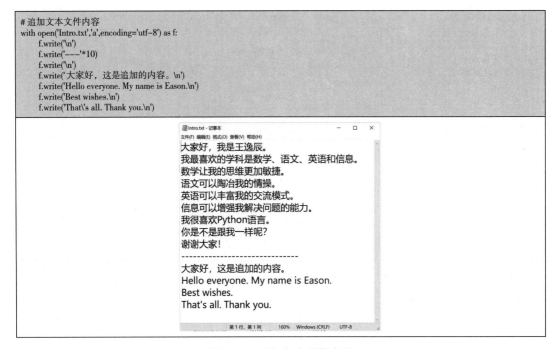

图2-46　写入文本文件内容

使用者也可以采用追加内容的模式"'a'"在一个已有文本文件的末尾追加新的内容，具体示例代码及执行结果如图2-47所示。

```
# 追加文本文件内容
with open('Intro.txt','a',encoding='utf-8') as f:
    f.write('\n')
    f.write('----'*10)
    f.write('\n')
    f.write(' 大家好，这是追加的内容。\n')
    f.write('Hello everyone. My name is Eason.\n')
    f.write('Best wishes.\n')
    f.write('That\'s all. Thank you.\n')
```

图2-47　追加文本文件内容

由程序执行的结果可以看到，新的文本内容已经被追加到原有文本文件的末尾。只是在追加文本内容的时候，在需要换行的地方一定要增加换行符"'\n'"，不然所有待追加的内容会依次追加到文件末尾，没有换行。

习题

1. 在Python语言中如何从控制台接收数据？
2. 简述Python语言中"print"函数格式化输出的实现模式。
3. 举例说明如何在Python语言中实现"switch"判断功能。
4. 简述Python语言中循环控制结构的实现模式及不同模式之间的差异。
5. 如何在Python语言中一次读取所有文本文件的内容？

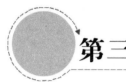

第三章　Python的函数和类

学习目标:

　　了解并掌握Python语言中函数的概念及不同类型函数参数的定义和使用方式,Python语言中类的概念及类的继承和重载,Python语言中模块的概念和导入模式。

　　在面向对象的编程语言中,函数是实现代码重用的一种重要模式。从某种意义上讲,函数就是给一个代码模块赋予了一个名字,在其后的程序代码中该模块可以在需要的地方无限次地被执行,而程序中无须再重写该段代码。类是面向对象编程语言的核心概念,将现实世界中具有相同属性和行为的对象放在一起,抽象出一个更高层的概念即是表征那些对象的类。类似于C++等其他语言,Python语言也支持函数和类的概念。

第一节　函　数

　　在Python语言中函数也是一种对象,该对象与一段代码模块相对应。函数对象包含定义和调用两个概念,定义函数是在代码模块与函数名之间建立对应关系;而调用则是根据定义的函数名执行相应的代码模块。

一、无参数函数

　　Python语言采用关键字def来定义函数,如果函数体的执行不需要任何外部信息的传入,则函数即可定义为无参数函数。无参数函数定义的语法结构为:
def 函数名称():
　　'''
　　　函数说明文档
　　'''
　　函数体代码模块
无参数函数定义的具体示例代码及执行结果如图3-1所示。

```
# 无参数函数定义
def cz_fun():
    '''
    这是一个不带参数的函数，函数定义的关键字为def,函数名称为cz_fun。
    函数功能是从键盘接收一个数字，返回该数字的阶乘结果。
    '''
    print('这是一个无参数函数的例子。')
    print('--'*10)
    cz_num=int(input('请输入一个正整数：'))
    if cz_num==0:
        cz_times=1
        print('{}的阶乘为：{}'.format(cz_num,cz_times))
    else:
        cz_times=1
        for i in range(cz_num):
            cz_times*=(i+1)
        print('{}的阶乘为：{}'.format(cz_num,cz_times))
    print('--'*10)
    print('函数执行结束。谢谢。')
```

图3-1　无参数函数定义

定义好的函数不会执行任何的操作，如果需要执行函数体代码模块中的操作，可以通过调用该函数来实现。Python语言中调用函数的模式就是直接调用其函数名称即可，调用图3-1中定义的函数的具体示例代码及执行结果如图3-2所示。

```
# 调用函数
cz_fun()
```
```
这是一个无参数函数的例子。
--------------------
请输入一个正整数：6
6的阶乘为：720
--------------------
函数执行结束，谢谢。
```

图3-2　调用无参数函数

由程序执行的结果可以发现，调用函数的名称即可执行函数体模块中规定的操作。

由于Python语言中函数也是一种对象，因此函数也可以赋值给其他变量，具体示例代码及执行结果如图3-3所示。

```
# 函数赋值调用
a=cz_fun
a()
```
```
这是一个无参数函数的例子。
--------------------
请输入一个正整数：6
6的阶乘为：720
--------------------
函数执行结束，谢谢。
```

图3-3　函数赋值调用

如果函数需要返回给函数体代码模块外一个信息数据，可以采用关键字return来实现。带有返回值的无参数函数定义及调用的具体示例代码及执行结果如图3-4所示。

```
# 带有返回值的函数
def cz_fun_sum():
    '''
    Author: Chengzhang Wang
    Date: 2022-1-26
    这是一个带有返回值的不带参数的函数。
    函数功能是从键盘接收一个数字，返回从1到该数字的和。
    '''
    print('这是一个带有返回值的无参数函数的例子。')
    print('--'*10)
    cz_num=int(input('请输入一个正整数：'))
    cz_sum=0
    for i in range(cz_num):
        cz_sum+=(i+1)
    print('从1到{}的加和为：{}'.format(cz_num,cz_sum))
    print('--'*10)
    print('函数执行结束，谢谢。')
    return cz_sum

# 函数调用
cz_a=cz_fun_sum()
print('cz_a的值为：{}'.format(cz_a))
```
```
这是一个带有返回值的无参数函数的例子。
--------------------
请输入一个正整数：10
从1到10的加和为：55
--------------------
函数执行结束，谢谢。
cz_a的值为：55
```

图3-4　带有返回值的函数

由程序执行的结果可以发现，带有返回值的函数被赋值给变量cz_a后，函数的返回值也被赋值给了变量cz_a。

在Python语言中也可以采用取别名式的调用，具体示例代码及执行结果如图3-5所示。

```
# 另外一种执行方式，此时cz_a函数仅仅是函数体，类似于给函数取了一个别名。
cz_a=cz_fun_sum
cz_b=cz_a()
print('cz_a的值为：{},\n而cz_b的值为：{}'.format(cz_a,cz_b))
```
```
这是一个带有返回值的无参数函数的例子。
--------------------
请输入一个正整数：10
从1到10的加和为：55
--------------------
函数执行结束，谢谢。
cz_a的值为：<function cz_fun_sum at 0x0000029E4EA7CD30>,
而cz_b的值为：55
```

图3-5　取别名式调用函数

由程序执行的结果可以发现，变量cz_a相当对函数cz_fun_sum的别名，而函数执行返回的结果赋值给了变量cz_b。

二、带有参数的函数

除了无参数的函数外，如果函数体的执行依赖于任何外部信息的传入，则函数需定义为带有参数函数。带有参数的函数定义的语法结构为：

　　def 函数名称（参数1，参数2，…，参数m）：

　　　　'''

　　　　函数说明文档

　　　　'''

　　函数体代码模块

　　带有参数的函数定义及调用的具体示例代码及执行结果如图3-6所示。

```python
# 带有参数的函数
def cz_algbra(cz_1st,cz_2nd):
    '''
    Author: Chengzhang Wang
    Date: 2022-1-26
    这是一个带有参数的函数。
    函数功能是从键盘接收两个数字，返回该两个数字的和差积商。
    参数：
        cz_1st:第一个接收的数字
        cz_2nd:第二个接收的数字
    返回：
    cz_num1+cz_num2,cz_num1-cz_num2,cz_num1*cz_num2,cz_num1/cz_num2
        或者
        cz_num1+cz_num2,cz_num1-cz_num2,cz_num1*cz_num2,None
    '''
    print('这是一个带有参数函数的例子。')
    print('--'*10)
    cz_num1=cz_1st
    cz_num2=cz_2nd
    if cz_num2!=0:
        print('{}和{}的和为：{}'.format(cz_num1,cz_num2,cz_num1+cz_num2))
        print('{}和{}的差为：{}'.format(cz_num1,cz_num2,cz_num1-cz_num2))
        print('{}和{}的积为：{:.2f}'.format(cz_num1,cz_num2,cz_num1*cz_num2))
        print('{}和{}的商为：{:.2f}'.format(cz_num1,cz_num2,cz_num1/cz_num2))
        print('--'*10)
        print('函数执行结束，谢谢。')
        return cz_num1+cz_num2,cz_num1-cz_num2,cz_num1*cz_num2,cz_num1/cz_num2
    else:
        print('{}和{}的和为：'.format(cz_num1,cz_num2,cz_num1+cz_num2))
        print('{}和{}的差为：'.format(cz_num1,cz_num2,cz_num1-cz_num2))
        print('{}和{:.2f}的积为：'.format(cz_num1,cz_num2,cz_num1*cz_num2))
        print('除数{}为零，无法计算商。'.format(cz_num2))
        print('--'*10)
        print('函数执行结束，谢谢。')
        return cz_num1+cz_num2,cz_num1-cz_num2,cz_num1*cz_num2,None

# 函数调用
cz_1num=float(input('请输入第一个数：'))
cz_2num=float(input('请输入第二个数：'))
cz_a,cz_b,cz_c,cz_d=cz_algbra(cz_1num,cz_2num)
print('函数返回值为：{}、{}、{:.2f}和{:.2f}'.format(cz_a,cz_b,cz_c,cz_d))
```

```
请输入第一个数：298
请输入第二个数：23.5
这是一个带有参数函数的例子。
────────────────────
298.0和23.5的和为：321.5
298.0和23.5的差为：274.5
298.0和23.5的积为：7003.00
298.0和23.5的商为：12.68
────────────────────
函数执行结束，谢谢。
函数返回值为：321.5、274.5、7003.00和12.68
```

图3-6　带有参数的函数

　　由程序执行的结果可以发现，当把参数传递给函数后，函数将会执行主体模块的操作，并返回函数的计算结果。当函数的返回值有多个时，接收函数返回值的变量需要与返回值的个数匹配，不然程序会触发个数不匹配的异常。

值得注意的是，Python语言中有一种特殊的函数：匿名函数。这种函数采用关键字lambda来定义，函数没有具体的名字，只有对应的参数列表和函数执行结果的返回值。匿名函数的语法结构为：

lambda 参数列表：函数运算表达式

匿名函数的主体是运算表达式，且函数直接返回计算的结果。匿名函数的具体示例代码及执行结果如图3-7所示。

```
# 匿名函数
cz_2sum=lambda x,y: x+y
cz_fb1=1;cz_fb2=1
def cz_Fibonacci(item_num):
    '''
    Author: Chengzhang Wang
    Date: 2022-1-26
    调用匿名函数，生成斐波那契数列。
    参数:
        斐波那契数列的项数
    返回:
        包含斐波那契数列的数值的列表
    '''
    if item_num<=2:
        cz_fib=[1,1]
    else:
        cz_fib=[1,1]
        for i in range(2,item_num):
            cz_fib.append(cz_2sum(cz_fib[i-2],cz_fib[i-1]))
    return cz_fib

# 调用函数
cz_itm_num=int(input('请输入斐波那契数列的项数：'))
cz_Fib_rst=cz_Fibonacci(cz_itm_num)
print('{}项的斐波那契数列为: {}'.format(cz_itm_num,cz_Fib_rst))
```
```
请输入斐波那契数列的项数：25
25项的斐波那契数列为: [1, 1, 2, 3, 5, 8, 13, 21, 34, 55, 89, 144, 233, 377, 610, 987, 1597, 2584, 4181, 6765, 10946, 17711, 28657, 46368, 75025]
```

图3-7　匿名函数

Python语言中函数的参数大致可以分为四种类型：默认参数、强制参数、不定长参数和关键字参数。

（一）默认参数

Python语言中通常将函数定义时给定的参数称作形参，而将函数调用时给定的参数称作实参。函数中的默认参数即是指函数在定义时就已经为参数设定了默认值。由于默认值的存在，带有默认参数的函数在调用时即便不给定参数的取值，函数也会顺利执行对应的操作，只是参数取定默认数值而已。带有默认参数的函数示例的具体代码及执行结果如图3-8所示。

```
# 带有默认参数的函数的定义和调用
def cz_FibSer(series_1st=1,series_2nd=3,item_num=20):
    '''
    Author: Chengzhang Wang
    Date: 2022-1-26
```

```
    调用匿名函数，生成斐波那契数列。
    参数：
        数列的第一项：series_1st
        数列的第一项：series_2nd
        数列的项数：item_num
    返回：
        数列的第一项、第二项、项数以及包含斐波那契数列的数值的列表
    '''
    cz_2sum=lambda x,y: x+y
    if item_num<=2:
        cz_fib=[series_1st,series_2nd]
    else:
        cz_fib=[series_1st,series_2nd]
        for i in range(2,item_num):
            cz_fib.append(cz_2sum(cz_fib[i-2],cz_fib[i-1]))
    return series_1st,series_2nd, item_num, cz_fib

# 无参数赋值调用
print('不给定参数数值的函数调用：')
cz_ser1,cz_ser2,cz_serNum,cz_Fib_rst=cz_FibSer()
print('斐波那契数列的第一项为{}，第二项为{}。'.format(cz_ser1,cz_ser2))
print('{}项的斐波那契数列为：{}'.format(cz_serNum,cz_Fib_rst))
```

```
不给定参数数值的函数调用：
斐波那契数列的第一项为1，第二项为3。
20项的斐波那契数列为：[1, 3, 4, 7, 11, 18, 29, 47, 76, 123, 199, 322, 521, 843, 1364, 2207, 3571, 5778, 9349, 15127]
```

图3-8　带有默认参数的函数

值得注意的是，虽然函数的形参已经有了默认值，但是在函数调用时仍然可以根据需要给定新的实参的数值。具体示例代码及执行结果如图3-9所示。

```
# 指定默认参数的实参数值的调用
print('指定部分实参数值的函数调用：')
cz_ser1,cz_ser2,cz_serNum,cz_Fib_rst=cz_FibSer(5)
print('斐波那契数列的第一项为{}，第二项为{}。'.format(cz_ser1,cz_ser2))
print('{}项的斐波那契数列为：{}'.format(cz_serNum,cz_Fib_rst))
print('--'*10)

cz_ser1,cz_ser2,cz_serNum,cz_Fib_rst=cz_FibSer(series_2nd=5)
print('斐波那契数列的第一项为{}，第二项为{}。'.format(cz_ser1,cz_ser2))
print('{}项的斐波那契数列为：{}'.format(cz_serNum,cz_Fib_rst))
print('--'*10)

cz_ser1,cz_ser2,cz_serNum,cz_Fib_rst=cz_FibSer(5,8)
print('斐波那契数列的第一项为{}，第二项为{}。'.format(cz_ser1,cz_ser2))
print('{}项的斐波那契数列为：{}'.format(cz_serNum,cz_Fib_rst))
print('--'*10)

cz_ser1,cz_ser2,cz_serNum,cz_Fib_rst=cz_FibSer(series_2nd=5,series_1st=8)
print('斐波那契数列的第一项为{}，第二项为{}。'.format(cz_ser1,cz_ser2))
print('{}项的斐波那契数列为：{}'.format(cz_serNum,cz_Fib_rst))
print('--'*10)

cz_ser1,cz_ser2,cz_serNum,cz_Fib_rst=cz_FibSer(5,8,10)
print('斐波那契数列的第一项为{}，第二项为{}。'.format(cz_ser1,cz_ser2))
print('{}项的斐波那契数列为：{}'.format(cz_serNum,cz_Fib_rst))
print('--'*10)
```

```
指定部分实参数值的函数调用：
斐波那契数列的第一项为5，第二项为3。
20项的斐波那契数列为：[5, 3, 8, 11, 19, 30, 49, 79, 128, 207, 335, 542, 877, 1419, 2296, 3715, 6011, 9726, 15737, 25463]
--------------------
斐波那契数列的第一项为1，第二项为5。
20项的斐波那契数列为：[1, 5, 6, 11, 17, 28, 45, 73, 118, 191, 309, 500, 809, 1309, 2118, 3427, 5545, 8972, 14517, 23489]
--------------------
斐波那契数列的第一项为5，第二项为8。
20项的斐波那契数列为：[5, 8, 13, 21, 34, 55, 89, 144, 233, 377, 610, 987, 1597, 2584, 4181, 6765, 10946, 17711, 28657, 46368]
--------------------
斐波那契数列的第一项为8，第二项为5。
20项的斐波那契数列为：[8, 5, 13, 18, 31, 49, 80, 129, 209, 338, 547, 885, 1432, 2317, 3749, 6066, 9815, 15881, 25696, 41577]
--------------------
斐波那契数列的第一项为5，第二项为8。
10项的斐波那契数列为：[5, 8, 13, 21, 34, 55, 89, 144, 233, 377]
--------------------
```

图3-9　给定默认参数的实参数值

由程序执行的结果可以发现，对于带有默认参数的函数而言，如果在调用函数时指定实参的数值，Python语言中对于实参的赋值是按照形参的顺序对照赋值。调用时给定的第一个参数值赋给第一个形参，第二个参数值赋给第二个形参，依此类推。如果不想在函数调用时按照形参的顺序赋值实参，则需要明确指定实参的名称，并赋值相应的数值。

（二）强制参数

Python语言中强制参数即是指函数在定义时并未给形参设定默认值，因此在调用函数时必须强制给实参赋值，否则将会触发参数未赋值异常。带有强制参数的函数示例的具体代码及执行结果如图3-10所示。

```
# 带有强制参数的函数
def cz_AveSum(cz_sc1,cz_sc2,cz_sc3):
    '''
    Author: Chengzhang Wang
    Date: 2022-1-28
    根据给定的三科成绩，计算平均成绩和总成绩。
    参数：
        第一科成绩：cz_sc1
        第二科成绩：cz_sc2
        第三科成绩：cz_sc3
    返回：
        三科成绩的平均成绩和总成绩
    '''
    cz_ave=(cz_sc1+cz_sc2+cz_sc3)/3
    cz_sum=cz_sc1+cz_sc2+cz_sc3
    return cz_ave,cz_sum

# 函数调用
print('带有强制参数函数的调用：')
cz_avesc,cz_sumsc=cz_AveSum(98,97.5,100)
print('三科成绩的总成绩为{}，平均成绩为{}。'.format(cz_sumsc,cz_avesc))
```
```
带有强制参数函数的调用：
三科成绩的总成绩为295.5，平均成绩为98.5。
```

图3-10　带有强制参数的函数

如果强制参数在赋值实参时不想按照形参顺序执行，则需要明确指定所有形参的名字及赋值的数值，具体示例代码及执行结果如图3-11所示。

```
# 强制参数的其他调用形式
print('带有强制参数函数的调用：')
cz_avesc,cz_sumsc=cz_AveSum(cz_sc2=98,cz_sc3=97.5,cz_sc1=100)
print('三科成绩的总成绩为{}，平均成绩为{}。'.format(cz_sumsc,cz_avesc))
```
```
带有强制参数函数的调用：
三科成绩的总成绩为295.5，平均成绩为98.5。
```

图3-11　不按顺序的强制参数赋值

（三）不定长参数

Python语言中还有一种不定长的参数形式，也就是在函数调用前不能确定实际参数值的个数，不定长参数的定义形式是在参数名称的前面添加星号"*"。带有不定长参数的函数定义及调用的具体示例代码及执行结果如图3-12所示。

```
#带有不定长参数的函数
def cz_TotalAveSum(*cz_scores):
    '''
    Author: Chengzhang Wang
    Date: 2022-1-28
    根据给定的成绩，计算所有科目的平均成绩和总成绩。
    参数：
        各个科目的成绩
    返回：
        科目成绩的个数、所有科目成绩的平均成绩和总成绩
    '''
    cz_sum=0
    for i in cz_scores:
        cz_sum+=i
    cz_ave=cz_sum/len(cz_scores)
    return len(cz_scores),cz_ave,cz_sum
#调用函数
print('调用带有不定长参数的函数：')
cz_scNum,cz_totalAve,cz_totalSum=cz_TotalAveSum(91,29,98,96,95,97,99,100,93.5,92.8)
print('一共有{}科成绩，总成绩为{}，平均成绩为{}。'.format(cz_scNum,cz_totalAve,cz_totalSum))
```

```
调用带有不定长参数的函数：
一共有10科成绩，总成绩为89.13，平均成绩为891.3。
```

图3-12 带有不定长参数的函数

通常情况下，多次的数据可以保存在列表、元组或者字典中，这样就可以方便地调用带有不定长参数的函数了。具体示例代码及执行结果如图3-13所示。

```
#其他调用模式
cz_listScores=[90,99,100,98.6,97.5,100,100,92,93,95.8,100,99,98.9]
print('调用带有不定长参数的函数：')
cz_scNum,cz_totalAve,cz_totalSum=cz_TotalAveSum(*cz_listScores)
print('一共有{}科成绩，总成绩为{:.2f}，平均成绩为{:.2f}。'.format(cz_scNum,cz_totalAve,cz_totalSum))
print('—'*10)

cz_tupleScores=(99,90,99,100,98.6,97.5,100,100,92,93,95.8,100,99,98.9)
print('调用带有不定长参数的函数：')
cz_scNum,cz_totalAve,cz_totalSum=cz_TotalAveSum(*cz_tupleScores)
print('一共有{}科成绩，总成绩为{:.2f}，平均成绩为{:.2f}。'.format(cz_scNum,cz_totalAve,cz_totalSum))
print('—'*10)

cz_dictScores={'语文': 100,'数学': 100,'英语': 100,'Python': 99}
print('调用带有不定长参数的函数：')
cz_scNum,cz_totalAve,cz_totalSum=cz_TotalAveSum(*cz_dictScores.values())
print('一共有{}科成绩，总成绩为{:.2f}，平均成绩为{:.2f}。'.format(cz_scNum,cz_totalAve,cz_totalSum))
print('—'*10)
```

```
调用带有不定长参数的函数：
一共有13科成绩，总成绩为97.22，平均成绩为1263.80。
————————————————————
调用带有不定长参数的函数：
一共有14科成绩，总成绩为97.34，平均成绩为1362.80。
————————————————————
调用带有不定长参数的函数：
一共有4科成绩，总成绩为99.75，平均成绩为399.00。
```

图3-13 不定长参数的赋值

（四）关键字参数

Python语言中的关键字参数是指在函数调用时采用形参的名字来对应实参的赋值，不

需要与参数列表中形参的位置完全一致。关键字参数在函数的定义中以参数名称前面添加双星号为"**"标记。带有关键字参数的函数具体示例代码及执行结果如图3-14所示。

```
# 带有关键字参数的函数
def cz_keyPara(**cz_infor):
    """
    Author: Chengzhang Wang
    Date: 2022-1-28
    根据输入的信息，给出评估信息。
    参数：
        单个人的信息
    返回：
        对应个体的评估信息
    """
    print('输入的关键字参数为：{}'.format(cz_infor))

# 调用函数
print('这是带有关键字参数的函数调用：')
cz_keyPara(姓名='Eason',身高=1.38,体重=26)

这是带有关键字参数的函数调用：
输入的关键字参数为：{'姓名': 'Eason', '身高': 1.38, '体重': 26}
```

图3-14　带有关键字参数的函数

由程序执行的结果可以发现，关键字参数在被赋值后是以字典的数据类型存储的。据此，使用者即可丰富函数的功能，具体示例代码及执行结果如图3-15所示。

```
# 带有关键字参数的函数调用
def cz_keyPara(**cz_infor):
    """
    Author: Chengzhang Wang
    Date: 2022-1-28
    根据输入的信息，给出评估信息。
    参数：
        单个人的信息
    返回：
        对应个体的评估信息
    """
    # print('输入的关键字参数为：{}'.format(cz_infor))
    cz_bmi=cz_infor['体重']/(cz_infor['身高']**2)
    if cz_bmi<20:
        cz_ind=-1
    elif cz_bmi>=20 and cz_bmi<25:
        cz_ind=0
    else:
        cz_ind=1
    return cz_infor,cz_bmi,cz_ind

# 调用函数
print('这是带有关键字参数的函数调用：')
cz_Infor,cz_Bmi,cz_Ind=cz_keyPara(姓名='Eason',身高=1.38,体重=26)
print('{}的{}为{}米,{}为{}公斤,{}为{:.2f}.'.format(cz_Infor['姓名'],'身高',cz_Infor['身高'],'体重',cz_Infor['体重'],'BMI',cz_Bmi))
if cz_Ind==0:
    print('恭喜您，体型正常！')
elif cz_Ind==-1:
    print('您体型偏瘦，需要加强体重！')
elif cz_Ind==1:
    print('您体型偏胖，需要减轻体重！')

这是带有关键字参数的函数调用：
Eason的身高为1.38米，体重为26公斤,BMI为13.65.
您体型偏瘦，需要加强体重！
```

图3-15　带有关键字参数的函数调用

（五）混合参数

在 Python 语言中，如果一个函数包含各类参数，那么这些不同类别参数的排列次序是不能混乱的，必须按照强制参数，默认参数，可变长参数和关键字参数来排列。具体示例代码及执行结果如图 3-16 所示。

```
# 带有混合参数的函数调用
def cz_mixPara(cz_name,cz_gender,cz_heit=1.38,cz_weig=26,*cz_scores,**cz_infor):
    '''
    Author: Chengzhang Wang
    Date: 2022-1-28
    根据输入的信息，给出关于个体的综合信息。
    参数：
        强制参数、默认参数、可变长参数和关键字参数
    返回：
        对应个体的综合评估信息
    '''
    cz_bmi=cz_weig/(cz_heit**2)
    if cz_bmi<20:
        cz_ind=-1
    elif cz_bmi>=20 and cz_bmi<25:
        cz_ind=0
    else:
        cz_ind=1
    if len(cz_scores)!=0:
        cz_sumScore=0
        for i in cz_scores:
            cz_sumScore+=i
        if cz_infor!={}:
            return [cz_name,cz_gender,cz_heit,cz_weig,cz_sumScore,cz_sumScore/len(cz_scores),cz_infor]
        else:
            return [cz_name,cz_gender,cz_heit,cz_weig,cz_sumScore,cz_sumScore/len(cz_scores),None]
    else:
        if cz_infor!={}:
            return [cz_name,cz_gender,cz_heit,cz_weig,None,None,cz_infor]
        else:
            return [cz_name,cz_gender,cz_heit,cz_weig,None,None,None]

# 调用函数
print('这是带有混合参数的函数调用：')
cz_rslt=cz_mixPara('Eason','男',1.4,30,100,99,98,出生地='北京',学校='小学',年级='四年级')
print('大家好，我是{}，性别{}。'.format(cz_rslt[0],cz_rslt[1]))
print('我的身高是{}米，体重是{}公斤。'.format(cz_rslt[2],cz_rslt[3]))
if cz_rslt[4]!=None:
    print('本学期语数英三科的总成绩为{}，平均成绩为{}'.format(cz_rslt[4],cz_rslt[5]))
if cz_rslt[-1]!=None:
    print('我的',end="")
    for key,val in cz_rslt[-1].items():
        print('{}是{}。'.format(key,val),end=' ')
```

```
这是带有混合参数的函数调用：
大家好，我是Eason，性别男。
我的身高是1.4米，体重是30公斤。
本学期语数英三科的总成绩为297，平均成绩为99.0
我的出生地是北京，学校是小学，年级是四年级。
```

图 3-16　带有混合参数的函数

由程序执行的结果可以发现，对应混合参数存在的情形，调用函数时默认参数也必须是显式的赋值，这样才可以保证可变长参数能正确的接收实参赋值。

三、装饰器函数

在 Python 语言中函数也是一个对象，因此可以作为参数传递给其他函数，同时，也可以作为其他函数的返回结果。如果已经定义好了一个函数，后来需要对这个函数的功能进行扩充。一种方式当然是找到原来的函数定义部分的代码模块，直接对其进行修改。还有一种更方便的模式是对原来的函数进行"装饰"，将扩展的内容写在一个新的函数中，在新的函数中调用原来的函数以实现原有功能。这种函数就是 Python 语言中的装饰器函数，其标志为在装饰器名称前添加"@"符号，并将其放在被装饰对象的上面（前面一行代码）。具体示例代码及执行结果如图 3-17 所示。

```
# 装饰器函数: 将函数作为参数, 返回函数
def cz_outer(func):
    '''
    Author: Chengzhang Wang
    Date: 2022-1-29
    这是装饰器函数的定义模块, 对被装饰的函数进行功能扩展。
    参数:
        被装饰的函数
    返回:
        扩展功能后的函数。
    '''
    def cz_extd():
        print('大家好，很高兴认识大家！')
        rslt=func()
        print('是不是这种方式跟大家打招呼更有礼貌呢。')
        return rslt
    return cz_extd

# 装饰器函数
@cz_outer
def cz_greet():
    '''
    Author: Chengzhang Wang
    Date: 2022-1-29
    这是一个普通函数, 功能待扩展。
    没有参数和返回值。
    '''
    print('我叫Eason,今年9岁了。')

# 函数调用
cz_fin=cz_greet()
```

```
大家好，很高兴认识大家！
我叫Eason,今年9岁了。
是不是这种方式跟大家打招呼更有礼貌呢。
```

图 3-17　简单的装饰器函数

由程序执行的结果可以发现，装饰器的名称为"cz_outer"，其定义主体为一个函数，函数 cz_outer 的参数为一个函数名，函数主体模块中定义了另外一个函数 cz_extd。函数 cz_extd 的返回值为函数 func 的执行结果，而函数 cz_outer 的返回值为函数名 cz_extd。被装饰的函数对象为 cz_greet，函数 cz_greet 的功能就是输出一句话"我叫Eason，今年9岁了。"

下面详细介绍装饰器函数是如何拓展函数 cz_greet 的功能的。命令语句"cz_fin=cz_greet()"是调用函数 cz_greet，需要注意的是，由于函数 cz_greet 已经被装饰（函数定义的上面一行出现了"@cz_outer"），此时函数 cz_greet 的调用规则是：将函数

cz_greet 作为实参传递给函数 cz_outer。这样函数 cz_outer 的主体模块（也就是函数 cz_extd）将会被导入内存，等待执行；而函数 cz_outer 的返回值将会赋值给被装饰的对象 cz_greet，也即此时 cz_greet=cz_extd。那么对函数 cz_greet 的调用就转换成了对 cz_extd 的调用。调用 cz_extd() 函数将会首先输出一句话"大家好，很高兴认识大家！"；其次调用并执行原来的函数 cz_greet（输出一句话"我叫 Eason，今年9岁了。"）；最后再输出一句话"是不是这种方式跟大家打招呼更有礼貌呢。"。最终原来函数 cz_greet 的返回值赋值给变量 cz_fin。

如果被装饰的函数本身带有参数，则在装饰器函数中可以通过可变长参数和关键字参数来实现参数的传递。具体示例代码及执行结果如图 3-18 所示。

```
# 装饰器函数：将函数作为参数，返回函数
def cz_outer(func):
    '''
    Author: Chengzhang Wang
    Date: 2022-1-29
    这是装饰器函数的定义模块，对被装饰的函数进行功能扩展。
    参数：
        被装饰的函数
    返回：
        扩展功能后的函数。
    '''
    def cz_extd(*cz_para,**cz_keyPara):
        print('大家好，很高兴认识大家！')
        rslt=func(*cz_para,**cz_keyPara)
        print('是不是这种方式跟大家打招呼更有礼貌呢。')
        if rslt!=None:
            print('告诉大家一个秘密，我的BMI是 {:.2f}。'.format(rslt))
        return rslt
    return cz_extd

# 装饰器函数
@cz_outer
def cz_greet(heit,weit):
    ''
    Author: Chengzhang Wang
    Date: 2022-1-29
    这是一个普通函数，功能待扩展。
    没有参数和返回值。
    ''
    print('我叫 Eason,今年9岁了。')
    if heit!=0:
        cz_bmi=weit/heit**2
        return cz_bmi
    else:
        return None

# 函数调用
cz_fin=cz_greet(1.4,26)
print('--'*10)
# 再次调用
cz_fin=cz_greet(1.9,65)
```

```
大家好，很高兴认识大家！
我叫 Eason,今年9岁了。
是不是这种方式跟大家打招呼更有礼貌呢。
告诉大家一个秘密，我的BMI是 13.27。
---------------------
大家好，很高兴认识大家！
我叫 Eason,今年9岁了。
是不是这种方式跟大家打招呼更有礼貌呢。
告诉大家一个秘密，我的BMI是 18.01。
```

图 3-18　带参数的装饰器函数

由程序执行的结果可以发现，只要传入的参数能够保证原来的函数cz_greet可以正常执行，这些参数就可以通过可变长参数或者关键字参数进行函数实参的赋值。

其实在Python语言中，调用函数名（注意：不包括函数名称后面的括弧）仅仅表示将对应函数的定义代码模块载入内存待用，只有加上函数名称后面的括弧才表示调用函数并执行函数体规定的操作。因此，函数名称也可以进行判断选择调用，具体示例代码及执行结果如图3-19所示。

```
# 函数的判断调用：其实函数名(不包括括弧)出现的地方就相当于函数定义的模块被装入内存待用
cz_1st=float(input('请输入第一个数字：'))
cz_2nd=float(input('请输入第二个数字：'))
def cz_sum(cz_x1,cz_x2):
    print('这是两个数的加和。')
    return cz_x1+cz_x2
def cz_times(cz_x1,cz_x2):
    print('这是两个数的乘积。')
    return cz_x1*cz_x2
# 函数判断调用：其中一个数是0,则调用cz_sum,否则，调用cz_times
# 下面一句命令行：第一个括弧里面决定是选择哪个函数体，第二个括弧决定传递什么参数
cz_rslt=(cz_sum if cz_1st==0.0 or cz_2nd==0.0 else cz_times)(cz_1st,cz_2nd)
print('最终的结果是：{}'.format(cz_rslt))
```

```
请输入第一个数字：12
请输入第二个数字：4
这是两个数的乘积。
最终的结果是：48.0
```

图3-19　函数名称的判断调用

由程序执行的结果可以发现，函数名称cz_sum和cz_times在命令语句"(cz_sum if cz_1st==0.0 or cz_2nd==0.0 else cz_times)"中进行了判断调用，括弧中命令代码的作用仅仅是判断哪个函数的定义模块代码载入内存待用，函数定义的操作并未被执行。只有加入其后的"(cz_1st，cz_2nd)"才表示函数被实际调用执行。

第二节　类

面向对象编程的一个核心概念就是类的概念。有别于面向程序的编程模式，面向对象的编程模式需要将待处理的数据和处理数据所需要的操作功能结合在一起，组成一个有机的整体，实现这种模式的关键点就是类。

从某种意义上讲，类可以看作现实世界中某个总体的抽象和概括。例如，"学生"就是一个类，这个类具有很多的属性，例如姓名、性别、年龄、班级等；这个类也有很多的能力，例如计算两个数的和、差、积、商等。将这些属性和能力（解决问题的方法）融合为一体就构成了类的概念。而现实世界中隶属于某个总体的每一个个体就称为这个类的一个对象（实例），每一个对象都具有这个类所定义的所有属性和方法。

一、类的定义

其实，类的定义就是对现实世界中的总体进行抽象，概括出所有个体都具备的属性和方法。Python语言中采用关键字"class"来定义一个类，其语法结构为：

class 类的名称：

　　'''

　　　类的说明文档

　　'''

　　类的主体代码模块

在类的主体代码模块中定义的就是现实世界中总体的属性和方法，其中，总体的属性被称之为类成员变量，总体的方法被称为类成员函数。将成员变量与成员函数组合成一个整体就是类的封装。类定义的具体示例代码及执行结果如图3-20所示。

```
# 类的定义
class cz_Student:
    '''
    Author: Chengzhang Wang
    Date: 2022-2-5
    这是一个关于学生的简单类。
    '''
    # 类的成员变量
    cz_Name='Eason'
    cz_Gend='Male'
    cz_Year=10
    cz_Heig=1.38
    cz_Weig=26
    # 类的成员函数
    def cz_Info(self,name,gender,year,height,weight):
        '''
        定义个体的总体信息。
        参数：
            self: 类本身
            name: 姓名
            gender: 性别
            year: 年龄
            height: 身高
            weight: 体重
        '''
        self.cz_Name=name
        self.cz_Gend=gender
        self.cz_Year=year
        self.cz_Heig=height
        self.cz_Weig=weight

    def cz_Intro(self):
        '''
        输出个体的总体信息。
        '''
        print('大家好！我的名字叫{},性别{},今年{}岁了。很高兴认识大家！'.format(self.cz_Name,self.cz_Gend,self.cz_Year))
```

图3-20　类的定义

由程序的执行结果可以发现，类成员变量的定义与Python语言中其他变量的定义完全相同，但是，类成员函数的定义中第一个参数通常是"self"，且该参数不需要传值。在一个类定义的内部访问其成员变量和成员函数的方式就是用"self."加上对应的变量或者函数名即可。

定义好一个类之后，通常情况下，这个类还不能被直接使用。在 Python 语言中一般需要先将类做实例化，得到具体的类对象实例，然后由具体的实例化对象来执行类的功能。具体示例代码及执行结果如图 3-21 所示。

```
#类的实例化
cz_student=cz_Student()

#实现类的功能
print('这是类的成员变量：{}'.format(cz_student.cz_Name))
print('这是类的成员变量：{}'.format(cz_student.cz_Gend))
print('这是类的成员变量：{}'.format(cz_student.cz_Year))
print('这是类的成员变量：{}'.format(cz_student.cz_Heig))
print('这是类的成员变量：{}'.format(cz_student.cz_Weig))
print('-*-'*10)
print('这是类的成员函数：')
cz_student.cz_Intro()
cz_student.cz_Info('王成章','男',50,1.74,74)
cz_student.cz_Intro()
```

```
这是类的成员变量：Eason
这是类的成员变量：Male
这是类的成员变量：10
这是类的成员变量：1.38
这是类的成员变量：26
-*--*--*--*--*--*--*--*--*--*-
这是类的成员函数：
大家好！我的名字叫Eason,性别Male,今年10岁了。很高兴认识大家！
大家好！我的名字叫王成章，性别男，今年50岁了。很高兴认识大家！
```

图 3-21　类的实例化

由程序执行的结果可以发现，类的实例化对象"cz_student"具有和类"cz_Studen"相同的属性和方法。

在 Python 语言类的定义中还有一种"私有化"的成员变量和成员函数，所谓的私有化即是指该对象只能在类的内部被访问到，在类的外部是不能被访问到的。私有化的成员变量或者成员函数是在正常的成员变量和成员函数的名称前面添加双下划线"__"。具体示例代码及执行结果如图 3-22 所示。

```
#带有私有化成员变量和成员函数的类的定义
class cz_Student1:
    '''
    Author: Chengzhang Wang
    Date: 2022-2-5
    这是一个关于学生的简单类。
    '''
    #类的成员变量
    cz_Name='Eason'
    cz_Gend='Male'
    cz_Year=10
    #私有化成员变量
    __cz_Heig=1.38
    __cz_Weig=26
    #类的成员函数
    def cz_Info(self,name,gender,year,height,weight):
        '''
        定义个体的总体信息。
        参数：
            self: 类本身
            name: 姓名
            gender: 性别
            year: 年龄
            height: 身高
            weight: 体重
```

```
        '''
        self.cz_Name=name
        self.cz_Gend=gender
        self.cz_Year=year
        #类内部访问私有化成员函数
        self.__cz_Heig=height
        self.__cz_Weig=weight
    #私有化成员函数
    def __cz_BMI(self):
        '''
        计算指标BMI。
        返回：
            身体质量指数BMI。
        '''
        cz_bmi=self.__cz_Weig/(self.__cz_Heig**2)
        return cz_bmi

    def cz_Intro(self):
        '''
        输出个体的总体信息。
        '''
        print('大家好！我的名字叫{},性别{},今年{}岁了。很高兴认识大家！'.format(self.cz_Name,self.cz_Gend,self.cz_Year))
        #类内部调用私有成员函数
        cz_bmi=self.__cz_BMI()
        print('我的身体质量指数为{:.2f}.'.format(cz_bmi))
```

图 3-22　私有化成员变量和成员函数

如图 3-22 所示类的实例化及应用情况如图 3-23 所示。

```
#类的实例化
cz_student=cz_Student1()

#实现类的功能
print('这是类的成员变量：{}'.format(cz_student.cz_Name))
print('这是类的成员变量：{}'.format(cz_student.cz_Gend))
print('这是类的成员变量：{}'.format(cz_student.cz_Year))
print('-*-'*10)
print('这是类的成员函数：')
cz_student.cz_Intro()
cz_student.cz_Info('王成章',' 男 ',50,1.74,74)
cz_student.cz_Intro()
```
```
这是类的成员变量：Eason
这是类的成员变量：Male
这是类的成员变量：10
-*--*--*--*--*--*--*--*--*--*-
这是类的成员函数：
大家好！我的名字叫Eason,性别Male,今年10岁了。很高兴认识大家！
我的身体质量指数为13.65.
大家好！我的名字叫王成章，性别男，今年50岁了。很高兴认识大家！
我的身体质量指数为24.44.
```

图 3-23　私有化成员变量和成员函数的应用

由程序执行的结果可以发现，私有化成员变量和成员函数可以在类的内部被访问到，在类的外部是无法访问私有化成员的。

Python 语言中有一类特殊的私有化成员函数：初始化函数，初始化函数在类实例化时会自动被调用执行。初始化函数的名称为"__init__"，带有初始化函数的类定义的具体示例代码及执行结果如图 3-24 所示。

```
# 带有初始化函数的类的定义
class cz_Student2:
    '''
    Author: Chengzhang Wang
    Date: 2022-2-5
    这是一个关于学生的简单类。
    '''
    # 私有化成员变量
    __cz_Heig=1.38
    __cz_Weig=26
    def __init__(self):
        '''
        类的初始化函数，实例化时自动执行。
        '''
        cz_Name='Eason'
        cz_Gend='Male'
        cz_Year=10
        print('这是初始化函数执行结果。')
        print('姓名，性别和年龄变量的初始值为：{},{} 和 {}.'.format(cz_Name,cz_Gend,cz_Year))

    # 类的成员函数
    def cz_Info(self,name,gender,year,height,weight):
        '''
        定义个体的总体信息。
        参数：
            self: 类本身
            name: 姓名
            gender: 性别
            year: 年龄
            height: 身高
            weight: 体重
        '''
        self.cz_Name=name
        self.cz_Gend=gender
        self.cz_Year=year
        # 类内部访问私有化成员函数
        self.__cz_Heig=height
        self.__cz_Weig=weight
    # 私有化成员函数
    def __cz_BMI(self):
        '''
        计算指标BMI。
        返回：
            身体质量指数BMI。
        '''
        cz_bmi=self.__cz_Weig/(self.__cz_Heig**2)
        return cz_bmi

    def cz_Intro(self):
        '''
        输出个体的总体信息。
        '''
        print('大家好！我的名字叫{},性别{},今年{}岁了。很高兴认识大家！'.
              format(self.cz_Name,self.cz_Gend,self.cz_Year))
        # 类内部调用私有化成员函数
        cz_bmi=self.__cz_BMI()
        print('我的身体质量指数为{:.2f}.'.format(cz_bmi))

# 类的实例化
cz_student=cz_Student2()
```

这是初始化函数执行结果。
姓名、性别和年龄变量的初始值为：Eason、Male 和 10。

图 3-24　初始化函数

另外，初始化函数还可以带有强制参数，具体示例代码及执行结果如图3-25所示。

```python
# 带有强制参数初始化函数的类的定义
class cz_Student3:
    '''
    Author: Chengzhang Wang
    Date: 2022-2-5
    这是一个关于学生的简单类。
    '''
    # 私有化成员变量
    __cz_Heig=1.38
    __cz_Weig=26
    def __init__(self,city):
        '''
        类的初始化函数，实例化时自动执行。
        '''
        cz_Name='Eason'
        cz_Gend='Male'
        cz_Year=10
        self.City=city
        print('这是初始化函数执行结果。')
        print('姓名、性别和年龄变量的初始值为：{},{}和{}.'.format(cz_Name,cz_Gend,cz_Year))
        print('出生地的初始值为：{}.'.format(self.City))

    # 类的成员函数
    def cz_Info(self,name,gender,year,height,weight):
        '''
        定义个体的总体信息。
        参数：
            self: 类本身
            name: 姓名
            gender: 性别
            year: 年龄
            height: 身高
            weight: 体重
        '''
        self.cz_Name=name
        self.cz_Gend=gender
        self.cz_Year=year
        # 类内部访问私有化成员函数
        self.__cz_Heig=height
        self.__cz_Weig=weight
    # 私有化成员函数
    def __cz_BMI(self):
        '''
        计算指标BMI。
        返回：
            身体质量指数BMI。
        '''
        cz_bmi=self.__cz_Weig/(self.__cz_Heig**2)
        return cz_bmi

    def cz_Intro(self):
        '''
        输出个体的总体信息。
        '''
        print('大家好！我的名字叫{},性别{},今年{}岁了。很高兴认识大家！'.format(self.cz_Name,self.cz_Gend,self.cz_Year))
        # 类内部调用私有化成员函数
        cz_bmi=self.__cz_BMI()
        print('我的身体质量指数为{:.2f}.'.format(cz_bmi))

# 类的实例化：实例化时需要提供初始化函数的强制参数的实参
cz_student=cz_Student3('北京市')
```

```
这是初始化函数执行结果。
姓名、性别和年龄变量的初始值为：Eason、Male 和 10。
出生地的初始值为：北京市。
```

图3-25　带有强制参数的初始化函数

由程序执行的结果可以发现，如果类的初始化函数带有强制参数，则在类的实例化时必须提供参数的实参，否则将会触发异常。

二、类的继承

类似于生物进化过程中的遗传现象，类本身也可以具备继承关系。一个类可以作为其他类的父类被继承，继承其他类的子类与被继承的父类之间就建立了一种"父子"关系。子类可以继承父类中的所有成员变量和成员函数，从而可以实现代码重用；子类还可以增加父类中不具备的某些内容，从而实现类功能的扩充。

在 Python 语言中，类的继承的语法结构为：

class 子类的名称（父类1的名称，父类2的名称，…，父类n的名称）：

```
"""
    类的说明文档
"""
```

子类主体代码模块

一个子类的父类可以有多个，继承多个父类的子类将具备所有父类的功能。类继承的具体示例代码及执行结果如图 3-26 所示。

```
# 类的继承
class cz_Compute():
    """
    Author: Chengzhang Wang
    Date: 2022-2-5
    这是一个定义算术运算的类，这是一个父类。
    """
    cz_1st=25.4
    cz_2nd=30.9
    def cz_Add(self,num1,num2):
        """
        两个数字的加和运算
        参数：
            num1:第一个数字
            num2:第二个数字
        """
        self.cz_1st=num1
        self.cz_2nd=num2
        return self.cz_1st+self.cz_2nd

    def cz_Times(self,num1,num2):
        """
        两个数字的乘积运算
        参数：
            num1:第一个数字
            num2:第二个数字
        """
        self.cz_1st=num1
        self.cz_2nd=num2
        return self.cz_1st*self.cz_2nd

# 定义类的继承
class cz_ComAndStud(cz_Student,cz_Compute):
    """
    Author: Chengzhang Wang
    Date: 2022-2-5
    这是一个子类，继承了两个父类。
    """
```

```
    def __init__(self):
        """
        初始化函数。
        """
        print('这是一个子类，继承了两个父类的内容。')

#子类实例化并具备父类的内容
cz_subCStudent=cz_ComAndStud()
print('-*-'*10)
print('这是第一个父类的内容：')
print('成员变量有：{}'.format('cz_subCStudent.cz_Name,cz_subCStudent.cz_Gend,cz_subCStudent.cz_Year'))
print('第一个父类的成员函数执行结果：')
cz_subCStudent.cz_Intro()
print('-*-'*10)
print('这是第二个父类的内容：')
print('成员变量有：{}'.format('cz_subCStudent.cz_1st,cz_subCStudent.cz_2nd'))
print('第二个父类的成员函数执行结果：')
cz_rstl=cz_subCStudent.cz_Add(86.1,90)
print('86.1 和 90 的和为：{:.2f}'.format(cz_rstl))
cz_rstl1=cz_subCStudent.cz_Times(6,23)
print('6 和 23 的乘积为：{:.2f}'.format(cz_rstl1))
```

```
这是一个子类，继承了两个父类的内容。
-*--*--*--*--*--*--*--*--*--*-
这是第一个父类的内容：
成员变量有：cz_subCStudent.cz_Name,cz_subCStudent.cz_Gend,cz_subCStudent.cz_Year
第一个父类的成员函数执行结果：
大家好！我的名字叫 Eason,性别 Male,今年 10 岁了。很高兴认识大家！
-*--*--*--*--*--*--*--*--*--*-
这是第二个父类的内容：
成员变量有：cz_subCStudent.cz_1st,cz_subCStudent.cz_2nd
第二个父类的成员函数执行结果：
86.1 和 90 的和为：176.10
6 和 23 的乘积为：138.00
```

图 3-26　类的继承

　　由程序执行的结果可以发现，当一个子类继承了多个父类的内容，则子类的实例化对象可以具备所有父类的功能。

　　值得注意的是，如果父类中有初始化函数，那么子类也会继承该该函数的功能；如果多个父类中都有初始化函数，那么子类将会继承位于第一个位置的父类的初始化函数，并且忽略其他父类的初始化函数。带有初始化函数的类继承的具体示例代码及执行结果如图 3-27 所示。

```
#带有初始化函数的类的继承
class cz_subComAndStud2(cz_Compute,cz_Student2):
    """
    Author: Chengzhang Wang
    Date: 2022-2-5
    这是一个子类，继承了两个父类：只有一个父类有初始化函数。
    """
    print('这是一个子类，只有一个父类具有初始化函数。')
    print('-*-'*10)

#子类的实例化，会自动调用父类的初始化函数
cz_subCS2=cz_subComAndStud2()

class cz_subSStud2(cz_Student3,cz_Student2):
    """
    Author: Chengzhang Wang
    Date: 2022-2-5
    这是一个子类，继承了两个父类：两个父类都有初始化函数。
    """
    print('-*-'*10)
    print('这是一个子类，两个父类都具有初始化函数。')
```

```
# 子类的实例化，会自动调用父类的初始化函数
cz_subCS3=cz_subSStud2('山东省')

class cz_subSStud3(cz_Student2,cz_Student3):
    '''
    Author: Chengzhang Wang
    Date: 2022-2-5
    这是一个子类，继承了两个父类：两个父类都有初始化函数。
    '''
    print('-*_'*10)
    print('这是一个子类，两个父类都具有初始化函数。')

# 子类的实例化，会自动调用父类的初始化函数
cz_subCS4=cz_subSStud3()

class cz_subCSStud2(cz_Compute,cz_Student2,cz_Student3):
    '''
    Author: Chengzhang Wang
    Date: 2022-2-5
    这是一个子类，继承了两个父类：两个父类都有初始化函数。
    '''
    print('-*_'*10)
    print('这是一个子类，两个父类都具有初始化函数。')

# 子类的实例化，会自动调用父类的初始化函数
cz_subCS5=cz_subCSStud2()
```

```
这是一个子类，只有一个父类具有初始化函数。
-*_-*_-*_-*_-*_-*_-*_-*_-*_-*_
这是初始化函数执行结果。
姓名、性别和年龄变量的初始值为：Eason,Male 和 10.
-*_-*_-*_-*_-*_-*_-*_-*_-*_-*_
这是一个子类，两个父类都具有初始化函数。
这是初始化函数执行结果。
姓名、性别和年龄变量的初始值为：Eason,Male 和 10.
出生地的初始值为：山东省.
-*_-*_-*_-*_-*_-*_-*_-*_-*_-*_
这是一个子类，两个父类都具有初始化函数。
这是初始化函数执行结果。
姓名、性别和年龄变量的初始值为：Eason,Male 和 10.
-*_-*_-*_-*_-*_-*_-*_-*_-*_-*_
这是一个子类，两个父类都具有初始化函数。
这是初始化函数执行结果。
姓名、性别和年龄变量的初始值为：Eason,Male 和 10.
```

图 3-27　带有初始化函数的类的继承

由程序的执行结果可以发现，如果子类继承的父类中只有一个具有初始化函数，则无论该父类在被继承时的位置是否在第一个，初始化函数都将被继承；如果子类继承的父类中有多个父类具有初始化函数，则只有第一个父类的初始化函数被继承，其余父类的初始化函数均被忽略。

三、类的重载

其实子类不但可以继承父类的所有内容，还可以扩充父类的功能，或者改进父类的某些功能，这就可以通过类的重载来实现。类功能的扩充及类重载的具体示例代码及执行结果如图 3-28 所示。

```
# 子类可以定义新的成员变量和成员函数，也可以对父类的成员函数进行重载
class cz_subRelCStud(cz_ComAndStud):
    '''
    Author: Chengzhang Wang
    Date: 2022-2-6
    继承父类的功能，并拓展其功能，重载部分成员函数。
    '''
    # 子类自己的成员变量
    cz_Grad=4
    cz_Class=8

    # 子类自己的成员函数
    def cz_MoreInfo(self):
        '''
        补充新的信息。
        '''
        print('我现在是一名学生，在{}年纪{}班.'.format(self.cz_Grad,self.cz_Class))

    # 重载父类的函数：重载是函数名称一样，而参数列表不同
    def cz_Add(self,*nums):
        '''
        计算多个数的加和。
        '''
        cz_sum=0
        if len(nums)==0:
            print('您没有给定要加和的数字。')
            cz_sum=None
        else:
            for i in nums:
                cz_sum+=i
            print('所有数字的加和已经计算出来了。')
        return cz_sum

# 类的实例化
cz_subRCS=cz_subRelCStud()
print('这是子类新定义的成员变量：{}.'.format('cz_subRCS.cz_Grad,cz_subRCS.cz_Class'))
print('这是子类新定义的成员函数执行的结果。')
cz_subRCS.cz_MoreInfo()
print('-*-'*10)
cz_rslt=cz_subRCS.cz_Add(10)
print('这是子类重载父类函数的执行结果：{}'.format(cz_rslt))

cz_rslt=cz_subRCS.cz_Add(*[12,90,35.6,78,200,12.7])
print('这是子类重载父类函数的执行结果：{}'.format(cz_rslt))
```

```
这是一个子类，继承了两个父类的内容。
这是子类新定义的成员变量：cz_subRCS.cz_Grad,cz_subRCS.cz_Class.
这是子类新定义的成员函数执行的结果。
我现在是一名学生，在4年级8班.
-*--*--*--*--*--*--*--*--*--*-
所有数字的加和已经计算出来了。
这是子类重载父类函数的执行结果：10
所有数字的加和已经计算出来了。
这是子类重载父类函数的执行结果：428.3
```

图3-28　类重载

　　由程序执行的结果可以发现，子类"cz_subRelCStud"定义了自己特有的成员变量和成员函数，并且对父类中的成员函数"cz_Add"进行了重载。父类中该函数只能计算两个数字的和，重载后函数可以计算多个数字的和，功能更加完善了。

第三节　模　块

由 Python 语言中函数和类的概念不难发现，二者都可以实现代码的重用，从而减少程序开发过程中代码的编写量。如果是在同一个脚本文件中调用函数或者实例化类对象，可以直接调用函数名称或者采用类名称进行实例化，但是，如果想要在其他脚本文件中调用未在该脚本文件中定义的函数，或者使用其他脚本文件中定义的类，则需要借助模块来实现。Python 语言中的模块其实就是以".py"为结尾的脚本文件。

一、模块的定义

在 Python 语言中，模块不需要特定的关键字来定义，使用者只需要将对应的代码存储在以".py"为结尾的脚本文件中即可。在 Anaconada 编译环境中，使用者可以采用 Spyder 来编写脚本文件。Spyder 的主界面如图 3-29 所示。

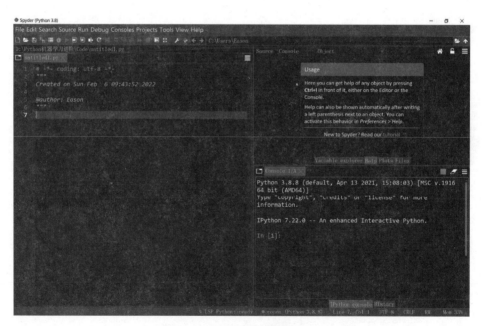

图 3-29　Spyder 主界面

Speyder 的主界面主要分为四个区域，最上面是菜单栏和工具栏；下面左侧部分是脚本文件编辑区域；下面右侧的上半部分是信息展现部分，下半部分是交互式命令行执行部分。

为了定义自己的模块，使用者可以在脚本文件编辑区域编写自己的 Python 代码，如图 3-30 所示。

图 3-30　编写脚本文件

编写完成后，单击工具栏上的"保存"按钮即可将编写的脚本文件保存在指定位置，如图 3-31 所示。

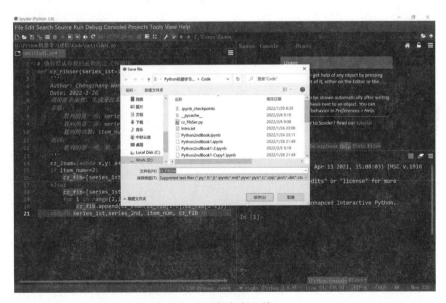

图 3-31　保存脚本文件

这个保存的脚本文件就是 Python 语言中自己定义的一个模块。不但如此，也可以在自己定义的模块中加入类的部分，如图 3-32 所示。

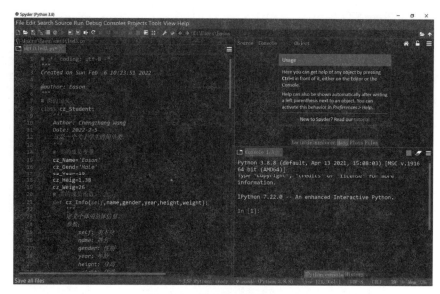

图 3-32　包含类的模块

二、模块的导入

模块定义好之后，需要在自己的代码中首先将所需要的模块导入，然后才能调用模块中定义的功能。Python语言中采用关键字"import"来导入所需要模块。导入模块的语法结构为：

import 模块 1 的名称，模块 2 的名称，……，模块 n 的名称

导入模块的具体示例代码及执行结果如图3-33所示。

```
# 导入自己编写的函数模块
import cz_FibSer,wczCS

# 查看模块的帮助信息
help(cz_FibSer)
```

```
Help on module cz_FibSer:

NAME
    cz_FibSer - # 带有默认参数的函数的定义和调用

FUNCTIONS
    cz_FibSer(series_1st=1, series_2nd=3, item_num=20)
        Author: Chengzhang Wang
        Date: 2022-1-26
        调用匿名函数，生成斐波那契数列。
        参数：
            数列的第一项：series_1st
            数列的第二项：series_2nd
            数列的项数：item_num
        返回：
            数列的第一项、第二项、项数以及包含斐波那契数列的数值的列表

FILE
    d: \python机器学习进阶\code\cz_fibser.py
```

图 3-33　导入模块

在导入模块的过程中，还可以对导入的模块给定一个简单的别名。Python语言中采用关键字"as"来给模块定义别名。如果模块中的内容较多，也可以只导入部分内容，Python语言中采用关键字"from"来实现部分内容的导入，其语法结构为：

from 模块名称 import 子模块名称 as 别名

导入部分模块的具体示例代码及执行结果如图3-34所示。

```
# 导入模块部分内容
from wczCS import cz_Compute as ct

# 查看模块帮助信息
help(ct)

Help on class cz_Compute in module wczCS:

class cz_Compute(builtins.object)
 |  Author: Chengzhang Wang
 |  Date: 2022-2-5
 |  这是一个定义算术运算的类，这是一个父类。
 |
 |  Methods defined here:
 |
 |  cz_Add(self, num1, num2)
 |      两个数字的加和运算
 |      参数：
 |          num1:第一个数字
 |          num2:第二个数字
 |
 |  cz_Times(self, num1, num2)
 |      两个数字的乘积运算
 |      参数：
 |          num1:第一个数字
 |          num2:第二个数字
 |
 |  ----------------------------------------------------------------------
 |  Data descriptors defined here:
 |
 |  __dict__
 |      dictionary for instance variables (if defined)
 |
 |  __weakref__
 |      list of weak references to the object (if defined)
 |
 |  ----------------------------------------------------------------------
 |  Data and other attributes defined here:
 |
 |  cz_1st = 25.4
 |
 |  cz_2nd = 30.9
```

图3-34　导入部分模块

导入模块之后，就可以调用模块中定义的函数并执行其规定的操作了。具体示例代码及执行结果如图3-35所示。

```
# 调用模块，执行函数
cz_firt,cz_secon,cz_num,cz_sum=cz_FibSer.cz_FibSer()
print('默认情况下的函数执行结果：')
print('一共有 {2} 项，前两项为 {0} 和 {1}，斐波那契数列为 {3}.'.format(cz_firt,cz_secon,cz_num,cz_sum))
print('---'*10)
cz_firt,cz_secon,cz_num,cz_sum=cz_FibSer.cz_FibSer(2,6,15)
print('传递新参数情况下的函数执行结果：')
print('一共有 {2} 项，前两项为 {0} 和 {1}，斐波那契数列为 {3}.'.format(cz_firt,cz_secon,cz_num,cz_sum))
```

```
默认情况下的函数执行结果:
一共有20项，前两项为1和3,斐波那契数列为[1, 3, 4, 7, 11, 18, 29, 47, 76, 123, 199, 322, 521, 843, 1364, 2207, 3571, 5778, 9349, 15127]。
————————————————————
传递新参数情况下的函数执行结果:
一共有15项，前两项为2和6,斐波那契数列为[2, 6, 8, 14, 22, 36, 58, 94, 152, 246, 398, 644, 1042, 1686, 2728]。
```

图3-35　执行模块操作

对于包括多个子模块的模块，可以分别调用不同的部分执行其操作，具体示例代码及执行结果如图3-36所示。

```
# 导入模块
import wczCS

# 调用模块中的子模块
cz_part1=wczCS.cz_Student()
cz_part1.cz_Intro()

print('---'*10)
cz_part2=wczCS.cz_ComAndStud()
print('{}和{}的和是{:.2f}.'.format(23,5.6,cz_part2.cz_Add(23,5.6)))

print('---'*10)
cz_part3=wczCS.cz_subRelCStud()
print('{}、{}、{}和{}的和是{:.2f}.'.format(23,5.6,40,500.1,cz_part3.cz_Add(23,5.6,40,500.1)))
```
```
大家好！我的名字叫Eason,性别Male,今年10岁了。很高兴认识大家！
————————————————————
这是一个子类，继承了两个父类的内容。
23和5.6的和是28.60。
————————————————————
这是一个子类，继承了两个父类的内容。
所有数字的加和已经计算出来了。
23、5.6、40和500.1的和是568.70。
```

图3-36　执行子模块操作

由程序执行的结构可以发现，模块被正确导入后，就可以分别调用各个子模块的功能，完成对应的操作。

三、常用模块简介

Python语言的强大之处就在于其内置的模块和支持Python的第三方模块非常丰富，可以完成各种不同的任务。

（一）基本的科学计算模块——Numpy

Numpy模块是Python语言中基本的科学计算模块，模块包含的基本内容如图3-37所示。

```
# 基本的科学计算模块
import numpy as np
print(dir(np),end='')
```

['ALLOW_THREADS', 'AxisError', 'BUFSIZE', 'CLIP', 'ComplexWarning', 'DataSource', 'ERR_CALL', 'ERR_DEFAULT', 'ERR_IGNORE', 'ERR_LOG', 'ERR_PRINT', 'ERR_RAISE', 'ERR_WARN', 'FLOATING_POINT_SUPPORT', 'FPE_DIVIDEBYZERO', 'FPE_INVALID', 'FPE_OVERFLOW', 'FPE_UNDERFLOW', 'False_', 'Inf', 'Infinity', 'MAXDIMS', 'MAY_SHARE_BOUNDS', 'MAY_SHARE_EXACT', 'MachAr', 'ModuleDeprecationWarning', 'NAN', 'NINF', 'NZERO', 'NaN', 'PINF', 'PZERO', 'RAISE', 'RankWarning', 'SHIFT_DIVIDEBYZERO', 'SHIFT_INVALID', 'SHIFT_OVERFLOW', 'SHIFT_UNDERFLOW', 'ScalarType', 'Tester', 'TooHardError', 'True_', 'UFUNC_BUFSIZE_DEFAULT', 'UFUNC_PYVALS_NAME', 'VisibleDeprecationWarning', 'WRAP', '_NoValue', '_UFUNC_API', '__NUMPY_SETUP__', '__all__', '__builtins__', '__cached__', '__config__', '__dir__', '__doc__', '__file__', '__getattr__', '__git_revision__', '__loader__', '__name__', '__package__', '__path__', '__spec__', '__version__', '_add_newdoc_ufunc', '_distributor_init', '_globals', '_mat', '_pytesttester', 'abs', 'absolute', 'add', 'add_docstring', 'add_newdoc', 'add_newdoc_ufunc', 'alen', 'all', 'allclose', 'alltrue', 'amax', 'amin', 'angle', 'any', 'append', 'apply_along_axis', 'apply_over_axes', 'arange', 'arccos', 'arccosh', 'arcsin', 'arcsinh', 'arctan', 'arctan2', 'arctanh', 'argmax', 'argmin', 'argpartition', 'argsort', 'argwhere', 'around', 'array', 'array2string', 'array_equal', 'array_equiv', 'array_repr', 'array_split', 'array_str', 'asanyarray', 'asarray', 'asarray_chkfinite', 'ascontiguousarray', 'asfarray', 'asfortranarray', 'asmatrix', 'asscalar', 'atleast_1d', 'atleast_2d', 'atleast_3d', 'average', 'bartlett', 'base_repr', 'binary_repr', 'bincount', 'bitwise_and', 'bitwise_not', 'bitwise_or', 'bitwise_xor', 'blackman', 'block', 'bmat', 'bool', 'bool8', 'bool_', 'broadcast', 'broadcast_arrays', 'broadcast_to', 'busday_count', 'busday_offset', 'busdaycalendar', 'byte', 'byte_bounds', 'bytes0', 'bytes_', 'c_', 'can_cast', 'cast', 'cbrt', 'cdouble', 'ceil', 'cfloat', 'char', 'character', 'chararray', 'choose', 'clip', 'clongdouble', 'clongfloat', 'column_stack', 'common_type', 'compare_chararrays', 'compat', 'complex', 'complex128', 'complex64', 'complex_', 'complexfloating', 'compress', 'concatenate', 'conj', 'conjugate', 'convolve', 'copy', 'copysign', 'copyto', 'core', 'corrcoef', 'correlate', 'cos', 'cosh', 'count_nonzero', 'cov', 'cross', 'csingle', 'ctypeslib', 'cumprod', 'cumproduct', 'cumsum', 'datetime64', 'datetime_as_string', 'datetime_data', 'deg2rad', 'degrees', 'delete', 'deprecate', 'deprecate_with_doc', 'diag', 'diag_indices', 'diag_indices_from', 'diagflat', 'diagonal', 'diff', 'digitize', 'disp', 'divide', 'divmod', 'dot', 'double', 'dsplit', 'dstack', 'dtype', 'e', 'ediff1d', 'einsum', 'einsum_path', 'emath', 'empty', 'empty_like', 'equal', 'errstate', 'euler_gamma', 'exp', 'exp2', 'expand_dims', 'expm1', 'extract', 'eye', 'fabs', 'fastCopyAndTranspose', 'fft', 'fill_diagonal', 'find_common_type', 'finfo', 'fix', 'flatiter', 'flatnonzero', 'flexible', 'flip', 'fliplr', 'flipud', 'float', 'float16', 'float32', 'float64', 'float_', 'float_power', 'floating', 'floor', 'floor_divide', 'fmax', 'fmin', 'fmod', 'format_float_positional', 'format_float_scientific', 'format_parser', 'frexp', 'frombuffer', 'fromfile', 'fromfunction', 'fromiter', 'frompyfunc', 'fromregex', 'fromstring', 'full', 'full_like', 'fv', 'gcd', 'generic', 'genfromtxt', 'geomspace', 'get_array_wrap', 'get_include', 'get_printoptions', 'getbufsize', 'geterr', 'geterrcall', 'geterrobj', 'gradient', 'greater', 'greater_equal', 'half', 'hamming', 'hanning', 'heaviside', 'histogram', 'histogram2d', 'histogram_bin_edges', 'histogramdd', 'hsplit', 'hstack', 'hypot', 'i0', 'identity', 'iinfo', 'imag', 'in1d', 'index_exp', 'indices', 'inexact', 'inf', 'info', 'infty', 'inner', 'insert', 'int', 'int0', 'int16', 'int32', 'int64', 'int8', 'int_', 'intc', 'integer', 'interp', 'intersect1d', 'intp', 'invert', 'ipmt', 'irr', 'is_busday', 'isclose', 'iscomplex', 'iscomplexobj', 'isfinite', 'isfortran', 'isin', 'isinf', 'isnan', 'isnat', 'isneginf', 'isposinf', 'isreal', 'isrealobj', 'isscalar', 'issctype', 'issubclass_', 'issubdtype', 'issubsctype', 'iterable', 'ix_', 'kaiser', 'kron', 'lcm', 'ldexp', 'left_shift', 'less', 'less_equal', 'lexsort', 'lib', 'linalg', 'linspace', 'little_endian', 'load', 'loads', 'loadtxt', 'log', 'log10', 'log1p', 'log2', 'logaddexp', 'logaddexp2', 'logical_and', 'logical_not', 'logical_or', 'logical_xor', 'logspace', 'long', 'longcomplex', 'longdouble', 'longfloat', 'longlong', 'lookfor', 'ma', 'mafromtxt', 'mask_indices', 'mat', 'math', 'matmul', 'matrix', 'matrixlib', 'max', 'maximum', 'maximum_sctype', 'may_share_memory', 'mean', 'median', 'memmap', 'meshgrid', 'mgrid', 'min', 'min_scalar_type', 'minimum', 'mintypecode', 'mirr', 'mod', 'modf', 'moveaxis', 'msort', 'multiply', 'nan', 'nan_to_num', 'nanargmax', 'nanargmin', 'nancumprod', 'nancumsum', 'nanmax', 'nanmean', 'nanmedian', 'nanmin', 'nanpercentile', 'nanprod', 'nanquantile', 'nanstd', 'nansum', 'nanvar', 'nbytes', 'ndarray', 'ndenumerate', 'ndfromtxt', 'ndim', 'ndindex', 'nditer', 'negative', 'nested_iters', 'newaxis', 'nextafter', 'nonzero', 'not_equal', 'nper', 'npv', 'numarray', 'number', 'obj2sctype', 'object', 'object0', 'object_', 'ogrid', 'oldnumeric', 'ones', 'ones_like', 'os', 'outer', 'packbits', 'pad', 'partition', 'percentile', 'pi', 'piecewise', 'place', 'pmt', 'poly', 'poly1d', 'polyadd', 'polyder', 'polydiv', 'polyfit', 'polyint', 'polymul', 'polynomial', 'polysub', 'polyval', 'positive', 'power', 'ppmt', 'printoptions', 'prod', 'product', 'promote_types', 'ptp', 'put', 'put_along_axis', 'putmask', 'pv', 'quantile', 'r_', 'rad2deg', 'radians', 'random', 'rate', 'ravel', 'ravel_multi_index', 'real', 'real_if_close', 'rec', 'recarray', 'recfromcsv', 'recfromtxt', 'reciprocal', 'record', 'remainder', 'repeat', 'require', 'reshape', 'resize', 'result_type', 'right_shift', 'rint', 'roll', 'rollaxis', 'roots', 'rot90', 'round', 'round_', 'row_stack', 's_', 'safe_eval', 'save', 'savetxt', 'savez', 'savez_compressed', 'sctype2char', 'sctypeDict', 'sctypeNA', 'sctypes', 'searchsorted', 'select', 'set_numeric_ops', 'set_printoptions', 'set_string_function', 'setbufsize', 'setdiff1d', 'seterr', 'seterrcall', 'seterrobj', 'setxor1d', 'shape', 'shares_memory', 'short', 'show_config', 'sign', 'signbit', 'signedinteger', 'sin', 'sinc', 'single', 'singlecomplex', 'sinh', 'size', 'sometrue', 'sort', 'sort_complex', 'source', 'spacing', 'split', 'sqrt', 'square', 'squeeze', 'stack', 'std', 'str', 'str0', 'str_', 'string_', 'subtract', 'sum', 'swapaxes', 'sys', 'take', 'take_along_axis', 'tan', 'tanh', 'tensordot', 'test', 'testing', 'tile', 'timedelta64', 'trace', 'tracemalloc_domain', 'transpose', 'trapz', 'tri', 'tril', 'tril_indices', 'tril_indices_from', 'trim_zeros', 'triu', 'triu_indices', 'triu_indices_from', 'true_divide', 'trunc', 'typeDict', 'typeNA', 'typecodes', 'typename', 'ubyte', 'ufunc', 'uint', 'uint0', 'uint16', 'uint32', 'uint64', 'uint8', 'uintc', 'uintp', 'ulonglong', 'unicode', 'unicode_', 'union1d', 'unique', 'unpackbits', 'unravel_index', 'unsignedinteger', 'unwrap', 'use_hugepage', 'ushort', 'vander', 'var', 'vdot', 'vectorize', 'version', 'void', 'void0', 'vsplit', 'vstack', 'warnings', 'where', 'who', 'zeros', 'zeros_like']

图3-37 Numpy模块

Numpy模块提供了丰富的多维数据的科学计算功能，详细介绍可以参见官网：www. numpy.org。

（二）科学计算模块——SciPy

SciPy模块是Python语言中基于Numpy的科学计算模块，模块包含的基本内容如图 3-38所示。

```
# 科学计算模块
import scipy as sp
print(dir(sp),end='')
```

['ALLOW_THREADS', 'AxisError', 'BUFSIZE', 'CLIP', 'ComplexWarning', 'DataSource', 'ERR_CALL', 'ERR_DEFAULT', 'ERR_IGNORE', 'ERR_LOG', 'ERR_PRINT', 'ERR_RAISE', 'ERR_WARN', 'FLOATING_POINT_SUPPORT', 'FPE_DIVIDEBYZERO', 'FPE_INVALID', 'FPE_OVERFLOW', 'FPE_UNDERFLOW', 'False_', 'Inf', 'Infinity', 'LowLevelCallable', 'MAXDIMS', 'MAY_SHARE_BOUNDS', 'MAY_SHARE_EXACT', 'MachAr', 'ModuleDeprecationWarning', 'NAN', 'NINF', 'NZERO', 'NaN', 'PINF', 'PZERO', 'RAISE', 'RankWarning', 'SHIFT_DIVIDEBYZERO', 'SHIFT_INVALID', 'SHIFT_OVERFLOW', 'SHIFT_UNDERFLOW', 'ScalarType', 'TooHardError', 'True_', 'UFUNC_BUFSIZE_DEFAULT', 'UFUNC_PYVALS_NAME', 'VisibleDeprecationWarning', 'WRAP', '_UFUNC_API', '__SCIPY_SETUP__', '__all__', '__builtins__', '__cached__', '__config__', '__doc__', '__file__', '__loader__', '__name__', '__numpy_version__', '__package__', '__path__', '__spec__', '__version__', '_add_newdoc_ufunc', '_dep_fft', '_deprecated', '_distributor_init', '_fun', '_key', '_lib', '_msg', '_sci', 'absolute', 'add', 'add_docstring', 'add_newdoc', 'add_newdoc_ufunc', 'alen', 'all', 'allclose', 'alltrue', 'amax', 'amin', 'angle', 'any', 'append', 'apply_along_axis', 'apply_over_axes', 'arange', 'arccos', 'arccosh', 'arcsin', 'arcsinh', 'arctan', 'arctan2', 'arctanh', 'argmax', 'argmin', 'argpartition', 'argsort', 'argwhere', 'around', 'array', 'array2string', 'array_equal', 'array_equiv', 'array_repr', 'array_split', 'array_str', 'asanyarray', 'asarray', 'asarray_chkfinite', 'ascontiguousarray', 'asfarray', 'asfortranarray', 'asmatrix', 'asscalar', 'atleast_1d', 'atleast_2d', 'atleast_3d', 'average', 'bartlett', 'base_repr', 'binary_repr', 'bincount', 'bitwise_and', 'bitwise_not', 'bitwise_or', 'bitwise_xor', 'blackman', 'block', 'bmat', 'bool8', 'bool_', 'broadcast', 'broadcast_arrays', 'broadcast_to', 'busday_count', 'busday_offset', 'busdaycalendar', 'byte', 'byte_bounds', 'bytes0', 'bytes_', 'c_', 'can_cast', 'cast', 'cbrt', 'cdouble', 'ceil', 'cfloat', 'char', 'character', 'chararray', 'choose', 'clip', 'clongdouble', 'clongfloat', 'column_stack', 'common_type', 'compare_chararrays', 'complex128', 'complex64', 'complex_', 'complexfloating', 'compress', 'concatenate', 'conj', 'conjugate', 'convolve', 'copy', 'copysign', 'copyto', 'corrcoef', 'correlate', 'cos', 'cosh', 'count_nonzero', 'cov', 'cross', 'csingle', 'ctypeslib', 'cumprod', 'cumproduct', 'cumsum', 'datetime64', 'datetime_as_string', 'datetime_data', 'deg2rad', 'degrees', 'delete', 'deprecate', 'deprecate_with_doc', 'diag', 'diag_indices', 'diag_indices_from', 'diagflat', 'diagonal', 'diff', 'digitize', 'disp', 'divide', 'divmod', 'dot', 'double', 'dsplit', 'dstack', 'dtype', 'e', 'ediff1d', 'einsum', 'einsum_path', 'emath', 'empty', 'empty_like', 'equal', 'errstate', 'euler_gamma', 'exp', 'exp2', 'expand_dims', 'expm1', 'extract', 'eye', 'fabs', 'fastCopyAndTranspose', 'fft', 'fft_msg', 'fill_diagonal', 'find_common_type', 'finfo', 'fix', 'flatiter', 'flatnonzero', 'flexible', 'flip', 'fliplr', 'flipud', 'float16', 'float32', 'float64', 'float_', 'float_power', 'floating', 'floor', 'floor_divide', 'fmax', 'fmin', 'fmod', 'format_float_positional', 'format_float_scientific', 'format_parser', 'frexp', 'frombuffer', 'fromfile', 'fromfunction', 'fromiter', 'frompyfunc', 'fromregex', 'fromstring', 'full', 'full_like', 'fv', 'gcd', 'generic', 'genfromtxt', 'geomspace', 'get_array_wrap', 'get_include', 'get_printoptions', 'getbufsize', 'geterr', 'geterrcall', 'geterrobj', 'gradient', 'greater', 'greater_equal', 'half', 'hamming', 'hanning', 'heaviside', 'histogram', 'histogram2d', 'histogram_bin_edges', 'histogramdd', 'hsplit', 'hstack', 'hypot', 'i0', 'identity', 'ifft', 'iinfo', 'imag', 'in1d', 'index_exp', 'indices', 'inexact', 'inf', 'info', 'infty', 'inner', 'insert', 'int0', 'int16', 'int32', 'int64', 'int8', 'int_', 'intc', 'integer', 'interp', 'intersect1d', 'intp', 'invert', 'ipmt', 'irr', 'is_busday', 'isclose', 'iscomplex', 'iscomplexobj', 'isfinite', 'isfortran', 'isin', 'isinf', 'isnan', 'isnat', 'isneginf', 'isposinf', 'isreal', 'isrealobj', 'isscalar', 'issctype', 'issubclass_', 'issubdtype', 'issubsctype', 'iterable', 'ix_', 'kaiser', 'kron', 'lcm', 'ldexp', 'left_shift', 'less', 'less_equal', 'lexsort', 'linspace', 'little_endian', 'load', 'loads', 'loadtxt', 'log', 'log10', 'log1p', 'log2', 'logaddexp', 'logaddexp2', 'logical_and', 'logical_not', 'logical_or', 'logical_xor', 'logn', 'logspace', 'longcomplex', 'longdouble', 'longfloat', 'longlong', 'lookfor', 'ma', 'mafromtxt', 'mask_indices', 'mat', 'math', 'matmul', 'matrix', 'maximum', 'maximum_sctype', 'may_share_memory', 'mean', 'median', 'memmap', 'meshgrid', 'mgrid', 'min_scalar_type', 'minimum', 'mintypecode', 'mirr', 'mod', 'modf', 'moveaxis', 'msort', 'multiply', 'nan', 'nan_to_num', 'nanargmax', 'nanargmin', 'nancumprod', 'nancumsum', 'nanmax', 'nanmean', 'nanmedian', 'nanmin', 'nanpercentile', 'nanprod', 'nanquantile', 'nanstd', 'nansum', 'nanvar', 'nbytes', 'ndarray', 'ndenumerate', 'ndfromtxt', 'ndim', 'ndindex', 'nditer', 'negative', 'nested_iters', 'newaxis', 'nextafter', 'nonzero', 'not_equal', 'nper', 'npv', 'number', 'obj2sctype', 'object0', 'object_', 'ogrid', 'ones', 'ones_like', 'outer', 'packbits', 'pad', 'partition', 'percentile', 'pi', 'piecewise', 'place', 'pmt', 'poly', 'poly1d', 'polyadd', 'polyder', 'polydiv', 'polyfit', 'polyint', 'polymul', 'polysub', 'polyval', 'positive', 'power', 'ppmt', 'printoptions', 'prod', 'product', 'promote_types', 'ptp', 'put', 'put_along_axis', 'putmask', 'pv', 'quantile', 'r_', 'rad2deg', 'radians', 'rand', 'randn', 'random', 'rate', 'ravel', 'ravel_multi_index', 'real', 'real_if_close', 'rec', 'recarray', 'recfromcsv', 'recfromtxt', 'reciprocal', 'record', 'remainder', 'repeat', 'require', 'reshape', 'resize', 'result_type', 'right_shift', 'rint', 'roll', 'rollaxis', 'roots', 'rot90', 'round_', 'row_stack', 's_', 'safe_eval', 'save', 'savetxt', 'savez', 'savez_compressed', 'sctype2char', 'sctypeDict', 'sctypeNA', 'sctypes', 'searchsorted', 'select', 'set_numeric_ops', 'set_printoptions', 'set_string_function', 'setbufsize', 'setdiff1d', 'seterr', 'seterrcall', 'seterrobj', 'setxor1d', 'shape', 'shares_memory', 'short', 'show_config', 'show_numpy_config', 'sign', 'signbit', 'signedinteger', 'sin', 'sinc', 'single', 'singlecomplex', 'sinh', 'size', 'sometrue', 'sort', 'sort_complex', 'source', 'spacing', 'split', 'sqrt', 'square', 'squeeze', 'stack', 'std', 'str0', 'str_', 'string_', 'subtract', 'sum', 'swapaxes', 'take', 'take_along_axis', 'tan', 'tanh', 'tensordot', 'test', 'tile', 'timedelta64', 'trace', 'tracemalloc_domain', 'transpose', 'trapz', 'tri', 'tril', 'tril_indices', 'tril_indices_from', 'trim_zeros', 'triu', 'triu_indices', 'triu_indices_from', 'true_divide', 'trunc', 'typeDict', 'typeNA', 'typecodes', 'typename', 'ubyte', 'ufunc', 'uint', 'uint0', 'uint16', 'uint32', 'uint64', 'uint8', 'uintc', 'uintp', 'ulonglong', 'unicode_', 'union1d', 'unique', 'unpackbits', 'unravel_index', 'unsignedinteger', 'unwrap', 'ushort', 'vander', 'var', 'vdot', 'vectorize', 'version', 'void', 'void0', 'vsplit', 'vstack', 'warnings', 'where', 'who', 'zeros', 'zeros_like']

图3-38　SciPy模块

SciPy模块提供了丰富的数学、工程方面的科学计算功能，详细介绍可以参见官网：www.scipy.org。

（三）数据处理模块——Pandas

Pandas模块是Python语言中进行数据处理的模块，模块包含的基本内容如图3-39所示。

```
# 数据处理模块
import pandas as pd
print(dir(pd),end='')
```

['BooleanDtype', 'Categorical', 'CategoricalDtype', 'CategoricalIndex', 'DataFrame', 'DateOffset', 'DatetimeIndex', 'DatetimeTZDtype', 'ExcelFile', 'ExcelWriter', 'Flags', 'Float32Dtype', 'Float64Dtype', 'Float64Index', 'Grouper', 'HDFStore', 'Index', 'IndexSlice', 'Int16Dtype', 'Int32Dtype', 'Int64Dtype', 'Int64Index', 'Int8Dtype', 'Interval', 'IntervalDtype', 'IntervalIndex', 'MultiIndex', 'NA', 'NaT', 'NamedAgg', 'Period', 'PeriodDtype', 'PeriodIndex', 'RangeIndex', 'Series', 'SparseDtype', 'StringDtype', 'Timedelta', 'TimedeltaIndex', 'Timestamp', 'UInt16Dtype', 'UInt32Dtype', 'UInt64Dtype', 'UInt64Index', 'UInt8Dtype', '__builtins__', '__cached__', '__doc__', '__docformat__', '__file__', '__getattr__', '__git_version__', '__loader__', '__name__', '__package__', '__path__', '__spec__', '__version__', '_config', '_hashtable', '_is_numpy_dev', '_lib', '_libs', '_np_version_under1p17', '_np_version_under1p18', '_testing', '_tslib', '_typing', '_version', 'api', 'array', 'arrays', 'bdate_range', 'compat', 'concat', 'core', 'crosstab', 'cut', 'date_range', 'describe_option', 'errors', 'eval', 'factorize', 'get_dummies', 'get_option', 'infer_freq', 'interval_range', 'io', 'isna', 'isnull', 'json_normalize', 'lreshape', 'melt', 'merge', 'merge_asof', 'merge_ordered', 'notna', 'notnull', 'offsets', 'option_context', 'options', 'pandas', 'period_range', 'pivot', 'pivot_table', 'plotting', 'qcut', 'read_clipboard', 'read_csv', 'read_excel', 'read_feather', 'read_fwf', 'read_gbq', 'read_hdf', 'read_html', 'read_json', 'read_orc', 'read_parquet', 'read_pickle', 'read_sas', 'read_spss', 'read_sql', 'read_sql_query', 'read_sql_table', 'read_stata', 'read_table', 'reset_option', 'set_eng_float_format', 'set_option', 'show_versions', 'test', 'testing', 'timedelta_range', 'to_datetime', 'to_numeric', 'to_pickle', 'to_timedelta', 'tseries', 'unique', 'util', 'value_counts', 'wide_to_long']

图 3-39 Pandas 模块

Pandas 模块提供了丰富的数据读取和存储以及数据处理功能，详细介绍可以参见官网：https：//pandas.pydata.org/。

（四）数据可视化模块——Matplotlib

Matplotlib 模块是 Python 语言中进行数据可视化的模块，模块包含的基本内容如图 3-40 所示。

```
# 数据可视化模块
import matplotlib as mpl
print(dir(mpl),end='')
```

['ExecutableNotFoundError', 'LooseVersion', 'MatplotlibDeprecationWarning', 'MutableMapping', 'Parameter', 'Path', 'RcParams', 'URL_REGEX', '_DATA_DOC_APPENDIX', '_DATA_DOC_TITLE', '_ExecInfo', '__bibtex__', '__builtins__', '__cached__', '__doc__', '__file__', '__loader__', '__name__', '__package__', '__path__', '__spec__', '__version__', '_add_data_doc', '_all_deprecated', '_animation_data', '_check_versions', '_color_data', '_deprecated_ignore_map', '_deprecated_map', '_deprecated_remain_as_none', '_ensure_handler', '_get_config_or_cache_dir', '_get_data_path', '_get_executable_info', '_get_ssl_context', '_get_xdg_cache_dir', '_get_xdg_config_dir', '_init_tests', '_label_from_arg', '_log', '_logged_cached', '_open_file_or_url', '_preprocess_data', '_rc_params_in_file', '_replacer', '_version', 'animation', 'atexit', 'cbook', 'checkdep_ps_distiller', 'checkdep_usetex', 'colors', 'compare_versions', 'contextlib', 'cycler', 'defaultParams', 'default_test_modules', 'docstring', 'fontconfig_pattern', 'ft2font', 'functools', 'get_backend', 'get_cachedir', 'get_configdir', 'get_data_path', 'get_home', 'importlib', 'inspect', 'interactive', 'is_interactive', 'is_url', 'locale', 'logging', 'matplotlib_fname', 'mplDeprecation', 'namedtuple', 'numpy', 'os', 'pprint', 'rc', 'rcParams', 'rcParamsDefault', 'rcParamsOrig', 'rc_context', 'rc_file', 'rc_file_defaults', 'rc_params', 'rc_params_from_file', 'rcdefaults', 'rcsetup', 're', 'sanitize_sequence', 'set_loglevel', 'shutil', 'subprocess', 'sys', 'tempfile', 'test', 'use', 'validate_backend', 'warnings']

图 3-40 Matplotlib 模块

Matplotlib 模块提供了丰富的数据可视化功能，详细介绍可以参见官网：https：//matplotlib.org/。

（五）机器学习模块——Scikit-learn

Scikit-learn 模块是 Python 语言中进行机器学习的模块，模块包含的基本内容如图 3-41 所示。

```
# 机器学习模块
import sklearn as skl
print(dir(skl),end='')
```

['__SKLEARN_SETUP__', '__all__', '__builtins__', '__cached__', '__check_build', '__doc__', '__file__', '__loader__', '__name__', '__package__', '__path__', '__spec__', '__version__', '_config', '_distributor_init', 'base', 'clone', 'config_context', 'exceptions', 'get_config', 'logger', 'logging', 'os', 'set_config', 'setup_module', 'show_versions', 'sys', 'utils']

图 3–41　Scikit–learn 模块

　　Scikit–learn 模块提供了丰富的机器学习算法和数据预处理功能，详细介绍可以参见官网：https：//scikit–learn.org/stable/index.html。

习题

　　1. 简述 Python 语言中函数的参数类型有哪些？

　　2. 在 Python 语言的函数定义中，不同类型的参数排列次序是怎样？

　　3. 试数 Python 语言中装饰器函数的定义和特点。

　　4. 简述 Python 语言种类的概念和定义格式。

　　5. Python 语言中类的继承和重载的实现方式是怎样？

　　6. 简述 Python 语言中模块的概念。

　　7. 如何在 Python 语言中导入模块中的部分功能？

第四章　Python 的高级数据结构

学习目标:

了解并掌握Python语言的高级数据结构Array、Series和DataFrame的定义及特点,各种数据结构的元素访问及函数操作模式。

在前面的章节中介绍了Python语言的基本数据结构,除此之外,Python语言还支持三种重要的高级数据结构,即数组(Array)、序列(Series)和数据框(DataFrame)。正是由于对这些高级数据结构的支持,才使得Python语言在数据处理方面拥有了更加灵活和丰富的功能。

第一节　Array 数据结构

Numpy模块是Python语言中基础的科学计算模块,该模块提供了对多维数组对象(ndArray)的定义,并在Array数据结构的基础上提供了诸如线性代数、逻辑数学、统计学在内的数学运算。Array数据结构是Numpy模块的核心,也是Deep Learning中张量数据结构的基础。从某种意义上来讲,Array数据结构类似于嵌套的列表,但是,列表允许存储不同数据结构的元素,而Array对象中只能存储相同数据结构的元素。

一、Array的定义

Array对象的核心是轴的概念,每一个轴对应一个列表对象,轴的数量就是Array数组的维数(有时也称为秩)。

(一)一维Array

想要定义Array对象,首先要导入Numpy模块,具体示例代码及执行结果如图4-1所示。

```
# 导入必要的模块
import numpy as np
# 一维 Array 的定义
cz_1dArray=np.array([2,3,4,89,29])
print('这是一个一维 Array: {}'.format(cz_1dArray))
```

这是一个一维 Array: [2　 3　 4 89 29]

图4-1　一维Array的定义

值得注意的是，一维Array对象类似于数学上的列向量。使用者还可以在定义时规定Array对象中元素的数据类型，具体示例代码及执行结果如图4-2所示。

```
# 定义元素的数据类型
cz_1dArray1=np.array([2,3,4,12,5],dtype='float')
cz_1dArray2=np.array([2,3,4,12,5],dtype='str')
cz_1dArray3=np.array([2,3,0,12,5],dtype='bool')
# 查看Array对象的数据类型和元素的数据类型
print('{} 的数据类型为 {}'.format(cz_1dArray1,type(cz_1dArray1)))
print('{} 中元素的数据类型为 {}'.format(cz_1dArray1,cz_1dArray1.dtype))
print('----'*10)
print('{} 的数据类型为 {}'.format(cz_1dArray2,type(cz_1dArray2)))
print('{} 中元素的数据类型为 {}'.format(cz_1dArray2,cz_1dArray2.dtype))
print('----'*10)
print('{} 的数据类型为 {}'.format(cz_1dArray3,type(cz_1dArray3)))
print('{} 中元素的数据类型为 {}'.format(cz_1dArray3,cz_1dArray3.dtype))
```

```
[ 2.  3.  4. 12.  5.]的数据类型为 <class 'numpy.ndarray'>
[ 2.  3.  4. 12.  5.]中元素的数据类型为 float64
--------------------------------
['2' '3' '4' '12' '5']的数据类型为 <class 'numpy.ndarray'>
['2' '3' '4' '12' '5']中元素的数据类型为 <U2
--------------------------------
[ True  True False  True  True]的数据类型为 <class 'numpy.ndarray'>
[ True  True False  True  True]中元素的数据类型为 bool
```

图4-2　一维Array的数据类型

由程序执行的结果可以发现，在定义Array对象时采用"dtype"关键字可以定义数组中元素的数据类型。Python语言中可以采用"ndim"属性查看Array对象的维度，"shape"属性查看Array对象的形状，"size"属性查看Array对象的大小。具体示例代码及执行结果如图4-3所示。

```
# 查看Array对象的属性
cz_1dArray=np.array([2,3,4,12,5,19],dtype='int32')
print('Array对象是: {}'.format(cz_1dArray))
print('Array对象的维度是: {}'.format(cz_1dArray.ndim))
print('Array对象的形状是: {}'.format(cz_1dArray.shape))
print('Array对象的大小是: {}'.format(cz_1dArray.size))
```

```
Array对象是: [ 2  3  4 12  5 19]
Array对象的维度是: 1
Array对象的形状是: (6,)
Array对象的大小是: 6
```

图4-3　一维Array的属性

（二）多维Array

除了一维Array对象之外，还可以定义高维的Array对象，具体示例代码及执行结果如图4-4所示。

```
# 定义高维 Array 对象
cz_2dArray=np.array([[2,3,4],[12,34,67],[100,2,7]],dtype='int8')
cz_3dArray=np.array([[[2.45],[9,10]],[[11,33],[34,7]],[[9,88],[2,56]]],dtype='str')
print('Array 对象是：\n{}'.format(cz_2dArray))
print('Array 对象的维度是：{}'.format(cz_2dArray.ndim))
print('Array 对象的形状是：{}'.format(cz_2dArray.shape))
print('Array 对象的大小是：{}'.format(cz_2dArray.size))
print('--'*10)
print('Array 对象是：\n{}'.format(cz_3dArray))
print('Array 对象的维度是：{}'.format(cz_3dArray.ndim))
print('Array 对象的形状是：{}'.format(cz_3dArray.shape))
print('Array 对象的大小是：{}'.format(cz_3dArray.size))
```

```
Array 对象是：
[[  2   3   4]
 [ 12  34  67]
 [100   2   7]]
Array 对象的维度是：2
Array 对象的形状是：(3, 3)
Array 对象的大小是：9
----------------------
Array 对象是：
[[['2' '45']
  ['9' '10']]

 [['11' '33']
  ['34' '7']]

 [['9' '88']
  ['2' '56']]]
Array 对象的维度是：3
Array 对象的形状是：(3, 2, 2)
Array 对象的大小是：12
```

图 4-4　高维 Array 对象

（三）Numpy 内嵌的 Array

为了方便使用者的应用，Numpy 模块还内嵌了很多 Array 对象。具体示例代码及执行结果如图 4-5 所示。

```
# Numpy 自带的 Array 对象
print(' 一维 Array 对象：')
print('np.arange 定义的对象为：{}'.format(np.arange(1,27,3)))
print('np.linspace 定义的对象为：{}'.format(np.linspace(2,80,5)))
print('\n 二维 Array 对象：')
print('{} 定义的对象为：\n{}'.format('np.eye',np.eye(4)))
print('{} 定义的对象为：\n{}'.format('np.diag',np.diag([1,1,5])))
print('{} 定义的对象为：\n{}'.format('np.vander',np.vander((1, 2, 2, 6), 4)))
print('\n 高维 Array 对象：')
print('{} 定义的对象为：\n{}'.format('np.zeros',np.zeros((2,3,4))))
print('{} 定义的对象为：\n{}'.format('np.ones',np.ones([2,3,5])))
print('{} 定义的对象为：\n{}'.format('np.random',np.random.default_rng(2).random((4,5,2))))
```

```
一维 Array 对象：
np.arange 定义的对象为：[ 1  4  7 10 13 16 19 22 25]
np.linspace 定义的对象为：[ 2.  21.5 41.  60.5 80. ]

二维 Array 对象：
np.eye 定义的对象为：
```

```
[[1. 0. 0. 0.]
 [0. 1. 0. 0.]
 [0. 0. 1. 0.]
 [0. 0. 0. 1.]]
np.diag 定义的对象为：
[[1 0 0]
 [0 1 0]
 [0 0 5]]
np.vander 定义的对象为：
[[  1   1   1   1]
 [  8   4   2   1]
 [  8   4   2   1]
 [216  36   6   1]]

高维 Array 对象：
np.zeros 定义的对象为：
[[[0. 0. 0. 0.]
  [0. 0. 0. 0.]
  [0. 0. 0. 0.]]

 [[0. 0. 0. 0.]
  [0. 0. 0. 0.]
  [0. 0. 0. 0.]]]
np.ones 定义的对象为：
[[[1. 1. 1. 1. 1.]
  [1. 1. 1. 1. 1.]
  [1. 1. 1. 1. 1.]]

 [[1. 1. 1. 1. 1.]
  [1. 1. 1. 1. 1.]
  [1. 1. 1. 1. 1.]]]
np.random 定义的对象为：
[[[0.26161213 0.29849114]
  [0.81422574 0.09191594]
  [0.60010053 0.72856053]
  [0.18790107 0.05514663]
  [0.27496937 0.65743301]]

 [[0.56226566 0.15006226]
  [0.43263079 0.6692973 ]
  [0.42278467 0.6331844 ]
  [0.96743595 0.68306482]
  [0.39162483 0.18725257]]

 [[0.34596067 0.51106597]
  [0.89120941 0.77556394]
  [0.3181466  0.9242169 ]
  [0.47090989 0.69375884]
  [0.10720731 0.10454356]]

 [[0.20190745 0.88444967]
  [0.67981146 0.84923632]
  [0.64443627 0.4065424 ]
  [0.51657819 0.59344352]
  [0.86211798 0.43818617]]]
```

图 4-5 内嵌的 Array 对象

二、Array 的访问

在 Python 语言中，Array 对象数据的访问是通过轴来实现的，访问的模式为 Array 对象的名称后面加中括号 "[]"，中括号中指明是第几个轴。具体示例代码及执行结果如图 4-6 所示。

```
# Array 对象元素的访问，根据轴实现
cz_ndArray=np.random.default_rng(2).random((3,5,2))
print('原始 Array 为：\n{}'.format(cz_ndArray))
print('原始 Array 的形状为：{}'.format(cz_ndArray.shape))
print('--'*10)
print('第{}个轴的第{}个元素为：\n{}'.format(1,2,cz_ndArray[1]))
print('--'*10)
print('第{}个轴的第{}个元素的第{}轴的第{}元素为：\n{}'.format(1,2,2,3,cz_ndArray[1][2]))
print('--'*10)
print('第{}个轴的第{}个元素的第{}轴的第{}元素的第{}轴的第{}元素为：\n{}'.format(1,2,2,3,3,1,cz_ndArray[1][2][0]))
print('--'*10)
print('一次访问多个不相邻的元素：{}'.format(cz_ndArray[[0,2,2],[1,3,2],[1,1,0]]))
```

```
原始 Array 为：
[[[0.26161213 0.29849114]
  [0.81422574 0.09191594]
  [0.60010053 0.72856053]
  [0.18790107 0.05514663]
  [0.27496937 0.65743301]]

 [[0.56226566 0.15006226]
  [0.43263079 0.6692973 ]
  [0.42278467 0.6331844 ]
  [0.96743595 0.68306482]
  [0.39162483 0.18725257]]

 [[0.34596067 0.51106597]
  [0.89120941 0.77556394]
  [0.3181466  0.9242169 ]
  [0.47090989 0.69375884]
  [0.10720731 0.10454356]]]
原始 Array 的形状为：(3, 5, 2)
--------------------
第1个轴的第2个元素为：
[[0.56226566 0.15006226]
 [0.43263079 0.6692973 ]
 [0.42278467 0.6331844 ]
 [0.96743595 0.68306482]
 [0.39162483 0.18725257]]
--------------------
第1个轴的第2个元素的第2轴的第3元素为：
[0.42278467 0.6331844 ]
--------------------
第1个轴的第2个元素的第2轴的第3元素的第3轴的第1元素为：
0.4227846732701278
--------------------
一次访问多个不相邻的元素：[0.09191594 0.69375884 0.3181466 ]
```

图4-6　Array 对象元素的访问

　　除了支持 Array 对象对轴的精准位置的访问，Python 语言同样支持对轴的位置的切片访问，具体示例代码及执行结果如图4-7所示。

```
# Array 对象元素的访问，根据轴实现
cz_ndArray=np.random.default_rng(2).random((3,5,2))
print('原始 Array 为：\n{}'.format(cz_ndArray))
print('原始 Array 的形状为：{}'.format(cz_ndArray.shape))
print('--'*10)
print('第{}个轴的第{}个元素为：\n{}'.format(1,'0:2',cz_ndArray[:2]))
print('切片访问后 Array 的形状为：{}'.format(cz_ndArray[:2].shape))
print('--'*10)
print('第{}个轴的第{}个元素的第{}轴的第{}元素为：\n{}'.format(1,'0:2',2,'1:3',cz_ndArray[:2,1:3]))
print('切片访问后 Array 的形状为：{}'.format(cz_ndArray[:2,1:3].shape))
print('--'*10)
print('第{}个轴的第{}个元素的第{}轴的第{}元素的第{}轴的第{}元素为：\n{}'.format(1,'0:2',2,'1:3',3,2,cz_ndArray[:2,1:3,1:]))
print('切片访问后 Array 的形状为：{}'.format(cz_ndArray[:2,1:3,1:].shape))
```

```
原始 Array 为：
[[[0.26161213 0.29849114]
  [0.81422574 0.09191594]
  [0.60010053 0.72856053]
  [0.18790107 0.05514663]
  [0.27496937 0.65743301]]

 [[0.56226566 0.15006226]
  [0.43263079 0.6692973 ]
  [0.42278467 0.6331844 ]
  [0.96743595 0.68306482]
  [0.39162483 0.18725257]]

 [[0.34596067 0.51106597]
  [0.89120941 0.77556394]
  [0.3181466  0.9242169 ]
  [0.47090989 0.69375884]
  [0.10720731 0.10454356]]]
原始 Array 的形状为：(3, 5, 2)
--------------------
第 1 个轴的第 0:2 个元素为：
[[[0.26161213 0.29849114]
  [0.81422574 0.09191594]
  [0.60010053 0.72856053]
  [0.18790107 0.05514663]
  [0.27496937 0.65743301]]

 [[0.56226566 0.15006226]
  [0.43263079 0.6692973 ]
  [0.42278467 0.6331844 ]
  [0.96743595 0.68306482]
  [0.39162483 0.18725257]]]
切片访问后 Array 的形状为：(2, 5, 2)
--------------------
第 1 个轴的第 0:2 个元素的第 2 轴的第 1:3 元素为：
[[[0.81422574 0.09191594]
  [0.60010053 0.72856053]]

 [[0.43263079 0.6692973 ]
  [0.42278467 0.6331844 ]]]
切片访问后 Array 的形状为：(2, 2, 2)
--------------------
第 1 个轴的第 0:2 个元素的第 2 轴的第 1:3 元素的第 3 轴的第 2 元素为：
[[[0.09191594]
  [0.72856053]]

 [[0.6692973 ]
  [0.6331844 ]]]
切片访问后 Array 的形状为：(2, 2, 1)
```

图 4-7　Array 对象元素的切片访问

　　由程序的执行结果可以发现，要实现对 Array 对象不同轴的切片访问，需要将各个轴的切片放在一个中括号"[]"内，且不同轴的切片以逗号","分隔。

　　在 Python 语言中，使用者还可以根据布尔型（bool）Array 对象来对另外一个 Array 对象进行数据访问，访问的模式为布尔型 Array 对象为 True 的位置处对应的另外一个 Array 对象的元素得到访问，其余元素将会被舍弃。具体示例代码及执行结果如图 4-8 所示。

```
# 根据布尔型数组进行数据访问
cz_ndArray=np.random.default_rng(2).random((2,3,2))
print('原始 Array 为：\n{}'.format(cz_ndArray))
print('--'*10)
print('布尔型矩阵为：\n{}'.format(cz_ndArray>0.5))
print('根据布尔型矩阵取值为：\n{}'.format(cz_ndArray[cz_ndArray>0.5]))
print('根据多条件布尔型矩阵取值为：\n{}'.format(cz_ndArray[(cz_ndArray>0.5) & (cz_ndArray<0.8)]))
```

```
原始 Array 为：
[[[0.26 0.3 ]
  [0.81 0.09]
  [0.6  0.73]]

 [[0.19 0.06]
  [0.27 0.66]
  [0.56 0.15]]]
--------------------
布尔型矩阵为：
[[[False False]
  [ True False]
  [ True   True]]

 [[False False]
  [False   True]
  [ True False]]]
根据布尔型矩阵取值为：
[0.81 0.6  0.73 0.66 0.56]
根据多条件布尔型矩阵取值为：
[0.6  0.73 0.66 0.56]
```

图4-8　Array对象的布尔型条件访问

由程序执行的结果可以发现，Array对象"cz_ndArray"只有在对应的布尔型Array对象的元素为True的位置处的数据被访问到，其他位置的元素均被舍弃掉了。

三、Array的操作

Numpy模块对Array数据对象提供了丰富的操作运算。

（一）重塑形状

对于已经创建好的Array对象，可以采用"reshape"方法重塑形状，将其改变成目标形状。具体示例代码及执行结果如图4-9所示。

```
# 重塑形状
np.set_printoptions(precision=2,threshold=np.inf)
cz_ndArray=np.random.default_rng(2).random((2,4,3))
print('原始 Array 为 \n{}\n 其形状为 {}.'.format(cz_ndArray,cz_ndArray.shape))
print('----'*10)
print('重塑形状后为 \n{}\n 其形状为 {}'.format(cz_ndArray.reshape(24),cz_ndArray.reshape(24).shape))
print('----'*10)
print('重塑形状后为 \n{}\n 其形状为 {}'.format(cz_ndArray.reshape(4,2,3),cz_ndArray.reshape(4,2,3).shape))
print('----'*10)
print('重塑形状后为 \n{}\n 其形状为 {}'.format(cz_ndArray.reshape(3,4,2),cz_ndArray.reshape(3,4,2).shape))
```

```
原始 Array 为
[[[0.26 0.3  0.81]
  [0.09 0.6   0.73]
  [0.19 0.06 0.27]
  [0.66 0.56 0.15]]

 [[0.43 0.67 0.42]
  [0.63 0.97 0.68]
  [0.39 0.19 0.35]
  [0.51 0.89 0.78]]]
 其形状为 (2, 4, 3).
_____
重塑形状后为
[0.26 0.3  0.81 0.09 0.6  0.73 0.19 0.06 0.27 0.66 0.56 0.15 0.43 0.67 0.42 0.63 0.97 0.68 0.39 0.19 0.35 0.51 0.89 0.78]
 其形状为 (24,)
_____
重塑形状后为
[[[0.26 0.3  0.81]
  [0.09 0.6   0.73]]

 [[0.19 0.06 0.27]
  [0.66 0.56 0.15]]

 [[0.43 0.67 0.42]
  [0.63 0.97 0.68]]

 [[0.39 0.19 0.35]
  [0.51 0.89 0.78]]]
 其形状为 (4, 2, 3)
_____
重塑形状后为
[[[0.26 0.3 ]
  [0.81 0.09]
  [0.6   0.73]
  [0.19 0.06]]

 [[0.27 0.66]
  [0.56 0.15]
  [0.43 0.67]
  [0.42 0.63]]

 [[0.97 0.68]
  [0.39 0.19]
  [0.35 0.51]
  [0.89 0.78]]]
 其形状为 (3, 4, 2)
```

图 4-9　Array 对象重塑形状

　　由程序执行的结果可以发现，一个 Array 对象被重塑形状后，新的 Array 对象的 "size"
（即 Array 对象中元素的总个数）与原来 Array 对象的 "size" 需要保持一致，否则会触发
个数不一致的异常。

（二）算术运算

　　在 Python 语言中，Array 对象可以支持元素级的算术运算，即可以直接对 Array 对象中
的元素进行算术运算操作，具体示例代码及执行结果如图 4-10 所示。

```
#算术运算：Array 对象的算术运算都是直接对元素进行的操作
np.set_printoptions(precision=2,threshold=np.inf)
cz_ndArray1=np.random.default_rng(2).random((1,3,2))
cz_ndArray2=np.random.default_rng(3).random((1,3,2))
print('原始 Array 为 \n{}\n 和 \n{}.'.format(cz_ndArray1,cz_ndArray2))
print('---'*10)
print('Array 的加法运算：\n{}\n 或者 \n{}'.format(cz_ndArray1+5,cz_ndArray1+cz_ndArray2))
print('---'*10)
print('Array 的减法运算：\n{}\n 或者 \n{}'.format(cz_ndArray1-3,cz_ndArray1-cz_ndArray2))
print('---'*10)
print('Array 的乘法运算：\n{}\n 或者 \n{}'.format(cz_ndArray1*10,cz_ndArray1*cz_ndArray2))
print('---'*10)
print('Array 的除法运算：\n{}\n 或者 \n{}'.format(cz_ndArray1/2,cz_ndArray1/cz_ndArray2))
```

```
原始 Array 为
[[[0.26 0.3 ]
  [0.81 0.09]
  [0.6  0.73]]]
和
[[[0.09 0.24]
  [0.8  0.58]
  [0.09 0.43]]].
-------------------------------
Array 的加法运算：
[[[5.26 5.3 ]
  [5.81 5.09]
  [5.6  5.73]]]
或者
[[[0.35 0.54]
  [1.62 0.67]
  [0.69 1.16]]]
-------------------------------
Array 的减法运算：
[[[-2.74 -2.7 ]
  [-2.19 -2.91]
  [-2.4  -2.27]]]
或者
[[[ 0.18  0.06]
  [ 0.01 -0.49]
  [ 0.51  0.3 ]]]
-------------------------------
Array 的乘法运算：
[[[2.62 2.98]
  [8.14 0.92]
  [6.   7.29]]]
或者
[[[0.02 0.07]
  [0.65 0.05]
  [0.06 0.32]]]
-------------------------------
Array 的除法运算：
[[[0.13 0.15]
  [0.41 0.05]
  [0.3  0.36]]]
或者
[[[3.05 1.26]
  [1.02 0.16]
  [6.38 1.68]]]
```

图 4-10　元素级算术运算

由程序执行的结果可以发现，通常情况下对 Array 对象的加减乘除运算都是指对其中元素的对位运算。不但如此，在 Python 语言中还有一种"广播机制"的模式，可以用来处理形状不同的两个 Array 对象之间的元素级运算。"广播机制"会将参与运算的 Array 对象的各个轴都自动扩展到最大维度。具体示例代码及执行结果如图4-11所示。

```
# Array 对象的广播机制
np.set_printoptions(precision=2,threshold=np.inf)
cz_ndArray1=np.random.default_rng(2).random((1,2,3))
cz_ndArray2=np.random.default_rng(3).random((3,1,1))

print(' 原始 Array 为 \n{}\n 和 \n{}.'.format(cz_ndArray1,cz_ndArray2))
print('----'*10)
print('Array 的加法运算：\n{}'.format(cz_ndArray1+cz_ndArray2))
print('----'*10)
print('Array 的减法运算：\n{}'.format(cz_ndArray1-cz_ndArray2))
print('----'*10)
print('Array 的乘法运算：\n{}'.format(cz_ndArray1*cz_ndArray2))
print('----'*10)
print('Array 的除法运算：\n{}'.format(cz_ndArray1/cz_ndArray2))
```

```
原始 Array 为
[[[0.26 0.3  0.81]
  [0.09 0.6  0.73]]]
和
[[[0.09]]

 [[0.24]]

 [[0.8 ]]].
----------------------------
Array 的加法运算：
[[[0.35 0.38 0.9 ]
  [0.18 0.69 0.81]]

 [[0.5  0.54 1.05]
  [0.33 0.84 0.97]]

 [[1.06 1.1  1.62]
  [0.89 1.4  1.53]]]
----------------------------
Array 的减法运算：
[[[ 0.18  0.21  0.73]
  [ 0.01  0.51  0.64]]

 [[ 0.02  0.06  0.58]
  [-0.14  0.36  0.49]]

 [[-0.54 -0.5   0.01]
  [-0.71 -0.2  -0.07]]]
----------------------------
Array 的乘法运算：
[[[0.02 0.03 0.07]
  [0.01 0.05 0.06]]

 [[0.06 0.07 0.19]
  [0.02 0.14 0.17]]

 [[0.21 0.24 0.65]
  [0.07 0.48 0.58]]]
----------------------------
Array 的除法运算：
[[[3.05 3.49 9.51]
  [1.07 7.01 8.51]]

 [[1.1  1.26 3.44]
  [0.39 2.53 3.08]]

 [[0.33 0.37 1.02]
  [0.11 0.75 0.91]]]
```

图4-11　Array 对象的广播机制

由程序执行的结果可以发现，参与运算的两个 Array 对象的形状分别是（1，2，3）和（3，1，1），算术运算结果的形状为（3，2，3），各个轴都扩充到了最大维度。

（三）矩阵运算

在 Python 语言中，Array 对象的矩阵运算是通过关键字"dot"来实现的。具体示例代码及执行结果如图 4-12 所示。

```
# Array 对象的矩阵运算
np.set_printoptions(precision=2,threshold=np.inf)
cz_ndArray1=np.random.default_rng(2).random((3,3))
cz_ndArray2=np.random.default_rng(3).random((3,3))
cz_ndArray3=np.random.default_rng(5).random((3,5))

print('原始 Array 为 \n{}\n 和 \n{}.'.format(cz_ndArray1,cz_ndArray2))
print('---'*10)
print('矩阵的乘法运算：\n{}'.format(cz_ndArray1.dot(cz_ndArray2)))
print('---'*10)
print('矩阵的逆运算：\n{}\n的逆矩阵为：\n{}'.format(cz_ndArray1,np.linalg.inv(cz_ndArray1)))
print('---'*10)
U,S,V=np.linalg.svd(cz_ndArray3)
print('矩阵的SVD逆运算：\n{}\n的 SVD 逆矩阵为：\nU={},\nS={},\nV={}'.format(cz_ndArray3,U,S,V))
print('---'*10)
print('矩阵的转置运算：\n{}\n的转置矩阵为：\n{}'.format(cz_ndArray3,cz_ndArray3.T))
print('---'*10)
print('矩阵的平滑运算：\n{}\n的平滑矩阵为：\n{} \n按列平滑结果：\n{}'.format(cz_ndArray3,cz_ndArray3.ravel(),cz_ndArray3.ravel(order='F')))
```

```
原始 Array 为
[[0.26 0.3  0.81]
 [0.09 0.6  0.73]
 [0.19 0.06 0.27]]
和
[[0.09 0.24 0.8 ]
 [0.58 0.09 0.43]
 [0.48 0.16 0.73]].
------------------------------
矩阵的乘法运算：
[[0.59 0.22 0.94]
 [0.71 0.19 0.87]
 [0.18 0.09 0.38]]
------------------------------
矩阵的逆运算：
[[0.26 0.3  0.81]
 [0.09 0.6  0.73]
 [0.19 0.06 0.27]]
的逆矩阵为：
[[-5.75  1.71 12.49]
 [-5.14  3.73  5.33]
 [ 4.96 -1.92 -5.97]]
------------------------------
矩阵的SVD逆运算：
[[0.81 0.81 0.52 0.29 0.05]
 [0.38 0.41 0.05 0.05 1.  ]
 [0.65 0.23 0.43 0.97 0.9 ]]
的SVD逆矩阵为：
U=[[-0.5   0.84 -0.19]
 [-0.47 -0.45 -0.76]
 [-0.73 -0.3   0.62]],
S=[2.04 0.9  0.66],
V=[[-0.52 -0.38 -0.29 -0.43 -0.56]
 [ 0.35  0.47  0.31 -0.08 -0.74]
```

```
[−0.06 −0.48   0.21   0.78 −0.33]
[ 0.1     0.32 −0.85   0.37 −0.15]
[ 0.77 −0.55 −0.21 −0.24 −0.05]]
───────────────────────────
矩阵的转置运算：
[[0.81 0.81 0.52 0.29 0.05]
 [0.38 0.41 0.05 0.05 1.  ]
 [0.65 0.23 0.43 0.97 0.9 ]]
的转置矩阵为：
[[0.81 0.38 0.65]
 [0.81 0.41 0.23]
 [0.52 0.05 0.43]
 [0.29 0.05 0.97]
 [0.05 1.    0.9 ]]
───────────────────────────
矩阵的平滑运算：
[[0.81 0.81 0.52 0.29 0.05]
 [0.38 0.41 0.05 0.05 1.  ]
 [0.65 0.23 0.43 0.97 0.9 ]]
的平滑矩阵为：
[0.81 0.81 0.52 0.29 0.05 0.38 0.41 0.05 0.05 1.    0.65 0.23 0.43 0.97
 0.9 ]
按列平滑结果：
[0.81 0.38 0.65 0.81 0.41 0.23 0.52 0.05 0.43 0.29 0.05 0.97 0.05 1. 0.9 ]
```

图 4−12　Array 对象的矩阵运算

由程序执行的结果可以发现，Python 语言中对 Array 对象提供了矩阵乘法、逆矩阵、矩阵的奇异值分解、逆矩阵等运算。

（四）统计运算

针对 Array 对象，在 Python 语言中还可以进行简单的统计运算，具体示例代码及执行结果如图 4−13 所示。

```
# Array 对象的统计运算
np.set_printoptions(precision=2,threshold=np.inf)
cz_ndArray1=np.random.default_rng(2).random((3,3))

print('原始 Array 为 \n{}.'.format(cz_ndArray1))
print('---'*10)
print('矩阵元素的加和运算：\n所有元素加和：{}\n列加和：{}\n行加和：{}'.format(cz_ndArray1.sum(),cz_ndArray1.sum(axis=0),cz_ndArray1.sum(axis=1)))
print('---'*10)
print('矩阵元素的最大值运算：\n所有元素最大值：{}\n列最大值：{}\n行最大值：{}'.format(cz_ndArray1.max(),cz_ndArray1.max(axis=0),cz_ndArray1.max(axis=1)))
print('---'*10)
print('矩阵元素的最小值运算：\n所有元素最小值：{}\n列最小值：{}\n行最小值：{}'.format(cz_ndArray1.min(),cz_ndArray1.min(axis=0),cz_ndArray1.min(axis=1)))
print('---'*10)
print('矩阵元素的平均值运算：\n所有元素平均值：{}\n列平均值：{}\n行平均值：{}'.format(cz_ndArray1.mean(),cz_ndArray1.mean(axis=0),cz_ndArray1.mean(axis=1)))
print('---'*10)
print('矩阵元素的标准差运算：\n所有元素标准差：{}\n列标准差：{}\n行标准差：{}'.format(cz_ndArray1.std(),cz_ndArray1.std(axis=0),cz_ndArray1.std(axis=1)))
print('---'*10)
print('矩阵元素的迹运算：\n矩阵的迹为 {}'.format(cz_ndArray1.trace()))
```

```
原始 Array 为
[[0.26 0.3   0.81]
 [0.09 0.6   0.73]
 [0.19 0.06 0.27]].
——————————————
矩阵元素的加和运算：
所有元素加和：3.3129230817759754
列加和：[0.54 0.95 1.82]
行加和：[1.37 1.42 0.52]
——————————————
矩阵元素的最大值运算：
所有元素最大值：0.8142257405942803
列最大值：[0.26 0.6   0.81]
行最大值：[0.81 0.73 0.27]
——————————————
矩阵元素的最小值运算：
所有元素最小值：0.05514662733306819
列最小值：[0.09 0.06 0.27]
行最小值：[0.26 0.09 0.06]
——————————————
矩阵元素的平均值运算：
所有元素平均值：0.36810256464177504
列平均值：[0.18 0.32 0.61]
行平均值：[0.46 0.47 0.17]
——————————————
矩阵元素的标准差运算：
所有元素标准差：0.2612643797941687
列标准差：[0.07 0.22 0.24]
行标准差：[0.25 0.27 0.09]
——————————————
矩阵元素的迹运算：
矩阵的迹为 1.1366820281210086
```

图 4-13　Array 对象的统计运算

（五）自定义函数运算

除了可以应用一些常见的函数对 Array 对象进行计算之外，在 Python 语言中还可以自定义函数，并应用到 Array 对象进行运算，具体示例代码及执行结果如图 4-14 所示。

```python
# Array 对象上应用自定义函数
np.set_printoptions(precision=2,threshold=np.inf)
cz_ndArray1=np.random.default_rng(2).random((2,3))
cz_ndArray2=np.random.default_rng(3).random((1,2,2))
# 自定义函数
def cz_half(x):
    '''
    返回参数的一半取值。
    '''
    return x/2
def cz_sxin(x):
    '''
    对于传入的参数(1维数据切片，不是单个元素),大于0.5变为1;否则，变为0。
    '''
    return [1 if i>=0.5 else 0 for i in x]

print('原始 Array 为 \n{}.'.format(cz_ndArray1))
print('---'*10)
print('应用于 Array 的 1 维数据切片 (列)\n{}.'.format(np.apply_along_axis(func1d=np.mean,axis=0,arr=cz_ndArray1)))
print('应用于 Array 的 1 维数据切片 (行)\n{}.'.format(np.apply_along_axis(func1d=np.mean,axis=0,arr=cz_ndArray1)))
print('应用于 Array 的 1 维数据切片 \n{}.'.format(np.apply_along_axis(func1d=lambda x: np.power(x,2),axis=0,arr=cz_ndArray1)))
print('应用于 Array 的 1 维数据切片 \n{}.'.format(np.apply_along_axis(func1d=cz_half,axis=1,arr=cz_ndArray1)))
print('应用于 Array 的 1 维数据切片 \n{}.'.format(np.apply_along_axis(func1d=cz_sxin,axis=0,arr=cz_ndArray1)))
print('应用于 Array 的 1 维数据切片 \n{}.'.format(np.apply_along_axis(func1d=lambda x: np.where(x>.5,x/2,x*3),axis=0,arr=cz_ndArray1)))
print('应用于 Array 的 1 维数据切片 \n{}.'.format(np.where(cz_ndArray1<.5,cz_ndArray1*(-1),cz_ndArray1**2)))
```

```
print('---'*10)
print('原始 Array 为 \n{}.'.format(cz_ndArray2))
print('---'*10)
print('应用于 Array 的多维数据切片 \n{}.'.format(np.apply_over_axes(func=np.sum,a=cz_ndArray2,axes=[0,2])))
print('应用于 Array 的多维数据切片 \n{}.'.format(np.apply_over_axes(func=np.sum,a=cz_ndArray2,axes=[0,1])))
print('应用于 Array 的多维数据切片 \n{}.'.format(np.apply_over_axes(func=np.sum,a=cz_ndArray2,axes=[1,2])))
```

```
原始 Array 为
[[0.26 0.3  0.81]
 [0.09 0.6  0.73]].
--------------------------------
应用于 Array 的1维数据切片(列)
[0.18 0.45 0.77].
应用于 Array 的1维数据切片(行)
[0.18 0.45 0.77].
应用于 Array 的1维数据切片
[[0.07 0.09 0.66]
 [0.01 0.36 0.53]].
应用于 Array 的1维数据切片
[[0.13 0.15 0.41]
 [0.05 0.3  0.36]].
应用于 Array 的1维数据切片
[[0 0 1]
 [0 1 1]].
应用于 Array 的1维数据切片
[[0.78 0.9  0.41]
 [0.28 0.3  0.36]].
应用于 Array 的1维数据切片
[[-0.26 -0.3   0.66]
 [-0.09  0.36  0.53]].
--------------------------------
原始 Array 为
[[[0.09 0.24]
  [0.8  0.58]]].
--------------------------------
应用于 Array 的多维数据切片
[[[0.32]
  [1.38]]].
应用于 Array 的多维数据切片
[[[0.89 0.82]]].
应用于 Array 的多维数据切片
[[[1.71]]].
```

图 4-14　Array 对象的自定义函数

由程序执行的结果可以发现，Python 语言中"apply_along_axis"函数是对 Array 对象的一个切片数据进行运算，而"apply_over_axes"函数是对 Array 对象的多个切片数据同时进行运算。

（六）聚合和分割运算

在 Python 语言中，还可以将多个 Array 对象的数据聚合在一起，值得注意的是，待聚合的多个 Array 对象在聚合轴上的维度必须一致。聚合运算包含横向聚合和纵向聚合两种模式，分别采用 Numpy 模块中的"hstack"和"vstack"成员函数来实现，待聚合的多个 Array 对象以元组的形式传参到对应函数即可，具体示例代码及执行结果如图 4-15所示。

```
# Array 的聚合运算
np.set_printoptions(precision=2,threshold=np.inf)
cz_ndArray1=np.random.default_rng(2).random((2,3))
cz_ndArray2=np.random.default_rng(3).random((2,3))
print('原始 Array 为 \n{} 和 \n{}.'.format(cz_ndArray1,cz_ndArray2))
print('---'*10)
print('Array 对象的横向聚合结果为：\n{}'.format(np.hstack((cz_ndArray1,cz_ndArray2))))
print('Array 对象的纵向聚合结果为：\n{}'.format(np.vstack((cz_ndArray1,cz_ndArray2))))
print('---'*10)
print('Array 对象按照行聚合结果为：\n{}'.format(np.row_stack((cz_ndArray1,cz_ndArray2))))
print('Array 对象按照列聚合结果为：\n{}'.format(np.column_stack((cz_ndArray1,cz_ndArray2))))
```

```
原始 Array 为
[[0.26 0.3  0.81]
 [0.09 0.6  0.73]] 和
[[0.09 0.24 0.8 ]
 [0.58 0.09 0.43]].
------------------------------
Array 对象的横向聚合结果为：
[[0.26 0.3  0.81 0.09 0.24 0.8 ]
 [0.09 0.6  0.73 0.58 0.09 0.43]]
Array 对象的纵向聚合结果为：
[[0.26 0.3  0.81]
 [0.09 0.6  0.73]
 [0.09 0.24 0.8 ]
 [0.58 0.09 0.43]]
------------------------------
Array 对象按照行聚合结果为：
[[0.26 0.3  0.81]
 [0.09 0.6  0.73]
 [0.09 0.24 0.8 ]
 [0.58 0.09 0.43]]
Array 对象按照列聚合结果为：
[[0.26 0.3  0.81 0.09 0.24 0.8 ]
 [0.09 0.6  0.73 0.58 0.09 0.43]]
```

图 4-15　Array 对象的聚合运算

与此同时，使用者还可以将一个 Array 对象的数据拆分成多个部分。拆分运算包含横向拆分和纵向拆分两种模式，分别采用 Numpy 模块中的"hsplit"和"vsplit"成员函数来实现，具体示例代码及执行结果如图 4-16 所示。

```
# Array 的拆分运算
np.set_printoptions(precision=2,threshold=np.inf)
cz_ndArray1=np.random.default_rng(2).random((4,6))
print('原始 Array 为 \n{}.'.format(cz_ndArray1))
print('---'*10)
cz_sp1,cz_sp2=np.hsplit(cz_ndArray1,2)
print('Array 对象的纵向等份拆分为：\n{}\n 和 \n{}'.format(cz_sp1,cz_sp2))
cz_sp1,cz_sp2=np.vsplit(cz_ndArray1,2)
print('Array 对象的横向等份拆分为：\n{}\n 和 \n{}'.format(cz_sp1,cz_sp2))
print('---'*10)
cz_sp1,cz_sp2,cz_sp3,cz_sp4=np.split(cz_ndArray1,[1,3,5],axis=1)
print('Array 对象纵向按位置拆分为：\n{}\n 和 \n{}\n 和 \n{}\n 和 \n{}'.format(cz_sp1,cz_sp2,cz_sp3,cz_sp4))
cz_sp1,cz_sp2,cz_sp3,cz_sp4=np.hsplit(cz_ndArray1,[1,3,5])
print('Array 对象纵向按位置拆分为：\n{}\n 和 \n{}\n 和 \n{}\n 和 \n{}'.format(cz_sp1,cz_sp2,cz_sp3,cz_sp4))
cz_sp1,cz_sp2,cz_sp3=np.vsplit(cz_ndArray1,[1,2])
print('Array 对象横向按位置拆分为：\n{}\n 和 \n{}\n 和 \n{}'.format(cz_sp1,cz_sp2,cz_sp3))
```

```
原始 Array 为
[[0.26 0.3  0.81 0.09 0.6  0.73]
 [0.19 0.06 0.27 0.66 0.56 0.15]
 [0.43 0.67 0.42 0.63 0.97 0.68]
 [0.39 0.19 0.35 0.51 0.89 0.78]].
——————————————————————————
Array 对象的纵向等份拆分为：
[[0.26 0.3  0.81]
 [0.19 0.06 0.27]
 [0.43 0.67 0.42]
 [0.39 0.19 0.35]]
和
[[0.09 0.6  0.73]
 [0.66 0.56 0.15]
 [0.63 0.97 0.68]
 [0.51 0.89 0.78]]
Array 对象的横向等份拆分为：
[[0.26 0.3  0.81 0.09 0.6  0.73]
 [0.19 0.06 0.27 0.66 0.56 0.15]]
和
[[0.43 0.67 0.42 0.63 0.97 0.68]
 [0.39 0.19 0.35 0.51 0.89 0.78]]
——————————————————————————
Array 对象纵向按位置拆分为：
[[0.26]
 [0.19]
 [0.43]
 [0.39]]
和
[[0.3  0.81]
 [0.06 0.27]
 [0.67 0.42]
 [0.19 0.35]]
和
[[0.09 0.6 ]
 [0.66 0.56]
 [0.63 0.97]
 [0.51 0.89]]
和
[[0.73]
 [0.15]
 [0.68]
 [0.78]]
Array 对象纵向按位置拆分为：
[[0.26]
 [0.19]
 [0.43]
 [0.39]]
和
[[0.3  0.81]
 [0.06 0.27]
 [0.67 0.42]
 [0.19 0.35]]
和
[[0.09 0.6 ]
 [0.66 0.56]
 [0.63 0.97]
 [0.51 0.89]]
和
[[0.73]
 [0.15]
 [0.68]
 [0.78]]
Array 对象横向按位置拆分为：
[[0.26 0.3  0.81 0.09 0.6  0.73]]
和
[[0.19 0.06 0.27 0.66 0.56 0.15]]
和
[[0.43 0.67 0.42 0.63 0.97 0.68]
 [0.39 0.19 0.35 0.51 0.89 0.78]]
```

图 4-16　Array 对象的拆分运算

由程序的执行结果可以发现，对于 Array 对象在 Python 语言中既可以按照份数平均拆分数据，也可以按照拆分的位置非等份拆分数据。

需要注意的是，在 Python 语言中直接对 Array 对象进行赋值运算，只是得到一个新的 Array 对象名称，两个 Array 对象都是指向同一个位置的数据。此时，如果修改一个 Array 对象元素的值，另外一个 Array 对象相应位置的元素也会改变。要避免这种情况的产生，可以采用复制操作来实现。复制操作会产生原来 Array 对象的副本，与原来的数据之间脱离，从而互不影响。具体示例代码及执行结果如图 4-17 所示。

```
# Array 对象的拷贝复制
np.set_printoptions(precision=2,threshold=np.inf)
cz_ndArray1=np.random.default_rng(2).random((2,3))
print('原始 Array 为 \n{}'.format(cz_ndArray1))
print('---'*10)
cz_ndArray2=cz_ndArray1
print('直接赋值两个变量的地址为：{} 和 {}'.format(id(cz_ndArray1),id(cz_ndArray2)))
cz_ndArray1[0][1]=13
print('改变一个 Array 对象元素的值，另外一个 Array 对象的值为：{}'.format(cz_ndArray2[0][1]))
print('---'*10)
cz_ndArray2=cz_ndArray1.copy()
print('拷贝后两个变量的地址为：{} 和 {}'.format(id(cz_ndArray1),id(cz_ndArray2)))
cz_ndArray1[0][2]=89
print('改变一个 Array 对象元素的值，另外一个 Array 对象的值为：{:.2f}'.format(cz_ndArray2[0][2]))
```

```
原始 Array 为
[[0.26 0.3  0.81]
 [0.09 0.6  0.73]].
------------------------------
直接赋值两个变量的地址为：1833922210592 和 1833922210592
改变一个 Array 对象元素的值，另外一个 Array 对象的值为：13.0
------------------------------
拷贝后两个变量的地址为：1833922210592 和 1833922209712
改变一个 Array 对象元素的值，另外一个 Array 对象的值为：0.81
```

图 4-17 Array 对象的复制

在 Python 语言中还有一种特殊的 Array 对象：结构化 Array 对象。通常情况下，Array 对象的访问都是以轴为核心进行，而结构化 Array 对象可以对其中的切片数据赋予代名词，从而可以基于该代名词进行数据的访问。具体示例代码及执行结果如图 4-18 所示。

```
# 结构化数组 Array 对象
cz_sArray=np.array([(1,'Finance',99.5,True),(2,'Economics',97,True),(3,'Python',100,False)], \ dtype=[('id','i2'),('courses','U10'),('score','f8'),('judge','bool')])
print('结构化数组为：\n{}\n 类型为：{}'.format(cz_sArray,type(cz_sArray)))
print('-*-'*10)
print('结构化数组的访问结果：{}'.format(cz_sArray[2]))
print('结构化数组的访问结果：{}'.format(cz_sArray['courses']))
print('结构化数组的访问结果：{}'.format(cz_sArray['score']))
```

```
结构化数组为：
[(1, 'Finance',  99.5,  True) (2, 'Economics',  97.,  True)
 (3, 'Python', 100. , False)]
类型为：<class 'numpy.ndarray'>
-*--*--*--*--*--*--*--*-
结构化数组的访问结果：(3, 'Python', 100., False)
结构化数组的访问结果：['Finance' 'Economics' 'Python']
结构化数组的访问结果：[ 99.5  97.  100. ]
```

图 4-18 结构化 Array 对象

（七）存储和读取

如果需要将 Array 对象中的数据存储到磁盘中，可以采用 Numpy 模块中的成员函数 "save" 来实现，Array 对象存储在磁盘文件中是以 ".npy" 为后缀的文件。如果需要从磁盘中读取 Array 对象的数据，可以采用 Numpy 模块中的成员函数 "load" 来实现，具体示例代码及执行结果如图 4-19 所示。

```
# Array 对象的存储
cz_ndArray1=np.random.default_rng(2).random((4,6))
print('原始 Array 为 \n{}.'.format(cz_ndArray1))
np.save('Array1.npy',cz_ndArray1)

# Array 对象的读取
cz_ndArray2=np.load('Array1.npy')
print('---'*10)
print('读取后的数据为：\n{}'.format(cz_ndArray2))
```

```
原始 Array 为
[[0.26 0.3  0.81 0.09 0.6  0.73]
 [0.19 0.06 0.27 0.66 0.56 0.15]
 [0.43 0.67 0.42 0.63 0.97 0.68]
 [0.39 0.19 0.35 0.51 0.89 0.78]].
------------------------------
读取后的数据为：
[[0.26 0.3  0.81 0.09 0.6  0.73]
 [0.19 0.06 0.27 0.66 0.56 0.15]
 [0.43 0.67 0.42 0.63 0.97 0.68]
 [0.39 0.19 0.35 0.51 0.89 0.78]]
```

图 4-19　Array 对象的存取

Array 对象的数据还可以作为文本文件进行存储和读取，具体示例代码及执行结果如图 4-20 所示。

```
# Array 对象的存储：文本文件
cz_ndArray1=np.random.default_rng(5).random((4,6))
print('原始 Array 为 \n{}.'.format(cz_ndArray1))
np.savetxt('Array1.txt',cz_ndArray1)

# Array 对象的读取：文本文件
cz_ndArray2=np.loadtxt('Array1.txt')
print('---'*10)
print('读取后的数据为：\n{}'.format(cz_ndArray2))
```

```
原始 Array 为
[[0.81 0.81 0.52 0.29 0.05 0.38]
 [0.41 0.05 0.05 1.   0.65 0.23]
 [0.43 0.97 0.9  0.84 0.39 0.49]
 [0.68 0.06 0.56 0.27 0.88 0.06]].
------------------------------
读取后的数据为：
[[0.81 0.81 0.52 0.29 0.05 0.38]
 [0.41 0.05 0.05 1.   0.65 0.23]
 [0.43 0.97 0.9  0.84 0.39 0.49]
 [0.68 0.06 0.56 0.27 0.88 0.06]]
```

图 4-20　Array 对象作为文本文件的存取

第二节　Series 数据结构

Pandas模块是Python语言中的数据处理模块，该模块提供了丰富的诸如数据读取、存储、修改、查询、统计等数据处理功能。该模块定义了两种高级数据结构：Series数据结构和DataFrame数据结构。与Numpy模块中Array对象不同，Pandas模块中定义的两种数据结构的特点是给数据切片增加了"索引"，所有数据的操作均是以"索引"为核心来完成。

一、Series的定义

在Python语言中，Series数据结构可以理解为带有索引的一维数组。Series对象可以通过列表、元组、字典或者Array对象来定义，具体示例代码及执行结果如图4-21所示。

```python
#Series 对象的定义
cz_Series1=pd.Series(data=[99.7,98.5,100,99.6],index=['Finance','Economics','Python','Statistics'])
print('通过列表定义Series对象为：\n{}'.format(cz_Series1))
print('--'*10)
cz_Series2=pd.Series(data=(99.7,98.5,100,99.6),index=['Finance','Economics','Python','Statistics'])
print('通过元组定义Series对象为：\n{}'.format(cz_Series2))
print('--'*10)
cz_dict={'Finance': 99.8,'Economics': 96,'Python': 100,'Statistics': 99.3}
cz_Series3=pd.Series(cz_dict)
print('通过字典定义Series对象为：\n{}'.format(cz_Series3))
print('--'*10)
cz_1dArray=np.array([93,97.6,99,100])
cz_Series4=pd.Series(cz_1dArray,index=['Finance','Economics','Python','Statistics'])
print('通过Array对象定义Series对象为：\n{}'.format(cz_Series4))
print('--'*10)
cz_1dArray=np.array([93,97.6,99,100])
cz_Series5=pd.Series(cz_1dArray)
print('默认索引定义Series的对象为：\n{}'.format(cz_Series5))
```

```
通过列表定义Series对象为：
Finance       99.7
Economics     98.5
Python       100.0
Statistics    99.6
dtype: float64
--------------------
通过元组定义Series对象为：
Finance       99.7
Economics     98.5
Python       100.0
Statistics    99.6
dtype: float64
--------------------
通过字典定义Series对象为：
Finance       99.8
Economics     96.0
Python       100.0
Statistics    99.3
dtype: float64
--------------------
```

```
通过Array对象定义Series对象为：
Finance        93.0
Economics      97.6
Python         99.0
Statistics     100.0
dtype: float64
--------------------
默认索引定义Series的对象为：
0      93.0
1      97.6
2      99.0
3      100.0
dtype: float64
```

图4-21　Series对象的定义

由程序执行的结果可以发现，在定义Series对象时，如果指定了索引（index）的值，则会按照指定的索引创建Series对象；默认情况下，Series对象的索引为从0开始编码的正整数。

二、Series的访问

对于Series对象，使用者可以通过Pandas模块的"index"和"values"属性来访问各个索引对应的数值。具体示例代码及执行结果如图4-22所示。

```
# Series对象的访问
cz_Series1=pd.Series(data=[99.7,98.5,100,99.6],index=['Finance','Economics','Python','Statistics'])
print('原始的Series对象为：\n{}'.format(cz_Series1))
print('--'*10)
print('Series对象的所有值为：\n{}'.format(cz_Series1.values))
print('Series对象的索引为：\n{}'.format(cz_Series1.index))
print('--'*10)
print('根据索引访问数据的结果：')
for i in cz_Series1.index:
    print('索引 {:^12s} 对应的值为：{:.2f}'.format(i,cz_Series1[i]))
print('--'*10)
print('根据索引名称访问结果为：\n{}'.format(cz_Series1.loc[['Economics','Finance']]))
print('根据索引名称访问结果为：{}'.format(cz_Series1.at['Economics'])) #单个值
print('根据索引名称访问结果为：\n{}'.format(cz_Series1.get(cz_Series1.index[0:2])))
print('根据默认索引编号访问结果为：\n{}'.format(cz_Series1.iloc[[0,3]]))
print('根据默认索引编号访问结果为：{}'.format(cz_Series1.iat[3])) #单个值
print('根据默认索引编号访问结果为：\n{}'.format(cz_Series1.take([0,1,3])))
print('--'*10)
print('一次访问多个值的结果为：\n{}'.format(cz_Series1[['Finance','Python']]))
print('一次访问多个值的结果为：\n{}'.format(cz_Series1[[1,3]]))
print('一次访问多个值的结果为：\n{}'.format(cz_Series1[[0,*list(np.arange(1,3))]]))
print('--'*10)
# 注意默认索引的切片与索引名称的切片之间的差异
print('Series的从头开始切片访问结果为：\n{}'.format(cz_Series1.head()))
print('Series的从尾开始切片访问结果为：\n{}'.format(cz_Series1.tail(2)))
print('Series的索引名称切片访问结果为：\n{}'.format(cz_Series1['Finance': 'Python']))
print('Series的默认索引切片访问结果为：\n{}'.format(cz_Series1[0:2]))
print('Series的索引列表切片访问结果为：\n{}'.format(cz_Series1[cz_Series1.index[2:]]))
```

```
原始的Series对象为：
Finance        99.7
Economics      98.5
Python         100.0
Statistics     99.6
dtype: float64
--------------------
```

```
Series 对象的所有值为：
[ 99.7   98.5 100.    99.6]
Series 对象的索引为：
Index(['Finance', 'Economics', 'Python', 'Statistics'], dtype='object')
——————————————
根据索引访问数据的结果：
索引   Finance    对应的值为：99.70
索引 Economics   对应的值为：98.50
索引    Python    对应的值为：100.00
索引 Statistics 对应的值为：99.60
——————————————
根据索引名称访问结果为：
Economics       98.5
Finance         99.7
dtype: float64
根据索引名称访问结果为：98.5
根据索引名称访问结果为：
Finance         99.7
Economics       98.5
dtype: float64
根据默认索引编号访问结果为：
Finance         99.7
Statistics      99.6
dtype: float64
根据默认索引编号访问结果为：99.6
根据默认索引编号访问结果为：
Finance         99.7
Economics       98.5
Statistics      99.6
dtype: float64
——————————————
一次访问多个值的结果为：
Finance         99.7
Python          100.0
dtype: float64
一次访问多个值的结果为：
Economics       98.5
Statistics      99.6
dtype: float64
一次访问多个值的结果为：
Finance         99.7
Economics       98.5
Python          100.0
dtype: float64
——————————————
Series 的从头开始切片访问结果为：
Finance         99.7
Economics       98.5
Python          100.0
Statistics      99.6
dtype: float64
Series 的从尾开始切片访问结果为：
Python          100.0
Statistics      99.6
dtype: float64
Series 的索引名称切片访问结果为：
Finance         99.7
Economics       98.5
Python          100.0
dtype: float64
Series 的默认索引切片访问结果为：
Finance         99.7
Economics       98.5
dtype: float64
Series 的索引列表切片访问结果为：
Python          100.0
Statistics      99.6
dtype: float64
```

图 4-22　Series 对象的访问

由程序执行的结果可以发现，在访问Series对象时，如果中括号"[]"里面的参数为单个数字（默认索引编号）或者索引名称，则直接返回该索引对应的数值；如果中括号"[]"里面的参数为多个数字（默认索引编号）或者索引名称组成的列表，则返回这些索引所对应的Series切片，此时得到的仍然是一个Series对象。

另外一种访问Series对象数据的方式是根据布尔型条件来提取满足条件的数据，具体示例代码及执行结果如图4-23所示。

```
# Series 对象的条件访问
cz_Series1=pd.Series(data=[99.7,98.5,100,99.6,67,75],index=['Finance','Economics','Python','Statistics','Machine Learning','Language'])
print('原始的 Series 对象为：\n{}'.format(cz_Series1))
print('---'*10)
cz_cond=cz_Series1>80
print('单个布尔型条件访问结果为：\n{}'.format(cz_Series1[cz_cond]))
cz_cond=(cz_Series1>80) & (cz_Series1<99.7)
print('多个布尔型条件访问结果为：\n{}'.format(cz_Series1[cz_cond]))
cz_cond=pd.notna(cz_Series1.where((cz_Series1>90) & ~(cz_Series1==100)))
print('where 布尔型条件访问结果为：\n{}'.format(cz_Series1[cz_cond]))
cz_cond=cz_Series1.between(80,99)
print('between 布尔型条件访问结果为：\n{}'.format(cz_Series1[cz_cond]))
cz_cond=cz_Series1.isin([99.7,99.6,99.5])
print('isin 布尔型条件访问结果为：\n{}'.format(cz_Series1[cz_cond]))
print('nlargest 布尔型条件访问结果为：\n{}'.format(cz_Series1.nlargest(3)))
print('nsmallest 布尔型条件访问结果为：\n{}'.format(cz_Series1.nsmallest(3)))
cz_cond=cz_Series1.argmax()   #最大值所在的位置
print('argmax 布尔型条件访问结果为：{}'.format(cz_Series1[cz_cond]))
cz_cond=cz_Series1.argmin() #最小值所在的位置
print('argmin 布尔型条件访问结果为：{}'.format(cz_Series1[cz_cond]))
```

```
原始的 Series 对象为：
Finance              99.7
Economics            98.5
Python              100.0
Statistics           99.6
Machine Learning     67.0
Language             75.0
dtype: float64
————————————————————
单个布尔型条件访问结果为：
Finance              99.7
Economics            98.5
Python              100.0
Statistics           99.6
dtype: float64
多个布尔型条件访问结果为：
Economics            98.5
Statistics           99.6
dtype: float64
where 布尔型条件访问结果为：
Finance              99.7
Economics            98.5
Statistics           99.6
dtype: float64
between 布尔型条件访问结果为：
Economics            98.5
dtype: float64
isin 布尔型条件访问结果为：
Finance              99.7
Statistics           99.6
dtype: float64
nlargest 布尔型条件访问结果为：
Python              100.0
Finance              99.7
Statistics           99.6
dtype: float64
nsmallest 布尔型条件访问结果为：
Machine Learning     67.0
Language             75.0
Economics            98.5
dtype: float64
argmax 布尔型条件访问结果为：100.0
argmin 布尔型条件访问结果为：67.0
```

图4-23　Series对象的条件访问

三、Series 的操作

在 Python 语言中可以跟据 Series 对象的索引对其中的数值进行修改、替换、追加、删除等操作，还可以对多个 Series 对象进行算术运算的操作。

（一）Series 对象元素的编辑

不论 Series 对象是通过什么形式定义的，其元素的值都是可以编辑的，具体示例代码及执行结果如图 4-24 所示。

```
# Series 对象元素的编辑
cz_Series1=pd.Series(data=[99.7,98.5,100,99.6,67,75],index=['Finance','Economics','Python','Statistics','Machine Learning','Language'])
print('原始的 Series 对象为：\n{}'.format(cz_Series1))
print('--'*10)
print('Series 对象的属性特征：\n 形状为{}；大小为{}；元素的个数为{}；\n 各个数值出现的个数为\n{}'.format(cz_Series1.shape,cz_Series1.size,cz_Series1.count(),cz_Series1.value_counts()))
print('--'*10)
cz_Series1.iloc[0]=112.5
cz_Series1.loc['Python']=145
cz_Series1.iat[1]=120
cz_Series1.at['Language']=135
cz_Series1[['Statistics','Machine Learning']]=[125.4,150]
print('修改 Series 对象元素的值：\n{}'.format(cz_Series1))
print('--'*10)
cz_Series1.loc['Deep Learning']=145 # 增加元素只能用索引名称
cz_Series1.at['C++']=135
cz_Series1['C#']=125
# 重新定义 Series 对象的 index,则新的 Series 对象会从原 Series 对象中按照 index 去取值，找不到的 index 会被复制 NaN
cz_Series1=pd.Series(data=cz_Series1,index=cz_Series1.index.append(pd.Index(['Neural Network'])))
print('增加 Series 对象的元素：\n{}'.format(cz_Series1))
print('--'*10)
cz_Series1.replace(135,135.8,inplace=True)
cz_Series1.replace({135.8:145.2,145:100},inplace=True)
print('批量替换 Series 对象的元素：\n{}'.format(cz_Series1))
print('--'*10)
cz_Series1.drop(labels=['C++','C#'],inplace=True)
del cz_Series1['Neural Network'] # 每次删除一个
print('删除 Series 对象的元素：\n{}'.format(cz_Series1))
print('--'*10)
cz_Series1.index=[str(i)+'-th' for i in np.arange(1,len(cz_Series1.index)+1)]
print('修改 Series 对象的索引：\n{}'.format(cz_Series1))
print('--'*10)
cz_Series1=cz_Series1.astype('complex')
print('修改 Series 对象元素的数据类型：\n{}'.format(cz_Series1))
```

```
原始的 Series 对象为：
Finance              99.7
Economics            98.5
Python              100.0
Statistics           99.6
Machine Learning     67.0
Language             75.0
dtype: float64
--------------------
Series 对象的属性特征：
形状为(6,)；大小为 6；元素的个数为 6；
各个数值出现的个数为
99.7    1
99.6    1
```

```
98.5        1
100.0       1
67.0        1
75.0        1
dtype: int64
--------------------
修改 Series 对象元素的值：
Finance               112.5
Economics             120.0
Python                145.0
Statistics            125.4
Machine Learning      150.0
Language              135.0
dtype: float64
--------------------
增加 Series 对象的元素：
Finance               112.5
Economics             120.0
Python                145.0
Statistics            125.4
Machine Learning      150.0
Language              135.0
Deep Learning         145.0
C++                   135.0
C#                    125.0
Neural Network        NaN
dtype: float64
--------------------
批量替换 Series 对象的元素：
Finance               112.5
Economics             120.0
Python                100.0
Statistics            125.4
Machine Learning      150.0
Language              145.2
Deep Learning         100.0
C++                   145.2
C#                    125.0
Neural Network        NaN
dtype: float64
--------------------
删除 Series 对象的元素：
Finance               112.5
Economics             120.0
Python                100.0
Statistics            125.4
Machine Learning      150.0
Language              145.2
Deep Learning         100.0
dtype: float64
--------------------
修改 Series 对象的索引：
1-th        112.5
2-th        120.0
3-th        100.0
4-th        125.4
5-th        150.0
6-th        145.2
7-th        100.0
dtype: float64
--------------------
修改 Series 对象元素的数据类型：
1-th        112.5+0.0j
2-th        120.0+0.0j
3-th        100.0+0.0j
4-th        125.4+0.0j
5-th        150.0+0.0j
6-th        145.2+0.0j
7-th        100.0+0.0j
dtype: complex128
```

图 4-24　Series 对象元素的编辑

由程序执行的结果可以发现，当根据 Series 对象的索引名称进行赋值时，如果原 Series 对象中不存在该索引，则增加该索引并对其赋值。

（二）Series 对象的算术运算

Python 语言中的 Series 对象也支持广播机制，可以进行元素级的算术运算；多个 Series 对象之间也可以进行运算，具体示例代码及执行结果如图 4-25 所示。

```
# Series 对象的算术运算
cz_Series1=pd.Series(data=[99.7,98.5,100,99.6,67,75],index=['Finance','Economics','Python','Statistics','Machine Learning','Language'])
cz_Series2=pd.Series(data=[125,145,136.9,135,150],index=['C++','C#','Neural Network','Python','Statistics'])
print('原始的 Series 对象为：\n{}\n 和 \n{}'.format(cz_Series1,cz_Series2))
print('--'*10)
print('Series 对象的加法运算：\n{}'.format(cz_Series1+cz_Series2))
print('Series 对象的减法运算：\n{}'.format(cz_Series1-cz_Series2))
print('Series 对象的乘法运算：\n{}'.format(cz_Series1*3))
print('Series 对象的除法运算：\n{}'.format(cz_Series2/2))
```

```
原始的 Series 对象为：
Finance              99.7
Economics            98.5
Python              100.0
Statistics           99.6
Machine Learning     67.0
Language             75.0
dtype: float64
和
C++                 125.0
C#                  145.0
Neural Network      136.9
Python              135.0
Statistics          150.0
dtype: float64
--------------------
Series 对象的加法运算：
C#                    NaN
C++                   NaN
Economics             NaN
Finance               NaN
Language              NaN
Machine Learning      NaN
Neural Network        NaN
Python              235.0
Statistics          249.6
dtype: float64
Series 对象的减法运算：
C#                    NaN
C++                   NaN
Economics             NaN
Finance               NaN
Language              NaN
Machine Learning      NaN
Neural Network        NaN
Python              -35.0
Statistics          -50.4
dtype: float64
Series 对象的乘法运算：
Finance             299.1
Economics           295.5
Python              300.0
Statistics          298.8
Machine Learning    201.0
Language            225.0
dtype: float64
Series 对象的除法运算：
C++                 62.50
C#                  72.50
Neural Network      68.45
Python              67.50
Statistics          75.00
dtype: float64
```

图 4-25　Series 对象的算术运算

由程序执行的结果可以发现，Series对象在进行算术运算时也支持广播机制，会将参与运算的对象按照索引扩充成最大的集合，然后进行算术运算。当参与运算的Sereies对象中都包含同一个索引时，直接对其数值进行算术运算；当索引不存在于其中任何一个Series对象中时，直接赋值"NaN"。

（三）Series对象的自定义函数运算

Python语言中也支持对Sereis对象中元素的自定义函数运算，每次函数运算针对的是Series对象中的单个元素。具体示例代码及执行结果如图4-26所示。

```
# 自定义函数运算
cz_Series1=pd.Series(data=[99.7,98.5,100,99.6,67,75],index=['Finance','Economics','Python','Statistics','Machine Learning','Language'])
print('原始的 Series 对象为：\n{}'.format(cz_Series1))
print('--'*10)
cz_Series2=cz_Series1.apply(lambda x: x*3 if x<80 else x*2)
print('无参数自定函数的运算结果为：\n{}'.format(cz_Series2))
def cz_power(x,num):
    '''
    计算参数 x 的 num 幂次。
    '''
    return np.power(x,num)
cz_Series2=cz_Series1.apply(cz_power,args=(2,))    #需要传递参数的函数
print('带有强制参数自定函数的运算结果为：\n{}'.format(cz_Series2))
def cz_times(x,**kargs):
    '''
    计算参数 x 与关键字参数的乘积。
    '''
    for i in kargs.keys():
        x*=kargs[i]
    return x
cz_Series2=cz_Series1.apply(cz_times,fweek=5,sweek=4,tweek=3)    #需要传递参数的函数
print('带有关键字参数自定函数的运算结果为：\n{}'.format(cz_Series2))
```

```
原始的 Series 对象为：
Finance              99.7
Economics            98.5
Python              100.0
Statistics           99.6
Machine Learning     67.0
Language             75.0
dtype: float64
--------------------
无参数自定函数的运算结果为：
Finance             199.4
Economics           197.0
Python              200.0
Statistics          199.2
Machine Learning    201.0
Language            225.0
dtype: float64
带有强制参数自定函数的运算结果为：
Finance              9940.09
Economics            9702.25
Python              10000.00
Statistics           9920.16
Machine Learning     4489.00
Language             5625.00
dtype: float64
带有关键字参数自定函数的运算结果为：
Finance             5982.0
Economics           5910.0
Python              6000.0
Statistics          5976.0
Machine Learning    4020.0
Language            4500.0
dtype: float64
```

图4-26　Series对象的自定义函数运算

（四）Series对象的统计运算

针对Sereis对象中元素的数据，Python语言中还提供了简单的统计运算功能。具体示例代码及执行结果如图4-27所示。

```
# Series 对象的统计运算
cz_Series1=pd.Series(data=[99.7,98.5,100,99.6,67,75],index=['Finance','Economics','Python','Statistics','Machine Learning','Language'])
print('原始的Series 对象为：\n{}'.format(cz_Series1))
print('---'*10)
print('Series 对象的描述统计：\n{}'.format(cz_Series1.describe()))
print('Series 对象的标准差：{}'.format(cz_Series1.std()))
print('Series 对象的偏度：{}'.format(cz_Series1.skew()))
print('Series 对象的峰度：{}'.format(cz_Series1.kurt()))
print('Series 对象的方差：{}'.format(cz_Series1.var()))
```

```
原始的Series 对象为：
Finance              99.7
Economics            98.5
Python              100.0
Statistics           99.6
Machine Learning     67.0
Language             75.0
dtype: float64
--------------------
Series 对象的描述统计：
count      6.000000
mean      89.966667
std       14.916389
min       67.000000
25%       80.875000
50%       99.050000
75%       99.675000
max      100.000000
dtype: float64
Series 对象的标准差：14.916389196674464
Series 对象的偏度：-1.086441362802971
Series 对象的峰度：-1.139559068798155
Series 对象的方差：222.49866666666668
```

图4-27　Series对象的统计运算

（五）Series对象的聚合运算

多个Series对象的数据可以采用Python语言中的"append"函数聚合在一起。具体示例代码及执行结果如图4-28所示。

```
# Series 对象的聚合运算
cz_Series1=pd.Series(data=[99.7,98.5,100,99.6,67,75],index=['Finance','Economics','Python','Statistics','Machine Learning','Language'])
cz_Series2=pd.Series(data=[125,145,136.9,135,150],index=['C++','C#','Neural Network','Python','Statistics'])
print('原始的Series 对象为：\n{}\n 和 \n{}'.format(cz_Series1,cz_Series2))
print('---'*10)
print('Series 对象的聚合运算结果为：\n{}'.format(cz_Series1.append(cz_Series2)))
cz_a,cz_b,cz_c,cz_d=cz_Series1.aggregate(['min','max','mean','median'])
print('Series 对象数据聚合运算结果为：\n{}'.format((cz_a,cz_b,cz_c,cz_d)))
print('---'*10)
print('Series 对象的分割：\n{}'.format(pd.cut(cz_Series1,3)))
print('Series 对象的分割：\n{}'.format(pd.cut(cz_Series1,bins=[50,70,90,100],labels=['1st','2nd','3rd'])))
print('Series 对象的分割：\n{}'.format(pd.qcut(cz_Series1,3,labels=['1st','2nd','3rd'])))
print('Series 对象的分割：\n{}'.format(pd.qcut(cz_Series1,q=[.25,.5,.75])))
```

```
原始的 Series 对象为:
Finance             99.7
Economics           98.5
Python             100.0
Statistics          99.6
Machine Learning    67.0
Language            75.0
dtype: float64
和
C++                125.0
C#                 145.0
Neural Network     136.9
Python             135.0
Statistics         150.0
dtype: float64
--------------------
Series 对象的聚合运算结果为:
Finance             99.7
Economics           98.5
Python             100.0
Statistics          99.6
Machine Learning    67.0
Language            75.0
C++                125.0
C#                 145.0
Neural Network     136.9
Python             135.0
Statistics         150.0
dtype: float64
Series 对象数据聚合运算结果为:
(67.0, 100.0, 89.96666666666665, 99.05)
--------------------
Series 对象的分割:
Finance             (89.0, 100.0]
Economics           (89.0, 100.0]
Python              (89.0, 100.0]
Statistics          (89.0, 100.0]
Machine Learning    (66.967, 78.0]
Language            (66.967, 78.0]
dtype: category
Categories (3, interval[float64]):[(66.967, 78.0]< (78.0, 89.0]< (89.0, 100.0]]
Series 对象的分割:
Finance             3rd
Economics           3rd
Python              3rd
Statistics          3rd
Machine Learning    1st
Language            2nd
dtype: category
Categories (3, object):['1st' < '2nd' < '3rd']
Series 对象的分割:
Finance             3rd
Economics           2nd
Python              3rd
Statistics          2nd
Machine Learning    1st
Language            1st
dtype: category
Categories (3, object):['1st' < '2nd' < '3rd']
Series 对象的分割:
Finance                     NaN
Economics           (80.874, 99.05]
Python                      NaN
Statistics          (99.05, 99.675]
Machine Learning            NaN
Language                    NaN
dtype: category
Categories (2, interval[float64]):[(80.874, 99.05]< (99.05, 99.675]]
```

图 4-28　Series 对象的聚合运算

由程序的执行结果可以发现，在 Python 语言中可以对 Series 对象的数值进行分箱统计，并标记各个数值所属的箱。

<h1 style="text-align:center">第三节 DataFrame 数据结构</h1>

从某个角度来讲，DataFrame 数据结构可以看作多个 Series 对象的有机整体，因此，除了具有 Series 对象的行索引"index"属性之外，DataFrame 对象还增加了列索引"column"属性。

一、DataFrame的定义

类似于 Series 对象，DataFrame 对象也可以根据列表、元组、字典或者 Array 对象来定义，具体示例代码及执行结果如图 4-29 所示。

```
# DataFrame 对象的定义
cz_dict={'quiz1': [99,87,97,66],
         'quiz2': [100,99,100,100],
         'quiz3': [100,99,99,98],
         '综合': ['优','优','优','优']}
cz_df=pd.DataFrame(data=cz_dict,index=['张三','李四','王五','高六'],dtype='float')
print('从字典创建的 DataFrame 对象为：\n{}'.format(cz_df))
print('--'*10)
cz_l1=[99,87,97,66]
cz_l2=[100,99,100,100]
cz_l3=[100,99,99,98]
cz_l4=['优','优','优','优']
cz_df=pd.DataFrame(data=np.transpose([cz_l1,cz_l2,cz_l3,cz_l4]),columns=['测验1','测验2','测验3','综合'],index=['张三','李四','王五','高六'])
print('从列表创建的 DataFrame 对象为：\n{}'.format(cz_df))
print('--'*10)
cz_t1=(99,87,97,66)
cz_t2=(100,99,100,100)
cz_t3=(100,99,99,98)
cz_t4=('优','优','优','优')
cz_df=pd.DataFrame(data=np.transpose([cz_l1,cz_l2,cz_l3,cz_l4]),columns=['测验1','测验2','测验3','综合'],index=['张三','李四','王五','高六'])
print('从元组创建的 DataFrame 对象为：\n{}'.format(cz_df))
print('--'*10)
cz_ndArray=np.array([[99,87,97,66],[100,98.5,100,100],[100,99,99,98],['优','优','优','优']])
cz_df=pd.DataFrame(data=cz_ndArray.T,columns=['测验1','测验2','测验3','综合'],index=['张三','李四','王五','高六'])
print('从 Array 对象创建的 DataFrame 对象为：\n{}'.format(cz_df))
print('--'*10)
cz_df=pd.DataFrame(data=cz_ndArray.T)
print('默认情况下创建的 DataFrame 对象为：\n{}'.format(cz_df))
```

```
从字典创建的 DataFrame 对象为：
     quiz1  quiz2  quiz3  综合
张三   99.0   100.0  100.0  优
李四   87.0   99.0   99.0   优
王五   97.0   100.0  99.0   优
高六   66.0   100.0  98.0   优
--------------------
```

```
从列表创建的 DataFrame 对象为：
      测验1   测验2   测验3   综合
张三   99    100    100    优
李四   87    99     99     优
王五   97    100    99     优
高六   66    100    98     优
---------------------
从元组创建的 DataFrame 对象为：
      测验1   测验2   测验3   综合
张三   99    100    100    优
李四   87    99     99     优
王五   97    100    99     优
高六   66    100    98     优
---------------------
从 Array 对象创建的 DataFrame 对象为：
      测验1   测验2   测验3   综合
张三   99    100    100    优
李四   87    98.5   99     优
王五   97    100    99     优
高六   66    100    98     优
---------------------
默认情况下创建的 DataFrame 对象为：
      0     1      2      3
0    99    100    100    优
1    87    98.5   99     优
2    97    100    99     优
3    66    100    98     优
```

图4-29　DataFrame对象的定义

由程序的执行结果可以发现，DataFrame 对象具有行索引和列索引，默认情况下，两种索引都是从0开始递增的正整数。

二、DataFrame的访问

对于DataFrame对象，使用者可以通过Pandas模块的"index"和"column"属性来访问各个索引对应的数值。具体示例代码及执行结果如图4-30所示。

```python
# DataFrame 对象的访问
cz_ndArray=np.array([[99,87,97,66],[100,98.5,100,100],[100,99,99,98],['优','优','优','优']])
cz_df=pd.DataFrame(data=cz_ndArray.T,columns=['测验1','测验2','测验3','综合'],index=['张三','李四','王五','高六'])
print('原来的 DataFrame 对象为：\n{}'.format(cz_df))
print('--'*10)
print('DataFrame 对象的索引为：{}'.format(cz_df.index))
print('DataFrame 对象的列名为：{}'.format(cz_df.columns))
print('DataFrame 对象的数据为：\n{}'.format(cz_df.values))
print('DataFrame 对象的形状为：{}'.format(cz_df.shape))
print('--'*10)
print('DataFrame 对象的{}行数据为\n{}'.format(1,cz_df.iloc[1]))
print('DataFrame 对象的{}行数据为\n{}'.format('1-2',cz_df.iloc[1:3]))
print('DataFrame 对象的{}行数据为\n{}'.format('高六',cz_df.loc['高六']))
print('DataFrame 对象的{}行数据为\n{}'.format('李四-高六',cz_df.loc['李四':'高六'])) #注意与iloc切片的区别
print('--'*10)
print('DataFrame 对象的{}列数据为\n{}'.format('测验2',cz_df['测验2']))
print('DataFrame 对象的{}列数据为\n{}'.format('测验1',cz_df.loc[:,'测验2'])) #注意前面的冒号
print('DataFrame 对象的{}列数据为\n{}'.format('测验1-测验2',cz_df.iloc[:,0:2])) #注意前面的冒号
print('DataFrame 对象的{}列数据为\n{}'.format('测验1','测验3',cz_df[['测验1','测验3']]))
print('DataFrame 对象的{}列数据为\n{}'.format('测验1-测验3',cz_df[cz_df.columns[0:3]])) #注意与iloc切片的区别
```

```
print('--'*10)
print('DataFrame对象的{}行{}列数据为{}'.format(1,'\'测验2\'',cz_df.iloc[1]['测验2']))
print('DataFrame对象的{}行{}列数据为{}'.format(3,'\'测验1\'',cz_df['测验1'].loc['王五']))
print('DataFrame对象的{}行{}列数据为{}'.format(1,'\'测验3\'',cz_df.iat[1,2])) # 只能取单个元素
print('DataFrame对象的{}行{}列数据为{}'.format(2,'\'测验1\'',cz_df.at['王五','测验1'])) # 只能取单个元素
print('--'*10)
print('DataFrame对象的{}行{}列数据为\n{}'.format('0~2','\'测验1\'~\'测验3\'',cz_df.iloc[0:2][cz_df.columns[0:3]]))
print('DataFrame对象的{}行{}列数据为\n{}'.format('2~4','\'测验1\'~\'测验3\'',cz_df.iloc[2:4,0:3]))
print('DataFrame对象的{}行{}列数据为\n{}'.format('2~5','\'测验1\'~\'测验3\'',cz_df.loc['张三':'高六','测验1':'测验3']))
print('DataFrame对象的{}行{}列数据为\n{}'.format('1~3','\'测验1\'~\'测验3\'',cz_df.take(range(1,4)).take(range(3),axis=1)))
```

```
原来的DataFrame对象为:
      测验1   测验2   测验3   综合
张三   99    100   100   优
李四   87    98.5  99    优
王五   97    100   99    优
高六   66    100   98    优
--------------------
DataFrame对象的索引为: Index(['张三', '李四', '王五', '高六'], dtype='object')
DataFrame对象的列名为: Index(['测验1', '测验2', '测验3', '综合'], dtype='object')
DataFrame对象的数据为:
[['99' '100' '100' '优']
 ['87' '98.5' '99' '优']
 ['97' '100' '99' '优']
 ['66' '100' '98' '优']]
DataFrame对象的形状为: (4, 4)
--------------------
DataFrame对象的1行数据为
测验1          87
测验2          98.5
测验3          99
综合           优
Name: 李四, dtype: object
DataFrame对象的1~2行数据为
      测验1   测验2   测验3   综合
李四   87    98.5  99    优
王五   97    100   99    优
DataFrame对象的高六行数据为
测验1          66
测验2          100
测验3          98
综合           优
Name: 高六, dtype: object
DataFrame对象的李四~高六行数据为
      测验1   测验2   测验3   综合
李四   87    98.5  99    优
王五   97    100   99    优
高六   66    100   98    优
--------------------
DataFrame对象的'测验2'列数据为
张三          100
李四          98.5
王五          100
高六          100
Name: 测验2, dtype: object
DataFrame对象的'测验1'列数据为
张三          100
李四          98.5
王五          100
高六          100
Name: 测验2, dtype: object
DataFrame对象的'测验1'~'测验2'列数据为
      测验1   测验2
张三   99    100
李四   87    98.5
```

```
王五      97       100
高六      66       100
DataFrame 对象的 '测验1','测验3'列数据为
        测验1    测验3
张三      99       100
李四      87       99
王五      97       99
高六      66       98
DataFrame 对象的 '测验1'-'测验3'列数据为
        测验1    测验2    测验3
张三      99       100     100
李四      87       98.5    99
王五      97       100     99
高六      66       100     98
---------------------
DataFrame 对象的 1 行'测验2'列数据为98.5
DataFrame 对象的 3 行'测验1'列数据为97
DataFrame 对象的 1 行'测验3'列数据为99
DataFrame 对象的 2 行'测验1'列数据为97
---------------------
DataFrame 对象的 0-2 行'测验1'-'测验3'列数据为
        测验1    测验2    测验3
张三      99       100     100
李四      87       98.5    99
DataFrame 对象的 2-4 行'测验1'-'测验3'列数据为
        测验1    测验2    测验3
王五      97       100     99
高六      66       100     98
DataFrame 对象的 2-5 行'测验1'-'测验3'列数据为
        测验1    测验2    测验3
张三      99       100     100
李四      87       98.5    99
王五      97       100     99
高六      66       100     98
DataFrame 对象的 1-3 行'测验1'-'测验3'列数据为
        测验1    测验2    测验3
李四      87       98.5    99
王五      97       100     99
高六      66       100     98
```

图4-30　DataFrame 对象的访问

由程序执行的结果可以发现，DataFrame 对象具备了行、列两种索引，从而可以更加灵活地访问数据。可以单独得到某行、某列的数据，也可以单独得到某行某列的数据，还可以得到从某行（某列）到某行（某列）的切片数据，或者可以得到从某行到某行且从某列到某列的切片数据。

类似于 Series 对象，DataFrame 对象也可以方便地访问其头部或者尾部的数据，具体示例代码及执行结果如图4-31所示。

```
# DataFrame 对象头尾数据的访问
cz_ndArray=np.array([[99,87,97,66],[100,98.5,100,100],[100,99,99,98],['优','优','优','优']])
cz_df=pd.DataFrame(data=cz_ndArray.T,columns=['测验1','测验2','测验3','综合'],index=['张三','李四','王五','高六'])
print('原来的 DataFrame 对象为：\n{}'.format(cz_df))
print('--'*10)
print('从头部开始访问数据的结果为：\n{}'.format(cz_df.head()))
print('从头部开始访问数据的结果为：\n{}'.format(cz_df.head(2)))
print('--'*10)
print('从尾部开始访问数据的结果为：\n{}'.format(cz_df.tail()))
print('从尾部开始访问数据的结果为：\n{}'.format(cz_df.tail(2)))
```

```
原来的 DataFrame 对象为：
      测验1   测验2   测验3   综合
张三   99     100    100    优
李四   87     98.5   99     优
王五   97     100    99     优
高六   66     100    98     优
--------------------
从头部开始访问数据的结果为：
      测验1   测验2   测验3   综合
张三   99     100    100    优
李四   87     98.5   99     优
王五   97     100    99     优
高六   66     100    98     优
从头部开始访问数据的结果为：
      测验1   测验2   测验3   综合
张三   99     100    100    优
李四   87     98.5   99     优

--------------------
从尾部开始访问数据的结果为：
      测验1   测验2   测验3   综合
张三   99     100    100    优
李四   87     98.5   99     优
王五   97     100    99     优
高六   66     100    98     优
从尾部开始访问数据的结果为：
      测验1   测验2   测验3   综合
王五   97     100    99     优
高六   66     100    98     优
```

图 4-31　DataFrame 对象头尾数据的访问

在 Python 语言中，DataFrame 对象也支持基于布尔型逻辑条件的数据访问，具体示例代码及执行结果如图4-32所示。

```
# DataFrame 对象基于逻辑条件的访问
cz_ndArray=np.array([[59,87,97,66],[100,98.5,77,100],[80,99,79,98],['优','良','良','优']])
cz_df=pd.DataFrame(data=cz_ndArray.T,columns=['测验1','测验2','测验3','综合'],index=['张三','李四','王五','高六'])
print('原来的 DataFrame 对象为：\n{}'.format(cz_df))
print('--'*10)
print('部分逻辑条件访问数据：\n{}'.format(cz_df[cz_df['测验1'].astype('float')>80]))
print('isin逻辑条件访问数据：\n{}'.format(cz_df[cz_df['综合'].isin(['良','及格'])]))
print('between逻辑条件访问数据：\n{}'.format(cz_df[cz_df['测验3'].astype('float').between(60,90)]))
cz_df1=cz_df.iloc[:,:3].astype('float32') #修改数据类型
print('整体逻辑条件判断数据访问：\n{}'.format(cz_df1[(cz_df1>80) & (cz_df1<99)]))
cz_cond=(cz_df1>60) & (cz_df1<90)
print('where逻辑条件判断数据访问：\n{}'.format(cz_df1.where(cz_cond,other=-99)))
cz_exp='测验1>测验3 | 测验2<测验3'
print('query逻辑条件判断数据访问：\n{}'.format(cz_df1.query(cz_exp))) #只能是列条件，跟表达式
cz_min=85
cz_exp='测验1>@cz_min'
print('query+\'变量\'的逻辑条件判断数据访问：\n{}'.format(cz_df1.query(cz_exp))) #只能是列条件，跟表达式
```

```
原来的 DataFrame 对象为：
      测验1   测验2   测验3   综合
张三   59     100    80     优
李四   87     98.5   99     良
王五   97     77     79     良
高六   66     100    98     优
--------------------
部分逻辑条件访问数据：
      测验1   测验2   测验3   综合
李四   87     98.5   99     良
王五   97     77     79     良
```

```
isin逻辑条件访问数据:
        测验1    测验2    测验3    综合
李四     87       98.5     99       良
王五     97       77       79       良
between逻辑条件访问数据:
        测验1    测验2    测验3    综合
张三     59       100      80       优
王五     97       77       79       良
整体逻辑条件判断数据访问:
        测验1    测验2    测验3
张三     NaN      NaN      NaN
李四     87.0     98.5     NaN
王五     97.0     NaN      NaN
高六     NaN      NaN      98.0
where逻辑条件判断数据访问:
        测验1    测验2    测验3
张三    -99.0    -99.0     80.0
李四     87.0    -99.0    -99.0
王五    -99.0     77.0     79.0
高六     66.0    -99.0    -99.0
query逻辑条件判断数据访问:
        测验1    测验2    测验3
李四     87.0     98.5     99.0
王五     97.0     77.0     79.0
query+'变量'的逻辑条件判断数据访问:
        测验1    测验2    测验3
李四     87.0     98.5     99.0
王五     97.0     77.0     79.0
```

图4-32　DataFrame对象基于逻辑条件的访问

由程序执行的结果可以发现，DataFrame对象可以采用多种模式的逻辑判断条件进行数据的访问，这其中包括基于"isin""where""between""query"等关键字的条件查询。

三、DataFrame的操作

在Python语言中，也可以跟据DataFrame对象的索引对其中的数值进行修改、替换、追加、删除等操作，还可以对多个DataFrame对象进行算术运算和聚合运算的操作。

（一）DataFrame对象元素的编辑

不论DataFrame对象是通过什么形式定义的，其元素的值都是可以编辑的，具体示例代码及执行结果如图4-33所示。

```
# DataFrame对象元素的编辑
cz_ndArray=np.array([[99,87,97,66],[100,98.5,100,100],[100,99,99,98],['优','优','优','优']])
cz_df=pd.DataFrame(data=cz_ndArray.T,columns=['测验1','测验2','测验3','综合'],index=['张三','李四','王五','高六'])
print('原来的DataFrame对象为: \n{}'.format(cz_df))
print('--'*10)
cz_df.index=['张三','李四','王五','陈七']
print('修改index的内容: \n{}'.format(cz_df))
cz_df.columns=['测验1','期中','测验3','综合']
print('修改columns的内容: \n{}'.format(cz_df))
print('--'*10)
cz_df.loc['张三','测验3']=67
print('修改DataFrame对象中单个元素的值: \n{}'.format(cz_df))
```

```
cz_df.loc['张三',' 测验1':' 测验3']=[65,74.5,83]
print('修改 DataFrame 对象中部分元素的值：\n{}'.format(cz_df))
np.random.seed(4)
cz_df.loc['张三':' 王五',' 测验1':' 期中']=np.random.randint(65,82,size=6).reshape(3,2)
print('修改 DataFrame 对象中部分切片元素的值：\n{}'.format(cz_df))
cz_df.replace(to_replace=['100',73],value=[98.5,72.5],inplace=True)
print('批量替换 DataFrame 对象中元素的值：\n{}'.format(cz_df))
cz_df.replace(to_replace={'测验3': '99',' 测验1': '66'},value=99.9,inplace=True)
print('批量替换 DataFrame 对象中元素的值：\n{}'.format(cz_df))
cz_df.replace(({'测验1': {99.9:120,66.0:135}},inplace=True)
print('批量替换 DataFrame 对象中元素的值：\n{}'.format(cz_df))
print('--'*10)
cz_df.loc['Eason']=[100,100,100,' 优秀 ']
print('增加一行：\n{}'.format(cz_df))
cz_df.loc[:,' 身高 ']=[1.7,1.74,1.76,1.8,1.96]
print('增加一列：\n{}'.format(cz_df))
cz_df.loc['CZ Wang',' 体重 ']=72
print('增加单个元素：\n{}'.format(cz_df))
print('--'*10)
del cz_df[' 体重 ']
print('删除一列：\n{}'.format(cz_df))
cz_df.drop(labels=['CZ Wang'],axis=0,inplace=True)
print('删除一行：\n{}'.format(cz_df))
cz_df.drop(cz_df[(cz_df[' 期中 ']>70) & (cz_df[' 期中 ']<80)].index,axis=0,inplace=True)
print('删除满足条件的行：\n{}'.format(cz_df))
cz_df.drop(labels=[' 综合 ',' 身高 '],axis=1,inplace=True)
print('删除多列：\n{}'.format(cz_df))
cz_df.drop(index=['张三','Eason'],columns=[' 期中 '],inplace=True)
print('删除指定的行、列：\n{}'.format(cz_df))
```

原来的 DataFrame 对象为：

	测验1	测验2	测验3	综合
张三	99	100	100	优
李四	87	98.5	99	优
王五	97	100	99	优
高六	66	100	98	优

\----------------------

修改 index 的内容：

	测验1	测验2	测验3	综合
张三	99	100	100	优
李四	87	98.5	99	优
王五	97	100	99	优
陈七	66	100	98	优

修改 columns 的内容：

	测验1	期中	测验3	综合
张三	99	100	100	优
李四	87	98.5	99	优
王五	97	100	99	优
陈七	66	100	98	优

\----------------------

修改 DataFrame 对象中单个元素的值：

	测验1	期中	测验3	综合
张三	99	100	67	优
李四	87	98.5	99	优
王五	97	100	99	优
陈七	66	100	98	优

修改 DataFrame 对象中部分元素的值：

	测验1	期中	测验3	综合
张三	65	74.5	83	优
李四	87	98.5	99	优
王五	97	100	99	优
陈七	66	100	98	优

修改 DataFrame 对象中部分切片元素的值：

	测验1	期中	测验3	综合
张三	79	70	83	优
李四	66	73	99	优
王五	73	74	99	优
陈七	66	100	98	优

```
批量替换 DataFrame 对象中元素的值:
      测验1    期中    测验3   综合
张三     79     70.0     83     优
李四     66     72.5     99     优
王五   72.5     74.0     99     优
陈七     66     98.5     98     优
批量替换 DataFrame 对象中元素的值:
      测验1    期中    测验3   综合
张三   79.0     70.0     83     优
李四   66.0     72.5   99.9     优
王五   72.5     74.0   99.9     优
陈七   99.9     98.5     98     优
批量替换 DataFrame 对象中元素的值:
      测验1    期中    测验3   综合
张三    79.0    70.0     83     优
李四   135.0    72.5   99.9     优
王五    72.5    74.0   99.9     优
陈七   120.0    98.5     98     优
--------------------
增加一行:
       测验1    期中    测验3   综合
张三     79.0    70.0     83     优
李四    135.0    72.5   99.9     优
王五     72.5    74.0   99.9     优
陈七    120.0    98.5     98     优
Eason    100.0   100.0    100   优秀
增加一列:
       测验1    期中    测验3   综合   身高
张三     79.0    70.0     83     优   1.70
李四    135.0    72.5   99.9     优   1.74
王五     72.5    74.0   99.9     优   1.76
陈七    120.0    98.5     98     优   1.80
Eason    100.0   100.0    100   优秀   1.96
增加单个元素:
          测验1    期中    测验3   综合    身高    体重
张三         79.0    70.0     83     优    1.70   NaN
李四        135.0    72.5   99.9     优    1.74   NaN
王五         72.5    74.0   99.9     优    1.76   NaN
陈七        120.0    98.5     98     优    1.80   NaN
Eason       100.0   100.0    100   优秀    1.96   NaN
CZ Wang      NaN     NaN    NaN    NaN     NaN   72.0
--------------------
删除一列:
          测验1    期中    测验3   综合    身高
张三         79.0    70.0     83     优    1.70
李四        135.0    72.5   99.9     优    1.74
王五         72.5    74.0   99.9     优    1.76
陈七        120.0    98.5     98     优    1.80
Eason       100.0   100.0    100   优秀    1.96
CZ Wang      NaN     NaN    NaN    NaN     NaN
删除一行:
       测验1    期中    测验3   综合    身高
张三     79.0    70.0     83     优    1.70
李四    135.0    72.5   99.9     优    1.74
王五     72.5    74.0   99.9     优    1.76
陈七    120.0    98.5     98     优    1.80
Eason    100.0   100.0    100   优秀    1.96
删除满足条件的行:
       测验1    期中    测验3   综合    身高
张三     79.0    70.0     83     优    1.70
陈七    120.0    98.5     98     优    1.80
Eason    100.0   100.0    100   优秀    1.96
删除多列:
       测验1    期中    测验3
张三     79.0    70.0     83
陈七    120.0    98.5     98
Eason    100.0   100.0    100
删除指定的行、列:
       测验1  测验3
陈七    120.0    98
```

图 4-33　DataFrame 对象元素的编辑

由程序执行的结果可以发现，当根据DataFrame对象的索引名称进行赋值时，如果原DataFrame对象中不存在该索引，则增加该索引并对其赋值。在Python语言中，可以基于DataFrame对象的索引对其元素进行修改、替换、增加和删除操作。

（二）DataFrame对象元素的算术运算

对于数值全部是数字类型的DataFrame对象，在Python语言中也支持广播机制，相应的DataFrame对象也可以进行元素级的算术运算，具体示例代码及执行结果如图4-34所示。

```
# DataFrame 对象的算术运算：支持广播机制
cz_ndArray=np.array([[99,87,97,66],[100,98.5,100,100],[100,99,99,98],[1.7,2.3,1.6,1.9]])
cz_df1=pd.DataFrame(data=cz_ndArray.T,columns=['测验1','测验2','测验3','身高'],index=['张三','李四','王五','高六'],dtype='float')
cz_df2=pd.DataFrame(data=[23,45,67],columns=['身高'],index=['张三','Eason','Emma'])
print('原来的DataFrame 对象为: \n{}\n{}'.format(cz_df1,cz_df2))
print('---'*10)
print('DataFrame 对象的加和: \n{}'.format(cz_df1+3))
print('DataFrame 对象的差: \n{}'.format(cz_df2+cz_df1))
print('DataFrame 对象的乘积: \n{}'.format(cz_df2*5))
print('DataFrame 对象的商: \n{}'.format(cz_df2/2))
```

```
原来的DataFrame 对象为:
        测验1    测验2    测验3    身高
张三     99.0   100.0   100.0   1.7
李四     87.0    98.5    99.0   2.3
王五     97.0   100.0    99.0   1.6
高六     66.0   100.0    98.0   1.9
        身高
张三      23
Eason    45
Emma     67
----------------------
DataFrame 对象的加和:
        测验1    测验2    测验3    身高
张三    102.0   103.0   103.0   4.7
李四     90.0   101.5   102.0   5.3
王五    100.0   103.0   102.0   4.6
高六     69.0   103.0   101.0   4.9
DataFrame 对象的差:
        测验1    测验2    测验3    身高
Eason   NaN     NaN     NaN    NaN
Emma    NaN     NaN     NaN    NaN
张三     NaN     NaN     NaN    24.7
李四     NaN     NaN     NaN    NaN
王五     NaN     NaN     NaN    NaN
高六     NaN     NaN     NaN    NaN
DataFrame 对象的乘积:
        身高
张三     115
Eason   225
Emma    335
DataFrame 对象的商:
        身高
张三     11.5
Eason   22.5
Emma    33.5
```

图4-34　DataFrame对象的算术运算

由程序执行的结果可以发现，多个DataFrame对象之间进行算术运算是严格按照行、列的索引进行，只有DataFrame对象之间共有行、列索引的元素才会进行算术运算，否则直接赋值"NaN"。

（三）DataFrame对象的统计运算

在Python语言中，DataFrame对象提供了简单的统计运算功能，具体示例代码及执行结果如图4-35所示。

```python
# DataFrame对象的统计运算
cz_ndArray=np.array([[99,87,97,66],[100,98.5,100,100],[100,99,99,98],[1.7,2.3,1.6,1.9]])
cz_df1=pd.DataFrame(data=cz_ndArray.T,columns=['测验1','测验2','测验3','身高'],index=['张三','李四','王五','高六'],dtype='float')
print('原来的DataFrame对象为: \n{}'.format(cz_df1))
print('--'*10)
print('描述性统计结果: \n{}'.format(cz_df1.describe()))
print('--'*10)
print('峰度统计结果: \n{}'.format(cz_df1.kurt()))
print('偏度统计结果: \n{}'.format(cz_df1.skew()))
print('--'*10)
print('协方差统计结果: \n{}'.format(cz_df1.cov()))
print('相关系数统计结果: \n{}'.format(cz_df1.corr()))
print('--'*10)
print('累积最大值统计结果: \n{}'.format(cz_df1.cummax()))
print('累积最小值统计结果: \n{}'.format(cz_df1.cummin()))
print('累积加和统计结果: \n{}'.format(cz_df1.cumsum()))
print('累积乘积统计结果: \n{}'.format(cz_df1.cumprod()))
print('--'*10)
print('按照最大排序结果: \n{}'.format(cz_df1.nlargest(3,['测验1'])))
print('按照最小排序结果: \n{}'.format(cz_df1.nsmallest(3,['测验3','测验2'])))
print('最大值索引结果: \n{}'.format(cz_df1.idxmax(axis=1)))
print('最小值索引结果: \n{}'.format(cz_df1.idxmin(axis=0)))
print('--'*10)
cz_newc=np.random.permutation(cz_df1.columns)
cz_df1=pd.DataFrame(data=cz_df1,columns=cz_newc,index=cz_df1.index)
print('随机打乱列的排列次序: \n{}'.format(cz_df1))
cz_newi=np.random.permutation(cz_df1.index)
cz_df1=pd.DataFrame(data=cz_df1,columns=cz_df1.columns,index=cz_newi)
print('随机打乱行的排列次序: \n{}'.format(cz_df1))
```

```
原来的DataFrame对象为:
      测验1    测验2    测验3    身高
张三   99.0   100.0   100.0   1.7
李四   87.0    98.5    99.0   2.3
王五   97.0   100.0    99.0   1.6
高六   66.0   100.0    98.0   1.9
--------------------
描述性统计结果:
            测验1        测验2          测验3          身高
count    4.000000     4.000       4.000000     4.00000
mean    87.250000    99.625      99.000000     1.87500
std     15.107945     0.750       0.816497     0.30957
min     66.000000    98.500      98.000000     1.60000
25%     81.750000    99.625      98.750000     1.67500
50%     92.000000   100.000      99.000000     1.80000
75%     97.500000   100.000      99.250000     2.00000
max     99.000000   100.000     100.000000     2.30000
--------------------
峰度统计结果:
测验1    1.344239
测验2    4.000000
测验3    1.500000
身高     0.757656
dtype: float64
偏度统计结果:
测验1   -1.362303
测验2   -2.000000
测验3    0.000000
身高     1.137624
dtype: float64
--------------------
协方差统计结果:
            测验1        测验2        测验3          身高
测验1   228.250000    0.1250     11.000000    -1.791667
测验2     0.125000    0.5625      0.000000    -0.212500
```

	测验1		测验2	测验3		
测验3	11.000000		0.0000	0.666667	−0.066667	
身高	−1.791667		−0.2125	−0.066667	0.095833	

相关系数统计结果:

	测验1	测验2	测验3	身高
测验1	1.000000	1.103172e−02	8.917291e−01	−0.383084
测验2	0.011032	1.000000e+00	1.933852e−15	−0.915249
测验3	0.891729	1.933852e−15	1.000000e+00	−0.263752
身高	−0.383084	−9.152492e−01	−2.637522e−01	1.000000

累积最大值统计结果:

	测验1	测验2	测验3	身高
张三	99.0	100.0	100.0	1.7
李四	99.0	100.0	100.0	2.3
王五	99.0	100.0	100.0	2.3
高六	99.0	100.0	100.0	2.3

累积最小值统计结果:

	测验1	测验2	测验3	身高
张三	99.0	100.0	100.0	1.7
李四	87.0	98.5	99.0	1.7
王五	87.0	98.5	99.0	1.6
高六	66.0	98.5	98.0	1.6

累积加和统计结果:

	测验1	测验2	测验3	身高
张三	99.0	100.0	100.0	1.7
李四	186.0	198.5	199.0	4.0
王五	283.0	298.5	298.0	5.6
高六	349.0	398.5	396.0	7.5

累积乘积统计结果:

	测验1	测验2	测验3	身高
张三	99.0	100.0	100.0	1.7000
李四	8613.0	9850.0	9900.0	3.9100
王五	835461.0	985000.0	980100.0	6.2560
高六	55140426.0	98500000.0	96049800.0	11.8864

按照最大排序结果:

	测验1	测验2	测验3	身高
张三	99.0	100.0	100.0	1.7
王五	97.0	100.0	99.0	1.6
李四	87.0	98.5	99.0	2.3

按照最小排序结果:

	测验1	测验2	测验3	身高
高六	66.0	100.0	98.0	1.9
李四	87.0	98.5	99.0	2.3
王五	97.0	100.0	99.0	1.6

最大值索引结果:

张三	测验2
李四	测验3
王五	测验2
高六	测验2

dtype: object

最小值索引结果:

测验1	高六
测验2	李四
测验3	高六
身高	王五

dtype: object

随机打乱列的排列次序:

	测验2	测验1	身高	测验3
张三	100.0	99.0	1.7	100.0
李四	98.5	87.0	2.3	99.0
王五	100.0	97.0	1.6	99.0
高六	100.0	66.0	1.9	98.0

随机打乱行的排列次序:

	测验2	测验1	身高	测验3
王五	100.0	97.0	1.6	99.0
李四	98.5	87.0	2.3	99.0
高六	100.0	66.0	1.9	98.0
张三	100.0	99.0	1.7	100.0

图4-35　DataFrame对象的统计运算

缺失值和异常值是数据分析中经常遇到的问题，Pandas 模块中的 DataFrame 对象提供了简单的处理方法，具体示例代码及执行结果如图 4-36 所示。

```python
# DataFrame对象的缺失值的处理及异常值检测
cz_ndArray=np.array([[99,np.nan,97,np.nan],[100,98.5,np.nan,100],[100,np.nan,np.nan,98],[1.7,np.nan,1.6,1.9]])
cz_df1=pd.DataFrame(data=cz_ndArray.T,columns=['测验1','测验2','测验3','身高'],index=['张三','李四','王五','高六'],dtype='float')
print('原来的DataFrame对象为：\n{}'.format(cz_df1))
print('--'*10)
cz_df2=cz_df1.copy()
print('判断是否为缺失值：\n{}'.format(cz_df1.isna())) #空值为NULL
cz_df1=cz_df2.copy()
print('用统一值填充缺失值：\n{}'.format(cz_df1.fillna(value=98.5)))
cz_df1=cz_df2.copy()
print('用不同的值填充缺失值：\n{}'.format(cz_df1.fillna({'测验1': 95.2,'测验2': 56.8})))
cz_df1=cz_df2.copy()
print('删除缺失值：\n{}'.format(cz_df1.dropna(axis=0,how='any'))) #只要包含
cz_df1=cz_df2.copy()
print('删除缺失值：\n{}'.format(cz_df1.dropna(subset=['测验1','测验3']))) #只要包含，在子集上操作
cz_df1=cz_df2.copy()
print('删除缺失值：\n{}'.format(cz_df1.dropna(axis=1,how='all'))) #全部是
cz_df1=cz_df2.copy()
print('删除缺失值：\n{}'.format(cz_df1.dropna(axis=1,thresh=3))) #包含的非空数值最小个数
print('--'*10)
cz_df1=cz_df2.copy()
print('用前一个值填充缺失值：\n{}'.format(cz_df1.fillna(method='ffill'))) #前一个值填充
cz_df1=cz_df2.copy()
print('用前一个值填充缺失值：\n{}'.format(cz_df1.fillna(axis=1,method='backfill'))) #后一个值填充
print('--'*10)
cz_df1=cz_df2.copy()
cz_df1.fillna(value=98.5,inplace=True)
cz_a1=(cz_df1.mean()+3*cz_df1.std())[0];cz_a2=(cz_df1.mean()-3*cz_df1.std())[0]
cz_b1=(cz_df1.mean()+3*cz_df1.std())[1];cz_b2=(cz_df1.mean()-3*cz_df1.std())[1]
cz_c1=(cz_df1.mean()+3*cz_df1.std())[2];cz_c2=(cz_df1.mean()-3*cz_df1.std())[2]
cz_d1=(cz_df1.mean()+3*cz_df1.std())[3];cz_d2=(cz_df1.mean()-3*cz_df1.std())[3]
cz_exp='测验1>@cz_a1 | 测验1<@cz_a2 | 测验2>@cz_b1 | 测验2<@cz_b2 \
测验3>@cz_c1 | 测验3<@cz_c2 | 身高>@cz_d1 | 身高<@cz_d2'
print('数据的异常值检测：\n{}'.format(cz_df1.query(cz_exp)))
```

```
原来的DataFrame对象为：
      测验1     测验2     测验3     身高
张三   99.0    100.0   100.0   1.7
李四   NaN     98.5    NaN     NaN
王五   97.0    NaN     NaN     1.6
高六   NaN     100.0   98.0    1.9
--------------------
判断是否为缺失值：
      测验1     测验2     测验3     身高
张三   False   False   False   False
李四   True    False   True    True
王五   False   True    True    False
高六   True    False   False   False
用统一值填充缺失值：
      测验1     测验2     测验3     身高
张三   99.0    100.0   100.0   1.7
李四   98.5    98.5    98.5    98.5
王五   97.0    98.5    98.5    1.6
高六   98.5    100.0   98.0    1.9
用不同的值填充缺失值：
      测验1     测验2     测验3     身高
张三   99.0    100.0   100.0   1.7
李四   95.2    98.5    NaN     NaN
王五   97.0    56.8    NaN     1.6
高六   95.2    100.0   98.0    1.9
删除缺失值：
      测验1     测验2     测验3     身高
张三   99.0    100.0   100.0   1.7
删除缺失值：
      测验1     测验2     测验3     身高
张三   99.0    100.0   100.0   1.7
```

```
删除缺失值：
       测验1    测验2    测验3    身高
张三    99.0    100.0    100.0    1.7
李四    NaN     98.5     NaN      NaN
王五    97.0    NaN      NaN      1.6
高六    NaN     100.0    98.0     1.9
删除缺失值：
       测验2    身高
张三    100.0    1.7
李四    98.5     NaN
王五    NaN      1.6
高六    100.0    1.9
-------------------
用前一个值填充缺失值：
       测验1    测验2    测验3    身高
张三    99.0    100.0    100.0    1.7
李四    99.0    98.5     100.0    1.7
王五    97.0    98.5     100.0    1.6
高六    97.0    100.0    98.0     1.9
用前一个值填充缺失值：
       测验1    测验2    测验3    身高
张三    99.0    100.0    100.0    1.7
李四    98.5    98.5     NaN      NaN
王五    97.0    1.6      1.6      1.6
高六    100.0   100.0    98.0     1.9
-------------------
数据的异常值检测：
Empty DataFrame
Columns: [测验1, 测验2, 测验3, 身高 ]
Index: []
```

图 4-36　DataFrame 对象的缺失值处理

（四）DataFrame 对象的自定义函数运算

在 Python 语言中，DataFrame 对象也支持自定义函数运算的功能，具体示例代码及执行结果如图 4-37 所示。

```python
# DataFrame 的自定义函数运算
cz_ndArray=np.array([[99,87,97,66],[100,98.5,100,100],[80,110,67,100],[1.7,2.3,1.6,1.9]])
cz_df1=pd.DataFrame(data=cz_ndArray.T,columns=['测验1','测验2','体重','身高'],index=['张三','李四','王五','高六'],dtype='float')
print('原来的 DataFrame 对象为：\n{}'.format(cz_df1))
print('--'*10)
def cz_BMI(slice):
    '''
    根据传入的参数计算 BMI 指标。
    '''
    bmi=slice['体重']/(slice['身高']**2)
    return bmi
cz_df1['身体健康指标']=cz_df1.apply(cz_BMI,axis=1)
print('apply 应用自定义函数：\n{}'.format(cz_df1))

def cz_Corrct(slice,correction):
    '''
    根据 correction 参数修正 slice 的值。
    '''
    rslt=slice*correction
    return rslt
cz_df1[cz_df1.columns[:-1]]=cz_df1[cz_df1.columns[:-1]].apply(cz_Corrct,args=(2,))
print('apply 应用带强制参数的自定义函数：\n{}'.format(cz_df1))

def cz_Corrct(slice,*correction):
    '''
    根据 correction 参数修正 slice 的值。
```

```
        ""
        rslt=slice
        for i in correction:
                rslt+=i
        return rslt
cz_df1[cz_df1.columns[:2]]=cz_df1[cz_df1.columns[:2]].apply(cz_Corrct,args=(*[2,3,4,-5,-5],))
print('apply 应用带可变长参数的自定义函数：\n{}'.format(cz_df1))
print('--'*10)
cz_df1['高度']=cz_df1['身高'].map(lambda x: '高' if x>3.4 else '较高')
print('map 应用自定义函数：\n{}'.format(cz_df1))    #元素级运算
cz_df1['编码']=cz_df1['高度'].map({'高': 1,'较高': 0})
print('map 应用自定义函数：\n{}'.format(cz_df1))    #元素级运算
print('--'*10)
print('applymap 应用自定义函数：\n{}'.format(cz_df1[cz_df1.columns[:5]].astype('float').applymap(lambda x: '%.2f'%x)))    #每个元素运算
```

原来的 DataFrame 对象为：

	测验1	测验2	体重	身高
张三	99.0	100.0	80.0	1.7
李四	87.0	98.5	110.0	2.3
王五	97.0	100.0	67.0	1.6
高六	66.0	100.0	100.0	1.9

----
apply 应用自定义函数：

	测验1	测验2	体重	身高	身体健康指标
张三	99.0	100.0	80.0	1.7	27.681661
李四	87.0	98.5	110.0	2.3	20.793951
王五	97.0	100.0	67.0	1.6	26.171875
高六	66.0	100.0	100.0	1.9	27.700831

apply 应用带强制参数的自定义函数：

	测验1	测验2	体重	身高	身体健康指标
张三	198.0	200.0	160.0	3.4	27.681661
李四	174.0	197.0	220.0	4.6	20.793951
王五	194.0	200.0	134.0	3.2	26.171875
高六	132.0	200.0	200.0	3.8	27.700831

apply 应用带可变长参数的自定义函数：

	测验1	测验2	体重	身高	身体健康指标
张三	197.0	199.0	160.0	3.4	27.681661
李四	173.0	196.0	220.0	4.6	20.793951
王五	193.0	199.0	134.0	3.2	26.171875
高六	131.0	199.0	200.0	3.8	27.700831

----
map 应用自定义函数：

	测验1	测验2	体重	身高	身体健康指标	高度
张三	197.0	199.0	160.0	3.4	27.681661	较高
李四	173.0	196.0	220.0	4.6	20.793951	高
王五	193.0	199.0	134.0	3.2	26.171875	较高
高六	131.0	199.0	200.0	3.8	27.700831	高

map 应用自定义函数：

	测验1	测验2	体重	身高	身体健康指标	高度	编码
张三	197.0	199.0	160.0	3.4	27.681661	较高	0
李四	173.0	196.0	220.0	4.6	20.793951	高	1
王五	193.0	199.0	134.0	3.2	26.171875	较高	0
高六	131.0	199.0	200.0	3.8	27.700831	高	1

----
applymap 应用自定义函数：

	测验1	测验2	体重	身高	身体健康指标
张三	197.00	199.00	160.00	3.40	27.68
李四	173.00	196.00	220.00	4.60	20.79
王五	193.00	199.00	134.00	3.20	26.17
高六	131.00	199.00	200.00	3.80	27.70

图 4-37　DataFrame 对象的自定义函数运算

（五）DataFrame 对象的聚合运算

在 Python 语言中，DataFrame 对象也支持对数据的聚合运算的功能，具体示例代码及执行结果如图4-38所示。

```
# DataFrame对象的聚合运算
cz_ndArray=np.array([[99,87,97,66],[100,98.5,100,100],[80,110,67,100],[1.7,2.3,1.6,1.9]])
cz_df=pd.DataFrame(data=cz_ndArray.T,columns=['测验1','测验2','体重','身高'],index=['张三','李四','王五','高六'],dtype='float')
cz_df1=cz_df[cz_df.columns[:3]];cz_df2=cz_df[cz_df.columns[-3:]]
cz_df2.loc['Eason']=[100,145,2.1]
print('原来的DataFrame对象为：\n{}\n{}'.format(cz_df1,cz_df2))
print('--'*10)
print('join数据聚合列：\n{}'.format(cz_df1.join(cz_df2,how='outer',lsuffix='_L',rsuffix='_R')))   #根据索引,how:集合取值
print('--'*10)
print('merge数据聚合列：\n{}'.format(pd.merge(cz_df1,cz_df2,how='inner',left_index=True,right_index=True)))   #根据索引,how:集合取值
print('merge基于多列数据聚合列：\n{}'.format(pd.merge(cz_df1,cz_df2,on=['测验2','体重'])))   #基于多列合并
print('--'*10)
print('concat数据聚合行：\n{}'.format(pd.concat([cz_df1,cz_df2])))
cz_df1_newc=cz_df1.columns.difference(cz_df2.columns)   #比较两个DataFrame列名的差异，去除重复列
print('concat数据聚合列：\n{}'.format(pd.concat([cz_df1[cz_df1_newc],cz_df2],axis=1)))
print('--'*10)
print('groupby的分组结果：\n{}'.format(cz_df1.groupby(by='测验2').groups))
print('groupby基于多列的分组结果：\n{}'.format(cz_df1.groupby(by=['测验2','体重']).groups))
print('groupby的分组运算：\n{}'.format(cz_df1.groupby(by='测验2').sum()))
print('groupby的分组运算：\n{}'.format(cz_df1.groupby(by='测验2').agg(lambda x: x.max()+x.min()).add_prefix('agg_')))
print('groupby的分组运算：\n{}'.format(cz_df1.groupby(by='测验2').agg(['max','min','mean']).add_prefix('agg_')))
```

```
原来的DataFrame对象为：
      测验1    测验2    体重
张三    99.0   100.0   80.0
李四    87.0    98.5  110.0
王五    97.0   100.0   67.0
高六    66.0   100.0  100.0
      测验2    体重    身高
张三    100.0   80.0   1.7
李四     98.5  110.0   2.3
王五    100.0   67.0   1.6
高六    100.0  100.0   1.9
Eason  100.0  145.0   2.1
--------------------
join数据聚合列：
      测验1  测验2_L  体重_L  测验2_R  体重_R  身高
Eason  NaN    NaN    NaN   100.0  145.0   2.1
张三    99.0  100.0   80.0   100.0   80.0   1.7
李四    87.0   98.5  110.0    98.5  110.0   2.3
王五    97.0  100.0   67.0   100.0   67.0   1.6
高六    66.0  100.0  100.0   100.0  100.0   1.9
--------------------
merge数据聚合列：
      测验1  测验2_x  体重_x  测验2_y  体重_y  身高
张三    99.0  100.0   80.0   100.0   80.0   1.7
李四    87.0   98.5  110.0    98.5  110.0   2.3
王五    97.0  100.0   67.0   100.0   67.0   1.6
高六    66.0  100.0  100.0   100.0  100.0   1.9
merge基于多列数据聚合列：
      测验1    测验2    体重    身高
0     99.0   100.0   80.0   1.7
1     87.0    98.5  110.0   2.3
2     97.0   100.0   67.0   1.6
3     66.0   100.0  100.0   1.9
--------------------
concat数据聚合行：
      测验1    测验2    体重    身高
张三    99.0   100.0   80.0   NaN
李四    87.0    98.5  110.0   NaN
王五    97.0   100.0   67.0   NaN
高六    66.0   100.0  100.0   NaN
张三     NaN   100.0   80.0   1.7
李四     NaN    98.5  110.0   2.3
王五     NaN   100.0   67.0   1.6
高六     NaN   100.0  100.0   1.9
Eason   NaN   100.0  145.0   2.1
```

```
concat 数据聚合列：
          测验1      测验2      体重     身高
张三       99.0      100.0     80.0    1.7
李四       87.0       98.5    110.0    2.3
王五       97.0      100.0     67.0    1.6
高六       66.0      100.0    100.0    1.9
Eason      NaN      100.0    145.0    2.1
--------------------
groupby 的分组结果：
{98.5:['李四'], 100.0:['张三', '王五', '高六']}
groupby 基于多列的分组结果：
{(98.5, 110.0):['李四'], (100.0, 67.0):['王五'], (100.0, 80.0):['张三'], (100.0, 100.0):['高六']}
groupby 的分组运算：
          测验1      体重
测验2
98.5       87.0     110.0
100.0     262.0     247.0
groupby 的分组运算：
        agg_测验1   agg_体重
测验2
98.5      174.0     220.0
100.0     165.0     167.0
groupby 的分组运算：
        agg_测验1                              agg_体重
        agg_max  agg_min  agg_mean  agg_max  agg_min   agg_mean
测验2
98.5      87.0     87.0   87.000000   110.0   110.0   110.000000
100.0     99.0     66.0   87.333333   100.0    67.0    82.333333
```

图 4-38　DataFrame 对象的聚合运算

（六）DataFrame 对象的数据透视表

在 Python 语言中，DataFrame 对象还支持对数据的透视表运算的功能，具体示例代码及执行结果如图 4-39 所示。

```
# DataFrame 对象的数据透视表
cz_ndArray=np.array([[99,87,97,66],[100,98.5,100,100],[80,110,67,100],[1.7,2.3,1.6,1.9]])
cz_df=pd.DataFrame(data=cz_ndArray.T,columns=['测验1','测验2','体重','身高'],index=['张三','李四','王五','高六'],dtype='float')
cz_df['指标']=['良','优','良','优']
cz_df['性别']=['女','女','男','男']
print('原来的 DataFrame 对象为：\n{}'.format(cz_df))
print('--'*10)
print('pivot 数据透视表：\n{}'.format(pd.pivot_table(data=cz_df, index='指标',columns='性别',values=['测验1','测验2'], aggfunc=lambda x:
len(x))))   #计数
print('pivot 数据透视表：\n{}'.format(pd.pivot_table(data=cz_df, index='指标',columns='性别',values=['测验1','测验2'], aggfunc=lambda x:
x**2)))   #平方
print('--'*10)
print('crosstab 数据透视表：\n{}'.format(pd.crosstab(index=cz_df['指标'],columns=cz_df['性别'])))   #默认：计数
print('crosstab 数据透视表：\n{}'.format(pd.crosstab(index=cz_df['指标'],columns=cz_df['性别'], values=cz_df['测验1'],aggfunc=lambda x:
x+25)))   #平方
```

```
原来的 DataFrame 对象为：
          测验1      测验2      体重     身高  指标 性别
张三       99.0      100.0     80.0    1.7  良   女
李四       87.0       98.5    110.0    2.3  优   女
王五       97.0      100.0     67.0    1.6  良   男
高六       66.0      100.0    100.0    1.9  优   男
--------------------
```

```
pivot 数据透视表：
        测验1        测验2
性别    女    男    女    男
指标
优    1.0   1.0   1.0   1.0
良    1.0   1.0   1.0   1.0
pivot 数据透视表：
        测验1                 测验2
性别      女       男         女          男
指标
优    7569.0   4356.0   9702.25   10000.0
良    9801.0   9409.0   10000.00  10000.0
---------------------
crosstab 数据透视表：
性别  女  男
指标
优    1   1
良    1   1
crosstab 数据透视表：
性别       女       男
指标
优    112.0   91.0
良    124.0   122.0
```

图 4-39　DataFrame 对象的数据透视表

四、多层索引 DataFrame 对象

在 Pandas 模块中还支持另外一种 DataFrame 对象，这种数据结构在行或者列上存在多个索引，从而可以采用低维度的模式来表示高维度的数据集，这种数据结构被称为多层索引 DataFrame 对象。

（一）多层索引 DataFrame 的定义

在 Python 语言中，可以采用嵌套列表、元组、外积、Array 对象和 DataFrame 对象方便地定义多层索引 DataFrame 对象，具体示例代码及执行结果如图 4-40 所示。

```
# 多层索引 DataFrame 的定义
cz_mIndex=[['七班','七班','七班','八班','八班','八班'],['1组','2组','3组','1组','2组','3组']]
cz_mColms=[['语文','语文','语文','数学','数学','数学'],['期初','期中','期末','期初','期中','期末']]
np.random.seed(5)
cz_data=np.random.randint(95,100,size=(6,6))
cz_mdf=pd.DataFrame(data=cz_data,index=cz_mIndex,columns=cz_mColms,dtype='float')
print('采用嵌套列表定义多层索引 DataFrame 对象：\n{}'.format(cz_mdf))
print('--'*10)
cz_mColms=pd.MultiIndex.from_tuples([('CH','T1'),('CH','T2'),('CH','T3'),('MT','T1'),('MT','T2'),('MT','T3')])
cz_mIndex=pd.MultiIndex.from_tuples([('C1','G1'),('C1','G2'),('C1','G3'),('C2','G1'),('C2','G2'),('C2','G3')])
np.random.seed(5)
cz_data=np.random.randint(93,100,size=(6,6))
cz_mdf1=pd.DataFrame(data=cz_data,index=cz_mIndex,columns=cz_mColms,dtype='float')
print('采用元组定义多层索引 DataFrame 对象：\n{}'.format(cz_mdf1))
print('--'*10)
cz_mColms=pd.MultiIndex.from_product([['CH','MT'],['T1','T1','T3']])  #列表 Product
cz_mIndex=pd.MultiIndex.from_product((('C7','C8'),('G1','G1','G3')))  #元组 Porduct
np.random.seed(5)
cz_data=np.random.randint(93,100,size=(6,6))
```

135

```
cz_mdf1=pd.DataFrame(data=cz_data,index=cz_mIndex,columns=cz_mColms,dtype='float')
print('采用外积定义多层索引 DataFrame 对象：\n{}'.format(cz_mdf1))
print('--'*10)
cz_mIndex=pd.MultiIndex.from_arrays(np.array([['七班','七班','七班','八班','八班','八班'],['1组','2组','3组','1组','2组','3组']]))
cz_mColms=pd.MultiIndex.from_arrays(np.array((('语文','语文','语文','数学','数学','数学'),('期初','期中','期末','期初','期中','期末'))))
np.random.seed(8)
cz_data=np.random.randint(95,100,size=(6,6))
cz_mdf=pd.DataFrame(data=cz_data,index=cz_mIndex,columns=cz_mColms,dtype='float')
print('采用 Array 对象定义多层索引 DataFrame 对象：\n{}'.format(cz_mdf))
print('--'*10)
cz_df=pd.DataFrame({'Class': ['C7','C7','C7','C8','C8','C8'],'Group': ['G1','G2','G3','G1','G2','G3']})
cz_df1=pd.DataFrame({'Courses': ['CH','CH','CH','MT','MT','MT'],'Test': ['T1','T2','T3','T1','T2','T3']})
cz_mIndex=pd.MultiIndex.from_frame(cz_df)
cz_mColms=pd.MultiIndex.from_frame(cz_df1)
np.random.seed(8)
cz_data=np.random.randint(95,100,size=(6,6))
cz_mdf=pd.DataFrame(data=cz_data,index=cz_mIndex,columns=cz_mColms,dtype='float')
print('采用 DataFrame 对象定义多层索引 DataFrame 对象：\n{}'.format(cz_mdf))
```

采用嵌套列表定义多层索引 DataFrame 对象：

		语文			数学		
		期初	期中	期末	期初	期中	期末
七班	1组	98.0	95.0	96.0	95.0	99.0	98.0
	2组	95.0	95.0	99.0	96.0	99.0	98.0
	3组	99.0	98.0	96.0	99.0	97.0	96.0
八班	1组	96.0	97.0	96.0	96.0	96.0	97.0
	2组	95.0	97.0	95.0	95.0	99.0	99.0
	3组	96.0	98.0	98.0	97.0	99.0	96.0

采用元组定义多层索引 DataFrame 对象：

		CH			MT		
		T1	T2	T3	T1	T2	T3
C1	G1	96.0	99.0	98.0	99.0	99.0	93.0
	G2	94.0	93.0	97.0	99.0	96.0	93.0
	G3	99.0	93.0	97.0	94.0	98.0	93.0
C2	G1	96.0	97.0	98.0	96.0	94.0	99.0
	G2	97.0	99.0	98.0	95.0	99.0	94.0
	G3	94.0	95.0	94.0	94.0	99.0	94.0

采用外积定义多层索引 DataFrame 对象：

		CH			MT		
		T1	T1	T3	T1	T1	T3
C7	G1	96.0	99.0	98.0	99.0	99.0	93.0
	G1	94.0	93.0	97.0	99.0	96.0	93.0
	G3	99.0	93.0	97.0	94.0	98.0	93.0
C8	G1	96.0	97.0	98.0	96.0	94.0	99.0
	G1	97.0	99.0	98.0	95.0	99.0	94.0
	G3	94.0	95.0	94.0	94.0	99.0	94.0

采用 Array 对象定义多层索引 DataFrame 对象：

		语文			数学		
		期初	期中	期末	期初	期中	期末
七班	1组	98.0	99.0	96.0	96.0	97.0	95.0
	2组	98.0	95.0	95.0	99.0	96.0	98.0
	3组	97.0	98.0	99.0	96.0	97.0	98.0
八班	1组	97.0	95.0	96.0	98.0	99.0	98.0
	2组	97.0	96.0	97.0	97.0	96.0	96.0
	3组	98.0	99.0	98.0	98.0	99.0	95.0

采用 DataFrame 对象定义多层索引 DataFrame 对象：

Courses		CH			MT		
Test		T1	T2	T3	T1	T2	T3
Class	Group						
C7	G1	98.0	99.0	96.0	96.0	97.0	95.0
	G2	98.0	95.0	95.0	99.0	96.0	98.0
	G3	97.0	98.0	99.0	96.0	97.0	98.0
C8	G1	97.0	95.0	96.0	98.0	99.0	98.0
	G2	97.0	96.0	97.0	97.0	96.0	96.0
	G3	98.0	99.0	98.0	98.0	99.0	95.0

图 4-40　多层索引 DataFrame 对象的定义

（二）多层索引 DataFrame 的访问

对于多层索引 DataFrame 对象而言，其访问数据的核心仍然是索引。值得注意的是，此时对于行或者列索引来讲，已经具有多个层次的索引，因而数据的访问也可以分层次进行。具体示例代码及执行结果如图 4–41 所示。

```
# 多层索引 DataFrame 的访问
cz_mColms=pd.MultiIndex.from_product([['CH','MT'],['T1','T2','T3']])    # 列表 Product
cz_mIndex=pd.MultiIndex.from_product((('C7','C8'),('G1','G2','G3')))    # 元组 Porduct
np.random.seed(5)
cz_data=np.random.randint(90,100,size=(6,6))
cz_mdf=pd.DataFrame(data=cz_data,index=cz_mIndex,columns=cz_mColms,dtype='float')
print('原来的多层索引 DataFrame 对象：\n{}'.format(cz_mdf))
print('--'*10)
print('行索引的结构为：\n{}'.format(cz_mdf.index))
print('列索引的结构为：\n{}'.format(cz_mdf.columns))
print('--'*10)
print('行索引的第一个层级访问：\n{}'.format(cz_mdf.loc['C8']))
print('行索引的第二个层级访问：\n{}'.format(cz_mdf.loc['C8'].loc['G1']))   # 注意返回结果的数据结构
print('--'*10)
print('列索引的第一个层级访问：\n{}'.format(cz_mdf.loc[:,'CH']))
print('列索引的第二个层级访问：\n{}'.format(cz_mdf['CH'][['T1','T2']]))   # 注意返回结果的数据结构
print('--'*10)
print('行列索引的第一个层级访问：\n{}'.format(cz_mdf.loc['C8']['MT']))
print('行列索引的第二个层级访问：\n{}'.format(cz_mdf.loc['C8'].loc['G2']['MT'][['T1','T2']]))   # 注意返回结果的数据结构
```

```
原来的多层索引 DataFrame 对象：
        CH               MT
        T1    T2    T3    T1    T2    T3
C7 G1  93.0  96.0  96.0  90.0  99.0  98.0
   G2  94.0  97.0  90.0  90.0  97.0  91.0
   G3  95.0  97.0  90.0  91.0  94.0  96.0
C8 G1  92.0  99.0  99.0  99.0  99.0  91.0
   G2  92.0  97.0  90.0  95.0  90.0  90.0
   G3  94.0  94.0  99.0  93.0  92.0  94.0
--------------------
行索引的结构为：
MultiIndex([('C7', 'G1'),
            ('C7', 'G2'),
            ('C7', 'G3'),
            ('C8', 'G1'),
            ('C8', 'G2'),
            ('C8', 'G3')],
           )
列索引的结构为：
MultiIndex([('CH', 'T1'),
            ('CH', 'T2'),
            ('CH', 'T3'),
            ('MT', 'T1'),
            ('MT', 'T2'),
            ('MT', 'T3')],
           )
--------------------
行索引的第一个层级访问：
      CH               MT
      T1    T2    T3    T1    T2    T3
G1  92.0  99.0  99.0  99.0  99.0  91.0
G2  92.0  97.0  90.0  95.0  90.0  90.0
G3  94.0  94.0  99.0  93.0  92.0  94.0
行索引的第二个层级访问：
CH  T1    92.0
    T2    99.0
    T3    99.0
MT  T1    99.0
    T2    99.0
    T3    91.0
Name: G1, dtype: float64
--------------------
```

```
列索引的第一个层级访问：
        T1    T2    T3
C7 G1   93.0  96.0  96.0
   G2   94.0  97.0  90.0
   G3   95.0  97.0  90.0
C8 G1   92.0  99.0  99.0
   G2   92.0  97.0  90.0
   G3   94.0  94.0  99.0
列索引的第二个层级访问：
        T1    T2
C7 G1   93.0  96.0
   G2   94.0  97.0
   G3   95.0  97.0
C8 G1   92.0  99.0
   G2   92.0  97.0
   G3   94.0  94.0
--------------------
行列索引的第一个层级访问：
     T1    T2    T3
G1   99.0  99.0  91.0
G2   95.0  90.0  90.0
G3   93.0  92.0  94.0
行列索引的第二个层级访问：
T1   95.0
T2   90.0
Name: G2, dtype: float64
```

图4-41　多层索引DataFrame对象的访问

（三）多层索引DataFrame的操作

在Python语言中，多层索引DataFrame对象的结构可以灵活变换，也可以对其中元素的数值进行修改、批量替换，增加、删除其中的元素，进行元素级的算术运算和矩阵模式的运算。具体示例代码及执行结果如图4-42所示。

```
# 多层索引 DataFrame 的操作
cz_mColms=pd.MultiIndex.from_product([['CH','MT'],['T1','T2','T3']])   #列表 Product
cz_mIndex=pd.MultiIndex.from_product((('C7','C8'),('G1','G2','G3')))   #元组 Porduct
np.random.seed(5)
cz_data=np.random.randint(90,100,size=(6,6))
cz_mdf=pd.DataFrame(data=cz_data,index=cz_mIndex,columns=cz_mColms,dtype='float')
cz_mdf1=cz_mdf.copy()
print('原来的多层索引 DataFrame 对象：\n{}'.format(cz_mdf))
print('--'*10)
cz_mdf.index.names=['Class','Group']
cz_mdf.columns.names=['Courses','Test']
print('增加行列索引名称：\n{}'.format(cz_mdf))
print('--'*10)
cz_mdf.loc['C7'].loc['G1']['CH']['T1']=125
print('修改单个值：\n{}'.format(cz_mdf))
(cz_mdf.loc['C7']['CH']['T2']).iloc[:]=[145,135,126]   #Series 对象的修改
print('修改多个值：\n{}'.format(cz_mdf))
(cz_mdf.loc['C7']['MT']).iloc[:]=np.array([[1,2,3],[4,5,6],[7,8,9]])
print('修改切片的值：\n{}'.format(cz_mdf))
print('--'*10)
cz_mdf=cz_mdf+10
print('多层索引 DataFrame 对象的算术运算：\n{}'.format(cz_mdf))
cz_mdf2=cz_mdf.dot(cz_mdf1.T)   #要求维度、索引都必须满足矩阵乘法的要求
print('多层索引 DataFrame 对象的矩阵运算：\n{}'.format(cz_mdf2))
print('--'*10)
cz_mdf1['EN']=10
print('增加第一个层级元素：\n{}'.format(cz_mdf1))
cz_mdf1['EN','T2']=50   #注意原来的索引结构
print('增加第二个层级元素：\n{}'.format(cz_mdf1))
print('--'*10)
```

```
print(' 删除第一个层级元素：\n{}'.format(cz_mdf1.droplevel(0,axis=1)))
print(' 删除第二个层级元素：\n{}'.format(cz_mdf1.droplevel(1,axis=1)))
print(' 删除第一个层级部分元素：\n{}'.format(cz_mdf1.drop(labels=['CH'],level=0,axis=1)))
print(' 删除第二个层级部分元素：\n{}'.format(cz_mdf1.drop(labels=['T2'],level=1,axis=1)))
print('--'*10)
(cz_mdf1.loc['C8']).loc[:]=np.array((cz_mdf1.loc['C8'].copy().replace({92:96.8}))).values)
print(' 批量替换元素：\n{}'.format(cz_mdf1))
cz_mdf1.replace({94.0:88.88},inplace=True)
print(' 批量替换元素：\n{}'.format(cz_mdf1))
```

原来的多层索引 DataFrame 对象：

		CH			MT		
		T1	T2	T3	T1	T2	T3
C7	G1	93.0	96.0	96.0	90.0	99.0	98.0
	G2	94.0	97.0	90.0	90.0	97.0	91.0
	G3	95.0	97.0	90.0	91.0	94.0	96.0
C8	G1	92.0	99.0	99.0	99.0	99.0	91.0
	G2	92.0	97.0	90.0	95.0	90.0	90.0
	G3	94.0	94.0	99.0	93.0	92.0	94.0

增加行列索引名称：

Courses		CH			MT		
Test		T1	T2	T3	T1	T2	T3
Class	Group						
C7	G1	93.0	96.0	96.0	90.0	99.0	98.0
	G2	94.0	97.0	90.0	90.0	97.0	91.0
	G3	95.0	97.0	90.0	91.0	94.0	96.0
C8	G1	92.0	99.0	99.0	99.0	99.0	91.0
	G2	92.0	97.0	90.0	95.0	90.0	90.0
	G3	94.0	94.0	99.0	93.0	92.0	94.0

修改单个值：

Courses		CH			MT		
Test		T1	T2	T3	T1	T2	T3
Class	Group						
C7	G1	125.0	96.0	96.0	90.0	99.0	98.0
	G2	94.0	97.0	90.0	90.0	97.0	91.0
	G3	95.0	97.0	90.0	91.0	94.0	96.0
C8	G1	92.0	99.0	99.0	99.0	99.0	91.0
	G2	92.0	97.0	90.0	95.0	90.0	90.0
	G3	94.0	94.0	99.0	93.0	92.0	94.0

修改多个值：

Courses		CH			MT		
Test		T1	T2	T3	T1	T2	T3
Class	Group						
C7	G1	125.0	145.0	96.0	90.0	99.0	98.0
	G2	94.0	135.0	90.0	90.0	97.0	91.0
	G3	95.0	126.0	90.0	91.0	94.0	96.0
C8	G1	92.0	99.0	99.0	99.0	99.0	91.0
	G2	92.0	97.0	90.0	95.0	90.0	90.0
	G3	94.0	94.0	99.0	93.0	92.0	94.0

修改切片的值：

Courses		CH			MT		
Test		T1	T2	T3	T1	T2	T3
Class	Group						
C7	G1	125.0	145.0	96.0	1.0	2.0	3.0
	G2	94.0	135.0	90.0	4.0	5.0	6.0
	G3	95.0	126.0	90.0	7.0	8.0	9.0
C8	G1	92.0	99.0	99.0	99.0	99.0	91.0
	G2	92.0	97.0	90.0	95.0	90.0	90.0
	G3	94.0	94.0	99.0	93.0	92.0	94.0

多层索引 DataFrame 对象的算术运算：

Courses		CH			MT		
Test		T1	T2	T3	T1	T2	T3
Class	Group						
C7	G1	135.0	155.0	106.0	11.0	12.0	13.0
	G2	104.0	145.0	100.0	14.0	15.0	16.0
	G3	105.0	136.0	100.0	17.0	18.0	19.0

C8	G1	102.0	109.0	109.0	109.0	109.0	101.0
	G2	102.0	107.0	100.0	105.0	100.0	100.0
	G3	104.0	104.0	109.0	103.0	102.0	104.0

多层索引 DataFrame 对象的矩阵运算：

		C7			C8		
		G1	G2	G3	G1	G2	G3
Class	Group						
C7	G1	41063.0	40602.0	40777.0	41719.0	40290.0	41103.0
	G2	37505.0	37012.0	37165.0	38150.0	36753.0	37492.0
	G3	37595.0	37067.0	37230.0	38218.0	36797.0	37577.0
C8	G1	60913.0	59545.0	59934.0	61739.0	59022.0	60284.0
	G2	58508.0	57217.0	57624.0	59272.0	56738.0	57911.0
	G3	59680.0	58302.0	58723.0	60414.0	57791.0	59082.0

增加第一个层级元素：

		CH			MT			EN
		T1	T2	T3	T1	T2	T3	
C7	G1	93.0	96.0	96.0	90.0	99.0	98.0	10
	G2	94.0	97.0	90.0	90.0	97.0	91.0	10
	G3	95.0	97.0	90.0	91.0	94.0	96.0	10
C8	G1	92.0	99.0	99.0	99.0	99.0	91.0	10
	G2	92.0	97.0	90.0	95.0	90.0	90.0	10
	G3	94.0	94.0	99.0	93.0	92.0	94.0	10

增加第二个层级元素：

		CH			MT			EN	
		T1	T2	T3	T1	T2	T3	T2	
C7	G1	93.0	96.0	96.0	90.0	99.0	98.0	10	50
	G2	94.0	97.0	90.0	90.0	97.0	91.0	10	50
	G3	95.0	97.0	90.0	91.0	94.0	96.0	10	50
C8	G1	92.0	99.0	99.0	99.0	99.0	91.0	10	50
	G2	92.0	97.0	90.0	95.0	90.0	90.0	10	50
	G3	94.0	94.0	99.0	93.0	92.0	94.0	10	50

删除第一个层级元素：

		T1	T2	T3	T1	T2	T3		T2
C7	G1	93.0	96.0	96.0	90.0	99.0	98.0	10	50
	G2	94.0	97.0	90.0	90.0	97.0	91.0	10	50
	G3	95.0	97.0	90.0	91.0	94.0	96.0	10	50
C8	G1	92.0	99.0	99.0	99.0	99.0	91.0	10	50
	G2	92.0	97.0	90.0	95.0	90.0	90.0	10	50
	G3	94.0	94.0	99.0	93.0	92.0	94.0	10	50

删除第二个层级元素：

		CH	CH	CH	MT	MT	MT	EN	EN
C7	G1	93.0	96.0	96.0	90.0	99.0	98.0	10	50
	G2	94.0	97.0	90.0	90.0	97.0	91.0	10	50
	G3	95.0	97.0	90.0	91.0	94.0	96.0	10	50
C8	G1	92.0	99.0	99.0	99.0	99.0	91.0	10	50
	G2	92.0	97.0	90.0	95.0	90.0	90.0	10	50
	G3	94.0	94.0	99.0	93.0	92.0	94.0	10	50

删除第一个层级部分元素：

		MT			EN	
		T1	T2	T3	T2	
C7	G1	90.0	99.0	98.0	10	50
	G2	90.0	97.0	91.0	10	50
	G3	91.0	94.0	96.0	10	50
C8	G1	99.0	99.0	91.0	10	50
	G2	95.0	90.0	90.0	10	50
	G3	93.0	92.0	94.0	10	50

删除第二个层级部分元素：

		CH		MT		EN
		T1	T3	T1	T3	
C7	G1	93.0	96.0	90.0	98.0	10
	G2	94.0	90.0	90.0	91.0	10
	G3	95.0	90.0	91.0	96.0	10
C8	G1	92.0	99.0	99.0	91.0	10
	G2	92.0	90.0	95.0	90.0	10
	G3	94.0	99.0	93.0	94.0	10

批量替换元素：

		CH			MT			EN
		T1	T2	T3	T1	T2	T3	T2
C7	G1	93.0	96.0	96.0	90.0	99.0	98.0	10	50
	G2	94.0	97.0	90.0	90.0	97.0	91.0	10	50
	G3	95.0	97.0	90.0	91.0	94.0	96.0	10	50
C8	G1	96.8	99.0	99.0	99.0	99.0	91.0	10	50
	G2	96.8	97.0	90.0	95.0	90.0	90.0	10	50
	G3	94.0	94.0	99.0	93.0	96.8	94.0	10	50

批量替换元素：

		CH			MT			EN
		T1	T2	T3	T1	T2	T3	T2
C7	G1	93.00	96.00	96.0	90.0	99.00	98.00	10	50
	G2	88.88	97.00	90.0	90.0	97.00	91.00	10	50
	G3	95.00	97.00	90.0	91.0	88.88	96.00	10	50
C8	G1	96.80	99.00	99.0	99.0	99.00	91.00	10	50
	G2	96.80	97.00	90.0	95.0	90.00	90.00	10	50
	G3	88.88	88.88	99.0	93.0	96.80	88.88	10	50

图4-42 多层索引 DataFrame 对象的操作

（四）多层索引 DataFrame 的聚合操作

由于多层索引 DataFrame 对象具备多层次的索引结构，在 Python 语言中还可以对行或者列的索引结构进行变换，并基于多层索引结构进行聚合运算。具体示例代码及执行结果如图4-43所示。

```
# 多层索引 DataFrame 对象的聚合操作
cz_mColms=pd.MultiIndex.from_product([['CH','MT'],['T1','T2','T3']])   #列表 Product
cz_mIndex=pd.MultiIndex.from_product((('C7','C8'),('G1','G2','G3')))   #元组 Porduct
np.random.seed(5)
cz_data=np.random.randint(90,100,size=(6,6))
cz_mdf=pd.DataFrame(data=cz_data,index=cz_mIndex,columns=cz_mColms,dtype='float')
cz_mdf.index.names=['Class','Group']
cz_mdf.columns.names=['Courses','Test']
print('原来的多层索引 DataFrame 对象：\n{}'.format(cz_mdf))
print('--'*10)
print('改变索引的层级结构：\n{}'.format(cz_mdf.swaplevel(axis=1)))
print('改变轴索引的结构：\n{}'.format(cz_mdf.swapaxes(0,1)))
print('--'*10)   # 注意 take 函数的用法
print('改变行索引的次序结构：\n{}'.format(cz_mdf.take(indices=[2,0,1,4,5,3],axis=0)))
print('改变列索引的次序结构：\n{}'.format(cz_mdf.take(indices=[2,0,1,4,5,3],axis=1)))
print('--'*10) #结构扁平化
print('列索引第一层级结构扁平化：\n{}'.format(cz_mdf.stack(0)))
print('列索引第二层级结构扁平化：\n{}'.format(cz_mdf.stack(1)))
print('列索引所有层级结构扁平化：\n{}'.format(cz_mdf.stack([1,0])))
print('--'*10) #groupby 操作
print('按照列第一层级结构分组运算：\n{}'.format(cz_mdf.groupby(level=[0],axis=1).sum()))
print('按照列第二层级结构分组运算：\n{}'.format(cz_mdf.groupby(level=[1],axis=1).sum()))
print('按照列第二、一层级结构分组运算：\n{}'.format(cz_mdf.groupby(level=[1,0],axis=1).sum()))
print('按照行第一层级结构分组运算：\n{}'.format(cz_mdf.groupby(level=[0],axis=0).agg('mean')))
```

原来的多层索引 DataFrame 对象：

Courses		CH			MT		
Test		T1	T2	T3	T1	T2	T3
Class	Group						
C7	G1	93.0	96.0	96.0	90.0	99.0	98.0
	G2	94.0	97.0	90.0	90.0	97.0	91.0
	G3	95.0	97.0	90.0	91.0	94.0	96.0
C8	G1	92.0	99.0	99.0	99.0	99.0	91.0
	G2	92.0	97.0	90.0	95.0	90.0	90.0
	G3	94.0	94.0	99.0	93.0	92.0	94.0

————————————————————

改变索引的层级结构:

Test		T1	T2	T3	T1	T2	T3
Courses		CH	CH	CH	MT	MT	MT
Class	Group						
C7	G1	93.0	96.0	96.0	90.0	99.0	98.0
	G2	94.0	97.0	90.0	90.0	97.0	91.0
	G3	95.0	97.0	90.0	91.0	94.0	96.0
C8	G1	92.0	99.0	99.0	99.0	99.0	91.0
	G2	92.0	97.0	90.0	95.0	90.0	90.0
	G3	94.0	94.0	99.0	93.0	92.0	94.0

改变轴索引的结构:

Class		C7			C8		
Group		G1	G2	G3	G1	G2	G3
Courses	Test						
CH	T1	93.0	94.0	95.0	92.0	92.0	94.0
	T2	96.0	97.0	97.0	99.0	97.0	94.0
	T3	96.0	90.0	90.0	99.0	90.0	99.0
MT	T1	90.0	90.0	91.0	99.0	95.0	93.0
	T2	99.0	97.0	94.0	99.0	90.0	92.0
	T3	98.0	91.0	96.0	91.0	90.0	94.0

改变行索引的次序结构:

Courses		CH			MT		
Test		T1	T2	T3	T1	T2	T3
Class	Group						
C7	G3	95.0	97.0	90.0	91.0	94.0	96.0
	G1	93.0	96.0	96.0	90.0	99.0	98.0
	G2	94.0	97.0	90.0	90.0	97.0	91.0
C8	G2	92.0	97.0	90.0	95.0	90.0	90.0
	G3	94.0	94.0	99.0	93.0	92.0	94.0
	G1	92.0	99.0	99.0	99.0	99.0	91.0

改变列索引的次序结构:

Courses		CH			MT		
Test		T3	T1	T2	T2	T3	T1
Class	Group						
C7	G1	96.0	93.0	96.0	99.0	98.0	90.0
	G2	90.0	94.0	97.0	97.0	91.0	90.0
	G3	90.0	95.0	97.0	94.0	96.0	91.0
C8	G1	99.0	92.0	99.0	99.0	91.0	99.0
	G2	90.0	92.0	97.0	90.0	90.0	95.0
	G3	99.0	94.0	94.0	92.0	94.0	93.0

列索引第一层级结构扁平化:

Test			T1	T2	T3
Class	Group	Courses			
C7	G1	CH	93.0	96.0	96.0
		MT	90.0	99.0	98.0
	G2	CH	94.0	97.0	90.0
		MT	90.0	97.0	91.0
	G3	CH	95.0	97.0	90.0
		MT	91.0	94.0	96.0
C8	G1	CH	92.0	99.0	99.0
		MT	99.0	99.0	91.0
	G2	CH	92.0	97.0	90.0
		MT	95.0	90.0	90.0
	G3	CH	94.0	94.0	99.0
		MT	93.0	92.0	94.0

列索引第二层级结构扁平化:

Courses			CH	MT
Class	Group	Test		
C7	G1	T1	93.0	90.0
		T2	96.0	99.0
		T3	96.0	98.0
	G2	T1	94.0	90.0
		T2	97.0	97.0
		T3	90.0	91.0
	G3	T1	95.0	91.0
		T2	97.0	94.0
		T3	90.0	96.0
C8	G1	T1	92.0	99.0
		T2	99.0	99.0
		T3	99.0	91.0

```
        G2    T1    92.0   95.0
              T2    97.0   90.0
              T3    90.0   90.0
        G3    T1    94.0   93.0
              T2    94.0   92.0
              T3    99.0   94.0
```

列索引所有层级结构扁平化：

Class	Group	Test	Courses	
C7	G1	T1	CH	93.0
			MT	90.0
		T2	CH	96.0
			MT	99.0
		T3	CH	96.0
			MT	98.0
	G2	T1	CH	94.0
			MT	90.0
		T2	CH	97.0
			MT	97.0
		T3	CH	90.0
			MT	91.0
	G3	T1	CH	95.0
			MT	91.0
		T2	CH	97.0
			MT	94.0
		T3	CH	90.0
			MT	96.0
C8	G1	T1	CH	92.0
			MT	99.0
		T2	CH	99.0
			MT	99.0
		T3	CH	99.0
			MT	91.0
	G2	T1	CH	92.0
			MT	95.0
		T2	CH	97.0
			MT	90.0
		T3	CH	90.0
			MT	90.0
	G3	T1	CH	94.0
			MT	93.0
		T2	CH	94.0
			MT	92.0
		T3	CH	99.0
			MT	94.0

dtype: float64

按照列第一层级结构分组运算：

Courses		CH	MT
Class	Group		
C7	G1	285.0	287.0
	G2	281.0	278.0
	G3	282.0	281.0
C8	G1	290.0	289.0
	G2	279.0	275.0
	G3	287.0	279.0

按照列第二层级结构分组运算：

Test		T1	T2	T3
Class	Group			
C7	G1	183.0	195.0	194.0
	G2	184.0	194.0	181.0
	G3	186.0	191.0	186.0
C8	G1	191.0	198.0	190.0
	G2	187.0	187.0	180.0
	G3	187.0	186.0	193.0

按照列第二、一层级结构分组运算：

Test		T1		T2		T3	
Courses		CH	MT	CH	MT	CH	MT
Class	Group						
C7	G1	93.0	90.0	96.0	99.0	96.0	98.0
	G2	94.0	90.0	97.0	97.0	90.0	91.0
	G3	95.0	91.0	97.0	94.0	90.0	96.0

```
C8    G1    92.0    99.0    99.0    99.0    99.0    91.0
      G2    92.0    95.0    97.0    90.0    90.0    90.0
      G3    94.0    93.0    94.0    92.0    99.0    94.0
按照行第一层级结构分组运算:
Courses        CH                        MT
Test           T1        T2      T3      T1          T2          T3
Class
C7      94.000000   96.666667   92.0    90.333333   96.666667   95.000000
C8      92.666667   96.666667   96.0    95.666667   93.666667   91.666667
```

图4-43　多层索引 DataFrame 对象的聚合操作

五、DataFrame 对象的存储和读取

数据分析中一个非常重要的内容就是与磁盘文件之间的数据交互，一方面需要将程序运算的结果写入磁盘文件，另一方面需要从磁盘文件中读取需要的数据。在 Python 语言中，与磁盘文件之间的数据交互主要是通过 Pandas 模块中的 DataFrame 对象来实现的。Pandas 模块中与各类磁盘文件之间的数据交互格式及命令如表4-1所示。

表4-1　　　　　　　　　　Pandas 模块文件读取和存储

文件类型	数据格式	读取命令	存储命令
文本（.txt）	CSV	read_csv	to_csv
文本（.txt）	JSON	read_json	to_json
文本（.txt）	HTML	read_html	to_html
文本（.txt）	Local clipboard	read_clipboard	to_clipboard
二进制（binary）	MS Excel	read_excel	to_excel
二进制（binary）	HDF5 Format	read_hdf	to_hdf
二进制（binary）	Feather Format	read_feather	to_feather
二进制（binary）	Parquet Format	read_parquet	to_parquet
二进制（binary）	Msgpack	read_msgpack	to_msgpack
二进制（binary）	Stata	read_stata	to_stata
二进制（binary）	SAS	read_sas	—
二进制（binary）	Python Pickle Format	read_pickle	to_pickle
数据库（SQL）	SQL	read_sql	to_sql
数据库（SQL）	Google Big Query	read_gbq	to_gbq

（一）CSV文件的存储和读取

采用 Pandas 模块中内置的成员函数可以将 DataFrame 对象中的数据存储到 CSV 格式的文件中，也可以从 CSV 格式的文件中读取数据并赋值给 DataFrame 对象，具体示例代码及执行结果如图4-44所示。

```
# CSV 格式文件的存储和读取
cz_ndArray=np.array([[99,87,97,66],[100,98.5,100,100],[100,99,99,98],['优','优','优','优']])
cz_df=pd.DataFrame(data=cz_ndArray.T,columns=['测验1','测验2','测验3','综合'],index=['张三','李四','王五','高六'])
print('原来的 DataFrame 对象为：\n{}'.format(cz_df))
print('--'*10)
print('存储到磁盘文件中：{}'.format(cz_df.to_csv('DF2CSV.csv',encoding='gbk')))
print('--'*10) #注意：默认情况会自动添加行索引，通过 index_col=0 去掉
print('从磁盘文件中读取数据：\n{}'.format(pd.read_csv('DF2CSV.csv',index_col=0,encoding='gbk')))
print('--'*10) #注意：默认情况会自动添加行索引，通过 index_col=0 去掉
print('当作 TEXT 文本文件来读取数据：\n{}'.format(pd.read_table('DF2CSV.csv',index_col=0,sep=',',encoding='gbk')))
```

```
原来的 DataFrame 对象为：
     测验1    测验2   测验3   综合
张三   99     100    100    优
李四   87     98.5   99     优
王五   97     100    99     优
高六   66     100    98     优
--------------------
存储到磁盘文件中：None
--------------------
从磁盘文件中读取数据：
     测验1    测验2   测验3   综合
张三   99     100.0  100    优
李四   87     98.5   99     优
王五   97     100.0  99     优
高六   66     100.0  98     优
--------------------
当作 TEXT 文本文件来读取数据：
     测验1    测验2   测验3   综合
张三   99     100.0  100    优
李四   87     98.5   99     优
王五   97     100.0  99     优
高六   66     100.0  98     优
```

图 4-44　CSV 格式文件数据的读写

（二）HTML 文件的存储和读取

采用 Pandas 模块中内置的成员函数可以将 DataFrame 对象中的数据存储到 HTML 的文件中，也可以从 HTML 格式的文件中读取数据并赋值给 DataFrame 对象，具体示例代码及执行结果如图 4-45 所示。

```
# HTML 格式文件的存储和读取
cz_ndArray=np.array([[99,87,97,66],[100,98.5,100,100],[100,99,99,98],['优','优','优','优']])
cz_df=pd.DataFrame(data=cz_ndArray.T,columns=['测验1','测验2','测验3','综合'],index=['张三','李四','王五','高六'])
print('原来的 DataFrame 对象为：\n{}'.format(cz_df))
print('--'*10)
print('存储数据到 HTML 格式的文件中。')
cz_html=['<HTML>']
cz_html.append('<HEAD><TITLE>My DataFrame</TITLE></HEAD>')
cz_html.append('<BODY>')
cz_html.append(cz_df.to_html())
cz_html.append('</BODY></HTML>')
cz_fin_html=''.join(cz_html)
#生成 HTML 网页文件
cz_html_file=open('myDataFrame.html','w',encoding='utf-8')
cz_html_file.write(cz_fin_html)
cz_html_file.close()
print('--'*10)
print('读取 HTML 格式的文件中的数据。')
#得到网页中的所有表格
cz_html_dfs=pd.read_html('myDataFrame.html',index_col=0,encoding='utf-8')   for i,df in zip(np.arange(len(cz_html_dfs)),cz_html_dfs):
    print('网页中第{}个表格数据为：\n{}'.format(i,df))   #显示读取的各个表格的内容
print('--'*10)
#得到网页中的所有表格
cz_html_dfs=pd.read_html('http://data.auto.sina.com.cn/car_manual/')
for i,df in zip(np.arange(len(cz_html_dfs)),cz_html_dfs):
    print('万维网络上网页中第{}个表格数据为：\n{}'.format(i,df))   #显示读取的各个表格的内容
```

```
原来的 DataFrame 对象为：
       测验1   测验2   测验3   综合
张三    99    100    100    优
李四    87    98.5   99     优
王五    97    100    99     优
高六    66    100    98     优
----------------------
存储数据到 HTML 格式的文件中。
----------------------
读取 HTML 格式的文件中的数据。
网页中第0个表格数据为：
       测验1   测验2    测验3   综合
张三    99    100.0   100    优
李四    87    98.5    99     优
王五    97    100.0   99     优
高六    66    100.0   98     优
----------------------
万维网络上网页中第0个表格数据为：
    排名                                           车型名称 综合得分平均值为86分 line  \
0    1          2016款宝马7系740Li尊享型   说明：s5=5颗星,s4=4颗星，依此类推   值得购买           119分
1    2     2015款沃尔沃XC90 2.0T T6智享版7座   说明：s5=5颗星,s4=4颗星，依此...           118.5分
2    3              2015款迈巴赫S级S600   说明：s5=5颗星,s4=4颗星，依此类推   可以考虑           115.5分
3    4     2018款宝马5系2.0T自动540Li行政版   说明：s5=5颗星,s4=4颗星，依此类推...          113.5分
4    5     2018款雷克萨斯LS 3.5L自动500h行政版   说明：s5=5颗星,s4=4颗星，依此类推            113分
5    6     2016款CT6 3.0T自动40T铂金版   说明：s5=5颗星,s4=4颗星，依此类推 ...          112.5分
6    7     2016款辉昂3.0T四驱行政旗舰版480 V6   说明：s5=5颗星,s4=4颗星，依此类...            111分
7    8     2017款沃尔沃V90 Cross Country 2.0T自动T5 AWD智尊版   说明：...   110分
8    9     2017款沃尔沃S90 2.0T自动T5智尊版   说明：s5=5颗星,s4=4颗星，依此类推...           108分
9   10     2017款保时捷Panamera 4S 2.9T自动   说明：s5=5颗星,s4=4颗星，依...   108分

            相关
0  报价>>   配置>>   图库>>
1  报价>>   配置>>   图库>>
2  报价>>   配置>>   图库>>
3  报价>>   配置>>   图库>>
4  报价>>   配置>>   图库>>
5  报价>>   配置>>   图库>>
6  报价>>   配置>>   图库>>
7  报价>>   配置>>   图库>>
8  报价>>   配置>>   图库>>
9  报价>>   配置>>   图库>>
```

图4-45 HTML格式文件数据的读写

（三）Excel文件的存储和读取

采用Pandas模块中内置的成员函数可以将DataFrame对象中的数据存储到Excel格式的文件中，也可以从Excel格式的文件中读取数据并赋值给DataFrame对象，具体示例代码及执行结果如图4-46所示。

```
# Excel 格式文件的存储和读取
cz_ndArray=np.array([[99,87,97,66],[100,98.5,100,100],[100,99,99,98],['优','优','优','优']])
cz_df=pd.DataFrame(data=cz_ndArray.T,columns=['测验1','测验2','测验3','综合'],index=['张三','李四','王五','高六'])
print('原来的 DataFrame 对象为：\n{}'.format(cz_df))
print('--'*10)
print('存储数据到 Excel 格式的文件中。{}'.format(cz_df.to_excel('df2exl.xlsx')))
print('--'*10)
print('从 Excel 格式的文件中读取数据：\n{}'.format(pd.read_excel('df2exl.xlsx',index_col=0)))
```

```
原来的 DataFrame 对象为：
      测验1   测验2   测验3   综合
张三   99      100     100     优
李四   87      98.5    99      优
王五   97      100     99      优
高六   66      100     98      优
———————————————
存储数据到 Excel 格式的文件中。None
———————————————
从 Excel 格式的文件中读取数据：
      测验1   测验2   测验3   综合
张三   99      100.0   100     优
李四   87      98.5    99      优
王五   97      100.0   99      优
高六   66      100.0   98      优
```

图 4-46　Excel 格式文件数据的读写

（四）JSON 文件的存储和读取

采用 Pandas 模块中内置的成员函数可以将 DataFrame 对象中的数据存储到 JSON 格式的文件中，也可以从 JSON 格式的文件中读取数据并赋值给 DataFrame 对象，具体示例代码及执行结果如图 4-47 所示。

```
# JSON 格式文件的存储和读取
cz_ndArray=np.array([[99,87,97,66],[100,98.5,100,100],[100,99,99,98],['优','优','优','优']])
cz_df=pd.DataFrame(data=cz_ndArray.T,columns=['测验1','测验2','测验3','综合'],index=['张三','李四','王五','高六'])
print('原来的 DataFrame 对象为： \n{}'.format(cz_df))
print('—'*10)
print('存储数据到 JSON 格式的文件中。{}'.format(cz_df.to_json('df2json.json')))
print('—'*10)
print('从 JSON 格式的文件中读取数据： \n{}'.format(pd.read_json('df2json.json')))
```

```
原来的 DataFrame 对象为：
      测验1   测验2   测验3   综合
张三   99      100     100     优
李四   87      98.5    99      优
王五   97      100     99      优
高六   66      100     98      优
———————————————
存储数据到 JSON 格式的文件中。None
———————————————
从 JSON 格式的文件中读取数据：
      测验1   测验2   测验3   综合
张三   99      100.0   100     优
李四   87      98.5    99      优
王五   97      100.0   99      优
高六   66      100.0   98      优
```

图 4-47　JSON 格式文件数据的读写

（五）HDF5 文件的存储和读取

采用 Pandas 模块中内置的成员函数可以将 DataFrame 对象中的数据存储到 HDF5 格式的文件中，也可以从 HDF5 格式的文件中读取数据并赋值给 DataFrame 对象，具体示例代码及执行结果如图 4-48 所示。

```
# HDF5 格式文件的存储和读取
cz_ndArray=np.array([[99,87,97,66],[100,98.5,100,100],[100,99,99,98],['优','优','优','优']])
cz_df=pd.DataFrame(data=cz_ndArray.T,columns=['测验1','测验2','测验3','综合'],index=['张三','李四','王五','高六'])
print('原来的 DataFrame 对象为: \n{}'.format(cz_df))
print('--'*10)
print('存储数据到 HDF5 格式的文件中。{}'.format(cz_df.to_hdf('df2hdf5.h5', key='df', mode='w')))
print('--'*10)
print('从 HDF5 格式的文件中读取数据: \n{}'.format(pd.read_hdf('df2hdf5.h5', key='df')))
```

原来的 DataFrame 对象为:

	测验1	测验2	测验3	综合
张三	99	100	100	优
李四	87	98.5	99	优
王五	97	100	99	优
高六	66	100	98	优

存储数据到 HDF5 格式的文件中。None

从 HDF5 格式的文件中读取数据:

	测验1	测验2	测验3	综合
张三	99	100	100	优
李四	87	98.5	99	优
王五	97	100	99	优
高六	66	100	98	优

图4-48　HDF5格式文件数据的读写

（六）数据库文件的存储和读取

采用Pandas模块中内置的成员函数可以将DataFrame对象中的数据存储到数据库格式的文件中，也可以从数据库格式的文件中读取数据并赋值给DataFrame对象，具体示例代码及执行结果如图4-49所示。

```
# 数据库格式文件的存储和读取
from sqlalchemy import create_engine
cz_ndArray=np.array([[99,87,97,66],[100,98.5,100,100],[100,99,99,98],['优','优','优','优']])
cz_df=pd.DataFrame(data=cz_ndArray.T,columns=['测验1','测验2','测验3','综合'],index=['张三','李四','王五','高六'])
print('原来的 DataFrame 对象为: \n{}'.format(cz_df))
print('--'*10)
engine=create_engine('sqlite: ///MyDb')
print('将数据写入数据库中。'.format(cz_df.to_sql('df2sql',engine,if_exists='replace')))
print('--'*10)
print('从数据库中读取数据为: \n{}'.format(pd.read_sql('df2sql',engine,index_col=0)))
```

原来的 DataFrame 对象为:

	测验1	测验2	测验3	综合
张三	99	100	100	优
李四	87	98.5	99	优
王五	97	100	99	优
高六	66	100	98	优

将数据写入数据库中。

从数据库中读取数据为:

index		测验1	测验2	测验3	综合
0	张三	99	100	100	优
1	李四	87	98.5	99	优
2	王五	97	100	99	优
3	高六	66	100	98	优

图4-49　数据库格式文件数据的读写

（七）数据序列化

一般情况下，字节流的模式更易于数据的传输。Pandas模块中还提供了数据序列化和反序列化的功能，具体示例代码及执行结果如图4-50所示。

```
#序列化数据的存储和读取
cz_ndArray=np.array([[99,87,97,66],[100,98.5,100,100],[100,99,99,98],['优','优','优','优']])
cz_df=pd.DataFrame(data=cz_ndArray.T,columns=['测验1','测验2','测验3','综合'],index=['张三','李四','王五','高六'])
print('原来的DataFrame对象为：\n{}'.format(cz_df))
print('--'*10)
print('存储数据到序列化格式的文件中。{}'.format(cz_df.to_pickle('df2pkl.pkl')))
print('--'*10)
print('从序列化格式的文件中读取数据：\n{}'.format(pd.read_pickle('df2pkl.pkl')))
```

```
原来的DataFrame对象为：
      测验1   测验2   测验3   综合
张三    99    100    100    优
李四    87    98.5   99     优
王五    97    100    99     优
高六    66    100    98     优
--------------------
存储数据到序列化格式的文件中。None
--------------------
从序列化格式的文件中读取数据：
      测验1   测验2   测验3   综合
张三    99    100    100    优
李四    87    98.5   99     优
王五    97    100    99     优
高六    66    100    98     优
```

图4-50　序列化数据

习题

1. Python语言中Array数据结构在哪个模块中定义？
2. 简述Python语言中Array数据结构元素访问的模式有哪些？
3. Python语言中如何存储和读取Array结构的数据？
4. Python语言中Series和DataFrame数据结构在哪个模块中定义？
5. 简述Python语言中Series和DataFrame数据结构元素访问的模式有哪些？
6. Python语言中如何存储和读取Series和DataFrame结构的数据？

第五章　Python的数据可视化

学习目标：

　　了解和掌握Python语言中简单图形、多轴图形以及3D图形绘制的方法。

　　将数据分析的结果以图表的形式展现出来是数据可视化的重要功能，数据的可视化能够通过图形化的模式来清晰地表达数据中所蕴涵的深层次信息。Python语言提供了功能丰富的可视化方法，并且基于Python语言实现数据可视化的第三方模块也越来越多，诸如Matploblib、Plotly、Seaborn、PyEchats、Pylab、Turtle等，正是由于这些第三方模块的支持，使得Python语言的可视化功能日臻丰富。

第一节　Matplotlib数据可视化

　　Matploblib模块可以说是最早的基于Python语言实现数据可视化的第三方模块，该模块提供了功能丰富的可视化API，可以绘制静态、动态和交互式图形。模块的详细介绍可以参见官网：https：//matplotlib.org/。

一、简单图形的绘制

　　采用Matplotlib模块可以快速绘制诸如曲线、柱状图、标记、文本等元素，并且在Matplotlib模块中支持Latex语言的命令，因此可以在图形中规范地书写数学公式。下面通过一系列示例来展示Matplotlib模块的可视化功能。

　　绘制2D曲线的具体示例代码及执行结果如图5-1所示。

```
#绘制2D曲线
#准备数据
cz_x=np.linspace(-4,4,100)
cz_y1=1.5*np.sin(cz_x/2)
cz_y2=2*np.cos(np.power(cz_x,2))
#绘制图形
plt.figure(figsize=(8,4),dpi=300)
plt.plot(cz_x,cz_y1,label=r'$1.5\times sin(\frac{x}{2})$',color='blue',linewidth=3)
plt.plot(cz_x,cz_y2,'r--',label='$2\times cos(x^{2})$',linewidth=2)
plt.plot([-4,4],[1,1],'g-',label='Line',linewidth=1.5) #端点坐标([x1,x2],[y1,y2])
```

```
plt.plot([-3,3.5],[1.5,-2],'g-.',label='Dot Line',linewidth=3)
plt.xlabel('X-轴')
plt.ylabel('Y-轴')
plt.xlim(-5,6)
plt.xlim(-4,4)
plt.legend()
plt.title('2D 曲线')
plt.savefig('.\图片\图5-1.png')
plt.show()
```

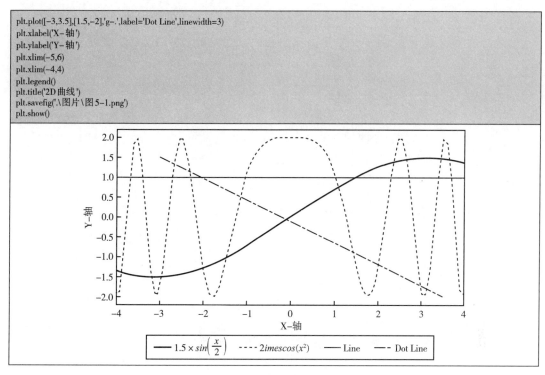

图5-1　2D 曲线

Matplotlib模块中支持多种形式的曲线类型，同时也支持多种颜色类型，部分颜色类型的设置如表5-1所示。

表5-1　　　　　　　　　　　颜色类型设置

参数	颜色	参数	颜色
b	blue	m	magenta
g	green	y	yellow
r	red	k	black
c	cyan	w	white

Matplotlib模块中部分曲线类型及标记的设置如表5-2所示。

表5-2　　　　　　　　　　　曲线类型及标记设置

参数	曲线标记类型	参数	曲线标记类型
```'-'```	Solid linestyle	```'o'```	Circle marker
```'--'```	Dashed linestyle	```'v'```	triangle_down marker
```'-.'```	dash-dot linestyle	```'^'```	triangle_up marker
```':'```	Dotted linestyle	```'<'```	triangle_left marker
```'.'```	Point marker	```'>'```	triangle_right marker
```','```	Pixel marker	```'1'```	tri_down marker

续表

参数	曲线标记类型	参数	曲线标记类型
```'2'```	tri_up marker	```'H'```	hexagon2 marker
```'3'```	tri_left marker	```'+'```	Plus marker
```'4'```	tri_right marker	```'x'```	X marker
```'s'```	Square marker	```'D'```	Diamond marker
```'p'```	Pentagon marker	```'d'```	thin_diamond marker
```'*'```	Star marker	```'|'```	Vline marker
```'h'```	hexagon1 marker	```'_'```	Hline marker

在绘制2D曲线的图形中添加注释内容的具体示例代码及执行结果如图5-2所示。

```python
#绘制2D曲线，添加注释
cz_x=np.arange(-4*np.pi,4*np.pi,0.01)
cz_y=np.sin(2*cz_x)/cz_x
plt.figure(figsize=(12,10),dpi=300)
plt.plot(cz_x,cz_y,linewidth='3',color='red',label=r'$\frac{sin(2*x)}{x}$')
#修改坐标轴显示格式
plt.xticks([-4*np.pi,-2*np.pi,0,2*np.pi,4*np.pi],[r'$-4\pi$',r'$-2\pi$',r'$0$',r'$+2\pi$',r'$+4\pi$'],rotation=10)
#添加注释
plt.annotate(r'$\lim_{x\to 0}\frac{\sin(2x)}{x}=2$',xy=[0.1,2],xytext=[1.5,1.5],color='green',fontsize=15,

arrowprops=dict(arrowstyle="->",connectionstyle="arc3,rad=.5"),bbox=dict(boxstyle='round',fc='.9'))

cz_y1=.5*np.cos(2*cz_x)
plt.plot(cz_x,cz_y1,'g--',linewidth='1.5',label=r'$0.5*cos(2*x)$')
# 绘制点
plt.plot(0,1,'ob',markersize=8)
# 绘制文本框
plt.text(-12,1.1,'图表中添加了注释内容.',color='blue',alpha=0.8,fontsize=15,bbox=dict(facecolor='gray',alpha=.3))
plt.xlabel('X-轴')
plt.ylabel('Y-轴')
plt.title('添加注释的2D曲线',fontsize=15,y=-.16)
plt.legend(loc="upper center",bbox_to_anchor=(.5,-.06),ncol=2,facecolor='white',framealpha=.9)
plt.grid()
plt.savefig('.\图片\图5-2.png')
plt.show()
```

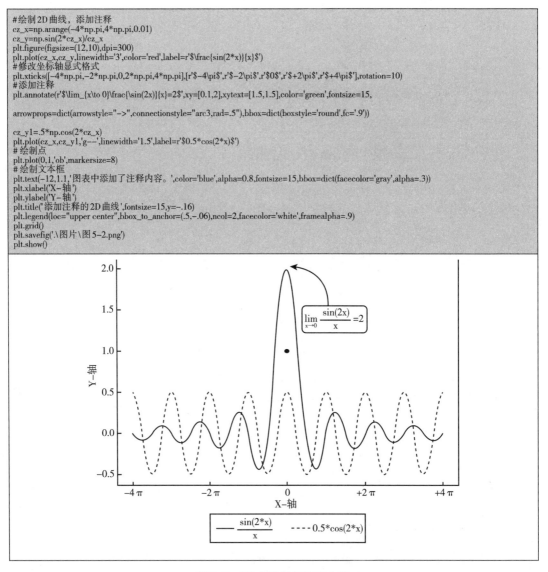

图5-2 2D曲线添加注释内容

在绘制2D曲线的图形中，可以为不同的曲线添加不同的标记符号，具体示例代码及执行结果如图5-3所示。

```
# 不同曲线选择不同标记符号的图形
cz_x=np.arange(-4*np.pi,4*np.pi,0.3)
plt.figure(figsize=(10,6),dpi=300)
#修改坐标轴显式格式
plt.xticks([-4*np.pi,-2*np.pi,0,2*np.pi,4*np.pi],[r'$-4\pi$',r'$-2\pi$',r'$0$',r'$+2\pi$',r'$+4\pi$'],rotation=10)
# 定义坐标范围
plt.axis([-4*np.pi,4*np.pi,-3,3])
# 画直线
plt.hlines(2,xmin=2*np.pi,xmax=4*np.pi,linestyles='--',colors='green',label='直线1')
plt.vlines(3*np.pi,ymin=1.5,ymax=2.8,linestyles='-.',colors='blue',label='直线2')
# 不同的 marker
plt.plot(cz_x,np.cos(1.5*cz_x),marker='s',linestyle='-.',color='c',linewidth='1',label='曲线1')
plt.plot(cz_x,np.cos(cz_x/2),marker='+',linestyle='-',color='m',linewidth='1',label='曲线2')
plt.plot(cz_x,2.5*np.sin(2*cz_x),marker='^',linestyle='-.',color='r',linewidth='1.2',label='曲线3')
plt.legend(bbox_to_anchor=(1,0.6),ncol=1)
plt.title('不同Marker标记的曲线')
plt.savefig('.\图片\图5-3.png')
plt.show()
```

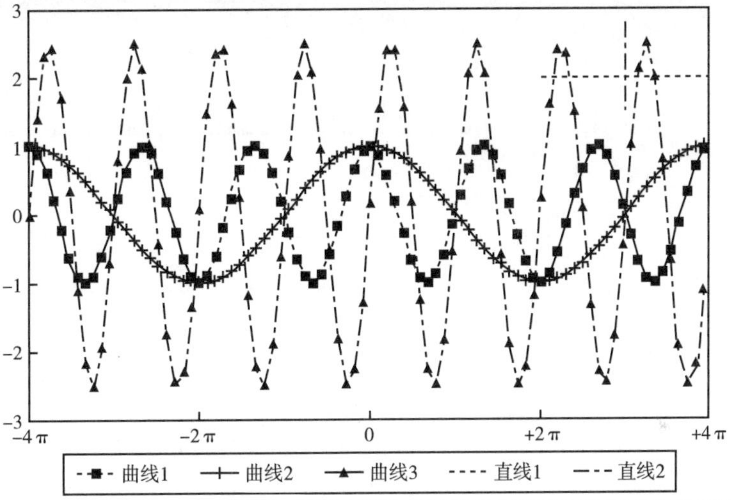

图5-3　不同标记符号的2D曲线

对于常见的时间序列数据，Matplotlib模块也可以在坐标轴上显式时间格式，具体示例代码及执行结果如图5-4所示。

```
#绘制日期格式的折线图
import datetime
import matplotlib.dates as mdates
cz_year=mdates.MonthLocator()   #时间月标记
cz_month=mdates.DayLocator()   #时间日标记
cz_timeFmt=mdates.DateFormatter('%Y-%m')   #设置时间显示格式

cz_time=[datetime.date(2021,11,23),datetime.date(2021,12,28),
        datetime.date(2022,1,23),datetime.date(2022,1,28),
        datetime.date(2022,2,3),datetime.date(2022,2,21),
        datetime.date(2022,3,15),datetime.date(2022,3,25),
        datetime.date(2022,4,5),datetime.date(2022,4,26)]
cz_data=np.random.randint(2,7,size=10)
fig,ax=plt.subplots(figsize=(10,6),dpi=300)   #注意参数是figsize
plt.plot(cz_time,cz_data,label='时间序列数据1',color='blue')
plt.plot(cz_time,np.random.randint(3,6,size=10),label='时间序列数据2',color='green',linestyle='--')
```

```
plt.plot(cz_time,np.random.randint(2,5,size=10),label='时间序列数据3',color='red',linestyle='--',marker='*')
ax.xaxis.set_major_locator(cz_year)    #主坐标轴
ax.xaxis.set_major_formatter(cz_timeFmt)
ax.xaxis.set_minor_locator(cz_month)    #次坐标轴
plt.xlabel('时间轴')
plt.ylabel('观测值')
plt.legend()
plt.title('时间序列格式数据')
plt.savefig('.\图片\图5-4.png')
plt.show()
```

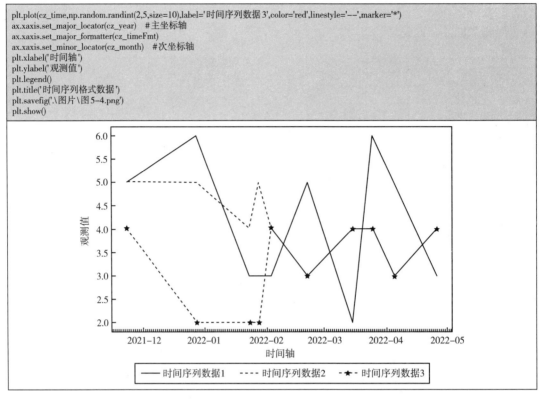

图5-4　时间序列数据

通常情况下，数学图形的绘制往往需要将坐标原点定在图形的中部位置，在 Matplotlib模块中也可以实现数学图形的绘制，具体示例代码及执行结果如图5-5所示。

```
# 绘制数学图形
from mpl_toolkits.axisartist.axislines import AxesZero

fig = plt.figure(figsize=(8,4),dpi=300)
ax = fig.add_subplot(axes_class=AxesZero) #调用模式
for direction in ["xzero", "yzero"]:
    #给坐标轴末尾加箭头
    ax.axis[direction].set_axisline_style("-|>")
    # 从原点开始添加坐标轴
    ax.axis[direction].set_visible(True)
for direction in ["left", "right", "bottom", "top"]:
    #隐藏绘图区域的边界
    ax.axis[direction].set_visible(False)
# 设置坐标轴刻度和标签
plt.text(4*np.pi+1,-0.1,'$X$')
plt.text(.3,1+.25,'$Y$')
plt.xticks([-10,-5,0,5,10])
plt.yticks([-1,-.5,.5,1])
# 准备数据
cz_x=np.arange(-4*np.pi,4*np.pi,0.3)
#绘制图形
ax.plot(cz_x, np.sin(cz_x),'r--',label=r'$y=sin(x)$')
ax.plot(cz_x, 1.2*np.cos(cz_x/3),'b-.',label=r'$y=1.2\times sin(\frac{x}{3})$')
ax.plot(cz_x, .005*np.power(cz_x,2),'c-.',label=r'$y=\frac{1}{200} \cdot x^2$')
ax.plot(cz_x, .2*np.power(np.e,cz_x/10),'m-',label=r'$y=\frac{1}{5}e^{\frac{x}{10}}$')
plt.legend(bbox_to_anchor=(1,-.01),ncol=4)
plt.title('数学图形')
plt.savefig('.\图片\图5-5.png')
plt.show()
```

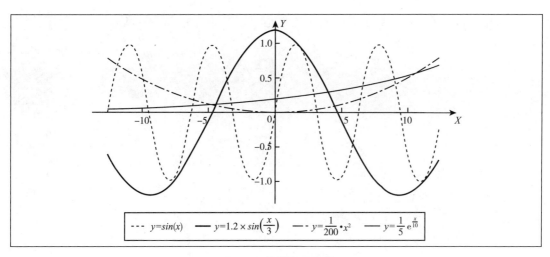

图5-5　数学图形绘制

对于数学中常见的几何图形，在 Matplotlib 模块中也可以实现它们的绘制，具体示例代码及执行结果如图5-6所示。

```
# 简单几何图形的绘制
fig = plt.figure(figsize=(8,8),dpi=300)
ax=plt.gca()
ax.spines['right'].set_color('none')
ax.spines['top'].set_color('none')
plt.xticks([])
plt.yticks([])
# 绘制几何图形
cz_square=plt.Rectangle(xy=(.2,.2),width=.2,height=.3,alpha=.9,angle=-60,fill=False,label='矩形')
ax.add_patch(cz_square)
cz_circle=mpl.patches.Circle(xy=(.3,.3),radius=.2,alpha=0.8,color='b',fill=False,label='圆形')
cz_ellips=mpl.patches.Ellipse(xy=(.8,.3),width=.2,height=.4,alpha=.6,angle=-30,color='g',fill=False,label='椭圆')
ax.add_patch(cz_circle)
ax.add_patch(cz_ellips)
cz_rect=mpl.patches.Polygon(xy=[[.1,.6],[.1,.9],[.2,.6]],alpha=0.8,color='r',fill=False,label='三角形') # 顶点坐标
cz_poly=mpl.patches.Polygon(xy=[[.2,.8],[.5,.8],[.7,.5],[.4,.5]],alpha=.6,color='c',fill=False,label='平行四边形')
ax.add_patch(cz_rect)
ax.add_patch(cz_poly)
cz_poly1=mpl.patches.Polygon(xy=[[.3,.9],[.6,1],[.8,.7],[.5,.3],[.2,.5]],alpha=.6,color='m',fill=False,label='任意边形')
ax.add_patch(cz_poly1)
plt.legend()
plt.title('几何图形')
plt.savefig('.\图片\图5-6.png')
plt.show()
```

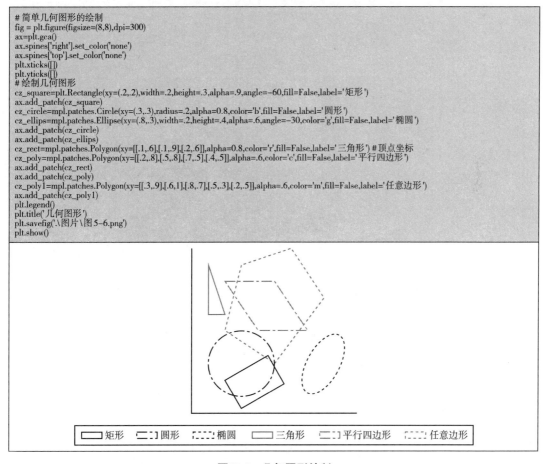

图5-6　几何图形绘制

在 Matplotlib 模块中，对于不同类别数据也可以将它们绘制为柱状图，具体示例代码及执行结果如图 5-7 所示。

```
#绘制不同类型的柱状图：累积柱状图
cz_mean1 = (24, 39, -28,34, 39, -31)
cz_mean2 = (27, 34, -31,35, 26, -29)
cz_Std1 = (2, 3.5, 4.8, 1.9, 2,4)
cz_Std2 = (3, 7, 2, 6, 5,7.7)
#柱状图的位置
cz_xloc = np.arange(len(cz_mean1))
cz_width = 0.35 #柱子间距

fig, ax = plt.subplots(figsize=(6,6),dpi=300)
cz_grp1 = ax.bar(cz_xloc, cz_mean1, cz_width, yerr=cz_Std1, label='第一组')
cz_grp2 = ax.bar(cz_xloc, cz_mean2, cz_width, bottom=cz_mean1, yerr=cz_Std2, label='第二组')

ax.axhline(0, color='green', linewidth=0.8) #中间分割线
ax.set_ylabel('观测值')
ax.set_title('累积柱状图')
ax.set_xticks(cz_xloc, labels=['1班', '2班', '3班', '4班', '5班','6班']) #x轴显示内容
ax.legend()
#设定标签显示位置，默认是边缘显示
ax.bar_label(cz_grp1, label_type='center')
ax.bar_label(cz_grp2, label_type='center')
ax.bar_label(cz_grp2,color='red') #显示两组柱状图的和
plt.savefig('.\图片\图5-7.png')
plt.show()
```

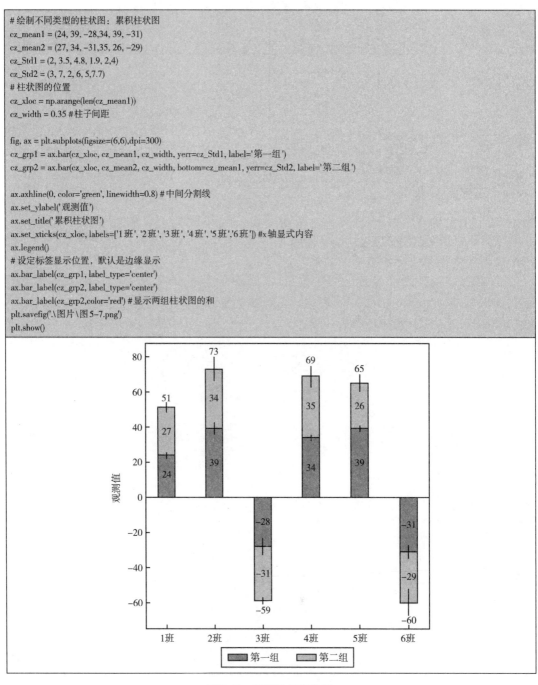

图5-7　累积柱状图绘制

分组柱状图绘制的具体示例代码及执行结果如图 5-8 所示。

```
# 绘制不同类型的柱状图：分组柱状图
cz_mean1 = (24, 39, −28,34, 39, −31)
cz_mean2 = (27, 34, −31,35, 26, −29)
cz_labels=['1班', '2班', '3班', '4班', '5班','6班']
# 组的位置
cz_xloc = np.arange(len(cz_labels))
cz_width = 0.35

fig, ax = plt.subplots(figsize=(6,6),dpi=300)
ax.axhline(0, color='green', linestyle='−−',linewidth=0.8) # 中间分割线
cz_grp1 = ax.bar(cz_xloc − cz_width/2, cz_mean1, cz_width, label='第一组 ')
cz_grp2 = ax.bar(cz_xloc + cz_width/2, cz_mean2, cz_width, label='第二组 ')

ax.set_ylabel('观测值 ')
ax.set_title('分组柱状图 ')
ax.set_xticks(cz_xloc, cz_labels)
ax.legend()

ax.bar_label(cz_grp1, padding=3,color='blue')
ax.bar_label(cz_grp2, padding=3,color='red')
# 紧凑显示模式
fig.tight_layout()
plt.savefig('.\图片\图5-8.png')
plt.show()
```

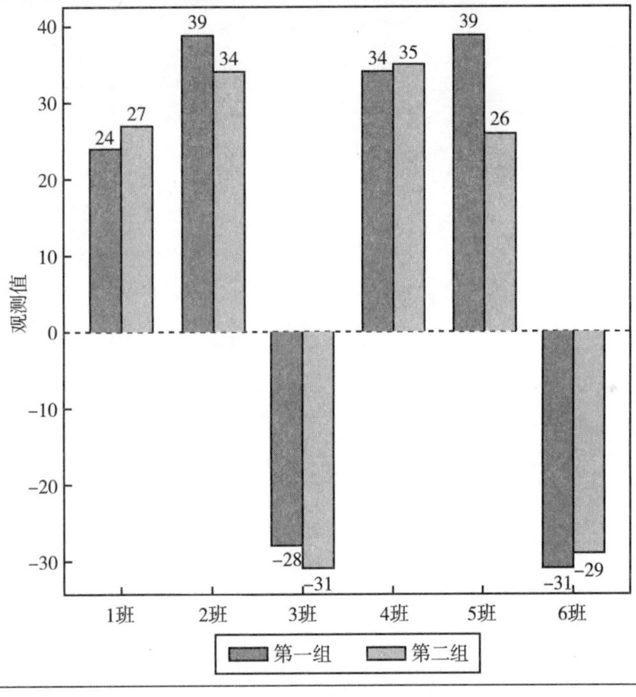

图5-8　分组柱状图绘制

横向柱状图绘制的具体示例代码及执行结果如图5-9所示。

```
# 绘制不同类型的柱状图：横向柱状图
cz_mean1 = (24, 39, −28,34, 39, −31)
cz_mean2 = (27, 34, −31,35, 26, −29)
cz_labels=['1班', '2班', '3班', '4班', '5班','6班']
# 组的位置
cz_xloc = np.arange(len(cz_labels))
cz_width = 0.35
```

```
fig, ax = plt.subplots(figsize=(6,6),dpi=300)
ax.axvline(0, color='red', linestyle='-.',linewidth=0.8) #中间分割线
cz_grp1 = ax.barh(cz_xloc – cz_width/2, cz_mean1, cz_width, label='第一组')
cz_grp2 = ax.barh(cz_xloc + cz_width/2, cz_mean2, cz_width, label='第二组')

ax.set_xlabel('观测值')
ax.set_title('横向分组柱状图')
ax.set_yticks(cz_xloc, cz_labels)
ax.legend()

ax.bar_label(cz_grp1, padding=3,color='blue')
ax.bar_label(cz_grp2, padding=3,color='red')
# 紧凑显示模式
fig.tight_layout()
plt.savefig('.\图片\图5-9.png')
plt.show()
```

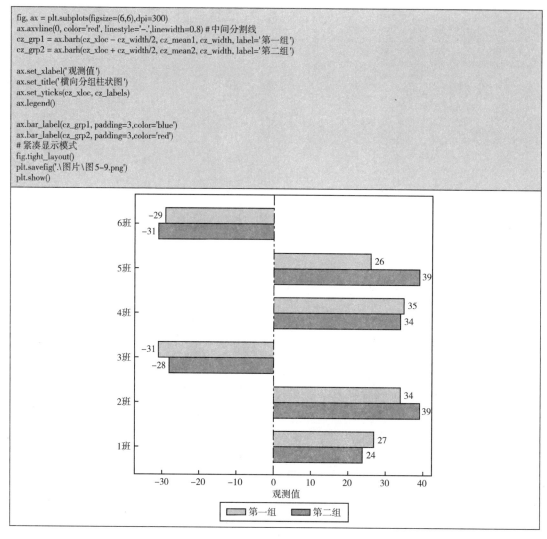

图5-9　横向柱状图绘制

累积占比柱状图绘制的具体示例代码及执行结果如图5-10所示。

```
# 占比柱状图
cz_category = ['非常满意','满意','较满意','不满意','非常不满意']
results = {
    '对象1': [10, 15, 17, 32, 26],
    '对象2': [26, 22, 29, 10, 13],
    '对象3': [35, 37, 7, 2, 19],
    '对象4': [30, 13, 9, 18, 30],
    '对象5': [20, 28, 2, 5, 45],
    '对象6': [8, 17, 5, 32, 38]
}
# 定义绘图函数
def ratio_category(results, categories):
    """
    参数:
        results:字典类型参数, 键: 样本, 值: 类别观测值
        categories:类别标签
```

```
"""
y_labels = list(results.keys())
data = np.array(list(results.values()))
data_cum = data.cumsum(axis=1) # 累积加和
category_colors = plt.colormaps['RdYlGn'](np.linspace(0.15, 0.85, data.shape[1])) # 每一列一个颜色值，对应一种类别

fig, ax = plt.subplots(figsize=(9.2, 5),dpi=300)
ax.invert_yaxis() # 交换坐标轴显示次序，从大到小
ax.xaxis.set_visible(False) # 隐藏 X 轴
ax.set_xlim(0, np.sum(data, axis=1).max()) # X 轴的范围

for i, (colname, color) in enumerate(zip(categories, category_colors)):
    widths = data[:, i]
    starts = data_cum[:, i] - widths
    rects = ax.barh(y_labels, widths, left=starts, height=.5,
                    label=colname, color=color)
    r, g, b, _ = color
    text_color = 'white' if r * g * b < 0.5 else 'darkgrey'
    ax.bar_label(rects, label_type='center', color=text_color)
ax.legend(ncol=len(categories), bbox_to_anchor=(.2, -.1),
          loc='lower left', fontsize='small')

    return fig, ax
ratio_category(results, cz_category)
# 添加某类的分布曲线
cz_xval=np.array(list(results.values()))[:,0]+np.array(list(results.values()))[:,1]/2 #x 坐标
cz_yval=sorted(plt.yticks()[0]) #y 坐标
plt.plot(cz_xval,cz_yval,'c--',linewidth=2,label='满意组别的分布 ')
plt.legend(ncol=len(cz_yval)+1, bbox_to_anchor=(0.1, -.1),
           loc='lower left', fontsize='small')
plt.title(' 累积占比分布图 ')
plt.savefig('.\图片\图 5-10.png')
plt.show()
```

图 5-10　累积占比柱状图绘制

2D 散点图绘制的具体示例代码及执行结果如图 5-11 所示。

```
# 2D 散点图
np.random.seed(2022)
fig, ax = plt.subplots(figsize=(5,5),dpi=300)
for color in ['red', 'green', 'blue','black']:
    num=100   #样本数
    x, y,vol = np.random.rand(3, num)
    vol *= 200.0
    ax.scatter(x, y, c=color, s=vol, label=color+' 点 ',
               alpha=0.4, edgecolors='gray',marker= r'$\clubsuit$')
ax.legend(bbox_to_anchor=(1.05,-.05),ncol=4)
```

```
plt.title('2D 散点图')
plt.savefig('.\图片\图5-11.png')
plt.show()
```

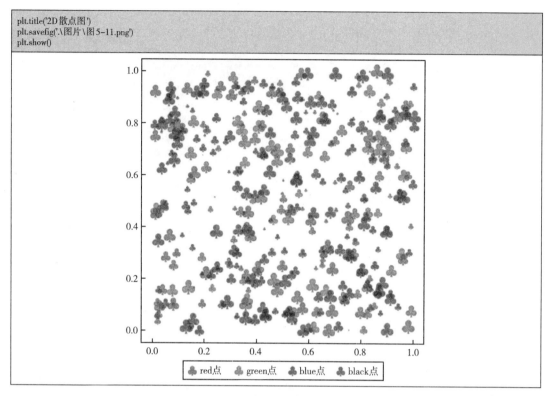

图5-11 2D 散点图绘制

累积面积图绘制的具体示例代码及执行结果如图5-12所示。

```
# 累积面积图
cz_year = np.arange(2003,2020)
bj=[5908,5746,5638,5484,5350,5324,5189,4957,4732,4528.67,3720.945,3180.798,
        2777.869,2441.359,2145.772,1871.306,1630.704]
bj.reverse() #列表反转
sh=[4425.458,4231.3,3923.6,3594.8,3323.5,3044.5,2824.6,2609,3291.7,3097.036,
        2849.595,2615,2536,2381.254,2217.362,2028.5,1737.6]
sh.reverse()
tj=[3165.6,3049.404,2945.463,2818.292,2850.889,2875.731,2616.375,2212.408,
        1910.2,1585.982,1305.504,1092.264,942.429,816.576,706.69,621.774,537.797]
tj.reverse()
cq=[6539.509,6317.233,5674.952,5102.500,4623.231,4410.723,4076.180,3898.647,
        3379.098,2759.728,2072.774,1628.164,1444.881,1320.442,1107.266,839.352,781.250]
cq.reverse()
cz_cars = {
        '北京': bj,
        '上海': sh,
        '天津': tj,
        '重庆': cq,
}

fig, ax = plt.subplots(figsize=(6,4),dpi=300)
ax.stackplot(cz_year, cz_cars.values(),
                labels=cz_cars.keys(), alpha=0.8)
ax.legend(loc='upper left')
ax.set_xticks(np.arange(2003,2020,2))
ax.set_title('年度汽车保有量')
ax.set_xlabel('年份')
ax.set_ylabel('汽车保有量 (千辆)')
plt.savefig('.\图片\图5-12.png')
plt.show()
```

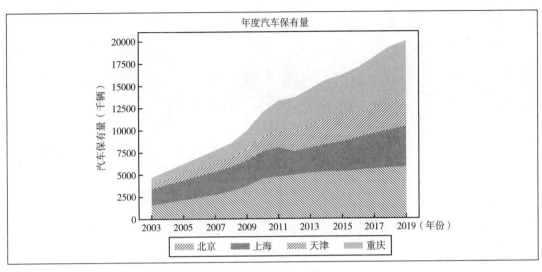

图 5-12　累积面积图绘制

二、多轴图形的绘制

在 Matplotlib 模块中还可以将整个绘图区域分割成多个子图，在不同的子图区域可以单独绘制各自的图形。茎叶图绘制的具体示例代码及执行结果如图 5-13 所示。

```
#--- 茎叶图 ---#
#设置多图句柄，如果其中行(列)个数为1,则axs返回的是一维Array对象
fig, axs = plt.subplots(nrows=2, ncols=1, figsize=(8,5),dpi=300)
x = np.linspace(-2 * np.pi, 2 * np.pi, 60)
y = np.exp(np.cos(x))
# 第一个子图绘图
axs[0].stem(x,y)
axs[0].set_title('默认设置茎叶图')
# 第二个子图绘图
markerline, stemlines, baseline = axs[1].stem(x, y, linefmt='c', markerfmt='o', bottom=1.1)
markerline.set_markerfacecolor('none')
axs[1].set_title('修改茎叶属性')
#设置母图的属性
fig.suptitle('茎叶图')
fig.subplots_adjust(hspace=0.4,wspace=0.2)    #设置子图之间的空间
plt.savefig('.\图片\图5-13.png')
plt.show()
```

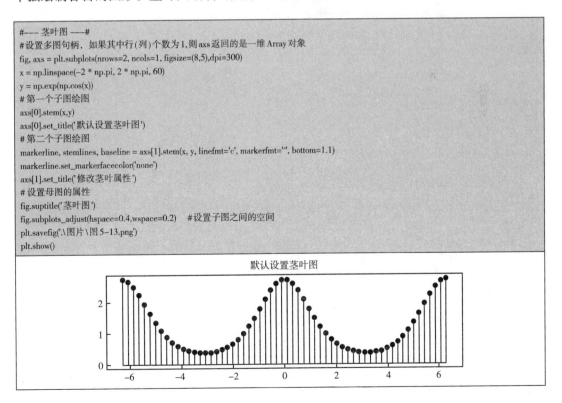

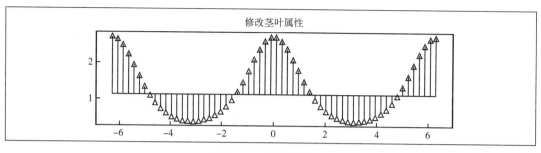

图5-13　茎叶图绘制

区域填充图绘制的具体示例代码及执行结果如图5-14所示。

```
#--- 区域填充图 ---#
#设置多图句柄，如果其中行(列)个数为1,则axs返回的是一维Array对象
fig, axs = plt.subplots(nrows=3, ncols=1, figsize=(6,6),dpi=300,sharex=True)
x = np.linspace(−2 * np.pi, 2 * np.pi, 60)
y1 = np.exp(np.cos(x))
y2 =2*np.sin(x)
#第一个子图绘图
axs[0].plot(x, y1, x, y2, color='m')
axs[0].fill_between(x,y1, y2, facecolor='red',alpha=.3)
axs[0].set_title('默认区域填充')
#第二个子图绘图
axs[1].plot(x, y1, x, y2, color='g')
axs[1].fill_between(x, y1, y2, where=y2 <= y1, facecolor='blue',alpha=.6)
axs[1].fill_between(x, y1, y2, where=y2 > y1, facecolor='green',alpha=.6)
axs[1].set_title('判断区域填充颜色')
#第三个子图绘图
y3 = np.random.rand(60)
#曲线拟合得到估计参数
a, b = np.polyfit(x, y3, deg=1)
y_est = a * x + b    #估计值
y_err = x.std() * np.sqrt(1/len(x) +(x − x.mean())**2 / np.sum((x − x.mean())**2)) #每个点的误差
axs[2].plot(x, y_est, '−')    #拟合曲线
axs[2].fill_between(x, y_est − y_err, y_est + y_err, alpha=0.2)    #估计误差区域
axs[2].plot(x, y3, 'o', color='tab: brown') #样本点
#设置每图的属性
fig.suptitle('区域填充图')
fig.subplots_adjust(hspace=0.4,wspace=0.2)    #设置子图之间的空间
plt.savefig('.\图片\图5-14.png')
plt.show()
```

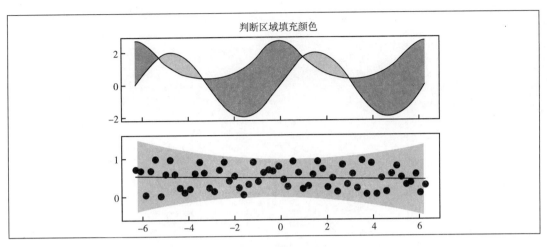

图5-14　区域填充图绘制

散点直方图绘制的具体示例代码及执行结果如图5-15所示。

```
#--- 散点直方图 ---#
np.random.seed(2022)
#生成正态分布随机数
x = np.random.randn(500)
y = np.random.randn(500)
# 不同区域绘制图形
def cz_scat_hist(x, y, ax, histx, histy):
    '''
    参数:
        x: 散点图横坐标
        y: 散点图纵坐标
        ax: 散点图绘图句柄
        histx: 横坐标直方图
        histy: 纵坐标直方图
    '''
    histx.tick_params(axis="x", labelbottom=False)
    histy.tick_params(axis="y", labelleft=False)
    # 散点图
    ax.scatter(x, y)
    # 设置箱参数
    binwidth = 0.25
    xymax = max(np.max(np.abs(x)), np.max(np.abs(y)))
    lim = (int(xymax/binwidth) + 1) * binwidth
    bins = np.arange(-lim, lim + binwidth, binwidth)
    # 绘制直方图
    histx.hist(x, bins=bins,color='blue',alpha=.7)
    histy.hist(y, bins=bins, orientation='horizontal',color='red',alpha=.7)

fig = plt.figure(figsize=(5, 5),dpi=300)
# 网格分片子图设置
cz_gs = fig.add_gridspec(2, 2,    width_ratios=(7, 2), height_ratios=(2, 7),
                         left=0.1, right=0.9, bottom=0.1, top=0.9,
                         wspace=0.05, hspace=0.05)
ax = fig.add_subplot(cz_gs[1, 0])
histx = fig.add_subplot(cz_gs[0, 0], sharex=ax)
histy = fig.add_subplot(cz_gs[1, 1], sharey=ax)
cz_scat_hist(x, y, ax, histx, histy)
plt.title('散点－直方图',x=-1.5,y=-.15)
plt.savefig('.\图片\图 5-15.png')
plt.show()
```

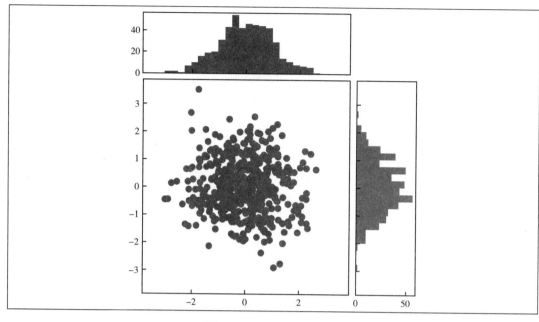

图5-15　散点直方图绘制

相关系数图绘制的具体示例代码及执行结果如图5-16所示。

```
#--- 相关系数图 ---#
np.random.seed(2022)
x, y = np.random.randn(2, 60)
# 多子图绘图
fig, axs = plt.subplots(2, 1, figsize=(5,4),dpi=300,sharex=True)
axs[0].xcorr(x, y, usevlines=True, maxlags=30, normed=True, lw=1)
axs[0].set_title('互相关系数')
axs[1].acorr(x, usevlines=True, normed=True, maxlags=30, lw=2,color='red',alpha=.4)
axs[1].set_title('自相关系数')
plt.xticks([])
plt.savefig('.\图片\图5-16.png')
plt.show()
```

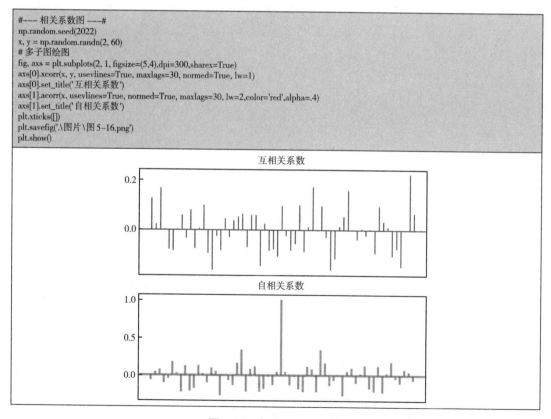

图5-16　相关系数图绘制

一副图像经过像素插值后得到模糊图像的具体示例代码及执行结果如图5-17所示。

```
# -----图像插值模糊化---- #
#插值化方法
cz_methods = [None, 'none','antialiased', 'nearest', 'bilinear', 'bicubic', 'spline16', 'spline36', 'hanning', 'hamming', 'hermite', 'kaiser', 'quadric',
'catrom', 'gaussian', 'bessel', 'mitchell', 'sinc', 'lanczos', 'blackman']
np.random.seed(2022)
cz_img = np.random.rand(5, 5)
# 生成多轴图
fig, axs = plt.subplots(nrows=4, ncols=5, figsize=(9, 6),dpi=300,
                        subplot_kw={'xticks': [], 'yticks': []})
for ax, inter_mth in zip(axs.flat, cz_methods):
    ax.imshow(cz_img, interpolation=inter_mth, cmap='gist_earth')
    ax.set_title(str(inter_mth))
plt.suptitle('图像的插值')
plt.tight_layout()
plt.savefig('.\图片\图5-17.png')
plt.show()
```

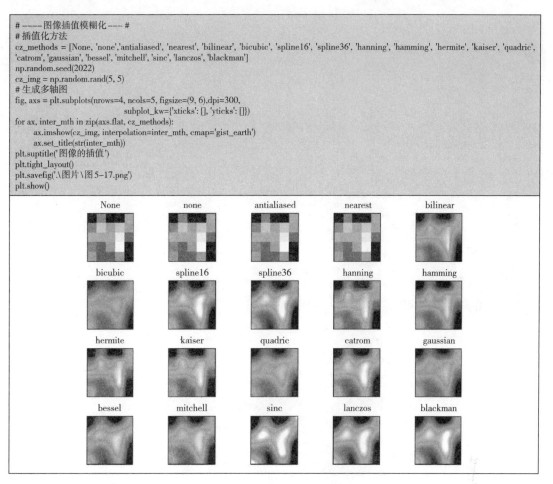

图5-17　图像插值运算

等高轮廓线图绘制的具体示例代码及执行结果如图5-18所示。

```
# ---- 间隔分布不均匀数据的三角形轮廓线 ---- #
import matplotlib.tri as tri

np.random.seed(2022)
cz_pnum = 300
cz_gridx = 100    #网格点的个数
cz_gridy = 200
x = np.random.uniform(-2, 2, cz_pnum)
y = np.random.uniform(-2, 2, cz_pnum)
z = y * np.exp(-x**2 - y**2)    #等高线的依据

fig, axs = plt.subplots(nrows=2,figsize=(4,6),dpi=300)

#网格插值，将平面插值出各个网格点的坐标
#方式1:分别定义各个轴的网格点
xi = np.linspace(-2.5, 2.5, cz_gridx)
yi = np.linspace(-2.5, 2.5, cz_gridy)
#线性插值网格点，得到三角形网格分布
```

```
cz_tri = tri.Triangulation(x, y)    #平面点
cz_inter_z = tri.LinearTriInterpolator(cz_tri, z)
Xi, Yi = np.meshgrid(xi, yi)
zi = cz_inter_z(Xi, Yi) #三角网格平面的每个点的高度

axs[0].contour(xi, yi, zi, levels=8, linewidths=0.5, colors='w')
cz_ctf1 = axs[0].contourf(xi, yi, zi, levels=8, cmap="viridis")

fig.colorbar(cz_ctf1, ax=axs[0])
axs[0].plot(x, y, 'w^', ms=2)
axs[0].set(xlim=(-2, 2), ylim=(-2, 2))
axs[0].set_title('网格点插值方式')

# 方式2: 直接提供三角网格点数据
z = x * np.exp(-x**2 – y**2)    #等高线的依据
axs[1].tricontour(x, y, z, levels=10, linewidths=0.5, colors='y')
cz_ctf2 = axs[1].tricontourf(x, y, z, levels=10, cmap="gist_rainbow_r")

fig.colorbar(cz_ctf2, ax=axs[1])
axs[1].plot(x, y, 'm^', ms=1)
axs[1].set(xlim=(-2, 2), ylim=(-2, 2))
axs[1].set_title('直接提供三角网格点模式')

plt.subplots_adjust(hspace=0.3)
plt.savefig('.\图片\图5-18.png')
plt.show()
```

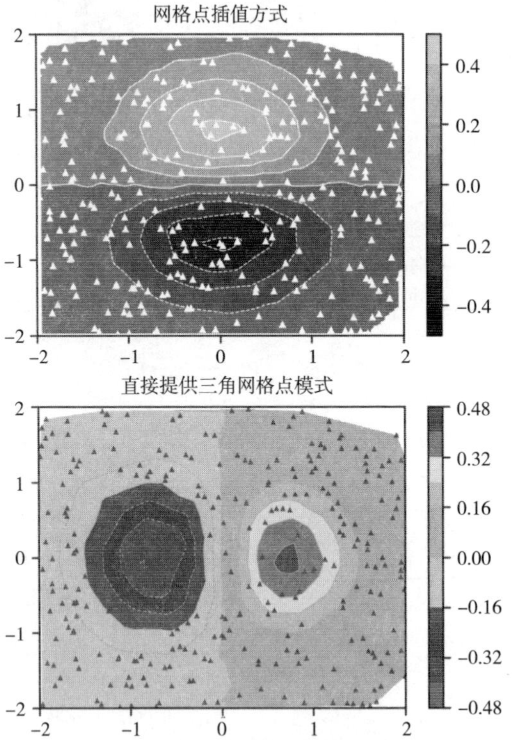

图 5-18　等高轮廓线图绘制

带有阴影效果的图像绘制的具体示例代码及执行结果如图 5-19 所示。

```
# ---- 调整光源位置产生阴影效果 ---- #
from matplotlib.colors import LightSource
# 生成模拟数据
x, y = np.mgrid[-5:5:0.05, -5:5:0.05]
z = 6 * (np.sqrt(x**2 + y**2) + np.cos(x*2 + y*2))

fig, axs = plt.subplots(ncols=2, nrows=2,figsize=(3,3),dpi=300)
for ax in axs.flat:
    ax.set(xticks=[], yticks=[])
cmap=plt.cm.copper;ve=1
# 光源打在西北方向
ls = LightSource(azdeg=345, altdeg=45)
axs[0, 0].imshow(z, cmap=cmap)
axs[0, 0].set(xlabel='原始图片')
axs[0, 1].imshow(ls.hillshade(z, vert_exag=ve), cmap='gray')
axs[0, 1].set(xlabel='灰度阴影')
rgb = ls.shade(z, cmap=cmap, vert_exag=ve, blend_mode='hsv')
axs[1, 0].imshow(rgb)
axs[1, 0].set(xlabel='HSV空间混合')
rgb = ls.shade(z, cmap=cmap, vert_exag=ve, blend_mode='overlay')
axs[1, 1].imshow(rgb)
axs[1, 1].set(xlabel='覆盖混合模式')
fig.suptitle('带有阴影的图像', y=0.95)
plt.savefig('.\图片\图5-19.png')
plt.show()
```

图5-19 阴影图像

在主绘图区域添加子绘图区域的图像绘制的具体示例代码及执行结果如图5-20所示。

```
# ---- 画布中任意位置添加轴并绘图 ---- #
np.random.seed(2022)
# 生成虚拟数据
cz_t = np.arange(0.0, 20.0, 0.1)
cz_obdata = np.random.randn(len(cz_t))
# 主绘图区域
fig, main_ax = plt.subplots(figsize=(4,2),dpi=300)
main_ax.plot(cz_t, cz_obdata)
main_ax.set_ylim(-3.5,10)
main_ax.set_xlabel('X轴')
main_ax.set_ylabel('Y轴')
main_ax.set_title('主绘图区域图像',y=-.45)
# 添加绘图子区域
cz_inset1 = fig.add_axes([.65, .5, .2, .2], facecolor='orange',alpha=.1) #[left, bottom, width, height]
cz_inset1.plot(np.arange(20),np.random.randn(20),'w--')
cz_inset1.set(title='右边小窗口', xticks=[], yticks=[])
# 添加绘图子区域
cz_inset2 = fig.add_axes([.2, .55, .3, .2], facecolor='c',alpha=.2)
cz_inset2.hist(np.random.rand(500),bins=300,density=True,color='blue')
cz_inset2.set(title='左边小窗口', xlim=(0, .3), xticks=[], yticks=[])
plt.savefig('.\图片\图5-20.png')
plt.show()
```

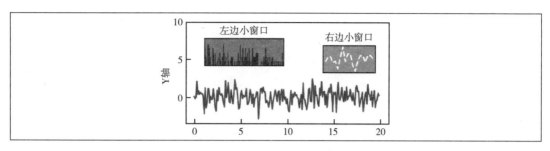

图5-20　带有子绘图区域的图像

在 Matplotlib 模块中还可以在一幅图像中绘制共用 X 轴的多 Y 轴图像，具体示例代码及执行结果如图 5-21 所示。

```
# --- 双轴图像 --- #
#生成虚拟数据
cz_x = np.arange(-3, 5, 0.5)
cz_y1 = 20000-np.exp(cz_x*2)
cz_y2 = 3*np.sin(2 * np.pi * cz_x)

fig, ax1 = plt.subplots(figsize=(5,4),dpi=300)
color = 'tab: red'
ax1.set_xlabel('X轴')
ax1.set_ylabel('Y1轴', color=color)
ax1.plot(cz_x, cz_y1, marker='*',color=color)
ax1.tick_params(axis='y', labelcolor=color)
# 产生共用X轴的第二个Y轴
ax2 = ax1.twinx()
color = 'tab: blue'
ax2.set_ylabel('Y2轴', color=color)   # we already handled the x-label with ax1
ax2.plot(cz_x, cz_y2, marker='^',color=color,linestyle='--')
ax2.tick_params(axis='y', labelcolor=color)

fig.tight_layout()
plt.title('共X轴多Y轴图像')
plt.savefig('.\图片\图5-21.png')
plt.show()
```

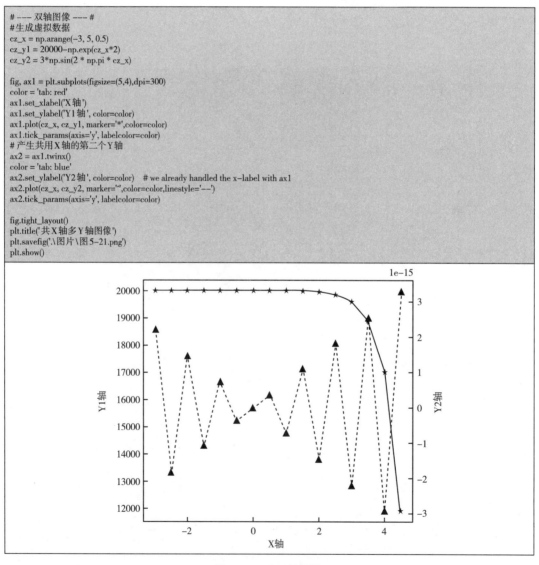

图5-21　多Y轴图像

在Matplotlib模块中各种统计箱线图绘制的具体示例代码及执行结果如图5-22所示。

```python
# ——— 箱线图——— #
import matplotlib.cbook as cbook
# 生成虚拟数据
np.random.seed(2022)
cz_data = np.random.lognormal(size=(40, 3), mean=2.2, sigma=1.05)
cz_labels = ['G1','G2','G3']
# 重采样，计算统计数据
stats = cbook.boxplot_stats(cz_data, labels=cz_labels, bootstrap=5000)
# 添加统计元素
for n in range(len(stats)):
    stats[n]['med']= np.median(cz_data)
    stats[n]['mean']*= 2
fs=8
fig, axs = plt.subplots(nrows=2, ncols=3, figsize=(6,4), dpi=300, sharey=True)
axs[0, 0].bxp(stats)
axs[0, 0].set_title('默认', fontsize=fs)
axs[0, 1].bxp(stats, showmeans=True)
axs[0, 1].set_title('均值', fontsize=fs)
axs[0, 2].bxp(stats, showmeans=True, meanline=True)
axs[0, 2].set_title('均值线', fontsize=fs)
axs[1, 0].bxp(stats, showbox=False, showcaps=False)
axs[1, 0].set_title('无箱', fontsize=fs)
axs[1, 1].bxp(stats, shownotches=True)
axs[1, 1].set_title('改变箱', fontsize=fs)
axs[1, 2].bxp(stats, showfliers=False)
axs[1, 2].set_title('无离群', fontsize=fs)

for ax in axs.flat:
    ax.set_yscale('log')
    ax.set_yticklabels([])

fig.subplots_adjust(hspace=0.3)
plt.tight_layout()
plt.savefig('.\图片\图5-22.png')
plt.show()
```

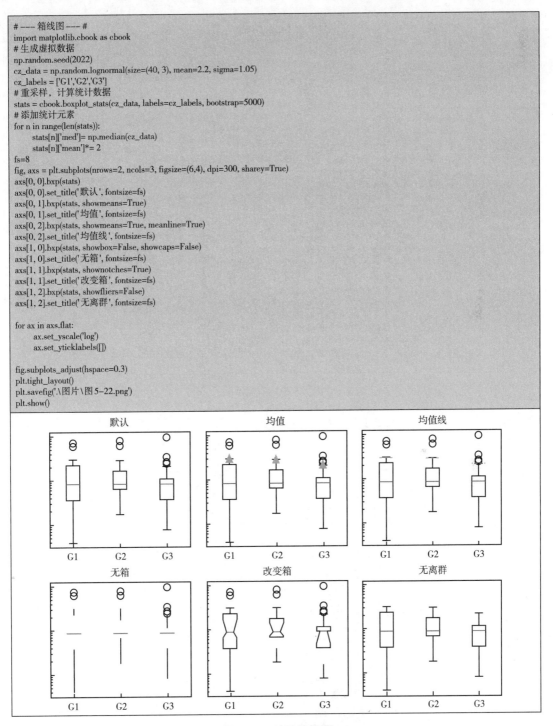

图5-22 统计箱线图

在Matplotlib模块中小提琴图绘制的具体示例代码及执行结果如图5-23所示。

```
# --- 小提琴图 --- #
# 生成虚拟数据
np.random.seed(2022)
cz_data = [sorted(np.random.normal(0, std, 100)) for std in range(1, 5)]
fs=8
fig, axes = plt.subplots(nrows=1, ncols=2, figsize=(4,3),dpi=300,sharey=True)
axes[0].violinplot(cz_data,bw_method='silverman')
axes[0].set_title('默认', fontsize=fs)
axes[1].violinplot(cz_data,showmeans=True, showextrema=True, showmedians=True,bw_method='scott')
axes[1].set_title('均值线', fontsize=fs)

fig.subplots_adjust(hspace=0.4,wspace=.4)
fig.suptitle('小提琴图')
plt.savefig('.\图片\图5-23.png')
plt.show()
```

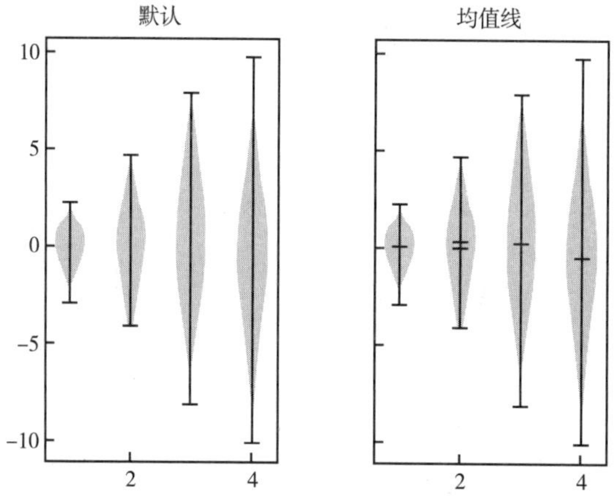

图5-23　小提琴图

在Matplotlib模块中带有误差限的误差曲线绘制的具体示例代码及执行结果如图5-24所示。

```
# --- 带有误差限的误差曲线 --- #
# 虚拟数据
cz_x =np.sort(np.random.random(size=10)*5)
cz_y = np.exp(-x**2)
cz_xerr = 0.1
cz_yerr = 0.2
# 误差限的位置
cz_llims = np.array([0, 1, 0, 0, 1, 0, 0, 1, 0, 0], dtype=bool)
cz_ulims = np.array([0, 1, 0, 1, 0, 1, 0, 0, 1, 1], dtype=bool)
ls = 'dotted'
fig, axs = plt.subplots(2,1,figsize=(5, 4),dpi=300,sharex=True)
axs[0].errorbar(x, y, xerr=cz_xerr, yerr=cz_yerr, linestyle=ls,label='标准')
axs[0].errorbar(x, y + 0.7, xerr=cz_xerr, yerr=cz_yerr, uplims=cz_ulims,
                linestyle=ls,label='Y 上限')
axs[0].errorbar(x, y + 1.4, xerr=cz_xerr, yerr=cz_yerr, lolims=cz_llims,
                linestyle=ls,label='Y 下限')
axs[0].legend()

axs[1].errorbar(x, y + 2.1, xerr=cz_xerr, yerr=cz_yerr,lolims=cz_llims, uplims=cz_ulims,
                marker='*', markersize=6,linestyle=ls,label='Y 上下限')
# 修改误差数据
xerr = 0.2
yerr = np.full_like(x, 0.2)
yerr[[3, 6]]= 0.3
xlolims = lolims
xuplims = uplims
lolims = np.zeros_like(x)
```

```
uplims = np.zeros_like(x)
# 定义误差限点
lolims[[3,6]]= True
uplims[[2,4,5]]= True
axs[1].errorbar(x, y + 2.8, xerr=xerr, yerr=yerr,xlolims=xlolims, xuplims=xuplims,
                uplims=uplims, lolims=lolims,marker='o', markersize=8,linestyle='-.',label='XY 上下限')
axs[1].legend()
plt.suptitle('带有误差限的误差曲线')
plt.xlim((-.2, 5.5))
plt.savefig('.\图片\图 5-24.png')
plt.show()
```

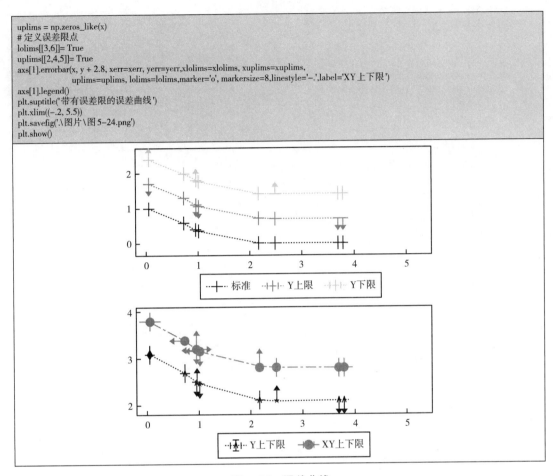

图 5-24　误差曲线

在 Matplotlib 模块中还可以绘制阶梯式、堆叠柱状图，具体示例代码及执行结果如图 5-25 所示。

```
# --- 堆叠直方图 --- #
np.random.seed(2022)
# 生成虚拟数据
mu_x1 = 100
sigma_x1 = 15
x1 = np.random.normal(mu_x1, sigma_x1, size=300)
mu_x2 = 100
sigma_x2 = 20
x2 = np.random.normal(mu_x2, sigma_x2, size=300)

fig, axs = plt.subplots(nrows=2, ncols=2,dpi=300)
# 绘制拟合的密度曲线 kde: 正态分布
_, bins, _=axs[0, 0].hist(x1, 20, density=True, histtype='stepfilled', facecolor='orange',
                alpha=0.5)
y = ((1 / (np.sqrt(2 * np.pi) * sigma_x1)) *
        np.exp(-0.5 * (1 / sigma_x1 * (bins - mu_x1))**2))
axs[0,0].plot(bins, y, '--')
axs[0, 0].set_title('阶梯式填充')
axs[0, 1].hist(x1, 20, density=True, histtype='step', facecolor='g',
                alpha=0.75)
axs[0, 1].set_title('阶梯式')
axs[1, 0].hist(x1, density=True, histtype='barstacked', rwidth=0.8,label='组 1')
```

```
axs[1, 0].hist(x2, density=True, histtype='barstacked', rwidth=0.8,label='组 2')
axs[1, 0].set_title('柱状图堆叠')
axs[1, 0].legend()
bins = [85,90,93,100,105,110]
axs[1, 1].hist(x1, bins, density=True, histtype='bar', rwidth=0.8)
axs[1, 1].set_title('非均匀分箱直方图')

fig.tight_layout()
plt.savefig('.\图片\图 5-25.png')
plt.show()
```

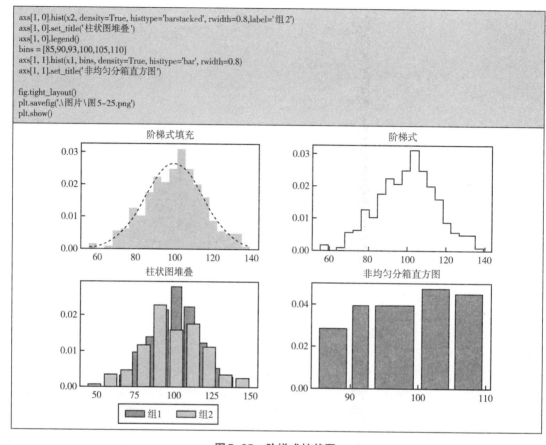

图 5-25　阶梯式柱状图

在 Matplotlib 模块中带有阴影效果的饼图，具体示例代码及执行结果如图 5-26 所示。

```
# --- 饼图 --- #
# 虚拟数据
labels = ['组 1', '组 2', '组 3', '组 4']
fracs = [10, 20, 45, 25]

fig, axs = plt.subplots(2, 2,figsize=(4,4),dpi=300)
# 标准设置
axs[0, 0].pie(fracs, labels=labels, autopct='%1.1f%%', shadow=True)
# 突出一部分
axs[0, 1].pie(fracs, labels=labels, autopct='%.0f%%', shadow=True,explode=(0, 0.15, 0, 0))
# 调整饼图半径和文字大小
patches, texts, autotexts = axs[1, 0].pie(fracs, labels=labels,autopct='%.0f%%',
                                    textprops={'size': 'smaller'},shadow=True, radius=0.8)
# 设计某个块文本的大小颜色
plt.setp(autotexts, size='x-small')
autotexts[2].set_color('white')

# 调整饼图大小和阴影
patches, texts, autotexts = axs[1, 1].pie(fracs, labels=labels,autopct='%.0f%%',
                                    textprops={'size': 'smaller'},shadow=False, radius=0.5,
                                    explode=(0, 0.05, 0, 0))

plt.setp(autotexts, size='x-small')
autotexts[1].set_color('white')
plt.tight_layout()
plt.savefig('.\图片\图 5-26.png')
plt.show()
```

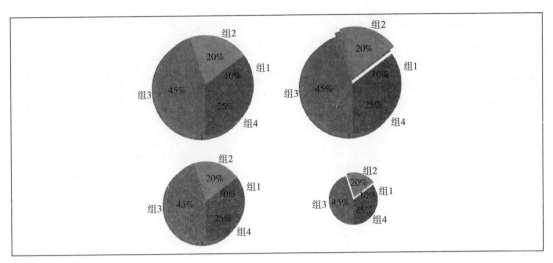

图 5-26　饼图

在 Matplotlib 模块中还可以绘制附带标注的饼图，如标签、柱状图、环形饼图等，具体示例代码及执行结果如图 5-27 所示。

```
# --- 组合饼图 --- #
from matplotlib.patches import ConnectionPatch

fig, axs = plt.subplots(2, 2, figsize=(10, 10),dpi=300,subplot_kw=dict(aspect="equal"))
fig.subplots_adjust(wspace=0)
# 饼图部分
ratios = [.27, .66, .07]
labels = ['满意', '不满意', '不确定']
explode = [0.1, 0, 0.01]
# 旋转使得第一部分被放平到 X 轴
angle = -180 * ratios[0]
axs[0,0].pie(ratios, autopct='%1.2f%%', startangle=angle,labels=labels, explode=explode)
# 柱状图部分
xpos = 0
bottom = 0
ratios = [.43, .44, .17, .17]
width = .2
colors = [[.7, .5, .1], [.5, .8, .3], [.5, .8, .7], [.5, .8, .9]]
for j in range(len(ratios)):
    height = ratios[j]
    axs[0,1].bar(xpos, height, width, bottom=bottom, color=colors[j])
    ypos = bottom + axs[0,1].patches[j].get_height() / 2
    bottom += height
    axs[0,1].text(xpos, ypos, "%d%%" % (axs[0,1].patches[j].get_height() * 100),
                ha='center')
axs[0,1].set_title('满意原因')
axs[0,1].legend(('服务', '环境', '味道', '价格'),loc='center right')
axs[0,1].axis('off')
axs[0,1].set_xlim(- 2.5 * width, 2.5 * width)

# 采用 ConnectionPatch 绘制连接线
theta1, theta2 = axs[0,0].patches[0].theta1, axs[0,0].patches[0].theta2
center, r = axs[0,0].patches[0].center, axs[0,0].patches[0].r
bar_height = sum([item.get_height() for item in axs[0,1].patches])
# 上面的连接线
x = r * np.cos(np.pi / 180 * theta2) + center[0]
y = r * np.sin(np.pi / 180 * theta2) + center[1]
con = ConnectionPatch(xyA=(-width / 2, bar_height), coordsA=axs[0,1].transData,xyB=(x, y), coordsB=axs[0,0].transData)
con.set_color([0, .5, 0.5])
con.set_linewidth(3)
axs[0,1].add_artist(con)
# 下面的连接线
x = r * np.cos(np.pi / 180 * theta1) + center[0]
y = r * np.sin(np.pi / 180 * theta1) + center[1]
```

```
con = ConnectionPatch(xyA=(-width / 2, 0), coordsA=axs[0,1].transData,xyB=(x, y), coordsB=axs[0,0].transData)
con.set_color([0, .5, 0.5])
axs[0,1].add_artist(con)
con.set_linewidth(3)

# 环状饼图
size = 0.3
vals = np.array([[30., 42.], [17., 20.], [29., 16.],[18,27]])
cmap = plt.colormaps["tab20c"]
outer_colors = cmap(np.arange(3)*4)
inner_colors = cmap([1, 2, 5, 6, 9, 10,3])
# 部分和加和的数据关系
axs[1,0].pie(vals.sum(axis=1), radius=1, colors=outer_colors,
        wedgeprops=dict(width=size, edgecolor='w'))
axs[1,0].pie(vals.flatten(), radius=1-size, colors=inner_colors,
        wedgeprops=dict(width=size, edgecolor='w'))
# 带标签的饼图
ratios = [.27, .66, .07]
labels = ['满意', '不满意', '不确定']
explode = [0.1, 0, 0.01]
wedges, texts, autotexts=axs[1,1].pie(ratios, autopct='%1.2f%%', startangle=angle,labels=labels,
        explode=explode,textprops=dict(color="w"))
axs[1,1].legend(wedges, labels,title="评价分类",loc="center left",bbox_to_anchor=(1, 0, 0.5, 1))
# 饼中文字大小
plt.setp(autotexts, size=12, weight="bold")
plt.savefig('.\图片\图5-27.png')
plt.show()
```

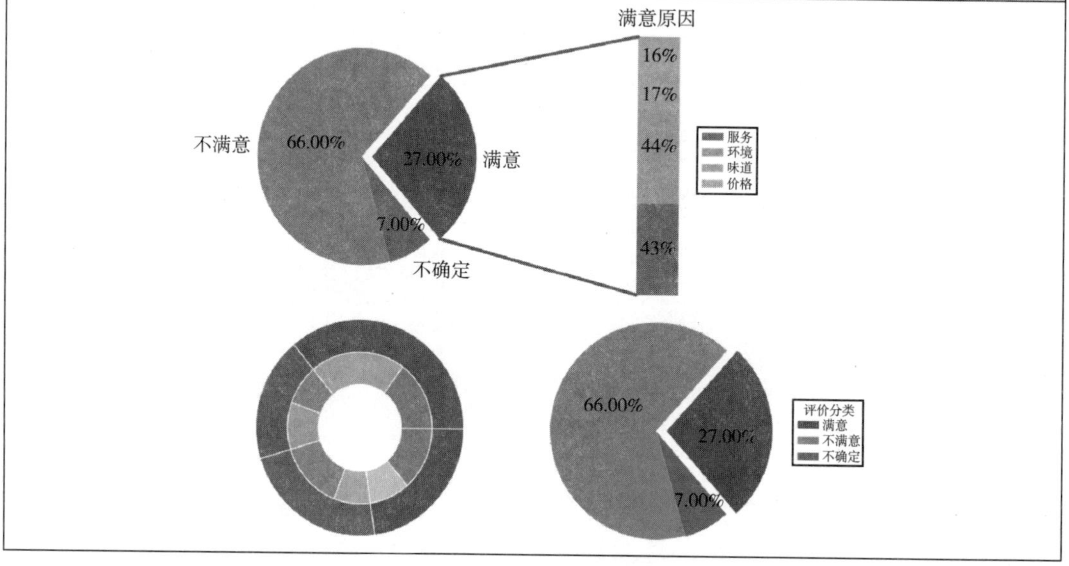

图5-27 附带标注的饼图

在Matplotlib模块中还可以绘制极坐标系下的图形，具体示例代码及执行结果如图5-28所示。

```
# --- 极坐标作图 ---#
np.random.seed(2022)
#计算各个片的比例
N = 10
theta = np.linspace(0.0, 2 * np.pi, N, endpoint=False)
radii = 10 * np.random.rand(N)
width = np.pi / 4 * np.random.rand(N)
colors = plt.cm.viridis(radii / 10.)
```

```
# 定义绘图区域的片
subfig=plt.GridSpec(2,2)
fig=plt.figure(figsize=(8,8),dpi=300)
# 定义子图区域
axs1=fig.add_subplot(subfig[0,0],projection='polar') # 第几块区域
axs1.bar(theta, radii, width=width, bottom=0.0, color=colors, alpha=0.5)

axs2=fig.add_subplot(subfig[0,1]) # 第几块区域
axs2.plot(np.random.rand(20), 'r--v', ms=5, lw=2, alpha=0.7, mfc='orange')
axs2.text(4.5, 6.5, '文本水印', transform=ax.transAxes,
         fontsize=50, color='gray', alpha=0.3,
         ha='center', va='center', rotation='30')

axs3=fig.add_subplot(subfig[1,0],projection='polar') # 第几块区域
r = np.arange(0, 3, 0.1)
theta = 2 * np.pi * r
axs3.plot(theta, r,label='极线')
axs3.set_rmax(2)
axs3.set_rticks([0.5, 1, 1.5, 2])   # 极径的范围
axs3.grid(True)
axs3.legend()

axs4=fig.add_subplot(subfig[1,1],projection='polar') # 第几块区域
# 定义区域和颜色
N = 150
r = 2 * np.random.rand(N)
theta = 3 * np.pi * np.random.rand(N)
area = 100 * r**2
colors = theta
c = axs4.scatter(theta, r, c=colors, s=area, cmap='hsv', alpha=0.75)
# 定义扇形区域
axs4.set_thetamin(45)
axs4.set_thetamax(135)
plt.savefig('.\图片\图5-28.png')
plt.show()
```

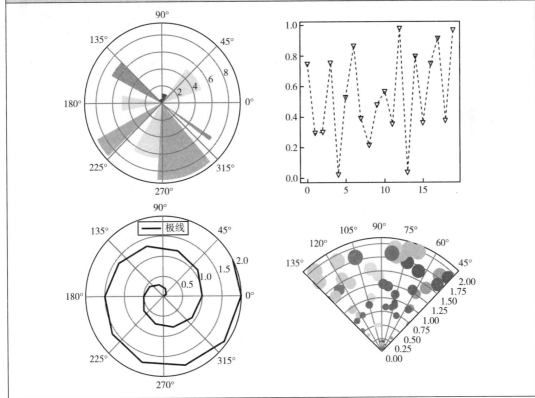

图5-28　极坐标下绘图

在Matplotlib模块中还可以在绘图区域中选择不同的填充模式，具体示例代码及执行结果如图5-29所示。

```
# —— 不同的区域填充模式 —— #
from matplotlib.patches import Ellipse, Polygon
plt.style.use('classic')
x = np.arange(1, 6)
y1 = np.arange(1, 6)
y2 = np.ones(y1.shape) * 4

fig = plt.figure(dpi=300)
# 子区域的分割方式
axs = fig.subplot_mosaic([['patches','bar1'], [ 'patches','bar2']])

axs['bar1'].bar(x, y1, edgecolor='orange', hatch="\\\\")
axs['bar1'].bar(x, y2, bottom=y1, edgecolor='orange', hatch='\\\\')

axs['bar2'].bar(x, y1, edgecolor='c', hatch=['--', '+', 'x', '/','*'])
axs['bar2'].bar(x, y2, bottom=y1, edgecolor='c',
                hatch=['*', 'o', 'O', '.','//'])

x = np.arange(0, 50, 0.5)
axs['patches'].fill_between(x, np.cos(2*x) * 5 + 20, y2=0,
                            hatch='///', zorder=2, fc='c')
axs['patches'].add_patch(Ellipse((10, 40), 10, 20, fill=True,
                            hatch='*', facecolor='red',alpha=.6))
axs['patches'].add_patch(Polygon([(10, 20), (30, 40), (50, 10)],
                            hatch='\\\\...', facecolor='g',alpha=.3))
axs['patches'].set_xlim([0, 50])
axs['patches'].set_ylim([10, 60])
axs['patches'].set_aspect(1)
plt.savefig('.\图片\图 5-29.png')
plt.show()
```

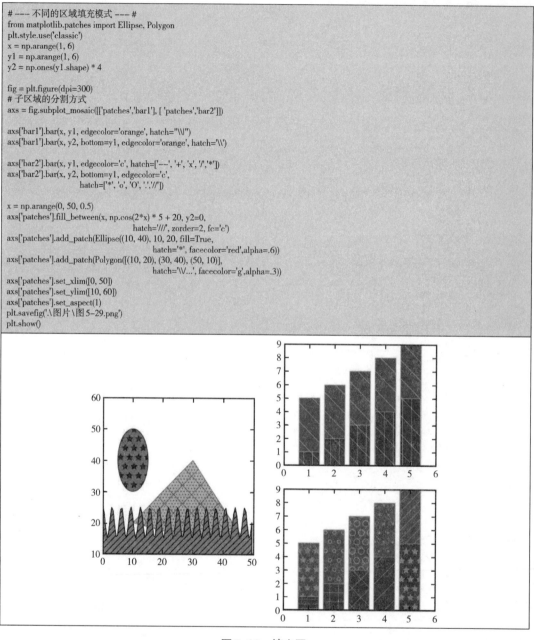

图5-29　填充图

三、3D图形的绘制

在Matplotlib模块中，还可以绘制不同的三维图形。在三维空间中的某个坐标平面绘制图形的具体示例代码及执行结果如图5-30所示。

```
# --- 三维空间中绘制平面上的图形 --- #
ax = plt.figure(dpi=300).add_subplot(projection='3d')
# 生成虚拟数据
x = np.linspace(0, 3*np.pi, 100)
y = np.cos(x) / 2 + 0.5
ax.plot(x, y, zs=0, zdir='z', label='XY平面上的曲线')

colors = ('r', 'g', 'b', 'k')
np.random.seed(2022)
x = np.random.sample(10 * len(colors))+2
y = np.random.sample(10 * len(colors))
c_list = []
for c in colors:
    c_list.extend([c]* 10)
# 通过定义 zs=0,zdir 来决定在一个坐标面上绘制
ax.scatter(x, y, zs=0, zdir='y', c=c_list, label='ZX平面上的散点')
# 设置显示中文字体
ax.legend(prop={'family': 'simsun'})
ax.set_xlim(0, 3*np.pi+.5)
ax.set_ylim(0, 1)
ax.set_zlim(0, 1)
ax.set_xlabel('X')
ax.set_ylabel('Y')
ax.set_zlabel('Z')
# 调整视角
ax.view_init(elev=20., azim=-35)
plt.savefig('.\图片\图5-30.png')
plt.show()
```

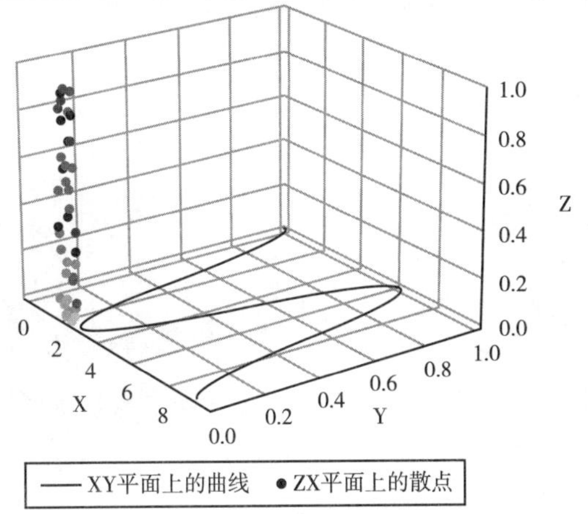

图5-30　三维空间坐标面绘图

在三维空间中不同形式柱状图及空间曲线绘制的具体示例代码及执行结果如图5-31所示。

```
# --- 三维柱状图 --- #
from mpl_toolkits.mplot3d import axes3d
from matplotlib import cm
fig = plt.figure(figsize=(8, 8),dpi=300)
ax1 = fig.add_subplot(221, projection='3d')
ax2 = fig.add_subplot(222, projection='3d')
# 生成虚拟数据
cz_x = np.arange(10,20,1)
cz_y = np.arange(20,40,2)
cz_xx, cz_yy = np.meshgrid(cz_x, cz_y)
x, y = cz_xx.ravel(), cz_yy.ravel()
cz_top = x**2 + y**2
```

```
cz_bottom = np.zeros_like(cz_top)
width = depth = 1
# 三维柱状图
ax1.bar3d(x, y,cz_bottom, width, depth, cz_top, shade=True,edgecolor='w')
ax1.set_title('带阴影效果',fontdict={'family': 'simsun'})
ax2.bar3d(x, y, cz_bottom, width, depth, cz_top, shade=False,color='m',alpha=.5)
ax2.set_title('无阴影效果',fontdict={'family': 'simsun'})

ax3= fig.add_subplot(223, projection='3d')
np.random.seed(2022)
colors = ['r', 'g', 'b', 'y']
yticks = [3, 2, 1, 0]
for c, k in zip(colors, yticks):
    #在某个平面层上的虚拟数据
    xs = np.arange(20)
    ys = np.random.rand(20)
    cs = [c]* len(xs)
    cs[0]= 'r'
    ax3.bar(xs, ys, zs=k, zdir='y', color=cs, alpha=0.8) #zs参数表示的是平面层
# 最后一层添加一条曲线
ax3.plot(xs, ys, zs=3, zdir='y', color='blue', alpha=0.8) #zs参数表示的是平面层
ax3.set_xlabel('X')
ax3.set_ylabel('Y')
ax3.set_zlabel('Z')
ax3.set_yticks(yticks)
ax3.set_title('多平面层绘图',fontdict={'family': 'simsun'})

ax4= fig.add_subplot(224, projection='3d')
# 生成虚拟数据
X, Y, Z = axes3d.get_test_data(0.001)
# 三维曲线
ax4.contour(X, Y, Z, cmap=cm.rainbow)    # Colormap 参考
ax4.set_title('空间曲线',fontdict={'family': 'simsun'})

plt.tight_layout()
plt.savefig('.\图片\图5-31.png')
plt.show()
```

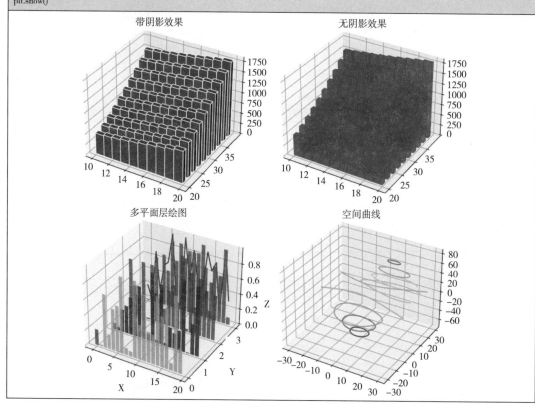

图5-31 三维空间柱状图及曲线

178

在三维空间中，空间曲面及轮廓投影绘制的具体示例代码及执行结果如图5-32所示。

```python
# ---- 三维空间曲面 ---- #
fig = plt.figure(figsize=(8, 8),dpi=300)
ax1 = fig.add_subplot(221, projection='3d')
X, Y, Z = axes3d.get_test_data(0.05)
# 三维曲面
ax1.plot_surface(X, Y, Z, rstride=8, cstride=8, alpha=0.5)
# 三个坐标轴上的轮廓投影
ax1.contour(X, Y, Z, zdir='z', offset=-100, cmap=cm.rainbow)
ax1.contour(X, Y, Z, zdir='x', offset=-40, cmap=cm.rainbow)
ax1.contour(X, Y, Z, zdir='y', offset=40, cmap=cm.rainbow)
ax1.set(xlim=(-40, 40), ylim=(-40, 40), zlim=(-100, 100),
        xlabel='X', ylabel='Y', zlabel='Z')
ax2 = fig.add_subplot(222, projection='3d')
ax2.contourf(X, Y, Z, cmap=cm.coolwarm) #填充轮廓区域
ax2.set(xlim=(-40, 40), ylim=(-40, 40), zlim=(-100, 100),
        xlabel='X', ylabel='Y', zlabel='Z')
ax3 = fig.add_subplot(223, projection='3d')
# 轮廓区域填充投影
ax3.plot_surface(X, Y, Z, rstride=8, cstride=8, alpha=0.5)
ax3.contourf(X, Y, Z, zdir='z', offset=-100, cmap=cm.rainbow)
ax3.contourf(X, Y, Z, zdir='x', offset=-40, cmap=cm.rainbow)
ax3.contourf(X, Y, Z, zdir='y', offset=40, cmap=cm.rainbow)
ax3.set(xlim=(-40, 40), ylim=(-40, 40), zlim=(-100, 100),
        xlabel='X', ylabel='Y', zlabel='Z')
ax4 = fig.add_subplot(224, projection='3d')
X, Y, Z = axes3d.get_test_data(0.01)
ax4.contour(X, Y, Z, extend3d=True, cmap=cm.rainbow)
plt.tight_layout(w_pad=2)
plt.savefig('.\图片\图5-32.png')
plt.show()
```

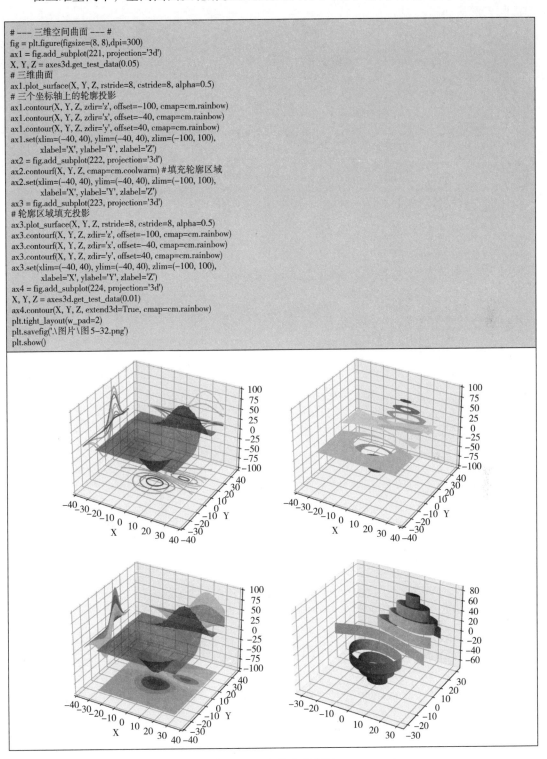

图5-32 三维空间曲面

在 Matplotlib 模块中，三维空间中的图形和二维空间中的图形混合绘制的具体示例代码及执行结果如图 5-33 所示。

在 Matplotlib 模块中，还可以绘制不同颜色格式的三维曲面以及骨格线曲面图形，具体示例代码及执行结果如图 5-34 所示。

在 Matplotlib 模块中，还可以绘制以三角面片为基础的空间曲面以及体结构的三维几何体图形，具体示例代码及执行结果如图 5-35 所示。

```python
# ---- 二维和三维图形一起绘制 ---- #
from matplotlib.collections import PolyCollection
from scipy.stats import poisson

fig = plt.figure(figsize=(7,5),dpi=300)
fig.suptitle('2D 和 3D 图形混合绘制',fontdict={'family': 'simsun'})

ax1 = fig.add_subplot(2, 2, 1)
x = np.arange(0.0, 5.0, 0.1)
y1 = np.cos(2*np.pi*x) * np.exp(-x)
y2 = np.sin(2*np.pi*x) * np.exp(-x)

ax1.plot(x, y1, 'g',x, y2, 'b--', markerfacecolor='green')
ax1.grid(True)
ax1.set_title('平面图形',fontdict={'family': 'simsun'})

ax2 = fig.add_subplot(2, 2, 2, projection='3d')
X = np.arange(-10, 10, 0.5)
Y = np.arange(-10, 10, 0.5)
X, Y = np.meshgrid(X, Y)
R = np.sqrt(X**2 + Y**2)
Z = np.sin(R)
surf = ax2.plot_surface(X, Y, Z, rstride=1, cstride=1,
                        linewidth=0, antialiased=False,alpha=.8)
ax2.set_zlim(-1, 1)
ax2.set_title('3D 曲面',fontdict={'family': 'simsun'})

ax3 = fig.add_subplot(2, 2, 3, projection='3d')
X, Y = np.mgrid[0:6*np.pi: 0.5, 0:6*np.pi: 0.5]
Z = np.sqrt(np.abs(np.cos(X) + np.cos(Y)))
ax3.plot_surface(X , Y , Z, cmap='rainbow', cstride=1, rstride=1)
ax3.set_zlim(0, 2)

ax4= fig.add_subplot(2, 2, 4, projection='3d')
np.random.seed(2022)
# 生成虚拟点序列
def polygon_under_graph(x, y):
    return [(x[0], 0.), *zip(x, y), (x[-1], 0.)]
x = np.linspace(1., 12., 40)
cz_pt = range(1, 6)
verts = [polygon_under_graph(x, poisson.pmf(l, x)) for l in cz_pt]
facecolors = plt.colormaps['viridis'](np.linspace(0, 1, len(verts)))
poly = PolyCollection(verts, facecolors=facecolors, alpha=.9)
ax4.add_collection3d(poly, zs=cz_pt, zdir='y')
ax4.set(xlim=(-2, 12), ylim=(1, 7), zlim=(0, 0.35))
plt.tight_layout()
plt.savefig('.\图片\图 5-33.png')
plt.show()
```

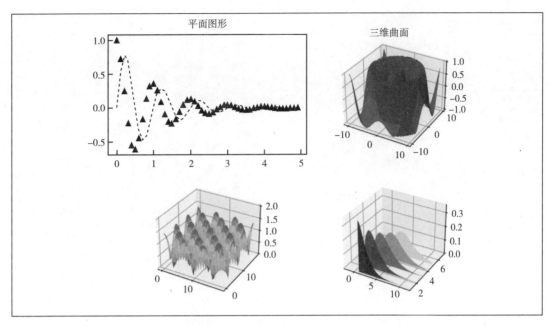

图 5-33　二维和三维图形混合绘制

```
# --- 三维空间曲面和骨格线绘制 --- #
from mpl_toolkits.mplot3d.axes3d import get_test_data
from matplotlib.ticker import LinearLocator
fig = plt.figure(figsize=(8,6),dpi=300)
fig.suptitle('曲面和骨格线图',fontdict={'family': 'simsun'})

ax1 = fig.add_subplot(2, 2, 1, projection='3d')
xs1=np.random.randint(50,60,100)
ys1=np.random.randint(40,50,100)
zs1=np.random.randint(30,40,100)
xs2=np.random.randint(10,40,100)
ys2=np.random.randint(20,50,100)
zs2=np.random.randint(40,50,100)

ax1.scatter(xs1,ys1,zs1,c='r',marker='o')
ax1.scatter(xs2,ys2,zs2,c='g',marker='>')
ax1.set_xticks([])
ax1.set_yticks([])
ax1.set_zticks([])
ax1.set_xlabel('X轴')
ax1.set_ylabel('Y轴')
ax1.set_zlabel('Z轴')

ax1.view_init(elev=30,azim=30)
ax1.set_title('散点图')

# 柱坐标图形
ax2 = fig.add_subplot(2, 2, 2, projection='3d')
r = np.linspace(0, 2, 60)
p = np.linspace(0, 2*np.pi, 60)
R, P = np.meshgrid(r, p)
Z = ((R**2 - 1)**2)*1.5
X, Y = R*np.cos(P), R*np.sin(P)

surf=ax2.plot_surface(X, Y, Z, cmap=plt.cm.rainbow)
ax2.set_zlim(0, 15)
ax2.set_xticks([])
ax2.set_yticks([])
ax2.set_zticks([])
ax2.set_title('柱坐标表示')
fig.colorbar(surf, shrink=0.5, aspect=5)
```

181

```
ax3 = fig.add_subplot(2, 2, 3, projection='3d')
X, Y, Z = get_test_data(0.07)
ax3.plot_wireframe(X, Y, Z, rstride=5, cstride=10,color='orange')
ax3.set_title('骨格线图')

ax4 = fig.add_subplot(2, 2, 4, projection='3d')
r = np.linspace(0, 1.25, 50)
p = np.linspace(0, 2*np.pi, 50)
R, P = np.meshgrid(r, p)
Z = ((R**2 – 1)**2)
X, Y = R*np.cos(P), R*np.sin(P)
# 设置棋盘填充颜色
colortuple = ('r', 'b')
colors = np.empty(X.shape, dtype=str)
for y in range(len(Y)):
    for x in range(len(X)):
        colors[y, x]= colortuple[(x + y) % len(colortuple)]
# 带颜色的曲面
surf = ax4.plot_surface(X, Y, Z, facecolors=colors, linewidth=0)
# 标准化Z轴
ax4.set_zlim(0, 1)
ax4.set_title('棋盘颜色格式')

plt.tight_layout()
plt.savefig('.\图片\图5-34.png')
plt.show()
```

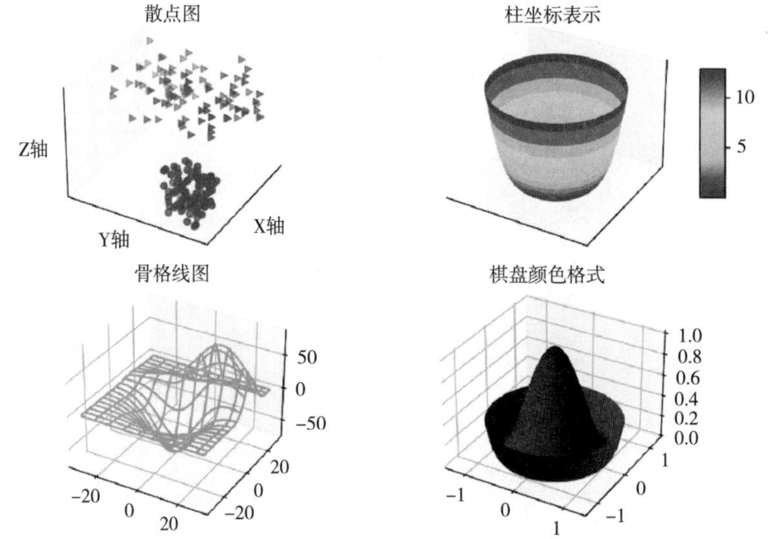

图5-34　三维曲面和骨格线图绘制

```
# --- 三角面片和体绘制图形 --- #
fig = plt.figure(figsize=(8,6),dpi=300)
fig.suptitle('三角面片和体绘制图形')

ax1 = fig.add_subplot(2, 2, 1, projection='3d')
cz_radii = 10
cz_angles = 40
radii = np.linspace(0.5, 1.5, cz_radii)
angles = np.linspace(0, 2*np.pi, cz_angles, endpoint=False)[..., np.newaxis]
# 马鞍面点坐标
x = np.append(0, (radii*np.cos(angles)).flatten())
y = np.append(0, (radii*np.sin(angles)).flatten())
z = 2*np.sin(–x*y)
```

```
ax1.plot_trisurf(x, y, z, linewidth=.2, antialiased=True,color='black',edgecolor='w')
ax1.set_xticks([])
ax1.set_yticks([])
ax1.set_zticks([])
ax1.set_title('马鞍面')

ax2 = fig.add_subplot(2, 2, 2, projection='3d')
x, y, z = np.indices((10, 14, 10))
# 连接体部分
cube1 = (x < 4) & (y < 4) & (z < 4)
cube2 = (x >= 7) & (y >= 7) & (z >= 7)
link = abs(x – y) + abs(y – z) + abs(z – x) <= 4
# 连接数据
voxelarray = cube1 | cube2 | link
#设置颜色
colors = np.empty(voxelarray.shape, dtype=object)
colors[link]= 'yellow'
colors[cube1]= 'red'
colors[cube2]= 'k'
ax2.voxels(voxelarray, facecolors=colors, edgecolor='w')
ax2.set_xticks([])
ax2.set_yticks([])
ax2.set_zticks([])
ax2.set_title('体绘制')

ax3 = fig.add_subplot(2, 2, 3, projection='3d')
def mid_points(x):
    sl = ()
    for i in range(x.ndim):
        x = (x[sl + np.index_exp[:-1]]+ x[sl + np.index_exp[1:]]) / 2.0
        sl += np.index_exp[:]
    return x
# 定义坐标
x, y, z = np.indices((20, 20, 20))/19.5
xc = mid_points(x)*1.5
yc = mid_points(y)*1.5
zc = mid_points(z)*1.5
# 定义球体方程
cz_sphere = (xc – .5)**2 + (yc – .5)**2 + (zc – .5)**2 < .5**2
ax3.voxels(x,y,z, cz_sphere,facecolor='red',edgecolors='w',linewidth=.2)
ax3.set_zlim(–0.1,.7)
ax3.set_xlim(–.1,.7)
ax3.set_ylim(–0.1,.7)
ax3.set_title('三维球体')

ax4 = fig.add_subplot(2, 2, 4, projection='3d')
# 柱坐标
r, theta, z = np.mgrid[0:1:11j, 0:np.pi*2:25j, –0.5:0.5:11j]
x = r*np.cos(theta)
y = r*np.sin(theta)
rc, thetac, zc = mid_points(r), mid_points(theta), mid_points(z)
# 体坐标方程
cz_grah = (rc – 1)**4 + (zc + 0.5*np.sin(thetac*5))**2 < 0.5**2
#定义各点的颜色
colors = np.zeros(sphere.shape + (3,))
colors[..., 0]= rc/3
colors[..., 1]= rc
colors[..., 2]= rc/2

ax4.voxels(x, y, z, cz_grah,facecolors=colors,
            edgecolors=np.clip(4*colors – 0.5, 0, 1),    # brighter
            linewidth=0.5)
ax4.set_title('柱坐标')

plt.tight_layout()
plt.savefig('.\图片\图5-35.png')
plt.show()
```

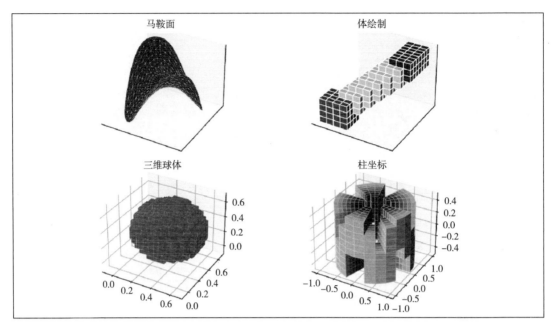

图 5-35　三角曲面和体图绘制

第二节　Seaborn 和 Plotly 数据可视化

　　Seaborn 模块是 Python 语言中另外一个数据可视化的模块，该模块是基于 Matplotlib 模块构建的数据可视化模块，旨在提供更加高级的接口以绘制信息量更大的统计图形。详细信息可以参加官网：https://seaborn.pydata.org/。

　　Plotly 模块则是更加专注于采用 Python 语言进行交互式数据可视化的模块，提供了诸如线条图、面积图、散点图、柱状图、热力图等在内的丰富的图形绘制功能。详细信息可以参加官网：https://plotly.com/python/。

一、Seaborn 数据可视化

　　下面通过一系列示例来展示 Seaborn 模块的可视化功能。

　　Seaborn 模块中可以基于数据集绘制线性回归曲线，具体示例代码及执行结果如图 5-36 所示。

```
# —— 线性回归曲线 —— #
sns.set_theme(style="ticks")
df = pd.read_csv(r"D:\ReadyForMoving\PythonDatasets\seaborn-data\anscombe.csv")
df.columns=['数据集','x','y']
#设置中文字体显示
```

```
rc = {'font.sans-serif': 'simsun','axes.unicode_minus': False}
sns.set(context='notebook', style='ticks', rc=rc)
#线性回归结果
cz_lr=sns.lmplot(x="x", y="y", col="数据集", hue="数据集", data=df,
col_wrap=2, ci=95, palette="muted", height=4,scatter_kws={"s":50, "alpha":.7})
plt.savefig('.\图片\图5-36.png')
plt.show()
```

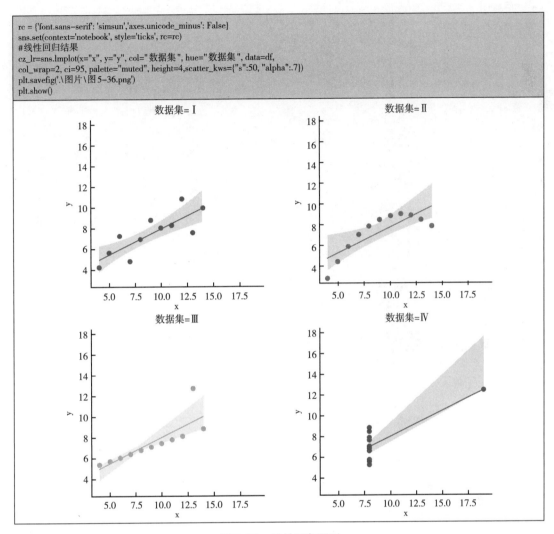

图5-36　线性回归图形

　　Seaborn模块中可以绘制带有误差限的曲线、小提琴图、柱状图及箱线图，具体示例代码及执行结果如图5-37所示。

```
# --- 带有误差限的曲线、小提琴、柱状图、箱线图 --- #
# 设置中文字体显示
rc = {'font.sans-serif': 'simsun','axes.unicode_minus': False}
sns.set(context='notebook', style='ticks', rc=rc)
# 去除画图区域的边界
sns.despine(top=True)

fig=plt.figure(figsize=(10,8))
ax1=fig.add_subplot(221)
fmri = pd.read_csv(r"D: \ReadyForMoving\PythonDatasets\seaborn-data\fmri.csv")
fmri.columns=['subject', 'timepoint', '事件', 'region', 'signal']
cz_lp=sns.lineplot(x="timepoint", y="signal",
                hue="region", style="事件",
                data=fmri)
```

```
plt.xlabel('时间')
plt.ylabel('信号')
# 修改图例显示文本
handles,labels=ax1.get_legend_handles_labels()
ax1.legend(handles[1:],labels[1:],title='误差限')
ax1.set_title('带有误差限曲线')

ax2=fig.add_subplot(222)
tips = pd.read_csv(r"D: \ReadyForMoving\PythonDatasets\seaborn-data\tips.csv")
sns.violinplot(data=tips, x="day", y="total_bill", hue="smoker",
                split=True, inner="quart", linewidth=1,palette={"Yes":"g", "No":".7"})

plt.xlabel('天')
plt.ylabel('花费')
ax2.set_title('小提琴图')

ax3=fig.add_subplot(223)
diamonds =pd.read_csv(r"D: \ReadyForMoving\PythonDatasets\seaborn-data\diamonds.csv")

sns.histplot(diamonds,x="price", hue="cut",multiple="stack", palette="light: m_r", edgecolor=".3",
        linewidth=.5, log_scale=True,)
ax3.xaxis.set_major_formatter(mpl.ticker.ScalarFormatter())
ax3.set_xticks([500, 1000, 2000, 5000, 10000])
plt.xlabel('价格')
plt.ylabel('数量')
ax3.set_title('堆叠柱状图')

ax4=fig.add_subplot(224)
ax4.set_xscale("log")

planets = pd.read_csv(r"D: \ReadyForMoving\PythonDatasets\seaborn-data\planets.csv")
sns.boxplot(x="distance", y="method", data=planets,
                whis=[0, 100], width=.6, palette="vlag")
sns.stripplot(x="distance", y="method", data=planets,
                size=4, color=".3", linewidth=0)
ax4.xaxis.grid(True)
ax4.set_xlabel('距离')
ax4.set(ylabel="")
ax4.set_title('箱线图')

plt.tight_layout()
plt.savefig('.\图片\图5-37.png')
plt.show()
```

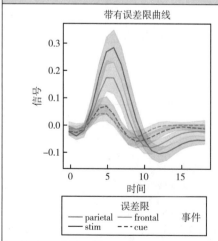

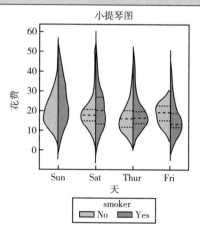

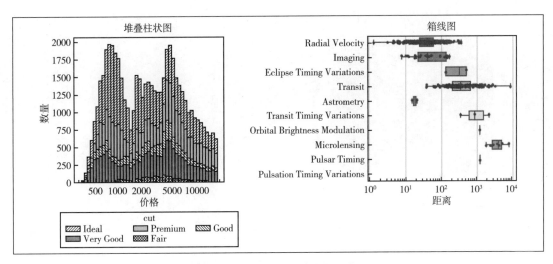

图5-37　柱状图和箱线图组合

Seaborn模块中还可以绘制增强箱线图、热力图，具体示例代码及执行结果如图5-38所示。

```
# --- 热力图和增强箱线图 --- #
# 设置中文字体显示
rc = {'font.sans-serif': 'simsun','axes.unicode_minus': False}
sns.set(context='notebook', style='ticks', rc=rc)
# 去除画图区域的边界
sns.despine(top=True)
filepath='D: \\ReadyForMoving\\PythonDatasets\\seaborn-data\\'

fig=plt.figure(figsize=(10,4))
ax1=fig.add_subplot(121)
uniform_data = np.random.rand(5, 5)
sns.heatmap(uniform_data,ax=ax1,linewidths=.2)
ax1.set_xticks([0.5,1.5,2.5,3.5,4.5],['V1','V3','V3','V4','V5'])
ax1.set_yticks([0.5,1.5,2.5,3.5,4.5],['V1','V3','V3','V4','V5'])
ax1.set_title('热力图')

ax2=fig.add_subplot(122)
clarity_ranking = ["I1", "SI2", "SI1", "VS2", "VS1", "VVS2", "VVS1", "IF"]
sns.boxenplot(x="clarity", y="carat",
              color="b", order=clarity_ranking,
              scale="linear", data=diamonds,ax=ax2)
ax2.set_title('增强箱线图')
ax2.set_ylabel('统计量')
ax2.set_xlabel('类别')
ax2.set_xticks(ticks=np.arange(8),labels=['C1','C2','C3','C4','C5','C6','C7','C8'])

plt.tight_layout()
plt.savefig('.\图片\图5-38.png')
plt.show()
```

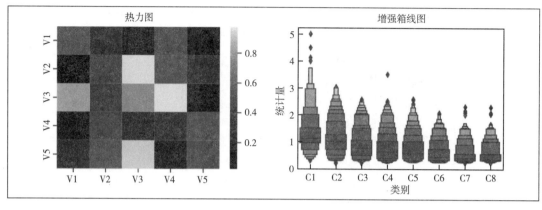

图 5-38　热力图和增强箱线图组合

Seaborn模块中绘制山脊图的具体示例代码及执行结果如图5-39所示。

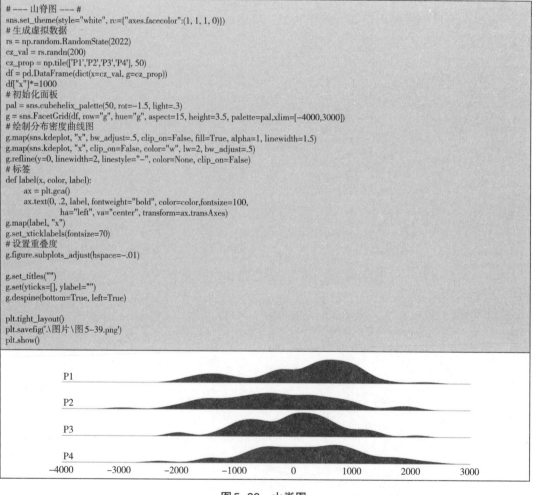

```
# ——— 山脊图 ——— #
sns.set_theme(style="white", rc={"axes.facecolor":(1, 1, 1, 0)})
# 生成虚拟数据
rs = np.random.RandomState(2022)
cz_val = rs.randn(200)
cz_prop = np.tile(['P1','P2','P3','P4'], 50)
df = pd.DataFrame(dict(x=cz_val, g=cz_prop))
df["x"]*=1000
# 初始化面板
pal = sns.cubehelix_palette(50, rot=-1.5, light=.3)
g = sns.FacetGrid(df, row="g", hue="g", aspect=15, height=3.5, palette=pal,xlim=[-4000,3000])
# 绘制分布密度曲线图
g.map(sns.kdeplot, "x", bw_adjust=.5, clip_on=False, fill=True, alpha=1, linewidth=1.5)
g.map(sns.kdeplot, "x", clip_on=False, color="w", lw=2, bw_adjust=.5)
g.refline(y=0, linewidth=2, linestyle="-", color=None, clip_on=False)
# 标签
def label(x, color, label):
    ax = plt.gca()
    ax.text(0, .2, label, fontweight="bold", color=color,fontsize=100,
            ha="left", va="center", transform=ax.transAxes)
g.map(label, "x")
g.set_xticklabels(fontsize=70)
# 设置重叠度
g.figure.subplots_adjust(hspace=-.01)

g.set_titles("")
g.set(yticks=[], ylabel="")
g.despine(bottom=True, left=True)

plt.tight_layout()
plt.savefig('.\图片\图5-39.png')
plt.show()
```

图 5-39　山脊图

Seaborn模块中绘制条件密度估计图形的具体示例代码及执行结果如图5-40所示。

```
# --- 条件概率密度估计 --- #
sns.set_theme(style="whitegrid")
rc = {'font.sans-serif': 'simsun','axes.unicode_minus': False}
sns.set(rc=rc)
filepath='D:\\ReadyForMoving\\PythonDatasets\\seaborn-data\\'
diamonds=pd.read_csv(filepath+'diamonds.csv')
# 条件为carat
sns.displot(data=diamonds,x="carat", hue="cut",
    kind="kde", height=6,multiple="fill", clip=(0, None),palette="ch: rot=-.25,hue=1,light=.75",)
plt.xlabel('条件 (carat)')
plt.ylabel('密度估计')

plt.savefig('.\图片\图5-40.png')
plt.show()
```

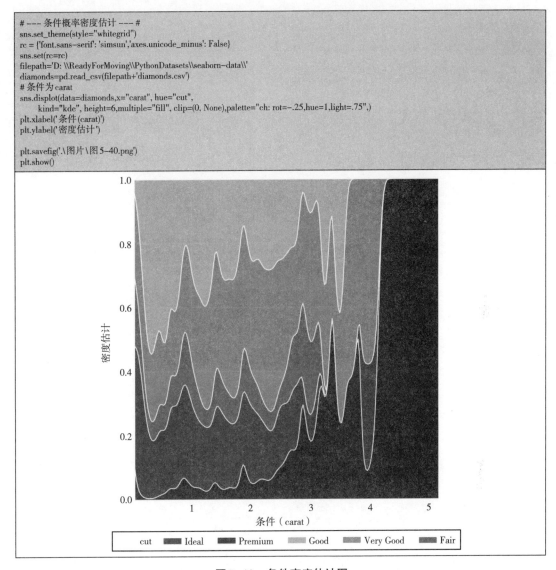

图5-40　条件密度估计图

Seaborn模块中还可以绘制多个变量间两两相互的散点图和二维密度曲线图，具体示例代码及执行结果如图5-41所示。

```
# --- 成对密度和散点图 --- #
sns.set_theme(style="white")
rc = {'font.sans-serif': 'simsun','axes.unicode_minus': False}
sns.set(rc=rc)
filepath='D:\\ReadyForMoving\\PythonDatasets\\seaborn-data\\'
df =pd.read_csv(filepath+'penguins.csv')
g = sns.PairGrid(df, diag_sharey=False)
# 上半部分
g.map_lower(sns.scatterplot, s=25,color='r')
# 下半部分
```

```
g.map_upper(sns.kdeplot,color='orange')
# 对角线
g.map_diag(sns.kdeplot, lw=2)

plt.savefig('.\图片\图5-41.png')
plt.show()
```

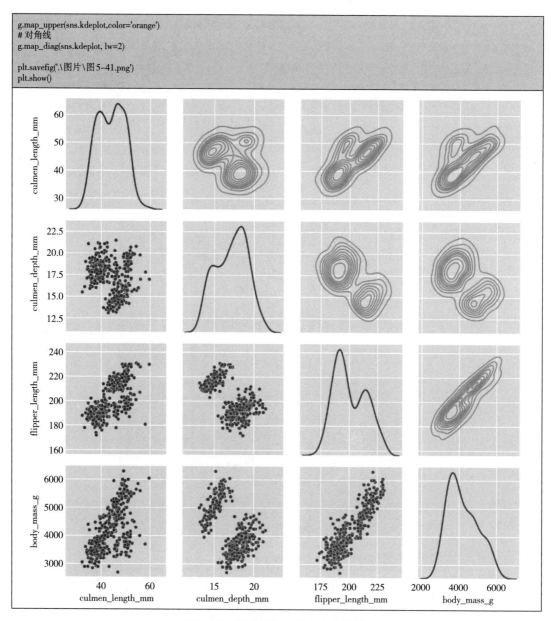

图 5-41　散点图和二维密度曲线图

　　Seaborn 模块中绘制二维变量的回归曲线及边际密度图的具体示例代码及执行结果如图 5-42 所示。

```
# --- 变量的回归及边际密度估计 --- #
sns.set_theme(style="darkgrid")
rc = {'font.sans-serif': 'simsun','axes.unicode_minus': False}
sns.set(rc=rc)
filepath='D: \\ReadyForMoving\\PythonDatasets\\seaborn-data\\'
tips =pd.read_csv(filepath+'tips.csv')
g = sns.jointplot(x="total_bill", y="tip", data=tips,
                  kind="reg", truncate=False,
```

```
                    xlim=(0, 60), ylim=(0, 12),
                    color="m", height=7)
g.set_axis_labels(xlabel='总账单',ylabel='小费')

plt.savefig('.\图片\图5-42.png')
plt.show()
```

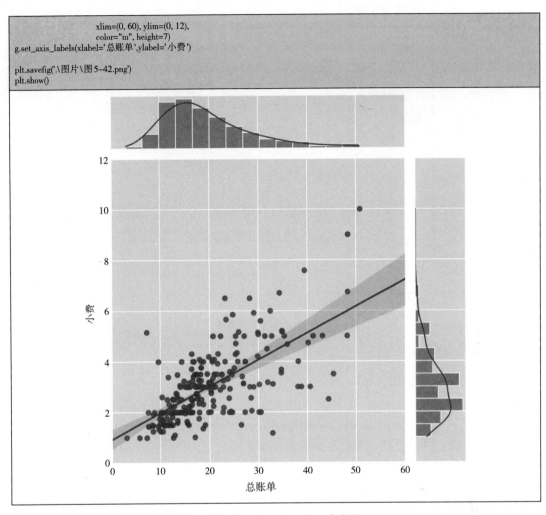

图5-42　回归曲线及边际密度图

Seaborn模块中也可以同时绘制多条时间序列曲线，具体示例代码及执行结果如图5-43所示。

```
# --- 时间序列曲线 --- #
sns.set_theme(style="whitegrid")
sns.set_theme(style="darkgrid")
rc = {'font.sans-serif': 'simsun','axes.unicode_minus': False}
sns.set(rc=rc)
rs = np.random.RandomState(2022)
values = rs.randn(2022, 6).cumsum(axis=0)
dates = pd.date_range("1 1 2001", periods=2022, freq="W")
data = pd.DataFrame(values, dates, columns=["SK0", "SK1", "SK2", "SK3",'SK4','SK5'])
data = data.rolling(30).mean()

sns.lineplot(data=data, palette="tab10", linewidth=2.5)
plt.xlabel('时间')
plt.ylabel('价格')
plt.savefig('.\图片\图5-43.png')
plt.show()
```

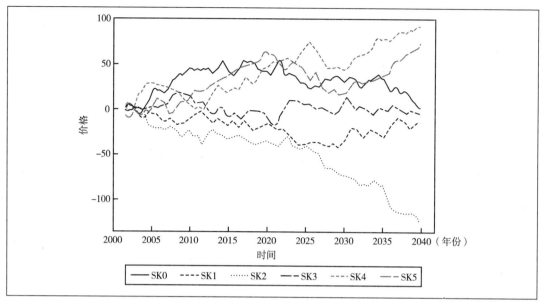

图 5-43　时间序列曲线

二、Plotly 数据可视化

下面通过一系列示例来展示 Plotly 模块的可视化功能。

Plotyly 模块中可以绘制分类散点图，将不同类别数据的散点图绘制在一起，具体示例代码及执行结果如图 5-44 所示。

```
# --- 分类散点图 --- #
filepath='D: \\ReadyForMoving\\PythonDatasets\\seaborn-data\\'
df =pd.read_csv(filepath+'iris.csv')
# 设置格式
layout = go.Layout(
    autosize=False,width=1280,height=1024,
    xaxis={'title': 'X轴','titlefont': {'family': 'simsun','size': 15}},
    yaxis={'title': 'Y轴','titlefont': {'family': 'simsun','size': 15}},
    legend={'bordercolor': 'rgb(100,155,0)','borderwidth': 1},)
fig = px.scatter(df, x="sepal_width", y="sepal_length", color="species",
                 size='petal_length', hover_data=['petal_width'])
fig.layout=layout
io.write_image(fig=fig,file='.\图片\图 5-44.svg',format='svg')
io.write_image(fig=fig,file='.\图片\图 5-44.png',format='png')
fig.show()
```

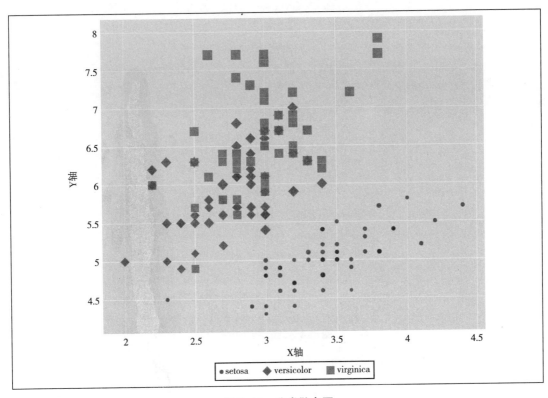

图5-44　分类散点图

Plotyly模块中也可以在散点图的基础上绘制回归直线，具体示例代码及执行结果如图5-45所示。

```
# --- 线性回归 --- #
filepath='D: \\ReadyForMoving\\PythonDatasets\\seaborn-data\\'
df =pd.read_csv(filepath+'tips.csv')
width=1280;height=1024
# 设置格式
layout = go.Layout(
        autosize=False,width=width,height=height,
        xaxis={'title': ' 总账单','titlefont': {'family': 'simsun','size': 15}},
        yaxis={'title': '小费','titlefont': {'family': 'simsun','size': 15}},
        legend={'bordercolor': 'rgb(100,155,0)','borderwidth': 1},)

fig = px.scatter(df, x="total_bill", y="tip", trendline="ols",trendline_color_override='red',)
fig.layout=layout
io.write_image(fig=fig,file='.\图片\图 5-45.svg',format='svg')
io.write_image(fig=fig,file='.\图片\图 5-45.png',format='png')
fig.show()
```

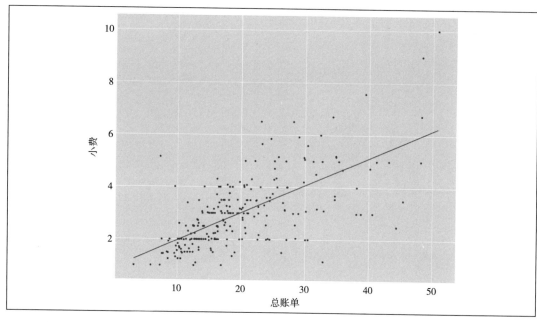

图5-45　线性回归图

Plotyly模块中在多轴图中绘制饼图的具体示例代码及执行结果如图5-46所示。

```
# --- 多轴图 --- #
from plotly.subplots import make_subplots
filepath='D: \\ReadyForMoving\\PythonDatasets\\seaborn-data\\'
df =pd.read_csv(filepath+'tips.csv')
width=1280;height=1024
# 设置格式
layout = go.Layout(
        autosize=False,width=width,height=height,
        legend={'bordercolor': 'rgb(100,155,0)','borderwidth': 1},)

labels = ['G'+str(i) for i in np.arange(1,8)]
# Create subplots: use 'domain' type for Pie subplot
fig = make_subplots(rows=1, cols=2, specs=[[{'type': 'domain'}, {'type': 'domain'}]])
fig.add_trace(go.Pie(labels=labels, values=[26, 15, 12, 11, 10, 4, 22], name="特征 1",
                        textfont={'family': 'simsun'}),1, 1)
fig.add_trace(go.Pie(labels=labels, values=[27, 11, 25, 10, 4, 3, 20], name="特征 2",
                        textfont={'family': 'simsun'}),1, 2)
# Use `hole` to create a donut-like pie chart
fig.update_traces(hole=.4, hoverinfo="label+percent+name")

fig.update_layout(
        title_text="",
        # Add annotations in the center of the donut pies.
        annotations=[dict(text='特征 1', x=0.18, y=0.5, font_size=20, font={'family': 'simsun'},showarrow=False),
                    dict(text='特征 2', x=0.82, y=0.5, font_size=20, font={'family': 'simsun'},showarrow=False)])
io.write_image(fig=fig,file='.\图片\图 5-46.svg',format='svg')
io.write_image(fig=fig,file='.\图片\图 5-46.png',format='png')
fig.show()
```

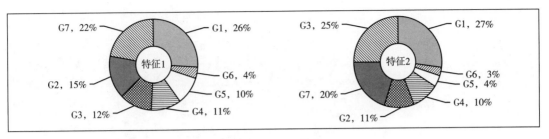

图5-46　多轴饼图

Plotyly 模块中绘制太阳花图的具体示例代码及执行结果如图5-47所示。

```
# ——— 太阳花 ——— #
filepath='D: \\ReadyForMoving\\PythonDatasets\\seaborn-data\\'
df =pd.read_csv(filepath+'tips.csv')
width=1280;height=1024
# 设置格式
layout = go.Layout(
        autosize=False,width=width,height=height,
        legend={'bordercolor': 'rgb(100,155,0)','borderwidth': 1},)

fig =go.Figure(go.Sunburst(
        labels=["父类", "子类1", "子类2", "子子类3", "子子类2", "子类3", "子类4", "子子类1", "子类5"],
        parents=["", "父类", "父类", "子类1", "子类1", "父类", "父类", "子类4", "父类" ],
        values=[60, 14, 12, 10, 12, 6, 26, 34, 4],
        textfont={'family': 'simsun'},
))
fig.update_layout(margin = dict(t=0, l=0, r=0, b=0))
io.write_image(fig=fig,file='.\图片\图 5-47.svg',format='svg')
io.write_image(fig=fig,file='.\图片\图 5-47.png',format='png')
fig.show()
```

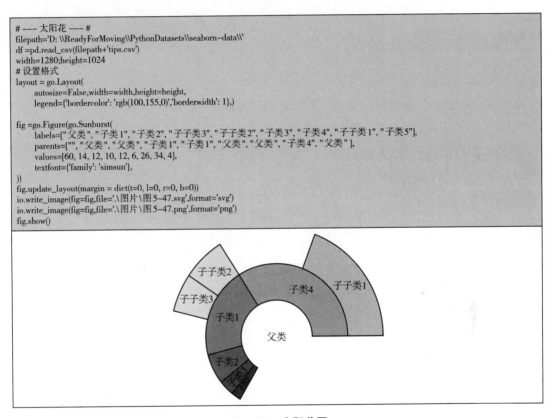

图5-47　太阳花图

Plotyly 模块中绘制气泡图的具体示例代码及执行结果如图5-48所示。

```
# ——— 气泡图 ——— #
import plotly.express as px
width=1280;height=1024
# 设置格式
layout = go.Layout(
        autosize=False,width=width,height=height,
        xaxis={'title': '生产总值','titlefont': {'family': 'simsun','size': 15}},
        yaxis={'title': '寿命','titlefont': {'family': 'simsun','size': 15}},
        legend={'bordercolor': 'rgb(100,155,0)','borderwidth': 1},)
df = px.data.gapminder()
```

```
fig = px.scatter(df.query("year==1997"), x="gdpPercap", y="lifeExp",
        size="pop", color="continent",hover_name="country", log_x=True, size_max=60)
fig.layout=layout
io.write_image(fig=fig,file='.\图片\图5-48.svg',format='svg')
io.write_image(fig=fig,file='.\图片\图5-48.png',format='png')
fig.show()
```

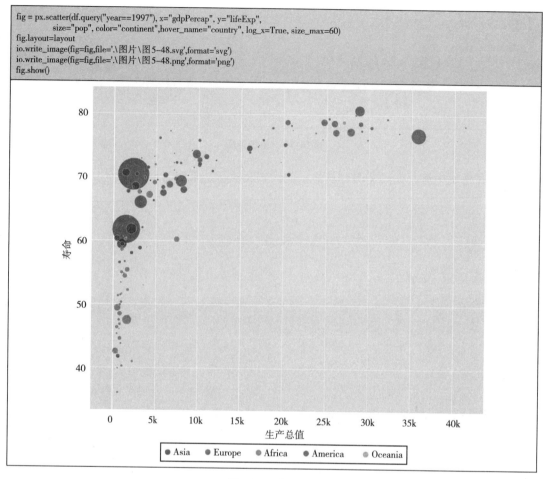

图5-48　气泡图

Plotly模块中也可以绘制带有误差线的折线图，具体示例代码及执行结果如图5-49所示。

```
# —— 误差折线图 —— #
width=1280;height=1024
#设置格式
layout = go.Layout(
        autosize=False,width=width,height=height,
        xaxis={'title': r'$x$','titlefont': {'family': 'simsun','size': 20}},
        yaxis={'title': r'$y$','titlefont': {'family': 'simsun','size': 20}},
        legend={'bordercolor': 'rgb(100,155,0)','borderwidth': 1},)

fig = go.Figure(data=go.Scatter(
        x=np.arange(1,60,2),
        y=15*np.cos(x),
        error_y=dict(
            type='data',
            symmetric=False,
            array=np.random.rand(30)*20+1,
            arrayminus=np.random.rand(30)*10+2)
    ))
fig.layout=layout
io.write_image(fig=fig,file='.\图片\图5-49.svg',format='svg')
io.write_image(fig=fig,file='.\图片\图5-49.png',format='png')
fig.show()
```

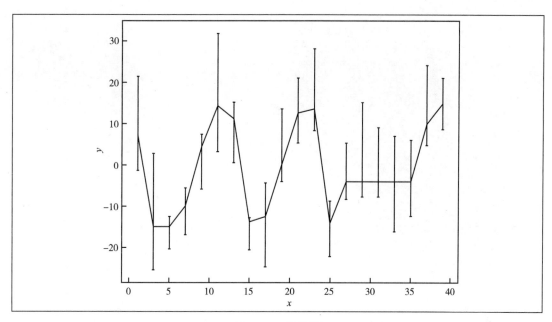

图5-49　折线图

　　Plotyly模块中也可以绘制金融数据的烛台图，具体示例代码及执行结果如图5-50所示。

```
# ―― 时间序列的烛台图形 ―― #
from datetime import datetime
width=1280;height=1024
# 设置格式
layout = go.Layout(
    autosize=False,width=width,height=height,
    xaxis={'title': r'时间','titlefont': {'family': 'simsun','size': 20}},
    yaxis={'title': r'观测值','titlefont': {'family': 'simsun','size': 20}},
    legend={'bordercolor': 'rgb(100,155,0)','borderwidth': 1},)

df = pd.read_csv(r'D: \ReadyForMoving\PythonDatasets\gstock\Google_Stock_Price_Train.csv')

fig = go.Figure(data=[go.Candlestick(x=df['Date'],open=df['Open'],high=df['High'],low=df['Low'],
                    close=df['Close'])])
fig.layout=layout
io.write_image(fig=fig,file='.\图片\图 5-50.svg',format='svg')
io.write_image(fig=fig,file='.\图片\图 5-50.png',format='png')
fig.show()
```

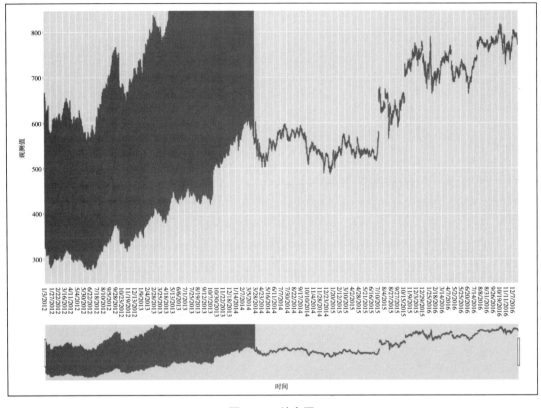

图 5-50　烛台图

Plotyly模块中绘制瀑布图的具体示例代码及执行结果如图5-51所示。

```
# --- 瀑布图 --- #
width=1280;height=1024
# 设置格式
layout = go.Layout(
    autosize=False,width=width,height=height,
    xaxis={'title': r'时间','titlefont': {'family': 'simsun','size': 20}},
    yaxis={'title': r'观测值','titlefont': {'family': 'simsun','size': 20}},
    legend={'bordercolor': 'rgb(100,155,0)','borderwidth': 1},)

fig = go.Figure(go.Waterfall(
    x = [[i+'年' for i in ["2020", "2021", "2021", "2021", "2021", "2022", "2022", "2022", "2022"]],
       ["起步", "1季度", "2季度", "3季度", "总和","1季度", "2季度", "3季度", "总和"]],
    measure = ["absolute", "relative", "relative", "relative", "total", "relative", "relative", "relative", "total"],
    textposition = "outside",
    text = ['15', '26', '32', '-18', '汇总', '15', '22', '-52', '汇总'],
    y = [15, 26, 32, -18, None, 15, 22, -52, None], base = 150,
    decreasing = {"marker":{"color":"yellow", "line":{"color":"red", "width":2}}},
    increasing = {"marker":{"color":"orange"}},
    totals = {"marker":{"color":"deep sky blue", "line":{"color":"blue", "width":1.5}}}))

fig.update_layout(title = '瀑布图', font={'family': 'simsun'},waterfallgap = 0.3)
io.write_image(fig=fig,file='.\图片\图 5-51.svg',format='svg')
io.write_image(fig=fig,file='.\图片\图 5-51.png',format='png')
fig.show()
```

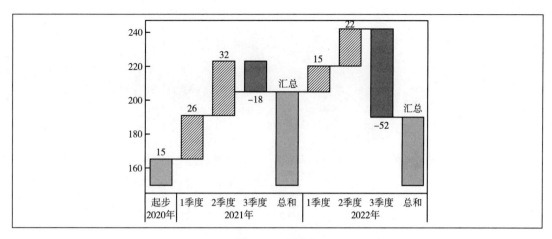

图 5-51　瀑布图

Plotly 模块中绘制漏斗图的具体示例代码及执行结果如图 5-52 所示。

```
# --- 漏斗图 --- #
fig = go.Figure()
width=1280;height=1024
# 设置格式
layout = go.Layout(
        autosize=False,width=width,height=height,
        xaxis={'title': r'','titlefont': {'family': 'simsun','size': 20}},
        yaxis={'title': r'','titlefont': {'family': 'simsun','size': 20}},
        legend={'bordercolor': 'rgb(100,155,0)','borderwidth': 1},)

fig.add_trace(go.Funnel(
        name = '地区 1',textfont={'family': 'simsun'},
        y = ["APP", "网页", "实体店", "其他"],
        x = [120, 160, 130, 50],
        textinfo = "value+percent initial"))

fig.add_trace(go.Funnel(
        name = '地区 2',textfont={'family': 'simsun'},
        orientation = "h",
        y = ["APP", "网页", "实体店", "其他", "购买量", "价格"],
        x = [20, 260, 140, 80, 60],
        textposition = "inside",
        textinfo = "value+percent previous"))

fig.add_trace(go.Funnel(
        name = '地区 3',textfont={'family': 'simsun'},
        orientation = "h",
        y = ["APP", "网页", "实体店", "其他", "购买量", "价格", "成交"],
        x = [90, 170, 250, 130, 90, 15],
        textposition = "outside",
        textinfo = "value+percent total"))
fig.layout=layout
io.write_image(fig=fig,file='.\图片\图5-52.svg',format='svg')
io.write_image(fig=fig,file='.\图片\图5-52.png',format='png')
fig.show()
```

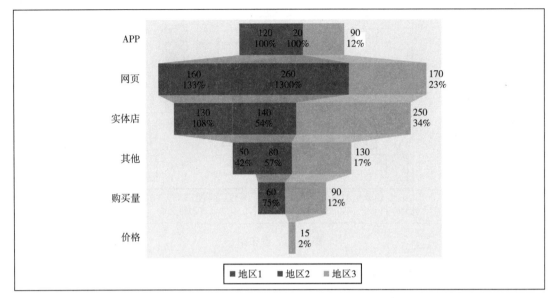

图 5-52   漏斗图

由程序执行的结果可以发现，在 Plotly 模块中绘图设置主要是在"layout"中实现。

习题

1. Python 语言中如何设置绘图对象的分辨率？
2. Python 语言中如何绘制多轴图形？
3. 试数 Python 语言中还有哪些可以实现绘图的第三方模块。

Python 机器学习

　　经济社会的发展经历了工业化时代、信息化时代，现在正在悄然步入数字化时代。大数据时代的到来，给社会经济主体向数据赋能，为数据增值，从数据获益提供了难得的机遇。机器学习则是以数据为导向，以价值挖掘为目标，采用不同的模型和算法处理数据、分析数据，学习数据中隐含的知识，挖掘数据中潜在的价值。

　　本篇以结构化数据、半结构化数据和非结构化数据为基础，以平实、易于理解的语言模式详细介绍了各种机器学习模型的基本原理；以实际数据和问题为导向，采用Python语言详细介绍了各种机器学习模型的计算机实现，并对实验结果进行了分析讨论。机器学习模型主要介绍了关联规则发现模型、聚类模型、维度约简模型、分类模型和预测模型。

第六章　关联规则发现

学习目标：

了解关联规则发现的基本原理，掌握关联规则发现的Apriori算法和FP-Growth算法。

机器学习模型通常情况下可以分为无监督学习模型、半监督学习模型和有监督学习模型。所谓的监督就是指已知样本数据中所包含的与目标变量相关的信息，如分类问题中已知样本数据的类别信息，回归问题中已知样本数据的响应变量信息。无监督学习模型是指在模型构建过程中所使用的样本数据并不包含与目标变量相关的信息；半监督学习模型是指在模型构建过程中所使用的样本数据中只有部分样本数据包含与目标变量相关的信息；有监督学习模型是指在模型构建过程中所使用的样本数据全都包含与目标变量相关的信息。关联规则发现是一种重要的无监督学习模型。

第一节　简　介

数据集中的数据项构成的集合为该数据集中的模式，关联规则发现则是从众多的模式当中发现数据项之间存在的有价值的联系。

一、基本概念

假定数据集 D 中有 N 个不同的数据项，标记为 $I=\{i_1, i_2, \cdots, i_N\}$；那么由集合中部分数据项组成的子集合就构成了数据集 D 中的模式（也可称为项集），标记为 $A=\{i_1^{(k)}, i_2^{(k)}, \cdots, i_m^{(k)}\}$，其中 $A\subseteq I$。根据项集 A 中包含的数据项的个数可以将项集分为1项集，2项集，……，K 项集，其中1项集中包含1个数据项，K 项集中包含 K 个数据项。在数据集 D 的基础上存在一个任务集合 T，集合 T 中的每一个元素 t_j（$j=1, 2, \cdots, n$）是由数据集 D 中的数据项构成的非空项集，不难发现 $t_j\neq\varnothing$ 并且 $t_j\subseteq I$。任务集合 T 中的每一个元素 t_j（$j=1, 2, \cdots, n$）称之为事务，如果事务 t_j 包含项集 A，则表明 $A\subseteq t_j$。关联规则则是数据集 D 中模式之间形如 $A_i\Rightarrow A_j$ 的一种蕴涵式，要求 $A_i\subseteq I, A_j\subseteq I, A_i\neq\varnothing, A_j\neq\varnothing$，$A_i\cap A_j=\varnothing$。

任务集合 T 中包含项集 A_i 的事务的总数为项集 A_i 的出现频度，如果项集的出现频度大于某个事先定义的阈值，那么该项集就被称之为频繁项集。任务集合 T 上关联规则 $A_i\Rightarrow A_j$

的支持度为集合 T 的事务中项集 A_i、A_j 同时出现的概率，即 $(A_i \Rightarrow A_j)_{support} = s = P(A_i \cup A_j)$。任务集合 T 上关联规 $A_i \Rightarrow A_j$ 的置信度为集合 T 的事务中项集 A_i 出现的同时，项集 A_j 也出现的概率，即 $(A_i \Rightarrow A_j)_{confidence} = c = P(A_j | A_i)$，不难发现，置信度是一个条件概率。

如果分别为支持度和置信度设定一个阈值 $s_{threshhold}$ 和 $c_{threshhold}$，那么同时满足最小支持度阈值 $s \geqslant s_{threshhold}$ 和最小置信度阈值 $c \geqslant c_{threshhold}$ 的规则被称之为强规则。通常情况下，关联规则发现就是从以数据集 D 为基础的任务集合 T 上发现模式之间的强规则。

通常情况下，关联规则发现首先要基于集合 T 来找出所有的频繁项集（根据定义，这些项集的出现频度至少应大于预先设置的最小出现频度阈值）；然后在频繁项集中挖掘强关联规则。

二、Apriori算法

1994年 Agrawal 和 R. Srikant 提出了用于布尔关联规则挖掘频繁项集的 Apriori 算法。算法研究发现，如果一个项集 A 是频繁项集，那么该项集的任何一个非空子集也一定是频繁项集。基于这一结论，Apriori 算法采用逐层搜索迭代的模式来挖掘所有的频繁项集。

早期关联规则发现的研究来源于购物篮分析，即从顾客的购物交易记录中发现有价值商品购买规则，从而为商场中商品货架的摆放提供有意义的指导信息。下面通过一个具体的例子来说明 Apriori 算法的基本原理。

假定一个书店所出售的所有书籍包括《经济学》《管理学》《计量经济学》《Python 语言》和《机器学习》，即数据集 D 的内容为：

D={《经济学》，《管理学》，《计量经济学》，《Python 语言》，《机器学习》}

某个时间段内书店顾客的交易记录如表6-1所示，即任务集合 T 的内容如表6-1所示。

表6-1   任务集合

交易单号	交易单中书籍名称
t_1	《经济学》《管理学》《机器学习》
t_2	《管理学》《Python 语言》
t_3	《管理学》《计量经济学》
t_4	《经济学》《管理学》《Python 语言》
t_5	《经济学》《计量经济学》
t_6	《管理学》《计量经济学》
t_7	《经济学》《计量经济学》
t_8	《经济学》《管理学》《计量经济学》《机器学习》
t_9	《经济学》《管理学》《计量经济学》

记 i_1=《经济学》，i_2=《管理学》，i_3=《计量经济学》，i_4=《Python 语言》，i_5=《机器学习》。

首先，扫描任务集合，发现一共有9条交易，即事务总数为 $|T|$=9。

然后，扫描任务集合，得到1-项频繁项集的备选集合 C_1 如表6-2所示。

表6-2 备选集合 C_1

项集	计数
《经济学》	6
《管理学》	7
《计量经济学》	6
《Python 语言》	2
《机器学习》	2

假设出现频度的阈值为2，则可以基于备选集合 C_1 得到1-项频繁项集 L_1 如表6-3所示。

表6-3 1-项频繁项集 L_1

项集	计数
《经济学》	6
《管理学》	7
《计量经济学》	6
《Python 语言》	2
《机器学习》	2

然后，基于1-项频繁项集 L_1，Apriori算法采用连接操作来生成2-项频繁项集的备选集合 C_2。为了不产生重复的项集，连接操作之前需要将每个项集中的数据项按照字典次序排列，例如项集可以为 $\{i_1, i_3\}$，但是不能是 $\{i_3, i_1\}$；同时，项集中的两个子集进行连接操作时，除了最后一个元素之外，其余位置上的元素要对位相同。比如 $\{i_1, i_3\}$ 和 $\{i_1, i_5\}$ 可以连接，但是 $\{i_1, i_3\}$ 和 $\{i_2, i_5\}$ 就不可以连接。连接操作后，采用剪枝操作去掉非频繁项集后即可得到备选集合。备选集合 C_2 如表6-4所示。

表6-4 备选集合 C_2

项集	计数
《经济学》《管理学》	4
《经济学》《计量经济学》	4
《经济学》《Python 语言》	1
《经济学》《机器学习》	2
《管理学》《计量经济学》	4
《管理学》《Python 语言》	2
《管理学》《机器学习》	2
《计量经济学》《Python 语言》	0
《计量经济学》《机器学习》	1
《Python 语言》《机器学习》	0

基于备选集合 C_2 得到 2-项频繁项集 L_2 如表 6-5 所示。

表 6-5　　　　　　　　　　　　　　　　　2-项频繁项集 L_2

项集	计数
《经济学》《管理学》	4
《经济学》《计量经济学》	4
《经济学》《机器学习》	2
《管理学》《计量经济学》	4
《管理学》《Python 语言》	2
《管理学》《机器学习》	2

重复上述操作，可以得到 3-项频繁项集的备选集合 C_3 和 3-项频繁项集 L_3 如表 6-6 所示。需要注意的是，此时备选集合 C_3 和频繁项集 L_3 相同，故只列出了一个。

表 6-6　　　　　　　　　　　　　　　　　3-项频繁项集 L_3

项集	计数
《经济学》《管理学》《计量经济学》	2
《经济学》《管理学》《机器学习》	2

继续重复上述操作，可以发现 4-项频繁项集的备选集合 C_4 为空集合，所以终止迭代操作。至此，就找到了所有的频繁项集 L_1、L_2 和 L_3。

在所有频繁项集的基础上，即可发现强关联规则。假设支持度计数阈值为 2（此时的支持度阈值为 $\frac{2}{9}$），置信度阈值为 70%。那么，由频繁项集就可以发现对应的强关联规则了。以频繁项集 L_3 的一个项集"《经济学》《管理学》《机器学习》"为例，该项集的非空子集为"{《经济学》《管理学》}；{《经济学》《机器学习》}；{《管理学》《机器学习》}；{《经济学》}；{《管理学》}；{《机器学习》}"6 个。则关联规则为：

（1）{《经济学》《管理学》}=>{《机器学习》}：

$$s = 2, c = \frac{\frac{2}{9}}{\frac{4}{9}} = 50\%$$

（2）{《经济学》《机器学习》}=>{《管理学》}：

$$s = 2, c = \frac{\frac{2}{9}}{\frac{2}{9}} = 100\%$$

（3）{《管理学》《机器学习》}=>{《经济学》}：

$$s=2, c=\frac{\frac{2}{9}}{\frac{2}{9}}=100\%$$

（4）{《经济学》}=>{《管理学》《机器学习》}：

$$s=2, c=\frac{\frac{2}{9}}{\frac{6}{9}}=33\%$$

（5）{《管理学》}=>{《经济学》《机器学习》}：

$$s=2, c=\frac{\frac{2}{9}}{\frac{7}{9}}=29\%$$

（6）{《机器学习》}=>{《经济学》《管理学》}：

$$s=2, c=\frac{\frac{2}{9}}{\frac{2}{9}}=100\%$$

根据设定的阈值，强关联规则为：{《经济学》《机器学习》}=>{《管理学》}；{《管理学》《机器学习》}=>{《经济学》}和{《机器学习》}=>{《经济学》《管理学》}。结果说明，在满足设定的支持度和置信度阈值的条件下，该书店的顾客购买《经济学》和《机器学习》的同时也倾向于购买《管理学》；购买《管理学》和《机器学习》的同时也倾向于购买《经济学》；购买《机器学习》的同时也倾向于购买《经济学》和《管理学》。因此，在书店货架摆放时可以将这三种图书摆放在相邻的位置，以方便顾客挑选购买。

对所有的频繁项集进行相同的分析，就可以发现所有的关联规则。

三、FP-Growth算法

由于Apriori算法在寻找频繁项集之前需要通过连接操作和剪枝操作来生成频繁项集的备选集合，且整个过程需要频繁地扫描整个任务集合来完成。因此，如果任务集合中的事务数量较多，那么将会需要非常大的计算量来完成这一任务。由Jiawei Han提出的频繁模式增长（Frequency-Pattern Growth：FP-Growth）算法对Apriori算法进行了改进。FP-Growth算法将代表频繁项集的数据压缩到一个频繁树，然后通过条件数据来增加新的枝从而促使频繁树的增长。一般来讲，算法首先扫描任务集合T，对数据集D中所有元素项的支持度进行计数计算，并基于支持度阈值删除不满足最小支持度的元素项；接下来按照支持度计数从大到小的次序对任务集合T中的每一个事务的数据项进行排序；然后再创建一棵仅包含空集合的根节点，并将过滤和排序后的任务集合 T 中每个事务的项集依次添加到树结构中。判断当前树结构中是否存在该路径，如果已经存在，则增加对应数据元素上的计数值，如果该路径不存在，则在当前树结构的基础上创建一条新路径；重复上述步骤，直至所有的事务均被扫描完毕。

第二节 关联规则发现的 Python 实践

本节介绍如何采用 Python 语言来实现关联规则发现的 Apriori 算法和 FP-Grwoth 算法，并通过实际的例子来考察算法的运行及性能。

一、Apriori 算法的 Python 实践

Apriori 算法目前在 Scikit-Learning 模块中还没有，因此需要导入相应的第三方模块。模块 efficient_apriori 中实现了关联规则发现的 Apriori 算法，算法的帮助信息如图 6-1 所示。

```
"""
导入第三方的模块
"""
import efficient_apriori as ea
# 显示帮助信息
help(ea.apriori)
```

Help on function apriori in module efficient_apriori.apriori:

apriori(transactions: Union[List[tuple], Callable], min_support: float = 0.5, min_confidence: float = 0.5, max_length: int = 8, verbosity: int = 0, output_transaction_ids: bool = False)
    The classic apriori algorithm as described in 1994 by Agrawal et al.

    The Apriori algorithm works in two phases. Phase 1 iterates over the
    transactions several times to build up itemsets of the desired support
    level. Phase 2 builds association rules of the desired confidence given the
    itemsets found in Phase 1. Both of these phases may be correctly
    implemented by exhausting the search space, i.e. generating every possible
    itemset and checking it's support. The Apriori prunes the search space
    efficiently by deciding apriori if an itemset possibly has the desired
    support, before iterating over the entire dataset and checking.

    Parameters
    ----
    transactions :list of tuples, list of itemsets.TransactionWithId,
        or a callable returning a generator. Use TransactionWithId's when
        the transactions have ids which should appear in the outputs.
        The transactions may be either a list of tuples, where the tuples must
        contain hashable items. Alternatively, a callable returning a generator
        may be passed. A generator is not sufficient, since the algorithm will
        exhaust it, and it needs to iterate over it several times. Therefore,
        a callable returning a generator must be passed.
    min_support :float
        The minimum support of the rules returned. The support is frequency of
        which the items in the rule appear together in the data set.
    min_confidence :float
        The minimum confidence of the rules returned. Given a rule X -> Y, the
        confidence is the probability of Y, given X, i.e. P(Y|X) = conf(X -> Y)

```
max_length :int
    The maximum length of the itemsets and the rules.
verbosity :int
    The level of detail printing when the algorithm runs. Either 0, 1 or 2.
output_transaction_ids :bool
    If set to true, the output contains the ids of transactions that
    contain a frequent itemset. The ids are the enumeration of the
    transactions in the sequence they appear.
Examples
--------
>>> transactions = [('a', 'b', 'c'), ('a', 'b', 'd'), ('f', 'b', 'g')]
>>> itemsets, rules = apriori(transactions, min_confidence=1)
>>> rules
[{a} -> {b}]
```

图6-1　算法帮助信息

由算法的帮助信息可以发现，应用Apriori算法至少需要提供1个强制参数transactions，也就是任务集合 *T*；两个默认参数：支持度阈值min_support和置信度阈值min_confidence。强制参数transactions的数据结构为元组和列表的嵌套结构，默认参数中支持度阈值min_support和置信度阈值min_confidence的默认值均为0.5。算法返回的结果有两部分：频繁项集和强关联规则。

首先定义简单的任务集合，具体示例代码及执行结果如图6-2所示。

```
"""
定义任务集合T
"""
transactions= [('《经济学》','《管理学》','《机器学习》'),
               ('《管理学》','《Python语言》'),
               ('《管理学》','《计量经济学》'),
               ('《经济学》','《管理学》','《Python语言》'),
               ('《经济学》','《计量经济学》'),
               ('《管理学》','《计量经济学》'),
               ('《经济学》','《计量经济学》'),
               ('《经济学》','《管理学》','《计量经济学》','《机器学习》'),
               ('《经济学》','《管理学》','《计量经济学》')]
print('任务集合T的各个事务为：')
for i,t in enumerate(transactions):
    print('第{}个事务为：{}'.format(i+1,t))

任务集合T的各个事务为：
第1个事务为：('《经济学》','《管理学》','《机器学习》')
第2个事务为：('《管理学》','《Python语言》')
第3个事务为：('《管理学》','《计量经济学》')
第4个事务为：('《经济学》','《管理学》','《Python语言》')
第5个事务为：('《经济学》','《计量经济学》')
第6个事务为：('《管理学》','《计量经济学》')
第7个事务为：('《经济学》','《计量经济学》')
第8个事务为：('《经济学》','《管理学》','《计量经济学》','《机器学习》')
第9个事务为：('《经济学》','《管理学》','《计量经济学》')
```

图6-2　定义任务集合

接下来就可以调用efficient_apriori模块中的算法来发现任务集合中的强关联规则，具体示例代码及执行结果如图6-3所示。

```
"""
采用Apriori算法分析任务集合T中包含的项集之间的关联规则。
"""
itemsets, rules = ea.apriori(transactions, min_support=2/9, min_confidence=0.7)
print('算法得到的频繁项集为：')
for key,val in itemsets.items():
    print('{}项频繁项集为：{}'.format(key,val))
print('----'*10)
print('算法得到的强关联规则为：')
for i,rule in enumerate(rules):
    print('第{}个强关联规则为：{}'.format(i+1,rule))
```

算法得到的频繁项集为：
1 项频繁项集为： {('《机器学习》',): 2, ('《经济学》',): 6, ('《管理学》',): 7, ('《Python语言》',): 2, ('《计量经济学》',): 6}
2 项频繁项集为： {('《机器学习》', '《管理学》'): 2, ('《机器学习》', '《经济学》'): 2, ('《管理学》', '《经济学》'): 4, ('《Python语言》', '《管理学》'): 2, ('《管理学》', '《计量经济学》'): 4, ('《经济学》', '《计量经济学》'): 4}
3 项频繁项集为： {('《机器学习》', '《管理学》', '《经济学》'): 2, ('《管理学》', '《经济学》', '《计量经济学》'): 2}

算法得到的强关联规则为：
第1个强关联规则为： {《机器学习》} -> {《管理学》} (conf: 1.000, supp: 0.222, lift: 1.286, conv: 222222222.222)
第2个强关联规则为： {《机器学习》} -> {《经济学》} (conf: 1.000, supp: 0.222, lift: 1.500, conv: 333333333.333)
第3个强关联规则为： {《Python语言》} -> {《管理学》} (conf: 1.000, supp: 0.222, lift: 1.286, conv: 222222222.222)
第4个强关联规则为： {《机器学习》,《经济学》} -> {《管理学》} (conf: 1.000, supp: 0.222, lift: 1.286, conv: 222222222.222)
第5个强关联规则为： {《机器学习》,《管理学》} -> {《经济学》} (conf: 1.000, supp: 0.222, lift: 1.500, conv: 333333333.333)
第6个强关联规则为： {《机器学习》} -> {《管理学》,《经济学》} (conf: 1.000, supp: 0.222, lift: 2.250, conv: 555555555.556)

图6-3　Apriori算法

由程序执行的结果可以发现，给定任务集合之后，Apriori算法可以发现所有的频繁项集和强关联规则。在返回的频繁项集结果中，还给出了每个频繁项集的出现频度计数。而强关联规则的返回结果中还给出了每个规则的支持度、置信度、提升度等附加信息。

不同的支持度阈值和置信度阈值条件下发现的频繁项集和强关联规则也会有所差异，具体示例代码及执行结果如图6-4所示。

```
"""
采用Apriori算法分析任务集合T中包含的项集之间的关联规则。
不同的支持度阈值和置信度阈值。
"""
itemsets, rules = ea.apriori(transactions, min_support=3/9, min_confidence=0.5)
print('算法得到的频繁项集为：')
for key,val in itemsets.items():
    print('{}项频繁项集为：{}'.format(key,val))
print('----'*10)
print('算法得到的强关联规则为：')
for i,rule in enumerate(rules):
    print('第{}个强关联规则为：{}'.format(i+1,rule))
```

算法得到的频繁项集为：
1 项频繁项集为： {('《经济学》',): 6, ('《管理学》',): 7, ('《计量经济学》',): 6}
2 项频繁项集为： {('《管理学》', '《经济学》'): 4, ('《管理学》', '《计量经济学》'): 4, ('《经济学》', '《计量经济学》'): 4}

算法得到的强关联规则为：
第1个强关联规则为： {《经济学》} -> {《管理学》} (conf: 0.667, supp: 0.444, lift: 0.857, conv: 0.667)
第2个强关联规则为： {《管理学》} -> {《经济学》} (conf: 0.571, supp: 0.444, lift: 0.857, conv: 0.778)
第3个强关联规则为： {《计量经济学》} -> {《管理学》} (conf: 0.667, supp: 0.444, lift: 0.857, conv: 0.667)
第4个强关联规则为： {《管理学》} -> {《计量经济学》} (conf: 0.571, supp: 0.444, lift: 0.857, conv: 0.778)
第5个强关联规则为： {《计量经济学》} -> {《经济学》} (conf: 0.667, supp: 0.444, lift: 1.000, conv: 1.000)
第6个强关联规则为： {《经济学》} -> {《计量经济学》} (conf: 0.667, supp: 0.444, lift: 1.000, conv: 1.000)

图6-4　不同支持度阈值和置信度阈值

二、FP-Growth算法的Python实践

在orangecontrib.associate模块中有FP-Growth算法的编码实现，在调用算法之前需要首先导入对应的模块。本小节以一个实际数据的例子来展示算法的性能。以"数字经济"为搜索关键词，在中国知网（网址：www.cnki.net）文献数据库的期刊数据库中搜索相关文献。然后以每一篇文献中的关键词词条作为任务集合中的一个事务，采用FP-Growth算法来发现文献关键词之间的强关联规则。

由参考文献中提取关键词词条组成任务集合的具体示例代码及执行结果如图6-5所示。

```
"""
逐个读取每个目录下的每个文件，并提取其中的关键词，构建任务集合。
"""
def cz_transactions(fpath):
    """
    Author: Chengzhang Wang
    Date: 2022-2-19
    逐个读取文献中的关键词词条，构建任务集合。
    参数：
        fpath: 参考文献的存储路径
    返回：
        以关键词为基本数据项的任务集合
    """
    key_words=[]
    #定位每一个文献的文件
    for fname in os.listdir(fpath):
        #定位文本文件
        if fname[-4:]=='.txt':
            #打开文本文件
            with open(fpath+fname,'r',encoding='utf-8') as f:
                while True:
                    #逐行读入内容
                    a=f.readline()
                    #文件结束，空""
                    if a=='':
                        break
                    #关键词所在的位置
                    elif a[:7]=='Keyword':
                        #去掉'Keyword-关键词：'
                        temp=a[len('Keyword-关键词:'):].strip()
                        #分割关键词
                        temp=temp.split(';')
                        b=[]
                        for i in range(len(temp)):
                            #只保留有内容的关键词，去掉空格和空内容
                            if len(temp[i])!=0:
                                b.append(temp[i].strip()) #去掉空格
                        #构造成事务模式
                        key_words.append(tuple(b))
    return key_words

#文献存储路径
fpath='.\\文献\\'
kw_transction=cz_transactions(fpath)
print('前 {}个以关键词为基本数据项的事务为：'.format(10))
for i,t in enumerate(kw_transction[:10]):
    print('第 {}个关键词事务为：{}'.format(i+1,t))
```

```
前10个以关键词为基本数据项的事务为:
第1个关键词事务为: ('数字经济','数字农业农村','城乡融合发展','产业融合发展','乡村重构','乡村振兴战略')
第2个关键词事务为: ('数字经济','发展水平','地区差异','驱动因素','Tobit模型')
第3个关键词事务为: ('数字经济','制造业出口竞争力','创新效率')
第4个关键词事务为: ('数字经济','城乡融合','社会再生产','治理数字化')
第5个关键词事务为: ('数字经济','产业结构升级','数字技术','产业融合')
第6个关键词事务为: ('数字经济','地方隐性债务扩张','金融发展水平')
第7个关键词事务为: ('数字经济','个人数据','产权保护')
第8个关键词事务为: ('数字经济','平台财富','分配正义','制度优势','共富共享')
第9个关键词事务为: ('数字经济','共同富裕','实体经济','电子商务','普惠金融','人力资本')
第10个关键词事务为: ('数字经济','经济发展指数','熵权法')
```

图6-5 构建关键词事务的任务集合

由程序执行结果可以发现，函数"cz_transactions"首先根据传入的参数"fpath"定位到参考文献的存储位置，然后逐个读取每个文本文件的内容，并基于"Keyword-关键词："在文本文件中定位关键词所在的位置。最后根据分号"；"切分关键词，并去除其中包含的空格，进而得到以关键词为基础数据项的事务组成的任务集合。

以关键词为基础文本，绘制对应的词云图，以描述关键词的出现计数规律。在制作关键词词云之前，首先要生成关键词构成的文本，具体示例代码及执行结果如图6-6所示。

```
'''
生成关键词文本
'''
import jieba
import stylecloud

def cz_text(kw_list):
    '''
    Author: Chengzhang Wang
    Date: 2022-2-20
    根据传入的参数生成词云图需要的文本。
    参数:
        kw_list: 关键词构成的列表
    返回:
        以空格为分隔符的文本
    '''
    temp_list=[]
    #将关键词组成列表
    for li in kw_list:
        for ti in li:
            temp_list.append(ti)
    #转换成文本
    kw_text=' '.join(temp_list)
    return kw_text

#关键词文本
text=cz_text(kw_transction)
print('关键词文本的前{}个文本为: \n{}'.format(10,text.split(' ')[:10]))
```

```
关键词文本的前10个文本为:
['数字经济','数字农业农村','城乡融合发展','产业融合发展','乡村重构','乡村振兴战略','数字经济','发展水平','地区差异','驱动因素']
```

图6-6 关键词文本

生成关键词构成的文本之后，就可以根据关键词文本生成关键词词云图了，具体示例代码及执行结果如图6-7所示。

```
from IPython.display import Image
'''
根据关键词文本生成关键词词云图
'''
def cz_kw_cloud(text):
    '''
    Author: Chengzhang Wang
    Date: 2022-2-20
    根据传入的文本参数，制作词云图。
    参数：
        text: 以空格为分隔符的文本
    '''
    stylecloud.gen_stylecloud(text, max_words=10000,
                              collocations=False,
                              font_path='simsun.ttc',
                              icon_name='fas fa-circle', #'fas fa-user-graduate', #'fas fa-flag', #'fas fa-thumbs-up',
                              size=800,
                              output_name='.\\图片\\图6-7.png')

# 生成词云图
text=cz_text(kw_transction) #关键词文本
cz_kw_cloud(text) # 词云图
# 显示生成的词云图
Image(filename='.\\图片\\图6-7.png')
```

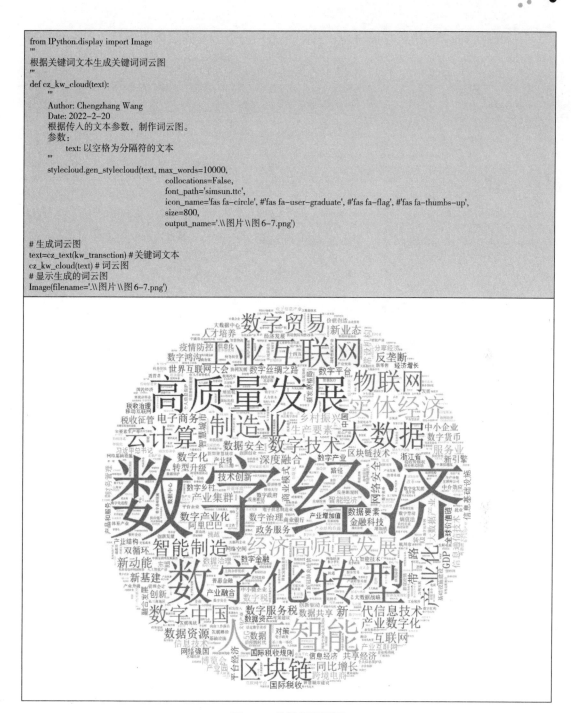

图6-7 关键词词云图

由程序执行的结果可以发现，除了"数字经济"关键词之外，在相关的文献当中出现较多的关键词是"高质量发展""数字化转型""工业互联网""人工智能""大数据""区块链""云计算""数字贸易"等，这些关键词在一定程度上反映了数字经济研究的细化研究领域。

导入FP-Growth算法所在的模块，并查看帮助信息，具体示例代码及执行结果如图6-8所示。

```
"""
导入需要的模块，查看帮助信息
"""
import orangecontrib.associate.fpgrowth as oaf
help(oaf)
```

Help on module orangecontrib.associate.fpgrowth in orangecontrib.associate:

NAME
    orangecontrib.associate.fpgrowth

DESCRIPTION
    This module implements FP-growth [1]frequent pattern mining algorithm with
    bucketing optimization [2]for conditional databases of few items.

    The entry points are :obj: `frequent_itemsets()`, :obj: `association_rules()`, and
    :obj: `rules_stats()` functions below.

    [1]: J. Han, J. Pei, Y. Yin, R. Mao.
        Mining Frequent Patterns without Candidate Generation: A
        Frequent-Pattern Tree Approach. 2004.
        https://www.cs.sfu.ca/~jpei/publications/dami03_fpgrowth.pdf

    [2]: R. Agrawal, C. Aggarwal, V. Prasad.
        Depth first generation of long patterns. 2000.
        http://www.cs.tau.ac.il/~fiat/dmsem03/Depth%20First%20Generation%20of%20Long%20Patterns%20-%202000.pdf

    [3]: R. Agrawal, et al.
        Fast Discovery of Association Rules. 1996.
        http://cs-people.bu.edu/evimaria/cs565/advances.pdf

    Examples

    Here's an example from R. Agrawal's original Apriori article [3 § 12.2.2].
    Given a database of transactions:

    >>> T = [[1,   3, 4   ],
    ...   [2, 3,   5],
    ...   [1, 2, 3,   5],
    ...   [2,   5]]

    We can enumerate all frequent itemsets with support greater than two
    transactions:

    >>> from orangecontrib.associate.fpgrowth import *   # doctest: +SKIP
    >>> itemsets = frequent_itemsets(T, 2)

    Note, functions in this module produce generators.
    The results space can explode quite quickly
    and can easily be too large to fit in your RAM. By using generators, you can
    filter the results to your liking `as you pass them`.

    >>> itemsets
    <generator object ...>
    >>> list(itemsets)
    [(frozenset({1}), 2),
     (frozenset({2}), 3),
     (frozenset({3}), 3),
     (frozenset({1, 3}), 2),
     (frozenset({2, 3}), 2),
     (frozenset({5}), 3),
     (frozenset({2, 5}), 3),
     (frozenset({3, 5}), 2),
     (frozenset({2, 3, 5}), 2)]

    ……(此处有省略)
DATA
    __warningregistry__ = {'version': 11}

FILE
    c:\users\eason\anaconda3\lib\site-packages\orangecontrib\associate\fpgrowth.py

图6-8　FP-Growth部分帮助信息

　　由程序的执行结果可以发现，FP-Growth 函数只能对数字编码的数据进行关联规则发现，还不能直接对文本数据的数据项进行操作。因此，在应用FP-Growth关联规则发现算法之前，需要将文本数据项与数字数据项之间建立编码关系，具体示例代码及执行结果如图6-9所示。

```
"""
将关键词的字符串编码成整数
"""
def cz_kw_encoder(kw_trans):
    """
    Author: Chengzhang Wang
    Date: 2022-220
    将给定的以字符串为基础数据项的任务集合编码成以整数为基础数据项的任务集合。
    参数：
        kw_trans: 以字符串为基础数据项的任务集合
    返回：
        以整数为基础数据项的任务集合和编码字典
    """
    kw_list=[]
    #取出所有关键词，构建列表
    for li in kw_trans:
        for ti in li:
            kw_list.append(ti)

    #将关键词与对应的存储顺序编码成字典
    kw_digit_dict=dict(zip(set(kw_list),range(len(set(kw_list)))))

    kw_int=[]
    #将关键词编码成整数值
    for li in kw_trans:
        #转换任务集合中的每一个事务
        temp=[kw_digit_dict[ti]if ti in kw_digit_dict else ti for ti in li]   #每一个关键词，编码成数字
        kw_int.append(temp)
        del temp

    return kw_int,kw_digit_dict

#整数编码的任务集合
kw2int_transation, kw2int_dict=cz_kw_encoder(kw_transction)
print('前 {}个整数编码的任务集合中的事务为：'.format(10))
for i,li in enumerate(kw2int_transation[:10]):
    print('第 {}个整数编码的事务为：{}'.format(i+1,li))
```

```
前10个整数编码的任务集合中的事务为：
第1个整数编码的事务为：[6841, 6287, 8111, 8164, 2029, 7578]
第2个整数编码的事务为：[6841, 4158, 2498, 6263, 7468]
第3个整数编码的事务为：[6841, 5119, 8330]
第4个整数编码的事务为：[6841, 7614, 7884, 5577]
第5个整数编码的事务为：[6841, 7192, 396, 4302]
第6个整数编码的事务为：[6841, 7176, 7428]
第7个整数编码的事务为：[6841, 3108, 6508]
第8个整数编码的事务为：[6841, 3672, 3805, 4875, 7358]
第9个整数编码的事务为：[6841, 6635, 5757, 3833, 3794, 499]
第10个整数编码的事务为：[6841, 8736, 2779]
```

图6-9　整数编码的任务集合

　　由程序执行的结果可以发现，函数"cz_kw_encoder"可以将以字符串为基础数据项的任务集合编码成以数字为基础数据项的任务集合。

　　调用FP-Growth算法挖掘数据集中的频繁项集的具体示例代码及执行结果如图6-10所示。

```
'''
采用FP-Growth算法挖掘数据集合的频繁项集
'''
cz_freq_item = dict(oaf.frequent_itemsets(kw2int_transation, .001)) #这里设置支持度
print('前{}个数字编码的频繁项集为：'.format(10))
for i in range(10):
    print('第{}个数字编码的频繁项集为：{}'.format(i+1,list(cz_freq_item.items())[i]))
```

```
前10个数字编码的频繁项集为：
第1个数字编码的频繁项集为：(frozenset({6841}), 5522)
第2个数字编码的频繁项集为：(frozenset({3037}), 433)
第3个数字编码的频繁项集为：(frozenset({6841, 3037}), 419)
第4个数字编码的频繁项集为：(frozenset({7561}), 286)
第5个数字编码的频繁项集为：(frozenset({7561, 3037}), 27)
第6个数字编码的频繁项集为：(frozenset({7561, 6841}), 281)
第7个数字编码的频繁项集为：(frozenset({7561, 6841, 3037}), 25)
第8个数字编码的频繁项集为：(frozenset({5171}), 225)
第9个数字编码的频繁项集为：(frozenset({5171, 3037}), 40)
第10个数字编码的频繁项集为：(frozenset({6841, 5171}), 223)
```

图6-10　FP-Growth算法挖掘频繁项集

根据得到的频繁项集，即可调用FP-Growth算法发现数据集中的强关联规则，具体示例代码及执行结果如图6-11所示。

```
'''
根据得到的频繁项集，发现强关联规则
'''
cz_rules = list(oaf.association_rules(cz_freq_item, .7))    #这里设置信任度
print('前{}个强关联规则为：'.format(10))
for i,li in enumerate(cz_rules[:10]):
    print('第{}个强关联规则为：{}'.format(i+1,li))
```

```
前10个强关联规则为：
第1个强关联规则为：(frozenset({6578, 7735, 1839}), frozenset({3778}), 6, 0.75)
第2个强关联规则为：(frozenset({6578, 3778, 7735}), frozenset({1839}), 6, 0.8571428571428571)
第3个强关联规则为：(frozenset({6578, 3778, 1839}), frozenset({7735}), 6, 0.8571428571428571)
第4个强关联规则为：(frozenset({3616, 1548, 1839}), frozenset({5171}), 6, 0.75)
第5个强关联规则为：(frozenset({3616, 5171, 1548}), frozenset({1839}), 6, 0.75)
第6个强关联规则为：(frozenset({3037, 3670}), frozenset({1839}), 8, 0.7272727272727273)
第7个强关联规则为：(frozenset({7793, 8649}), frozenset({984}), 6, 1.0)
第8个强关联规则为：(frozenset({984, 7793}), frozenset({8649}), 6, 0.8571428571428571)
第9个强关联规则为：(frozenset({617}), frozenset({6908}), 32, 0.7111111111111111)
第10个强关联规则为：(frozenset({7984}), frozenset({4512}), 11, 0.7857142857142857)
```

图6-11　FP-Growth算法发现强关联规则

由程序执行的结果可以发现，FP-Growth算法发现的强关联规则的表达形式也是整数编码的形式。为了更加清楚地表达发现的强关联规则，需要将数字编码的强关联规则转换成字符串编码的表达模式，具体示例代码及执行结果如图6-12所示。

```
'''
将整数编码的关联规则解码成字符串编码模式
'''
def cz_kw_decoder(s2i_dict,value):
    '''
    Author: Chengzhang Wang
    Date: 2022-2-20
    根据给定的字典和值来返回对应的键。
    参数：
        s2i_dict: 字符串编码成整数的字典
        value: 需要映射的值
    返回：
        值所对应的键
```

```
"""
key_temp=[key for key,val in s2i_dict.items() if val==value]
return key_temp

def cz_int2str_rule(digit_rule):
    """
    Author: Chengzhang Wang
    Date: 2022-2-20
    根据给定的整数编码的关联规则表达，解码成字符串编码模式。
    参数：
        digit_rule: 整数编码的关联规则
    返回：
        字符串编码的关联规则
    """
    cz_str_rule=[]
    # 数字编码关联规则的每一个规则
    for li in digit_rule:
        # 规则的基本元素
        cz_tran=[]
        for i,ti in enumerate(li):
            if i<2:# 前两个为数据项
                cz_temp=[cz_kw_decoder(kw2int_dict,itm)[0]for itm in list(ti)]
                cz_tran.append(cz_temp)
            else:
                cz_tran.append(ti)
        # 添加箭头符号
        cz_tran.insert(1,'=>')
        cz_str_rule.append(cz_tran)

    return cz_str_rule

# 解码数字编码的关联规则成字符串编码模式
cz_str_rules=cz_int2str_rule(cz_rules)
print('前 {} 个字符串编码的强关联规则为：'.format(10))
for i,itm in enumerate(cz_str_rules[:10]):
    print('第 {} 个字符串编码的强关联规则为：{}'.format(i+1,itm))
```

```
前10个字符串编码的强关联规则为：
第1个字符串编码的强关联规则为：[['云计算', '资产数字化', '工业互联网'], '=>', ['制造业'], 6, 0.75]
第2个字符串编码的强关联规则为：[['云计算', '制造业', '资产数字化'], '=>', ['工业互联网'], 6, 0.8571428571428571]
第3个字符串编码的强关联规则为：[['云计算', '制造业', '工业互联网'], '=>', ['资产数字化'], 6, 0.8571428571428571]
第4个字符串编码的强关联规则为：[['物联网', '新一代信息技术', '工业互联网'], '=>', ['人工智能'], 6, 0.75]
第5个字符串编码的强关联规则为：[['物联网', '人工智能', '新一代信息技术'], '=>', ['工业互联网'], 6, 0.75]
第6个字符串编码的强关联规则为：[['数字化转型', '数据资源'], '=>', ['工业互联网'], 8, 0.7272727272727273]
第7个字符串编码的强关联规则为：[['专业化', '城市网'], '=>', ['智能产业'], 6, 1.0]
第8个字符串编码的强关联规则为：[['智能产业', '专业化'], '=>', ['城市网'], 6, 0.8571428571428571]
第9个字符串编码的强关联规则为：[['数字产业化'], '=>', ['非商品化'], 32, 0.7111111111111111]
第10个字符串编码的强关联规则为：[['灵活用工'], '=>', ['世界互联网大会'], 11, 0.7857142857142857]
```

图6-12　强关联规则的字符串表达

　　由程序执行的结果可以发现，函数"cz_int2str_rule"可以将整数编码的关联规则表达模式转换成字符串编码的表达模式。

　　值得注意的是，在关键词集合中"数字经济"的存在使得任务集合中的每一条事务均包含该关键词，从而会使得某些关联规则的置信度较低。下面尝试将"数字经济"这一关键词从整体的关键词集合中移除，再来研究关联规则发现。从整体关键词集合中移除"数字经济"关键词的具体示例代码及执行结果如图6-13所示。

```
"""
移除"数字经济"关键字之后的分析
"""
def cz_rem_kw(kw_tran,kw):
    """
    Author: Chengzhang Wang
    Date: 2022-2-20
    根据给定的以关键字为基本元素的任务集合，去除指定的关键字，生成新的任务集合。
```

```
    参数：
        kw_tran: 给定的以关键字为基本元素的任务集合
        kw: 需要去除的关键字
    返回：
        去除指定关键字后的新任务集合。
    '''
    kw_trans_new=[]
    for li in kw_tran:
        temp=[]
        for ti in li:
            #去除指定的关键字
            if ti!=kw:
                temp.append(ti)
        kw_trans_new.append(tuple(temp))

    return kw_trans_new

#生成新的任务集合
kw_transaction1=cz_rem_kw(kw_transction,'数字经济')
print('前{}个以关键词为基本数据项的事务为：'.format(10))
for i,t in enumerate(kw_transaction1[:10]):
    print('第{}个关键词事务为：{}'.format(i+1,t))
```

```
前10个以关键词为基本数据项的事务为：
第1个关键词事务为：('数字农业农村','城乡融合发展','产业融合发展','乡村重构','乡村振兴战略')
第2个关键词事务为：('发展水平','地区差异','驱动因素','Tobit模型')
第3个关键词事务为：('制造业出口竞争力','创新效率')
第4个关键词事务为：('城乡融合','社会再生产','治理数字化')
第5个关键词事务为：('产业结构升级','数字技术','产业融合')
第6个关键词事务为：('地方隐性债务扩张','金融发展水平')
第7个关键词事务为：('个人数据','产权保护')
第8个关键词事务为：('平台财富','分配正义','制度优势','共富共享')
第9个关键词事务为：('共同富裕','实体经济','电子商务','普惠金融','人力资本')
第10个关键词事务为：('经济发展指数','熵权法')
```

图6-13　移除部分关键词

生成以新的关键词为基本元素的任务集合之后，就可以生成关于新的关键词的文本了，具体示例代码及执行结果如图6-14所示。

```
'''
关于新的关键词的文本
'''
#关键词文本
text=cz_text(kw_transaction1)
print('关键词文本的前{}个文本为：\n{}'.format(20,text.split(' ')[:20]))
```

```
关键词文本的前20个文本为：
['数字农业农村','城乡融合发展','产业融合发展','乡村重构','乡村振兴战略','发展水平','地区差异','驱动因素','Tobit模型','制造业出口竞争力','创新效率','城乡融合','社会再生产','治理数字化','产业结构升级','数字技术','产业融合','地方隐性债务扩张','金融发展水平','个人数据']
```

图6-14　新的关键词文本

生成以新的关键词文本之后，就可以绘制关于新的关键词的词云图，具体示例代码及执行结果如图6-15所示。

```
'''
根据关键词文本生成关键词词云图
'''
def cz_kw_cloud(text):
    '''
    Author: Chengzhang Wang
    Date: 2022-2-20
    根据传入的文本参数，制作词云图。
```

```
参数:
        text: 以空格为分隔符的文本
    """
    stylecloud.gen_stylecloud(text, max_words=10000,
                            collocations=False,
                            font_path='simsun.ttc',
                            icon_name='fas fa-square', #'fas fa-user-graduate', #'fas fa-flag', #'fas fa-thumbs-up',
                            size=800,
                            output_name='.\\图片\\图6-15.png')

# 生成词云图
text=cz_text(kw_transaction1) #关键词文本
cz_kw_cloud(text) # 词云图
# 显示生成的词云图
Image(filename='.\\图片\\图6-15.png')
```

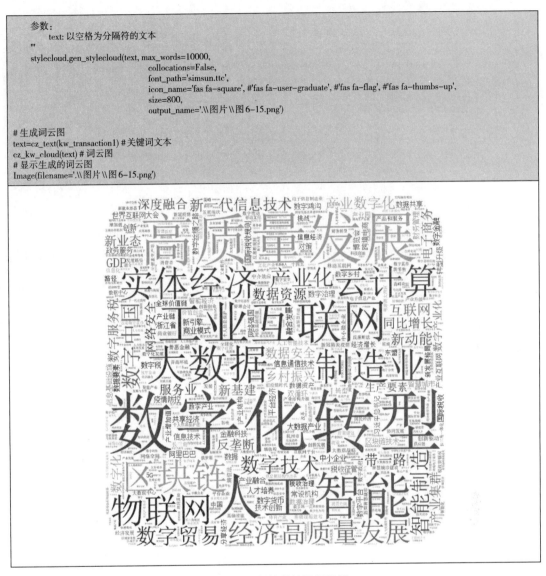

图6-15 新的关键词词云图

以新的关键词为基本元素构建事务集合，编码关键词字符串以建立新的数字编码的任务集合，具体示例代码及执行结果如图6-16所示。

```
"""
关于新的关键词的整数编码任务集合
"""
# 整数编码的任务集合
kw2int_transaction1,kw2int_dict1=cz_kw_encoder(kw_transaction1)
print('前{}个整数编码的任务集合中的事务为：'.format(10))
for i,li in enumerate(kw2int_transaction1[:10]):
    print('第{}个整数编码的事务为：{}'.format(i+1,li))
```

```
前10个整数编码的任务集合中的事务为：
第1个整数编码的事务为：[6287, 8110, 8163, 2029, 7577]
第2个整数编码的事务为：[4158, 2498, 6263, 7467]
第3个整数编码的事务为：[5119, 8329]
第4个整数编码的事务为：[7613, 7883, 5577]
第5个整数编码的事务为：[7191, 396, 4302]
第6个整数编码的事务为：[7175, 7427]
第7个整数编码的事务为：[3108, 6508]
第8个整数编码的事务为：[3672, 3805, 4875, 7357]
第9个整数编码的事务为：[6635, 5757, 3833, 3794, 499]
第10个整数编码的事务为：[8735, 2779]
```

图6-16 新的关键词整数编码任务集合

在新的关键词数字编码任务集合的基础上，即可调用FP-Growth算法挖掘数据集的频繁项集，具体示例代码及执行结果如图6-17所示。

```
"""
采用FP-Growth算法挖掘数据集合的频繁项集
"""
cz_freq_item = dict(oaf.frequent_itemsets(kw2int_transaction1, .001)) #这里设置支持度
print('前 {} 个数字编码的频繁项集为：'.format(20))
for i in range(20):
    print('第 {} 个数字编码的频繁项集为：{}'.format(i+1,list(cz_freq_item.items())[i]))
```

```
前20个数字编码的频繁项集为：
第1个数字编码的频繁项集为：(frozenset({3037}), 433)
第2个数字编码的频繁项集为：(frozenset({7560}), 286)
第3个数字编码的频繁项集为：(frozenset({5171}), 225)
第4个数字编码的频繁项集为：(frozenset({1839}), 191)
第5个数字编码的频繁项集为：(frozenset({3037, 1839}), 61)
第6个数字编码的频繁项集为：(frozenset({7929}), 141)
第7个数字编码的频繁项集为：(frozenset({3778}), 120)
第8个数字编码的频繁项集为：(frozenset({415}), 106)
第9个数字编码的频繁项集为：(frozenset({6578}), 106)
第10个数字编码的频繁项集为：(frozenset({5757}), 106)
第11个数字编码的频繁项集为：(frozenset({3616}), 103)
第12个数字编码的频繁项集为：(frozenset({6886}), 95)
第13个数字编码的频繁项集为：(frozenset({3792}), 94)
第14个数字编码的频繁项集为：(frozenset({7770}), 94)
第15个数字编码的频繁项集为：(frozenset({6628}), 93)
第16个数字编码的频繁项集为：(frozenset({7735}), 91)
第17个数字编码的频繁项集为：(frozenset({396}), 80)
第18个数字编码的频繁项集为：(frozenset({1548}), 79)
第19个数字编码的频繁项集为：(frozenset({8553}), 73)
第20个数字编码的频繁项集为：(frozenset({6908}), 71)
```

图6-17 新的频繁项集

在新的频繁项集的基础上，即可调用FP-Growth算法挖掘数据集的强关联规则，具体示例代码及执行结果如图6-18所示。

```
"""
根据得到的频繁项集，发现强关联规则
"""
cz_rules = list(oaf.association_rules(cz_freq_item, .5))   #这里设置信任度
print('前 {} 个强关联规则为：'.format(20))
for i,li in enumerate(cz_rules[:20]):
    print('第 {} 个强关联规则为：{}'.format(i,li))
```

```
前20个强关联规则为：
第1个强关联规则为：(frozenset({6578, 7735, 1839}), frozenset({3778}), 6, 0.75)
第2个强关联规则为：(frozenset({3778, 7735, 1839}), frozenset({6578}), 6, 0.5454545454545454)
第3个强关联规则为：(frozenset({6578, 3778, 7735}), frozenset({1839}), 6, 0.8571428571428571)
```

```
第4个强关联规则为：(frozenset({6578, 3778, 1839}), frozenset({7735}), 6, 0.8571428571428571)
第5个强关联规则为：(frozenset({3778, 6578}), frozenset({1839, 7735}), 6, 0.5454545454545454)
第6个强关联规则为：(frozenset({5171, 1548, 1839}), frozenset({3616}), 6, 0.6666666666666666)
第7个强关联规则为：(frozenset({3616, 1548, 1839}), frozenset({5171}), 6, 0.75)
第8个强关联规则为：(frozenset({3616, 5171, 1548}), frozenset({1839}), 6, 0.75)
第9个强关联规则为：(frozenset({7929, 415}), frozenset({5171}), 6, 0.5454545454545454)
第10个强关联规则为：(frozenset({6578, 3778}), frozenset({1839}), 7, 0.6363636363636364)
第11个强关联规则为：(frozenset({7929, 6578}), frozenset({3037}), 6, 0.6)
第12个强关联规则为：(frozenset({5171, 1839}), frozenset({3616}), 17, 0.5)
第13个强关联规则为：(frozenset({3616, 1839}), frozenset({5171}), 17, 0.53125)
第14个强关联规则为：(frozenset({3616, 3037}), frozenset({5171}), 7, 0.5833333333333334)
第15个强关联规则为：(frozenset({3616, 3037}), frozenset({6578}), 7, 0.5833333333333334)
第16个强关联规则为：(frozenset({3616, 5171}), frozenset({6578}), 20, 0.5128205128205128)
第17个强关联规则为：(frozenset({3616, 6578}), frozenset({5171}), 20, 0.6060606060606061)
第18个强关联规则为：(frozenset({6628, 3037}), frozenset({1839}), 10, 0.5)
第19个强关联规则为：(frozenset({3616, 6628}), frozenset({1839}), 8, 0.6153846153846154)
第20个强关联规则为：(frozenset({5171, 6628}), frozenset({6578}), 8, 0.5)
```

图6-18 新的强关联规则

最后将FP-Growth算法挖掘数据集得到的强关联规则重新解码为字符串编码模式，具体示例代码及执行结果如图6-19所示。

```
# 解码数字编码的关联规则成字符串编码模式
cz_str_rules=cz_int2str_rule(cz_rules)
print('前 {} 个字符串编码的强关联规则为：'.format(10))
for i,itm in enumerate(cz_str_rules[:10]):
    print('第 {} 个字符串编码的强关联规则为：{}'.format(i+1,itm))
```

```
前10个字符串编码的强关联规则为：
第1个字符串编码的强关联规则为：[['云计算', '资产数字化', '工业互联网'], '=>', ['制造业'], 6, 0.75]
第2个字符串编码的强关联规则为：[['制造业', '资产数字化', '工业互联网'], '=>', ['云计算'], 6, 0.5454545454545454]
第3个字符串编码的强关联规则为：[['云计算', '制造业', '资产数字化'], '=>', ['工业互联网'], 6, 0.8571428571428571]
第4个字符串编码的强关联规则为：[['云计算', '制造业', '工业互联网'], '=>', ['资产数字化'], 6, 0.8571428571428571]
第5个字符串编码的强关联规则为：[['制造业', '云计算'], '=>', ['工业互联网', '资产数字化'], 6, 0.5454545454545454]
第6个字符串编码的强关联规则为：[['人工智能', '新一代信息技术', '工业互联网'], '=>', ['物联网'], 6, 0.6666666666666666]
第7个字符串编码的强关联规则为：[['物联网', '新一代信息技术', '工业互联网'], '=>', ['人工智能'], 6, 0.75]
第8个字符串编码的强关联规则为：[['物联网', '人工智能', '新一代信息技术'], '=>', ['工业互联网'], 6, 0.75]
第9个字符串编码的强关联规则为：[['地方财政一般预算收入', '区块链'], '=>', ['人工智能'], 6, 0.5454545454545454]
第10个字符串编码的强关联规则为：[['云计算', '制造业'], '=>', ['工业互联网'], 7, 0.6363636363636364]
```

图6-19 新的强关联规则的文本表示

由程序执行的结果可以发现，以新的关键词集合为基础发现的关联规则中"云计算""工业互联网""制造业""物联网"等领域的研究是"数字经济"研究领域中研究者关注的热点。

习题

1. 试述关联规则发现的基本原理。

2. 以Kaggle竞赛数据集"groceries.csv"为例，采用Apriori算法和FP-Growth算法进行关联规则发现分析。

第七章 聚类分析

学习目标：

了解聚类分析的基本原理，掌握K-Means算法、DBSCAN算法、层次聚类法和高斯混合模型算法的实践过程。

无监督学习模型中另外一类重要的模型就是聚类（Clustering）分析。它是根据目标对象数据集的模式特征（观测值、数据项、特征向量等）将其分成不同的组，要求其组内样本之间的相似度尽可能高，组间样本之间的差异度尽可能大。聚类分析要求聚类后同一类别的样本数据尽可能的聚集到一起，不同类别的样本数据尽量的分离。

第一节 简　介

正如成语"物以类聚，人以群分"所言，聚类分析的基本思想是同类样本之间会相互吸引，相互聚集，不同类样本之间会相互排斥，相互远离。

一、基本概念

聚类分析中一个核心的概念是距离的概念，距离度量了样本之间的相似度。样本之间的距离越小，相似度也就越高。

（一）欧氏距离（Euclidean Distance）

在笛卡尔坐标系当中两个样本点 $X_1 = \{x_1^{(1)}, x_2^{(1)}, \cdots, x_n^{(1)}\}$ 和 $X_2 = \{x_1^{(2)}, x_2^{(2)}, \cdots, x_n^{(2)}\}$ 的欧氏距离定义为：

$$d(X_1, X_2)_{Euclidean} = \|X_1 - X_2\| = \sqrt{\sum_{i=1}^{n} (x_i^{(1)} - x_i^{(2)})^2}$$

可以发现，欧式距离度量了两个样本之间在笛卡尔直角坐标系中的直线距离。

（二）闵氏距离（Minkowski Distance）

在笛卡尔坐标系当中两个样本点 $X_1 = \{x_1^{(1)}, x_2^{(1)}, \cdots, x_n^{(1)}\}$ 和 $X_2 = \{x_1^{(2)}, x_2^{(2)}, \cdots, x_n^{(2)}\}$ 的闵氏距离定义为：

$$d(X_1, X_2)_{Minkowski} = \|X_1 - X_2\|_p = \sqrt[p]{\sum_{i=1}^{n} (x_i^{(1)} - x_i^{(2)})^p}$$

其中，p 取大于零的常数。

（三）曼哈顿距离（Manhattan Distance）

在笛卡尔坐标系当中两个样本点 $X_1 = \{x_1^{(1)}, x_2^{(1)}, \cdots, x_n^{(1)}\}$ 和 $X_2 = \{x_1^{(2)}, x_2^{(2)}, \cdots, x_n^{(2)}\}$ 的曼哈顿距离定义为：

$$d(X_1, X_2)_{Manhattan} = \|X_1 - X_2\| = \sqrt{\sum_{i=1}^{n} |x_i^{(1)} - x_i^{(2)}|}$$

其实就是 $p=1$ 时的闵氏距离。

（四）切比雪夫距离（Chebyshev Distance）

在笛卡尔坐标系当中两个样本点 $X_1 = \{x_1^{(1)}, x_2^{(1)}, \cdots, x_n^{(1)}\}$ 和 $X_2 = \{x_1^{(2)}, x_2^{(2)}, \cdots, x_n^{(2)}\}$ 的切比雪夫距离定义为：

$$d(X_1, X_2)_{Chebyshev} = \lim_{p \to \infty} \|X_1 - X_2\|_p = \lim_{p \to \infty} \sqrt[p]{\sum_{i=1}^{n} (x_i^{(1)} - x_i^{(2)})^p} = \max |x_i^{(1)} - x_i^{(2)}|$$

其实就是闵氏距离的极限。

（五）余弦距离（Cosine Distance）

在笛卡尔坐标系当中两个样本点 $X_1 = \{x_1^{(1)}, x_2^{(1)}, \cdots, x_n^{(1)}\}$ 和 $X_2 = \{x_1^{(2)}, x_2^{(2)}, \cdots, x_n^{(2)}\}$ 的余弦距离定义为：

$$d(X_1, X_2)_{Cosine} = \frac{\langle X_1, X_2 \rangle}{\|X_1\| \cdot \|X_2\|} = \frac{\sum_{i=1}^{n} x_i^{(1)} x_i^{(2)}}{\sqrt{\sum_{i=1}^{n} (x_i^{(1)})^2} \sqrt{\sum_{i=1}^{n} (x_i^{(2)})^2}}$$

余弦距离以两个向量之间夹角的余弦作为样本之间相似性的度量。

（六）汉明距离（Hamming Distance）

汉明距离定义为两个等长的字符串在对应位置上的内容不同的字符个数。例如：字符串"1001010"与字符串"1101000"之间的汉明距离为2。

（七）杰卡德距离（Jaccard Distance）

杰卡德距离是集合之间相似度的一种度量，定义为两个集合 S_1 和 S_2 的交集的基数与这两个集合并集的基数之比：

$$d\left(S_1, S_2\right)_{Jaccard} = \frac{|S_1 \cap S_2|}{|S_1 \cup S_2|} = \frac{|S_1 \cap S_2|}{|S_1| + |S_2| - |S_1 \cap S_2|}$$

杰卡德距离的取值范围是 [0，1]，0表示两个集合之间没有共同元素，1表示两个集合完全相同。

（八）互信息距离（Mutual Information Distance）

互信息是一种衡量两个随机变量之间关联程度的度量。互信息是建立在信息熵（Entropy）的概念之上，信息熵则是一个随机事件的发生可能会产生的信息量的期望，用来衡量一个随机变量的不确定程度。信息熵的定义为：

$$h(X) = -\sum_i P(x_i) \log P(x_i)$$

其中，$P(x_i)$ 为随机变量取值为 x_i 的概率。

互信息则是衡量知道两个随机变量 X 和 Y 中的一个，对另一个不确定度减少的程度。例如，中国有句俗语"蚂蚁搬家，天要下雨"，显然"蚂蚁搬家"可以看作是一个随机事件，"天要下雨"可以看作是另外一个随机事件。那么它们之间的互信息就是衡量在知道"蚂蚁搬家"的条件下，"天要下雨"的不确定性，与不知道"蚂蚁搬家"的条件下，"天要下雨"的不确定性之间的差异。互信息的定义为：

$$I(X;Y) = \sum_i \sum_j P(x_i, y_j) \log \frac{P(x_i, y_j)}{P(x_i)P(y_j)}$$

（九）相对熵距离（Relative Entropy Distance）

相对熵也被称之为KL散度（Kullback–Leibler Divergence），它可以用来衡量两种概率分布之间的差异。相对熵的定义为：

$$D_{KL}(P_1 \| P_2) = \sum_i P_1(x_i) \ln \frac{P_1(x_i)}{P_2(x_i)}$$

值得注意的是，相对熵对于两种概率分布来讲是非对称的。

（十）詹森—香农散度距离（Jensen–Shannon Divergence Distance）

为了解决相对熵距离的非对称性，詹森—香农散度对KL散度进行了变形，定义为：

$$D_{JS}(P_1 \| P_2) = \frac{1}{2}D_{JS}\left(P_1 \left\| \frac{P_1+P_2}{2}\right.\right) + \frac{1}{2}D_{JS}\left(P_2 \left\| \frac{P_1+P_2}{2}\right.\right)$$

（十一）群体稳定性指标距离（Population Stability Index Distance）

解决KL散度非对称性的另外一种模式是采用群体稳定性指标距离，类似于JS散度，群体稳定性指标定义为：

$$D_{PSI}(P_1\|P_2)=\frac{D_{KL}(P_1\|P_2)+D_{KL}(P_2\|P_1)}{2}$$

（十二）交叉熵距离（Cross Entropy Distance）

交叉熵也可以用来衡量两种概率分布之间的相似性，其定义为：

$$D_{CE}(P_1\|P_2)=\sum_i P_1(x_i)\log\frac{1}{P_2(x_i)}$$

通常情况下，在机器学习领域交叉熵是用来衡量数据的真实概率分布与期望概率分布之间的差异。

假设样本集合为 $S=\{X_1,X_2,\cdots,X_N\}$，每个样本 $X_i=(x_i^{(1)},x_i^{(2)},\cdots,x_i^{(n)})$ 为 n 维向量的无标记样本，聚类分析的目的则是将样本集合中的元素划分为 M 个互不相交的组 $\{C_j|j=1,2,\cdots,M\}$。若样本 X_i 属于组 C_k，则定义其聚类标签为 λ_k。

二、K-Means算法

K-Means算法旨在将样本集合划分成互不相交的 M 个等方差的组，并通过最小化目标函数：

$$L=\sum_{i=1}^{M}\sum_{X_j\in C_i}\|X_j-\mu_i\|_2^2$$

寻找最优的分组结果。其中 μ_i 为组 C_i 的均值向量。K-Means算法刻画了组内样本围绕组中心的密集程度，目标函数越小，说明组内样本的相似度越高。

K-Means算法首先随机创建 M 个 n 维向量作为 M 个等方差的组的初始质心点；然后计算样本集合中的每个元素到各个质心点的距离，并根据距离最近的原则将样本点划分到对应的组，同时给样本点赋值聚类标签；接下来，根据组内的样本点重新计算并更新组的质心点；然后再次计算样本集合中的每个元素到各个质心点的距离，并根据距离最近的原则将样本点划分到对应的组，同时给样本点更新聚类标签。如果所有的样本点的聚类标签均未发生变化，则停止算法，并输出最优的分组结果；如果由样本点的聚类标签发生改变，则重新根据组内更新过的样本点计算并更新组的质心点，并重复上述步骤，直到所有样本点的聚类标签均不发生改变。

三、DBSCAN算法

DBSCAN算法是一种基于密度划分的聚类算法，样本点密度的定义与两个因素有关，一个是以样本点为中心的邻域的半径，另外一个则是邻域内点的个数。

假定样本集合为 $S=\{X_1,X_2,\cdots,X_N\}$，则样本点 X_i 的领域定义为：

$$N_\varepsilon(X_i)=\{X_j\in S\,|\,d(X_i,X_j)<\varepsilon\}$$

样本点 X_i 的密度定义为：

$$\gamma(X_i) = \left| N_\varepsilon(X_i) \right|$$

给定样本点密度的阈值 Γ，那么满足条件密度大于给定密度阈值的样本点被称为核心点，核心点的集合为：

$$S_c = \{ X_i \,|\, X_i \in S, \gamma(X_i) > \Gamma \}$$

如果样本点 X_j 本身不是核心点，但是样本点 X_i 的邻域内存在核心点，那么这样的样本点 X_i 被称为边界点，边界点的集合为：

$$S_\Omega = \{ X_j \,|\, X_j \in \bar{S}_c, N_\varepsilon(X_j) \cap S_c \neq \varnothing \}$$

样本集合内既不属于核心点，也不属于边界点的样本点被称之为噪声点。噪声点的集合为：

$$S_{noise} = \{ X_k \,|\, X_k \in S, X_k \notin S_c, X_k \notin S_\Omega \}$$

如果样本点 X_l 位于核心点 X_i 的邻域内，则称样本点 X_l 由核心点 X_i 密度直达。对于样本点 X_l 和核心点 X_i，如果存在样本点序列 $X_i = p_1, p_2, \cdots, p_{m-1}, p_m = X_l$，满足 $p_i (i=1,2,\cdots,m-1)$ 为核心点，且 p_{i+1} 由 p_i 密度直达，那么称样本点 X_l 由核心点 X_i 密度可达。对于样本点 X_l 和样本点 X_m，如果核心点 X_i 满足样本点 X_l 和样本点 X_m 均由核心点 X_i 密度可达，那么称样本点 X_l 和样本点 X_m 密度相连。

DBSCAN算法就是从核心点出发，并基于密度可达关系导出最大规模的密度相连的样本点构成组，进而实现对样本点集合的聚类。

四、层次聚类算法

层次聚类法（Hierarchical Clustering）是基于集合中样本点之间距离度量的一种聚类模型，其通过计算集合中不同组别之间样本点之间的相似度对样本集合进行划分，进而创建一种有层次的嵌套树形聚类结构。在聚类结果的树形结构的任意层次横切一刀，即可得到指定数目的聚类组别。

层次聚类法根据层次分解的方向可以分为聚合算法和分裂算法。聚合算法是一种自下而上的凝聚算法，首先将集合中所有的样本点都分别看成一个组；然后成对计算两个不同组别之间的距离，并将距离最近的两个组别合并成一个组；接下来重复上述步骤，直到所有的组别都合并成一个组为止。分裂算法是一种自顶而下的列项算法，首先将集合中所有的样本点看成是一个组；然后成对计算组内两个不同样本点之间的距离，并以距离最远的两个样本点为中心，将样本点集合分裂成两个组别；接下来对每个一组重复上述步骤，直到所有的样本点单独成为一个组为止。

层次聚类法的一个关键问题是不同组别之间聚类的定义。假定一个组别样本集合为 $S_i = \{ X_1^{(i)}, X_2^{(i)}, \cdots, X_N^{(i)} \}$，另外一个组别样本集合为 $S_j = \{ X_1^{(j)}, X_2^{(j)}, \cdots, X_M^{(j)} \}$，则两个组别之间距离的定义为：

（一）最小距离：两个组别中样本点之间距离的最小值。

$$d_{min}(S_i, S_j) = \min_{X^{(i)} \in S_i, X^{(j)} \in S_j} \{ d(X^{(i)}, X^{(j)}) \}$$

（二）最大距离：两个组别中样本点之间距离的最大值。

$$d_{\max}(S_i, S_j) = \max_{X^{(i)} \in S_i, X^{(j)} \in S_j} \{ d(X^{(i)}, X^{(j)}) \}$$

（三）平均距离：两个组别中样本点之间距离之和的平均值。

$$d_{avg}(S_i, S_j) = \frac{1}{|S_i| \cdot |S_j|} \sum_{X^{(i)} \in S_i} \sum_{X^{(j)} \in S_j} d(X^{(i)}, X^{(j)})$$

五、高斯混合模型算法

高斯混合模型（Gauss Mixture Model）算法是一种基于分布度量的聚类算法。高斯混合模型的核心思想是观测数据的总体分布是由多个子分布叠加而成的概率分布模型，其中每一个子分布都是一个高斯概率分布。高斯分布是实际应用中拟合随机变量分布最常用的概率模型，假设一维的随机变量为x，如果x服从期望为μ，方差为σ^2的高斯分布，则对应的高斯概率密度函数为：

$$N(x; \mu, \sigma) = \frac{1}{\sqrt{2\pi\sigma^2}} e^{-\frac{(x-\mu)^2}{2\sigma^2}}$$

假设n维的随机变量为X，如果X服从期望为μ，方差为$\sum$的多变量高斯分布，则对应的高斯概率密度函数为：

$$N(X; \mu, \sum) = \frac{1}{\sqrt{(2\pi)^n \left| \sum \right|}} e^{-\frac{1}{2}(X-\mu) \sum^{-1}(X-\mu)^T}$$

通常情况下，实际观测数据的分布都比较复杂，难以用一个高斯分布来拟合，此时，可以看作是多个随机过程的混合，从而定义由多个高斯分布组合叠加的高斯混合模型来拟合复杂数据的分布。

假设观测数据集是由N个相互独立的数据构成：$S = \{X_1, X_2, \cdots, X_N\}$，数据整体的分布呈现$M$个峰，则可以定义拟合数据分布的高斯混合模型为：

$$p(X; \Theta) = \sum_m \beta_m N(X; \mu_m, \sum_m) = \sum_m \beta_m \frac{1}{\sqrt{(2\pi)^n \left| \sum_m \right|}} e^{-\frac{1}{2}(X-\mu_m) \sum_m^{-1}(X-\mu_m)^T}$$

其中，Θ表示高斯混合模型的参数，β_m是第m个高斯模型的先验概率，满足：

$$\sum_m \beta_m = 1$$

接下来就可以采用最大似然估计法来估计高斯混合模型的参数Θ。由于数据相互独立，因此总概率可以表示为每个数据点概率的乘积，构造似然函数：

$$p(X; \Theta) = \prod_n p(X_n; \Theta) = \prod_n \left[\sum_m \beta_m N(X_n; \mu_m, \sigma_m) \right]$$

那么高斯混合模型的参数Θ估计为：

$$\hat{\Theta} = \underset{\Theta}{\arg\max} \prod_n p(X_n; \Theta)$$

求解估计值的过程中可以采用取对数的方式将乘积转化为加和，然后采用循环迭代的

EM算法进行最优值的求解。

第二节　聚类分析的 Python 实践

本节介绍如何采用Python语言来实现聚类分析的K-Means算法、DBSAN算法、层次聚类法和高斯混合模型算法，并通过实际的例子来考察算法的运行及性能。

一、K-Means算法的Python实践

为了采用K-Means算法对数据进行聚类分析，首先导入Scikit-Learning模块中的Cluster子模块。为了对聚类结果进行分析，并对结果进行可视化，一并导入相关的模块，具体示例代码及执行结果如图7-1所示。

```
"""
导入必要的模块
"""
import numpy as np
import pandas as pd
from scipy.spatial import ConvexHull
import matplotlib.pyplot as plt
from sklearn.datasets import make_blobs
from sklearn import cluster
from sklearn.metrics import adjusted_rand_score
from sklearn import mixture
import matplotlib as mpl
from mpl_toolkits.mplot3d import Axes3D
from matplotlib.patches import Polygon,Circle,Wedge
mpl.rcParams['font.sans-serif']= ['simsun']
plt.rcParams['axes.unicode_minus']=False
```

图7-1　导入相关模块

采用Scikit-Learning模块中的make_blobs函数生成虚拟数据，该函数可以根据不同类别的质心点及标准差信息，生成指定数量相互独立的符合高斯分布的样本点数据，具体示例代码及执行结果如图7-2所示。

```
"""
采用Sklearn的 make_blobs 函数来生成模拟数据
"""
def cz_simulation_data(centers,n_samples=100,cluster_std=.7):
    """
    Author: Cheangzhang Wang
    Date: 2022-2-22
    根据参数生成用来聚类的模拟数据。
    参数：
        centers: 类别的质心点位置
        n_samples: 样本的个数
        cluster_std: 每个类别数据分布的标准差
    返回：
        虚拟数据集和对应的类别标签
```

```
'''
    np.random.seed(2022)
X,label_real=make_blobs(n_samples=n_samples,centers=centers,cluster_std=cluster_std)
    return X,label_real
'''
调用函数，生成虚拟数据
'''
X_data,label_real=cz_simulation_data([[5,7],[10,9],[7,8]],50,.5)
data_fr0=pd.DataFrame(data=X_data,columns=['first','second'])
data_fr0['label']=label_real
data_fr0['size']=data_fr0['first']*data_fr0['second']
print('部分虚拟数据为：\n{}'.format(X_data[:10,:]))
```

```
部分虚拟数据为：
[[ 6.29709743   7.67421426]
 [10.44390006   8.89127628]
 [10.46607663   9.15866197]
 [ 5.00945243   6.80832822]
 [10.1603808    9.40567482]
 [ 7.63050107   8.31757554]
 [ 6.74054597   7.60891415]
 [ 4.02954684   7.41682446]
 [ 9.52876438   9.16063365]
 [10.57483727   8.92221185]]
```

图7-2　生成虚拟数据

根据生成的虚拟数据，定义可视化函数绘制数据的散点图，具体示例代码及执行结果如图7-3所示。

```
'''
绘制包含轮廓线和质心点的散点图
'''
def cz_scatter_poly(data_fr,title,fignum):
    '''
    Author: Cheangzhang Wang
    Date: 2022-2-22
    根据参数传入的数据集和字符串绘制包含边界和质心点的散点图。
    参数：
        data_fr: DataFrame格式的数据集
        title: 图像的标题
        fignum: 图编号
    '''
    fig = plt.figure(figsize=(10, 8), dpi= 300, facecolor='w', edgecolor='k')
    #绘制不同类别的散点图，注意参数c需要每个点赋给颜色值
    labels=set(data_fr['label'])
    colors = [plt.cm.tab10(i/float(len(labels)-1)) for i in range(len(labels))]
    # 不同颜色的散点图
    for i, category in enumerate(labels):
        plt.scatter('first','second', data=data_fr.loc[data_fr.label==category, :],
                    s='size', c=(colors[i],)*(data_fr.loc[data_fr.label==category, :]).shape[0], label=str(category), edgecolors='black',
linewidths=.5)
    # 绘制类别的包含轮廓
    def encircle(x,y, ax=None, **kw):
        if not ax: ax=plt.gca()
        p = np.c_[x,y]
        hull = ConvexHull(p)
        poly = plt.Polygon(p[hull.vertices,:], **kw)
        ax.add_patch(poly)
    # 分类表选择要包含的数据点，并绘制轮廓
    for i,label in enumerate(labels):
        encircle_data = data_fr.loc[data_fr.label==label, :]
        #绘制包含的轮廓，至少需要三个点
        if encircle_data.shape[0]>2:
            encircle(encircle_data['first'], encircle_data['second'], ec="k", fc='gold', alpha=0.2)
            encircle(encircle_data['first'], encircle_data['second'], ec="firebrick", fc="none", linewidth=1.5)
```

```
    # 标记质心点
    for i,label in enumerate(labels):
        centroid_data = data_fr.loc[data_fr.label==label, ['first','second']]
        # 质心点
plt.plot(centroid_data.mean()[0],centroid_data.mean()[1],'+',color=colors[i],markersize=20)

    # 其他的设置
    plt.xticks(fontsize=10); plt.yticks(fontsize=10)
    plt.title(title, fontsize=22)
    plt.legend(labels=['类别 '+str(i+1) for i in range(len(labels))],fontsize=20)

    plt.savefig('.\图片\图 7-'+str(fignum)+'.png')
    plt.show()
# 调用函数绘制图像
cz_scatter_poly(data_fr0,'初始状态散点图',3)
```

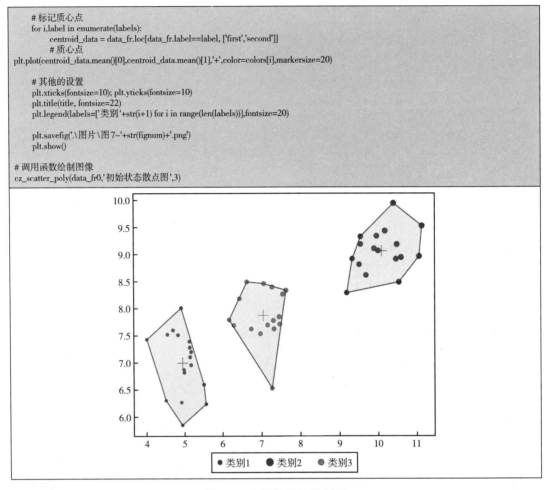

图 7-3   初始数据的散点图

由程序执行的结果可以发现，虚拟数据一共分为三类，图 7-3 中加号 "+" 表示的是每一类数据的质心点位置。

接下来定义基于 K-Means 算法的聚类分析函数，并基于 ARI 和距离平方和指标评价算法的性能，具体示例代码及执行结果如图 7-4 所示。

```
'''
定义 KMeans 函数对数据进行聚类分析
'''
def cz_kmeans(X,label_real):
    '''
    Author: Cheangzhang Wang
    Date: 2022-2-22
    根据参数传入的数据集和标签信息对数据进行聚类分析，并评估结果。
    参数：
        X: 待进行聚类分析的数据集
        label_real: 样本的真实标签信息
    返回：
        聚类后的标签信息
    '''
    #生成类的实例
    cz_clst=cluster.KMeans()
```

```
#输入数据进行聚类分析
cz_clst.fit(X)
#测试算法聚类结果
label_pred=cz_clst.predict(X)
#ARI是一种评判聚类有效性的外部指标，范围在[0,1]，越大越好。当然还有其他的评价指标
print('聚类效果评价的外部指标ARI: {:.2f}'.format(adjusted_rand_score(label_real,label_pred)))
print('样本到对应质心点距离的平方和: {:.2f}'.format(cz_clst.inertia_))
return label_pred

# 调用函数对数据进行聚类分析
label_pred=cz_kmeans(X_data,label_real)
```

```
聚类效果评价的外部指标ARI: 0.47
样本到对应质心点距离的平方和: 8.11
```

图7-4　K-Means算法的聚类分析结果

K-Means算法对数据进行聚类分析后，为数据集中的每一个样本点标记了新的分组（类别）信息，具体示例代码及执行结果如图7-5所示。

```
"""
聚类后的散点图
"""
data_fr0['label']=label_pred
cz_scatter_poly(data_fr0,'K-Means聚类后的散点图',5)
```

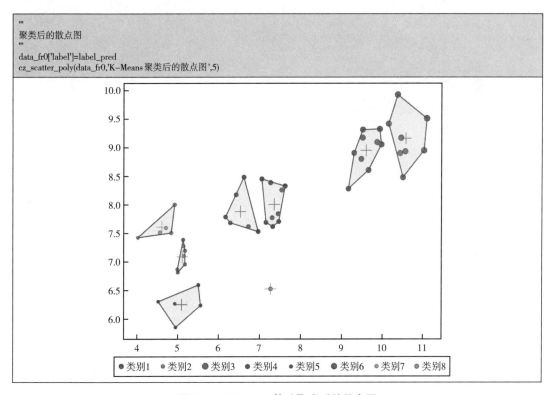

图7-5　K-Means算法聚类后的散点图

由程序执行结果可以发现，默认情况下调用K-Means聚类算法得到的聚类结果一共将数据集分成了8个组别。值得注意的是，K-Means算法在对数据进行聚类分析之前需要事先知道聚类的组数，8个组别仅仅是算法设定的默认组数。其实，很多的机器学习算法都有自己的超参数，这些超参数的设置会决定算法的结构并影响算法的性能。因此，机器学习算法在应用过程中一个非常重要的组成部分就是超参数的优化。使用者需要基于具体的数据集对算法的超参数进行调优，以寻找到最优的算法结构，达到最好的算法性能。

针对聚类组数这一超参数，以 ARI 性能指标为基准，对 K-Means 算法进行优化的具体示例代码及执行结果如图7-6所示。

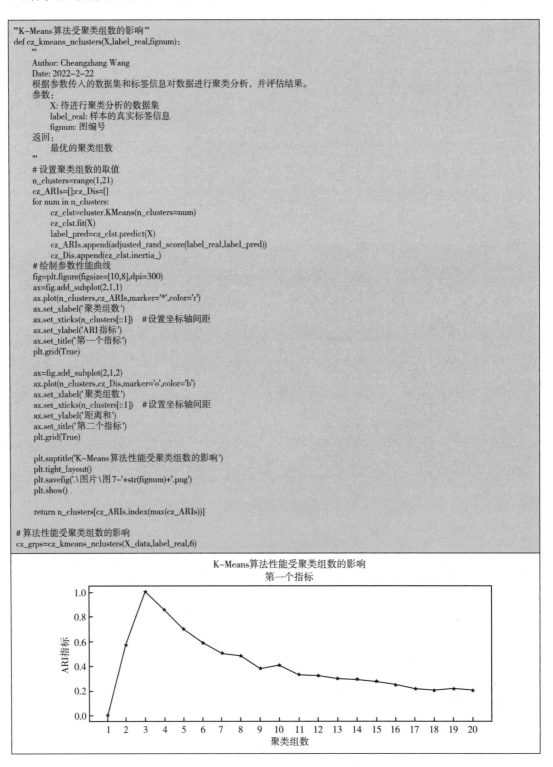

```
'''K-Means算法受聚类组数的影响'''
def cz_kmeans_nclusters(X,label_real,fignum):
    '''
    Author: Cheangzhang Wang
    Date: 2022-2-22
    根据参数传入的数据集和标签信息对数据进行聚类分析，并评估结果。
    参数:
        X: 待进行聚类分析的数据集
        label_real: 样本的真实标签信息
        fignum: 图编号
    返回:
        最优的聚类组数
    '''
    # 设置聚类组数的取值
    n_clusters=range(1,21)
    cz_ARIs=[];cz_Dis=[]
    for num in n_clusters:
        cz_clst=cluster.KMeans(n_clusters=num)
        cz_clst.fit(X)
        label_pred=cz_clst.predict(X)
        cz_ARIs.append(adjusted_rand_score(label_real,label_pred))
        cz_Dis.append(cz_clst.inertia_)
    # 绘制参数性能曲线
    fig=plt.figure(figsize=[10,8],dpi=300)
    ax=fig.add_subplot(2,1,1)
    ax.plot(n_clusters,cz_ARIs,marker='*',color='r')
    ax.set_xlabel('聚类组数')
    ax.set_xticks(n_clusters[::1])    # 设置坐标轴间距
    ax.set_ylabel('ARI指标')
    ax.set_title('第一个指标')
    plt.grid(True)

    ax=fig.add_subplot(2,1,2)
    ax.plot(n_clusters,cz_Dis,marker='o',color='b')
    ax.set_xlabel('聚类组数')
    ax.set_xticks(n_clusters[::1])    # 设置坐标轴间距
    ax.set_ylabel('距离和')
    ax.set_title('第二个指标')
    plt.grid(True)

    plt.suptitle('K-Means算法性能受聚类组数的影响')
    plt.tight_layout()
    plt.savefig('.\图片\图7-'+str(fignum)+'.png')
    plt.show()

    return n_clusters[cz_ARIs.index(max(cz_ARIs))]

# 算法性能受聚类组数的影响
cz_grps=cz_kmeans_nclusters(X_data,label_real,6)
```

K-Means算法性能受聚类组数的影响
第一个指标

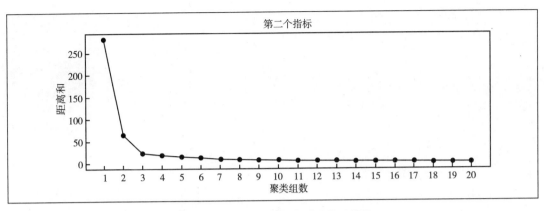

图7-6　K-Means算法聚类组数的优化

由程序执行结果可以发现，当聚类组数为3时算法的ARI性能指标达到最大，基于"手肘法"的思想，当前数据集最优的聚类组数为3。从距离平方和的性能指标也可以看出，聚类组数为3时算法性能最优。

最优聚类组数参数下，K-Means算法聚类结果的具体示例代码及执行结果如图7-7所示。

```
"""
最优聚类组数下的聚类结果
"""
cz_clst=cluster.KMeans(n_clusters=cz_grps)
cz_clst.fit(X_data)
label_pred=cz_clst.predict(X_data)
data_fr0['label']=label_pred
cz_scatter_poly(data_fr0,'最优聚类组数下K-Means聚类的散点图',7)
```

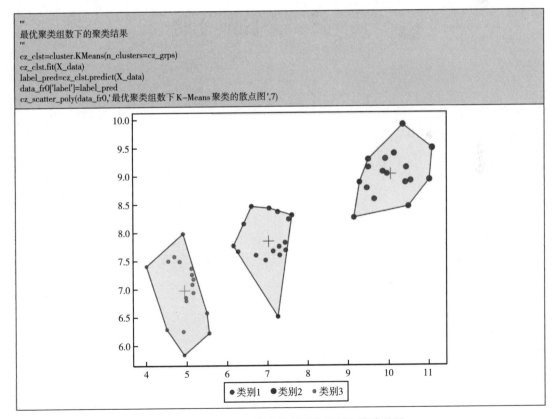

图7-7　K-Means算法最优聚类组数下聚类结果

各个组别初始质心点的选择策略及选择次数也是 K-Means 算法中两个重要的超参数，对这两个超参数进行优化的具体示例代码及执行结果如图 7-8 所示。

```python
'''
不同初始中心点撒点运行次数和初始中心向量选择策略对算法性能的影响
'''
def cz_kmeans_init(X,label_real,fignum):
    '''
    Author: Cheangzhang Wang
    Date: 2022-2-22
    根据参数传入的数据集和标签信息对数据进行聚类分析，并评估结果。
    参数：
        X: 待进行聚类分析的数据集
        label_real: 样本的真实标签信息
        fignum: 图编号
    返回：
        最优的初始质心点选择的次数和最优策略
    '''
    n_init=range(1,50)
    ARIs_k=[]
    Dis_k=[]
    ARIs_r=[]
    Dis_r=[]
    for num in n_init:
        cz_clst=cluster.KMeans(n_init=num,init='k-means++',max_iter=500)
        cz_clst.fit(X)
        label_pred=cz_clst.predict(X)
        ARIs_k.append(adjusted_rand_score(label_real,label_pred))
        Dis_k.append(cz_clst.inertia_)

        cz_clst=cluster.KMeans(n_init=num,init='random',max_iter=500)
        cz_clst.fit(X)
        label_pred=cz_clst.predict(X)
        ARIs_r.append(adjusted_rand_score(label_real,label_pred))
        Dis_r.append(cz_clst.inertia_)

    fig=plt.figure(figsize=[10,8],dpi=300)
    ax1=fig.add_subplot(2,1,1)
    ax1.plot(n_init,ARIs_k,marker='+',color='r',label='K-means++ 策略')
    ax1.plot(n_init,ARIs_r,marker='o',color='b',label='Random 策略')
    ax1.set_xlabel('质心点选择次数')
    ax1.set_xticks(n_init[::2])   #设置坐标轴间距
    ax1.set_ylabel('ARIs指标')
    ax1.set_title('第一个指标')
    ax1.set_ylim(0,1)
    ax1.legend(loc='best',framealpha=.5)
    plt.grid(True)

    ax2=fig.add_subplot(2,1,2,sharex=ax1)
    ax2.plot(n_init,Dis_k,marker='+',color='r',label='K-means++ 策略')
    ax2.plot(n_init,Dis_r,marker='o',color='b',label='Random 策略')
    ax2.set_xlabel('质心点选择次数')
    ax2.set_xticks(n_init[::2])   #设置坐标轴间距
    ax2.set_ylabel('距离和')
    ax2.set_title('第二个指标')
    ax2.legend(loc='best',framealpha=.5)
    plt.grid(True)

    plt.suptitle('K-Means算法受质心点选择次数及初始化策略的影响')
    plt.tight_layout()
    plt.savefig('.\图片\图7-'+str(fignum)+'.png')
    plt.show()

    return n_init[ARIs_r.index(max(ARIs_r))if max(ARIs_r)>max(ARIs_k) else ARIs_k.index(max(ARIs_k))],['random' if max(ARIs_r)>max(ARIs_k) else 'k-means++'][0]

# 不同初始中心点撒点运行次数和初始中心向量选择策略对算法性能的影响
cz_ninit,cz_policy=cz_kmeans_init(X_data,label_real,8)
```

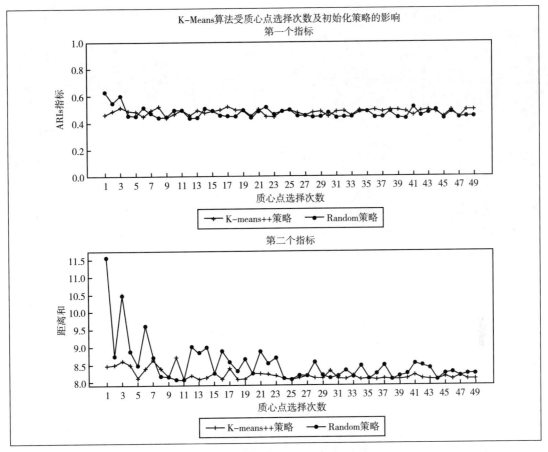

图7-8　初始质心点选择的超参数优化

由程序执行结果可以发现，最优的超参数组合是：质心点选择次数设定为1，选择策略为随机选择。

最优超参数组合下，K-Means算法聚类结果的具体示例代码及执行结果如图7-9所示。

由程序执行结果可以发现，在最优超参数组合下，K-Means算法可以实现很好的聚类效果。

```
"""
最优聚类参数组合下的聚类结果
"""
cz_clst=cluster.KMeans(n_clusters=cz_grps,n_init=cz_ninit,init=cz_policy)
cz_clst.fit(X_data)
label_pred=cz_clst.predict(X_data)
data_fr0['label']=label_pred
cz_scatter_poly(data_fr0,'最优超参数组合下K-Means聚类的散点图',9)
```

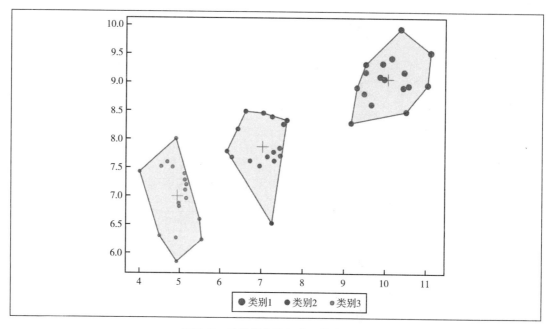

图7-9 最优超参数组合下聚类结果

二、DBSCAN算法的Python实践

针对同一个数据集，下面采用DBSCAN算法进行聚类分析。首先定义函数调用Scikit-Learning模块中的DBSCAN算法对数据集进行聚类，并基于ARI指标评价算法的性能，具体示例代码及执行结果如图7-10所示。

```
'''
定义DBSCAN算法进行聚类分析
'''
def cz_dbscan(X,label_real):
    '''
     Author: Cheangzhang Wang
    Date: 2022-2-23
    根据参数传入的数据集和标签信息对数据进行聚类分析，并评估结果。
    参数：
        X: 待进行聚类分析的数据集
        label_real: 样本的真实标签信息
    返回：
        聚类后的标签信息以、核心点及孤立点的索引信息
    '''
    cz_clst=cluster.DBSCAN()
    label_pred=cz_clst.fit_predict(X)
    print('聚类效果的评价指标ARI为: {:.2f}'.format(adjusted_rand_score(label_real,label_pred)))
    # 核心点的索引
    iso_index=cz_clst.labels_==-1
    print('核心点的标记为: {}'.format(cz_cist.core_sample_indices_))
    print('孤立点的标记为: {}'.format(iso_index))

    return label_pred,cz_clst.core_sample_indices_,iso_index

# 调用函数做聚类分析
label_pred,core_index,iso_index=cz_dbscan(X_data,label_real)
```

聚类效果的评价指标 ARI 为：0.51
核心点的标记为：[1　2　3　4　8　9 11 13 14 15 17 18 20 21 22 23 29 31 33 34 35 37 38 39　43 44]
孤立点的标记为：[True False False False False　True False　True False False　True False　True False False False　True
False False False False　True　True False False　True　True False　True　True False False False　True False False
False False False True　True　True False]

图7-10　DBSCAN算法聚类

　　由程序执行结果可以发现，DBSCAN算法根据密度可达原理对数据集进行了分组，并对数据集中的样本赋予了分组标签，同时还给出了算法计算出来的核心点以及孤立点（噪声点）的索引坐标。

　　DBSCAN算法聚类后可以计算得到数据的分组信息、核心点及孤立点的信息，具体示例代码及执行结果如图7-11所示。

```
'''
绘制包含孤立点、核心点的散点图
'''
def cz_scatter_core(data_fr,core_sample,iso_sample,title,fignum):
    '''
    Author: Cheangzhang Wang
    Date: 2022-2-23
    根据参数传入的数据集和字符串绘制包含核心点的散点图。
    参数：
        data_fr: DataFrame格式的数据集
        core_sampel: 核心点
        iso_sample: 噪声点
        title: 图像的标题
        fignum: 图编号
    '''
    fig = plt.figure(figsize=(10, 8), dpi=300, facecolor='w', edgecolor='k')
    #绘制不同类别的散点图，注意参数c需要每个点赋给颜色值
    labels=set(data_fr['label']) #所有列表标记，噪声点标记为-1
    labels_gr=labels.copy()
    # 不显示噪声点为一类
    labels_gr.remove(-1)
    colors = [plt.cm.tab10(i/float(len(labels)-1)) for i in range(len(labels))]
    # 不同颜色的散点图
    for i, category in enumerate(labels_gr):
        plt.scatter('first','second', data=data_fr.loc[data_fr.label==category, :].
                    s='size',
c=(colors[i],)*(data_fr.loc[data_fr.label==category, :]).shape[0], label=str(category), edgecolors='black', linewidths=.5)
    # 标记核心点
    core_data=data_fr.loc[list(core_sample),:]
    for i,label in enumerate(labels):
        #核心点
        plt.scatter('first','second',data=core_data.loc[core_data.label==label,:],
                    s=(core_data.loc[core_data.label==label,:])['size']*5,
c=(colors[i],)*(core_data.loc[core_data.label==label,:]).shape[0], marker='+')
    # 孤立点标记
    iso_data=data_fr[iso_sample]
    for i, category in enumerate(labels):
        plt.scatter('first','second', data=iso_data.loc[iso_data.label==category, :],
                    s='size',
c=(colors[i],)*(iso_data.loc[iso_data.label==category, :]).shape[0],edgecolors='yellow', linewidths=5)

    #其他的设置
    plt.xticks(fontsize=10); plt.yticks(fontsize=10)
    plt.title(title, fontsize=22)
    plt.legend(labels=['类别'+str(i+1) for i in range(len(labels_gr))],fontsize=20)

    plt.savefig('.\图片\图7-'+str(fignum)+'.png')
    plt.show()

# 调用函数进行聚类分析
data_fr0['label']=label_pred
cz_scatter_core(data_fr0,core_index,iso_index,'DBSCAN聚类结果',11)
```

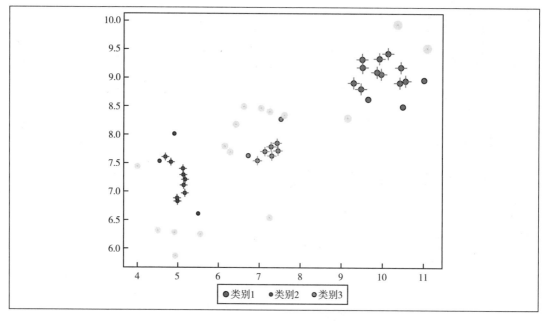

图7-11　DBSCAN算法聚类结果

由程序执行结果可以发现，DBSCAN算法聚类后数据被分成了3个组别，但是，默认超参数情况下，部分数据被判定为孤立点，并未给出聚类的组别信息。如图7-11所示标记为黄色的点即为算法给出的孤立点，带有加号"+"的点为算法给出的核心点。

首先对DBSCAN算法中的邻域半径超参数进行优化，具体示例代码及执行结果如图7-12所示。

```
'''
邻域半径大小对算法聚类效果的影响
'''
def cz_dbscan_epsilon(X,label_real,fignum):
    '''
    Author: Cheangzhang Wang
    Date: 2022-2-23
    根据参数传入的数据集采用DBSCAN算法进行聚类分析。
    参数：
        X: 待聚类的数据集
        label_real: 数据集中样本的真实标签
        fignum: 图编号
    返回：
        最优的参数
    '''
    # 设定超参数取值
    epsilons=np.logspace(-.5,2.5)
    ARIs=[]
    Core_nums=[]
    Iso_nums=[]

    for epsilon in epsilons:
        cz_clst=cluster.DBSCAN(eps=epsilon)
        label_pred=cz_clst.fit_predict(X)
        ARIs.append(adjusted_rand_score(label_real,label_pred))
        Core_nums.append(len(cz_clst.core_sample_indices_))
        Iso_nums.append(sum(cz_clst.labels_==-1))

    fig=plt.figure(figsize=[10,10],dpi=300)
    ax1=fig.add_subplot(2,1,1)
```

```
ax1.plot(epsilons,ARIs,marker='+')
ax1.set_xlabel(r' 邻域半径 $\epsilon$')
ax1.set_xscale('log')
ax1.set_ylabel(' 指标 ARI')
ax1.set_ylim(0,1.2)
ax1.set_title(' 第一个指标')
plt.grid()

ax2=fig.add_subplot(2,1,2,sharex=ax1)
ax2.plot(epsilons,Core_nums,marker='o',label=' 核心点')
ax2.plot(epsilons,Iso_nums,marker='v',label=' 孤立点')
ax2.set_xlabel(r' 邻域半径 $\epsilon$')
ax2.set_xscale('log')
ax2.set_ylabel(' 点的个数')
ax2.set_title(' 第二个指标')
ax2.legend()
plt.grid()

plt.suptitle(' 邻域半径的影响')
plt.tight_layout()
plt.savefig('.\图片\图7-'+str(fignum)+'.png')
plt.show()

return (epsilons[ARIs.index(max(ARIs))])

# 超参数优化
opt_epsilon=cz_dbscan_epsilon(X_data,label_real,12)
```

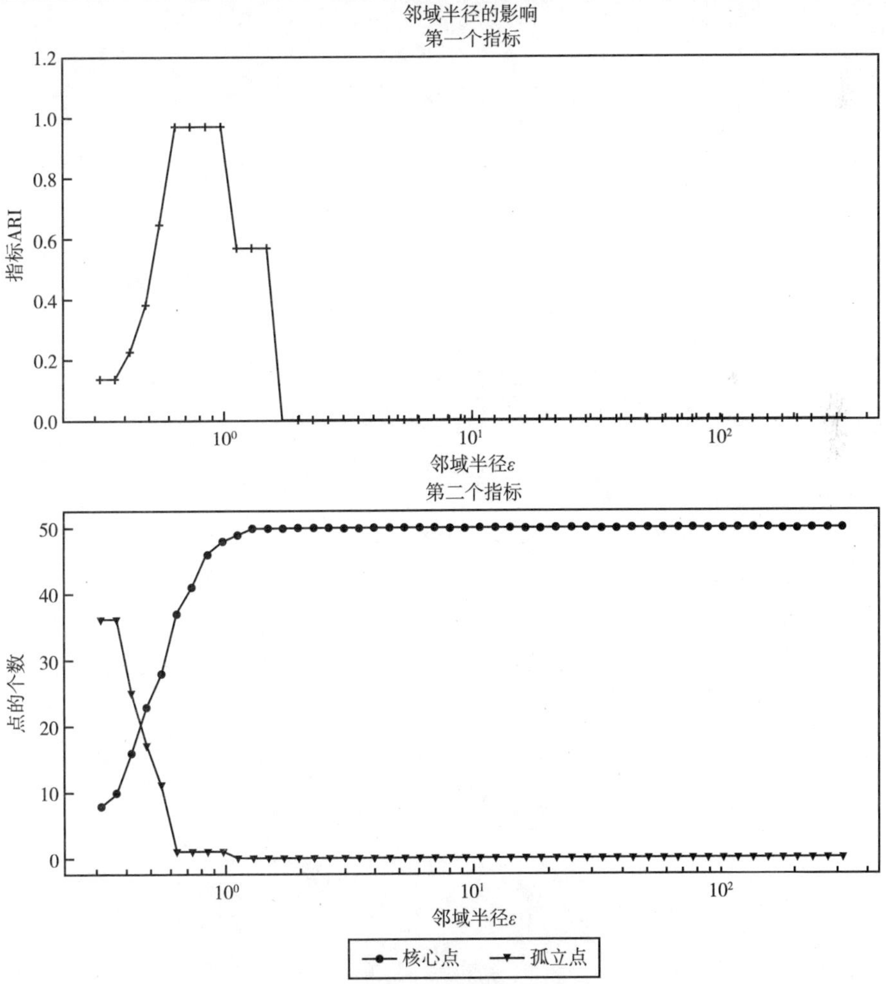

图7-12 邻域半径优化

由程序执行的结果可以发现，当邻域半径为0.64时ARI指标达到最大。需要指出的是，此时算法给出的孤立点的个数并未达到最小。

在最优邻域半径下DBSCAN算法聚类结果的具体示例代码及执行结果如图7-13所示。

```
'''
最优超参数下的算法聚类结果
'''
cz_clst=cluster.DBSCAN(eps=opt_epsilon)
label_pred=cz_clst.fit_predict(X_data)
Core_index=cz_clst.core_sample_indices_
Iso_index=cz_clst.labels_==-1
# 调用函数进行聚类分析
data_fr0['label']=label_pred
cz_scatter_core(data_fr0,Core_index,Iso_index,'最优半径下DBSCAN聚类结果',13)
```

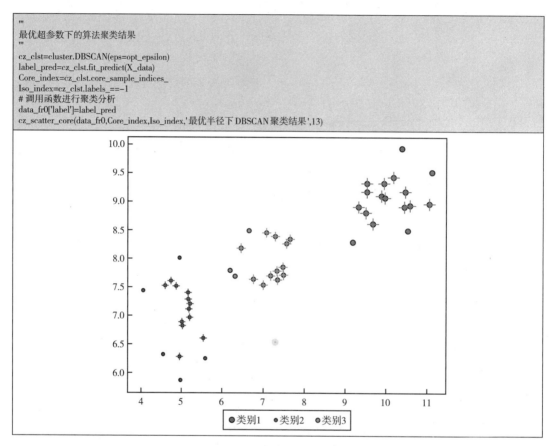

图7-13　最优聚类半径下的聚类结果

由程序的执行结果可以发现，最优聚类半径下，DBSCAN算法给出的聚类组数仍为3组，但是孤立点的个数明显减少了。

接下来优化邻域内样本点个数这一超参数，具体示例代码及执行结果如图7-14所示。

```
'''
邻域中最小样本点个数对聚类效果的影响
'''
def cz_dbscan_minum(X,label_real,fignum):
    '''
    Author: Cheangzhang Wang
    Date: 2022-2-23
    根据参数传入的数据集采用DBSCAN算法进行聚类分析。
    参数:
        X: 待聚类的数据集
        label_real: 数据集中样本的真实标签
        fignum: 图编号
    返回:
        最优的参数
    '''
    cz_minum=np.arange(1,100)
```

```
ARIs=[]
Core_nums=[]
Iso_nums=[]

for num in cz_minum:
    cz_clst=cluster.DBSCAN(min_samples=num)
    label_pred=cz_clst.fit_predict(X)
    ARIs.append(adjusted_rand_score(label_real,label_pred))
    Core_nums.append(len(cz_clst.core_sample_indices_))
    Iso_nums.append(sum(cz_clst.labels_==-1))

fig=plt.figure(figsize=[10,10],dpi=300)
ax1=fig.add_subplot(2,1,1)
ax1.plot(cz_minum,ARIs,marker='+')
ax1.set_xlabel(r'邻域样本点个数')
ax1.set_ylabel('指标ARI')
ax1.set_ylim(0,1)
ax1.set_title('第一个指标')
plt.grid()

ax2=fig.add_subplot(2,1,2,sharex=ax1)
ax2.plot(cz_minum,Core_nums,marker='o',label='核心点')
ax2.plot(cz_minum,Iso_nums,marker='v',label='孤立点')
ax2.set_xlabel(r'邻域样本点个数')
ax2.set_ylabel('点的个数')
ax2.set_title('第二个指标')
ax2.legend()
plt.grid()

plt.suptitle('邻域内点的个数对算法性能的影响')
plt.tight_layout()
plt.savefig('.\图片\图7-'+str(fignum)+'.png')
plt.show()

return cz_minum[ARIs.index(max(ARIs))]

# 超参数优化
opt_corenum=cz_dbscan_minum(X_data,label_real,14)
```

邻域内点的个数对算法性能的影响
第一个指标

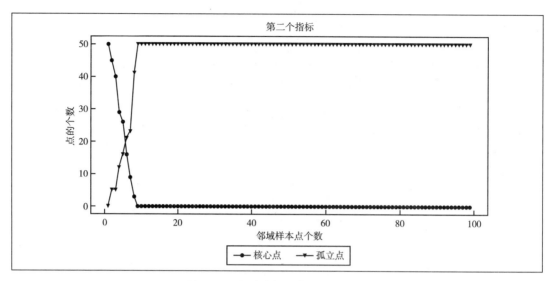

图7-14 邻域内样本点个数的优化

由程序执行的结果可以发现，当邻域内样本点个数为1时，ARI指标达到最大，而且此时孤立点的个数也达到了最小。

最优邻域内点样本点个数下，DBSACAN算法聚类结果的具体示例代码及执行结果如图7-15所示。

```
"""
最优超参数下的算法聚类结果
"""
cz_clst=cluster.DBSCAN(min_samples=opt_corenum)
label_pred=cz_clst.fit_predict(X_data)
Core_index=cz_clst.core_sample_indices_
Iso_index=cz_clst.labels_==-1
# 调用函数进行聚类分析
data_fr0['label']=label_pred
cz_scatter_core(data_fr0,Core_index,Iso_index,'最优邻域中点的个数下DBSCAN聚类结果',15)
```

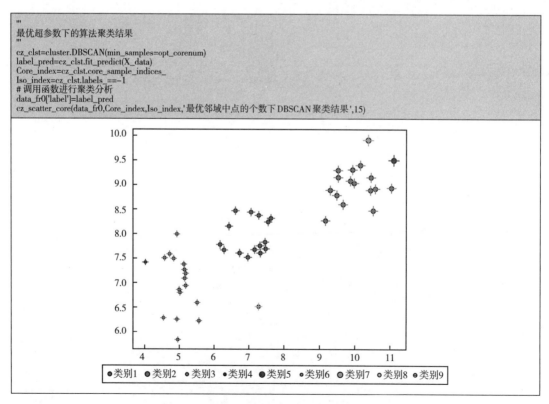

图7-15 最优邻域内样本点个数下的聚类结果

由程序执行结果可以发现，最优邻域内样本点个数下的聚类结果呈现了一个极端情况，那就是将所有点都判断为核心点，从而将数据集分成了9个组别。

前面的结果提示我们，单个超参数的优化无法达到算法的性能最优，应该将两个超参数放在一起组合优化，具体示例代码及执行结果如图7-16所示。

```python
from mpl_toolkits.mplot3d import Axes3D
'''
邻域中最小样本点个数及邻域半径大小对聚类效果的影响
'''
def cz_dbscan_mix(X,label_real):
    '''
    Author: Cheangzhang Wang
    Date: 2022-2-23
    根据参数传入的数据集采用DBSCAN算法进行聚类分析。
    参数:
        X: 待聚类的数据集
        label_real: 数据集中样本的真实标签
    返回:
        最优的参数
    '''
    epsilons=np.logspace(-.5,2.5)
    cz_minum=np.arange(1,100)
    opt_para=pd.DataFrame()
    opt_para=pd.DataFrame(columns=['epsilon','minum','ARI','core','iso'])

    for epsilon in epsilons:
        for num in cz_minum:
            cz_clst=cluster.DBSCAN(eps=epsilon,min_samples=num)
            label_pred=cz_clst.fit_predict(X)

            ARI=adjusted_rand_score(label_real,label_pred)
            Core_nums=len(cz_clst.core_sample_indices_)
            Iso_nums=sum(cz_clst.labels_==-1)

para_all={'epsilon': epsilon,'minum': num,'ARI': ARI,'core': Core_nums,'iso': Iso_nums}
            cz_temp=opt_para.append(para_all,ignore_index=True)
            opt_para=cz_temp #迭代更新数据框
    return opt_para

# 超参数优化
opt_para=cz_dbscan_mix(X_data,label_real)
print('部分超参数的结果: \n{}'.format(opt_para.head(10)))
```

```
部分超参数的结果:
   epsilon  minum       ARI  core   iso
0  0.316228    1.0  0.276527  50.0   0.0
1  0.316228    2.0  0.255578  35.0  15.0
2  0.316228    3.0  0.224886  25.0  19.0
3  0.316228    4.0  0.173597  13.0  30.0
4  0.316228    5.0  0.140758   8.0  36.0
5  0.316228    6.0  0.050084   1.0  44.0
6  0.316228    7.0  0.000000   0.0  50.0
7  0.316228    8.0  0.000000   0.0  50.0
8  0.316228    9.0  0.000000   0.0  50.0
9  0.316228   10.0  0.000000   0.0  50.0
```

图7-16 超参数组合优化

由程序执行的结果可以发现，超参数组合优化会产生多种超参数组合条件下算法性能指标ARI的值。

绘制最优超参数组合下ARI指标分布情况的具体示例代码及执行结果如图7-17所示。

```
"""
绘制参数组合下指标的平面
"""
fig=plt.figure(figsize=[10,10],dpi=300)
ax1=fig.add_subplot(1,1,1,projection='3d')
ax1.plot_trisurf(opt_para['epsilon'],opt_para['minum'],opt_para['ARI'],
                 linewidth=.2, antialiased=True,color='m',edgecolor='w')
ax1.set_xlabel(r'邻域半径 $\epsilon$')
ax1.set_ylabel('邻域内点的个数')
ax1.set_zlabel('指标 ARI')
ax1.view_init(elev=30., azim=60)
plt.grid()
plt.savefig('.\图片\图7-'+str(17)+'.png')
plt.show()
```

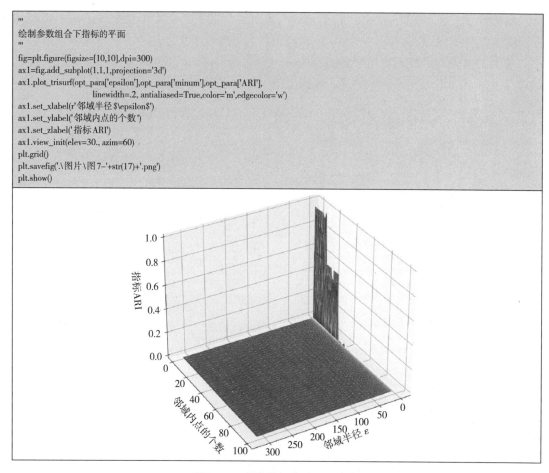

图7-17   超参数组合下ARI分布

绘制最优超参数组合下核心点个数分布情况的具体示例代码及执行结果如图7-18
所示。

```
"""
绘制参数组合下指标的平面
"""
fig=plt.figure(figsize=[10,10],dpi=300)
ax1=fig.add_subplot(1,1,1,projection='3d')
ax1.plot_trisurf(opt_para['epsilon'],opt_para['minum'],opt_para['core'],
                 linewidth=.2, antialiased=True,color='b',edgecolor='w')
ax1.set_xlabel(r'邻域半径 $\epsilon$')
ax1.set_ylabel('邻域内点的个数')
ax1.set_zlabel('核心点个数')
ax1.view_init(elev=30., azim=60)
plt.grid()
plt.savefig('.\图片\图7-'+str(18)+'.png')
plt.show()
```

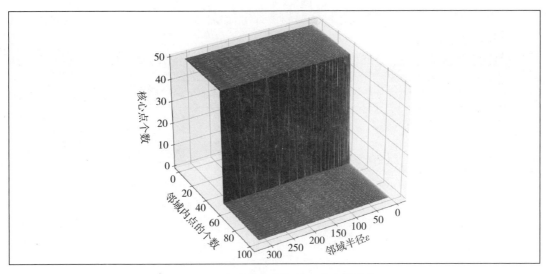

图7-18　超参数组合下核心点个数分布

　　绘制最优超参数组合下孤立点个数分布情况的具体示例代码及执行结果如图7-19所示。

```
'''
绘制参数组合下指标的平面
'''
fig=plt.figure(figsize=[10,10],dpi=300)
ax1=fig.add_subplot(1,1,1,projection='3d')
ax1.plot_trisurf(opt_para['epsilon'],opt_para['minum'],opt_para['iso'],
                 linewidth=.2, antialiased=True,color='c',edgecolor='w')
ax1.set_xlabel(r'邻域半径 $\epsilon$')
ax1.set_ylabel('邻域内点的个数')
ax1.set_zlabel('孤立点个数')
ax1.view_init(elev=30., azim=60)
plt.grid()
plt.savefig('.\图片\图7-'+str(19)+'.png')
plt.show()
```

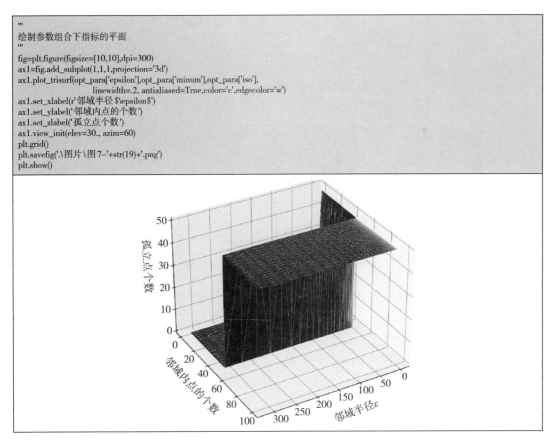

图7-19　超参数组合下孤立点个数分布

由程序执行的结果可以发现，最优的超参数组合是：邻域半径为1.12，邻域内样本点个数为10。

最优超参数组合下，DBSCAN算法聚类结果的具体示例代码及执行结果如图7-20所示。

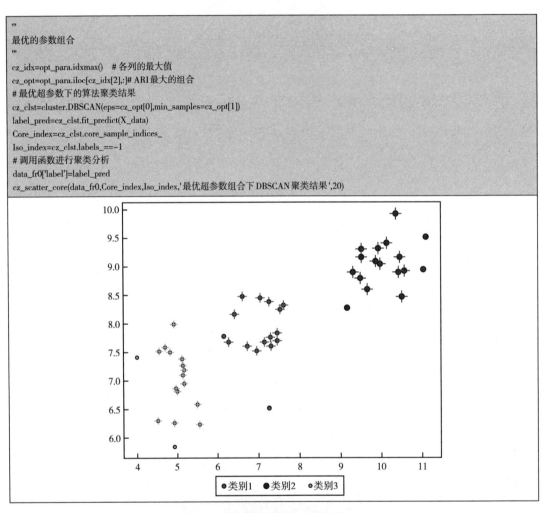

```
"""
最优的参数组合
"""
cz_idx=opt_para.idxmax()    # 各列的最大值
cz_opt=opt_para.iloc[cz_idx[2],:]# ARI最大的组合
# 最优超参数下的算法聚类结果
cz_clst=cluster.DBSCAN(eps=cz_opt[0],min_samples=cz_opt[1])
label_pred=cz_clst.fit_predict(X_data)
Core_index=cz_clst.core_sample_indices_
Iso_index=cz_clst.labels_==-1
# 调用函数进行聚类分析
data_fr0['label']=label_pred
cz_scatter_core(data_fr0,Core_index,Iso_index,'最优超参数组合下DBSCAN聚类结果',20)
```

图7-20　最优超参数组合下聚类结果

由程序执行的结果可以发现，最优的超参数组合下，DBSCAN算法将数据集聚类成了3个组别，且没有孤立点出现。

三、层次聚类算法的Python实践

为了能够更好地可视化层次聚类算法的结果，首先生成新的虚拟数据，具体示例代码及执行结果如图7-21所示。

```
'''
层次聚类法的虚拟数据
为了演示聚类效果，减少点的个数
'''
X_data,label_real=cz_simulation_data([[5,7],[10,9],[7,8]],15,.5)
data_fr0=pd.DataFrame(data=X_data,columns=['first','second'])
data_fr0['label']=label_real
data_fr0['size']=data_fr0['first']*data_fr0['second']
print('部分虚拟数据为：')
print(X_data[:10,:])
```

```
部分虚拟数据为：
[[ 9.56812399   9.50827247]
 [ 6.93636308   7.26205705]
 [ 9.9548934    7.84702837]
 [ 5.14105466   7.38040433]
 [10.57138001   8.23217286]
 [ 4.93035722   7.99234308]
 [ 5.1504908    7.27014863]
 [ 6.71639106   8.58724348]
 [ 6.84790726   8.49864575]
 [10.51698194   8.58775389]]
```

图7-21　新的虚拟数据

基于新生成的虚拟数据，可以绘制其分布的散点图，具体示例代码及执行结果如图7-22所示。

```
'''
绘制原始数据的散点图
'''
def cz_scatter(data_fr,title,fignum):
    '''
    Author: Cheangzhang Wang
    Date: 2022-2-23
    根据参数传入的数据集和字符串绘制原始数据的散点图。
    参数：
        data_fr: DataFrame格式的数据集
        title: 图像的标题
        fignum: 图编号
    '''
    fig = plt.figure(figsize=(10, 8), dpi= 300, facecolor='w', edgecolor='k')
    # 绘制不同类别的散点图，注意参数c需要每个点赋给颜色值
    labels=set(data_fr['label'])
    colors = [plt.cm.tab10(i/float(len(labels)-1)) for i in range(len(labels))]
    # 不同颜色的散点图
    for i, category in enumerate(labels):
        plt.scatter('first','second', data=data_fr.loc[data_fr.label==category, :],
                    s='size',
c=(colors[i],)*(data_fr.loc[data_fr.label==category, :]).shape[0], label=str(category), edgecolors='black', linewidths=.5)
#    # 标记点的序号
    for i in range(data_fr.shape[0]):

plt.text(data_fr.iloc[i]['first'],data_fr.iloc[i]['second'],str(i+1),fontdict=dict(size=10,color='b'))

    # 其他的设置
    plt.xticks(fontsize=10); plt.yticks(fontsize=10)
    plt.title(title, fontsize=22)
    plt.legend(labels=['类别'+str(i+1) for i in range(len(labels))],fontsize=20)
    plt.savefig('.\图片\图7-'+str(fignum)+'.png')
    plt.show()

# 绘制散点图
cz_scatter(data_fr0,'原始数据散点图',22)
```

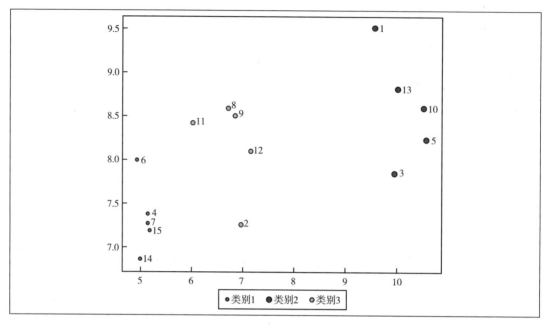

图7-22　新的虚拟数据散点图

（一）Scikit-Learning模块

调用Scikit-Learning模块中的层次聚类算法对数据集进行聚类，并基于ARI指标评价算法的性能，具体示例代码及执行结果如图7-23所示。

```
'''
采用层次聚类法分析数据
'''
def cz_hcagg(X,label_real,n_clusters,link):
    '''
    Author: Cheangzhang Wang
    Date: 2022-2-23
    根据参数传入的数据集采用层次聚类算法进行聚类分析。
    参数:
        X: 待聚类的数据集
        label_real: 数据集中样本的真实标签
        link: 聚类度量模式
    返回:
        预测组别标签
    '''
cz_clst=cluster.AgglomerativeClustering(n_clusters=n_clusters,linkage=link)
    label_pred=cz_clst.fit_predict(X)
    print('聚类算法性能指标
ARI: {:.2f}'.format(adjusted_rand_score(label_real,label_pred)))

    return label_pred

# 调用算法进行聚类分析
label_pred=cz_hcagg(X_data,label_real,3,'single')

聚类算法性能指标ARI: 1.00
```

图7-23　层次聚类法的结果

由程序执行的结果可以发现，在采用最小距离度量模式下，层次聚类算法聚成3个组别的ARI指标值为1.00。

层次聚类算法可以将数据集聚类成最小1组，最大成每个样本点一组，各个层次下聚类结果的具体示例代码及执行结果如图7-24所示。

```
'''
绘制层次聚类法的聚类结果：各个层次
'''
def cz_hcagg_plot(X_data,label_real,link,title,fignum):
    '''
    Author: Cheangzhang Wang
    Date: 2022-2-23
    根据参数传入的数据集采用层次聚类算法进行聚类分析，并绘制各个层次的聚类结果。
    参数：
        X_data: 待聚类的数据集
        label_real: 数据集中样本的真实标签
        link: 距离度量模式
        title: 聚类结果的图标题
        fignum: 图编号
    '''
    plt.figure(figsize=(10,10),dpi=300)
    x=np.arange(0,15)
    for nclus in range(1,X_data.shape[0]+1):# 聚类的组数
        label_pred=cz_hcagg(X_data,label_real,nclus,link)
        for i,label in enumerate(np.unique(label_pred)):#根据聚类结果绘制标签框
            label_str=','.join([str(itm[0]) for itm in (np.argwhere(label_pred==label)).tolist()]) #找到索引编号
            if i==0:
                stx=.5; # 注意标签框的初始位置及更新
                if nclus==1:
                    sty=.3 # 注意标签框的初始位置及更新
                    plt.text(stx,sty,label_str,color='blue',alpha=0.8,
fontsize=15,bbox=dict(facecolor='gray',alpha=.1))
                    stx+=sum(label_pred==label)/1.3
                else:
                    plt.text(stx,sty,label_str,color='blue',alpha=0.8,
fontsize=15,bbox=dict(facecolor='gray',alpha=.1))
                    stx+=sum(label_pred==label)/1.3
            else:
                if nclus==1:
                    sty=.3
                    plt.text(stx,sty,label_str,color='blue',alpha=0.8,
fontsize=15,bbox=dict(facecolor='gray',alpha=.1))
                    stx+=sum(label_pred==label)/1.3
                else:
                    plt.text(stx,sty,label_str,color='blue',alpha=0.8,
fontsize=15,bbox=dict(facecolor='gray',alpha=.1))
                    stx+=sum(label_pred==label)/1.3
        sty+=1

    plt.ylim(0,16)
    plt.yticks(list(range(16)),[str(i)+'组 ' for i in list(range(16))])
    plt.xticks(x,color='w')
    plt.grid(axis='y',color='r',linestyle='--', linewidth=2)
    plt.xlabel('样本编号')
    plt.ylabel('聚类结果')
    plt.title(title)
    plt.savefig('.\图片\图7-'+str(fignum)+'.png')
    plt.show()
```

```
# 调用函数绘制聚类结果
cz_hcagg_plot(X_data,label_real,'single','最小距离下层次聚类法聚类结果',24)
```

```
聚类算法性能指标ARI: 0.00
聚类算法性能指标ARI: 0.53
聚类算法性能指标ARI: 1.00
聚类算法性能指标ARI: 0.90
聚类算法性能指标ARI: 0.80
聚类算法性能指标ARI: 0.71
聚类算法性能指标ARI: 0.62
聚类算法性能指标ARI: 0.49
聚类算法性能指标ARI: 0.42
聚类算法性能指标ARI: 0.34
聚类算法性能指标ARI: 0.22
聚类算法性能指标ARI: 0.18
聚类算法性能指标ARI: 0.14
聚类算法性能指标ARI: 0.05
聚类算法性能指标ARI: 0.00
```

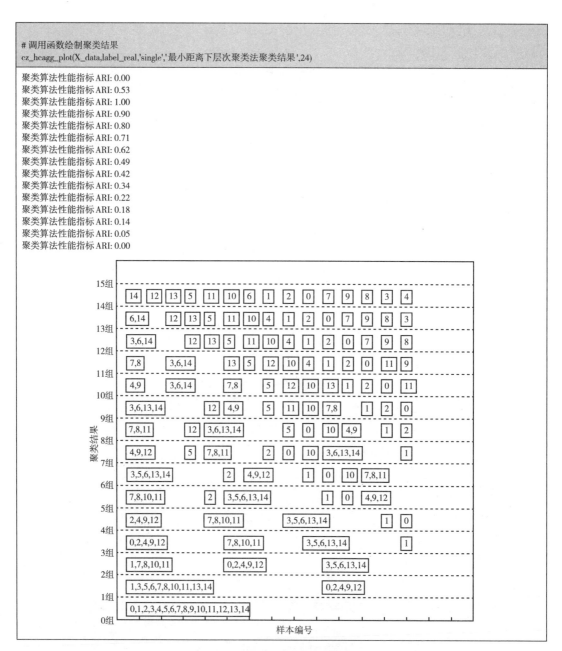

图 7-24　最小距离模式下聚类结果

由程序执行的结果可以发现，在最小距离度量模式下，层次聚类法最好的聚类效果是聚类成3个组别。

在最大距离度量模式下层次聚类法聚类结果的具体示例代码及执行结果如图7-25所示。

```
# 调用函数绘制聚类结果
cz_hcagg_plot(X_data,label_real,"complete",'最大距离下层次聚类法聚类结果',25)
```

聚类算法性能指标ARI: 0.00
聚类算法性能指标ARI: 0.53
聚类算法性能指标ARI: 1.00
聚类算法性能指标ARI: 0.90
聚类算法性能指标ARI: 0.80
聚类算法性能指标ARI: 0.71
聚类算法性能指标ARI: 0.59
聚类算法性能指标ARI: 0.49
聚类算法性能指标ARI: 0.42
聚类算法性能指标ARI: 0.34
聚类算法性能指标ARI: 0.22
聚类算法性能指标ARI: 0.18
聚类算法性能指标ARI: 0.09
聚类算法性能指标ARI: 0.05
聚类算法性能指标ARI: 0.00

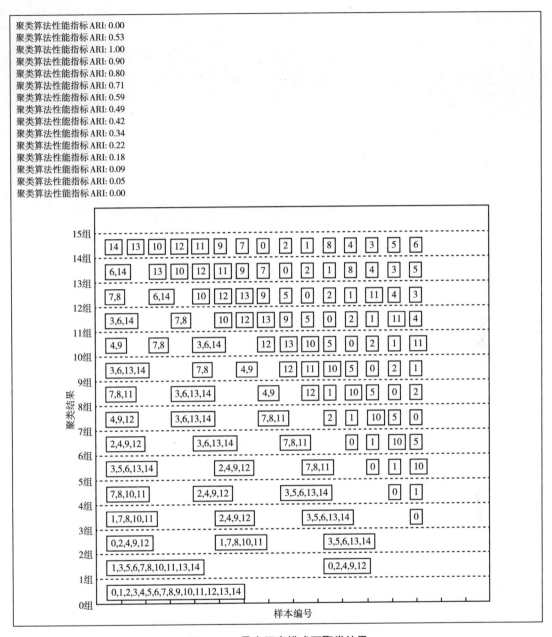

图7-25　最大距离模式下聚类结果

　　由程序执行的结果可以发现，在最大距离度量模式下，层次聚类法最好的聚类效果是聚类成3个组别。

　　在平均距离度量模式下层次聚类法聚类结果的具体示例代码及执行结果如图7-26所示。

```
# 调用函数绘制聚类结果
cz_hcagg_plot(X_data,label_real,"average",'平均距离下层次聚类法聚类结果',26)
```

```
聚类算法性能指标ARI: 0.00
聚类算法性能指标ARI: 0.53
聚类算法性能指标ARI: 1.00
聚类算法性能指标ARI: 0.90
聚类算法性能指标ARI: 0.80
聚类算法性能指标ARI: 0.71
聚类算法性能指标ARI: 0.62
聚类算法性能指标ARI: 0.49
聚类算法性能指标ARI: 0.42
聚类算法性能指标ARI: 0.34
聚类算法性能指标ARI: 0.22
聚类算法性能指标ARI: 0.18
聚类算法性能指标ARI: 0.14
聚类算法性能指标ARI: 0.05
聚类算法性能指标ARI: 0.00
```

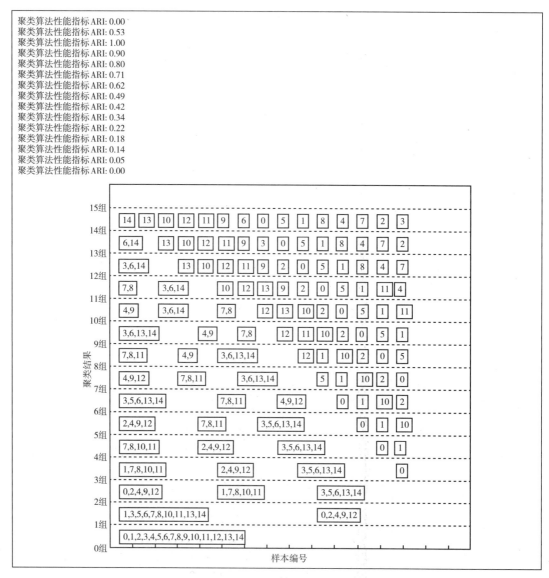

图 7-26　平均距离模式下聚类结果

由程序执行的结果可以发现，在平均距离度量模式下，层次聚类法最好的聚类效果是聚类成 3 个组别。

层次聚类法还有一个重要的超参数就是样本点之间的距离度量模式，在 L1 范数模式下，层次聚类法聚类结果的具体示例代码及执行结果如图 7-27 所示。

```
'''
采用层次聚类法分析数据
'''
def cz_hcagg_aff(X,label_real,n_clusters,link,aff):
    '''
    Author: Cheangzhang Wang
    Date: 2022-2-24
    根据参数传入的数据集采用层次聚类算法进行聚类分析。
```

```
参数：
    X: 待聚类的数据集
    label_real: 数据集中样本的真实标签
    link: 聚类度量模式
    aff: 样本点之间距离度量模式
返回：
    预测组别标签
"""
# "euclidean", "l1", "l2","manhattan", "cosine", or "precomputed".

cz_clst=cluster.AgglomerativeClustering(n_clusters=n_clusters,linkage=link,affinity=aff)
    label_pred=cz_clst.fit_predict(X)
    print('聚类算法性能指标ARI: {:.2f}'.format(adjusted_rand_score(label_real,label_pred)))

    return label_pred

# 调用算法进行聚类分析
label_pred=cz_hcagg_aff(X_data,label_real,3,'single',"l1")
```

聚类算法性能指标ARI: 1.00

图7-27　L1范数模式下聚类结果

由程序执行的结果可以发现，在L1范数和最小距离度量模式下，层次聚类算法聚类为3组的ARI指标为1.00。

在L1范数和最小距离度量模式下，层次聚类法各个层次上聚类结果的具体示例代码及执行结果如图7-28所示。

```
"""
绘制层次聚类法的聚类结果：各个层次
"""
def cz_hcagg_plot_aff(X_data,label_real,link,aff,title,fignum):
    """
    Author: Cheangzhang Wang
    Date: 2022-2-24
    根据参数传入的数据集采用层次聚类算法进行聚类分析，并绘制各个层次的聚类结果。
    参数：
        X_data: 待聚类的数据集
        label_real: 数据集中样本的真实标签
        link: 距离度量模式
        aff: 样本点距离度量模式
        title: 聚类结果的图标题
        fignum: 图编号
    """
    plt.figure(figsize=(10,10),dpi=300)
    x=np.arange(1,17)
    for nclus in range(1,X_data.shape[0]+1):  # 聚类的组数
        label_pred=cz_hcagg_aff(X_data,label_real,nclus,link,aff)
        for i,label in enumerate(np.unique(label_pred)):  # 根据聚类结果绘制标签框
            label_str=','.join([str(itm[0]) for itm in (np.argwhere(label_pred==label)).tolist()]) # 找到索引编号
            if i==0:
                stx=.5; # 注意标签框的初始位置及更新
                if nclus==1:
                    sty=.3 # 注意标签框的初始位置及更新
                    plt.text(stx,sty,label_str,color='blue',alpha=0.8,
fontsize=15,bbox=dict(facecolor='gray',alpha=.1))
                    stx+=sum(label_pred==label)/1.3
                else:
                    plt.text(stx,sty,label_str,color='blue',alpha=0.8,
fontsize=15,bbox=dict(facecolor='gray',alpha=.1))
                    stx+=sum(label_pred==label)/1.3
            else:
                if nclus==1:
                    sty=.3
                    plt.text(stx,sty,label_str,color='blue',alpha=0.8,
fontsize=15,bbox=dict(facecolor='gray',alpha=.1))
                    stx+=sum(label_pred==label)/1.3
                else:
                    plt.text(stx,sty,label_str,color='blue',alpha=0.8,
```

```
fontsize=15,bbox=dict(facecolor='gray',alpha=.1))
                          stx+=sum(label_pred==label)/1.3
        sty+=1

    plt.ylim(0,16)
    plt.yticks(list(range(16)),[str(i)+'组'   for i in list(range(16))])
    plt.xticks(x,color='w')
    plt.grid(axis='y',color='r',linestyle='--', linewidth=2)
    plt.xlabel('样本编号')
    plt.ylabel('聚类结果')
    plt.title(title)
    plt.savefig('.\图片\图7-'+str(fignum)+'.png')
    plt.show()

# 调用函数绘制聚类结果
cz_hcagg_plot_aff(X_data,label_real,'single','l1','L1距离下层次聚类法聚类结果',28)
```

```
聚类算法性能指标ARI: 0.00
聚类算法性能指标ARI: 0.53
聚类算法性能指标ARI: 1.00
聚类算法性能指标ARI: 0.90
聚类算法性能指标ARI: 0.80
聚类算法性能指标ARI: 0.71
聚类算法性能指标ARI: 0.62
聚类算法性能指标ARI: 0.49
聚类算法性能指标ARI: 0.42
聚类算法性能指标ARI: 0.34
聚类算法性能指标ARI: 0.22
聚类算法性能指标ARI: 0.18
聚类算法性能指标ARI: 0.14
聚类算法性能指标ARI: 0.05
聚类算法性能指标ARI: 0.00
```

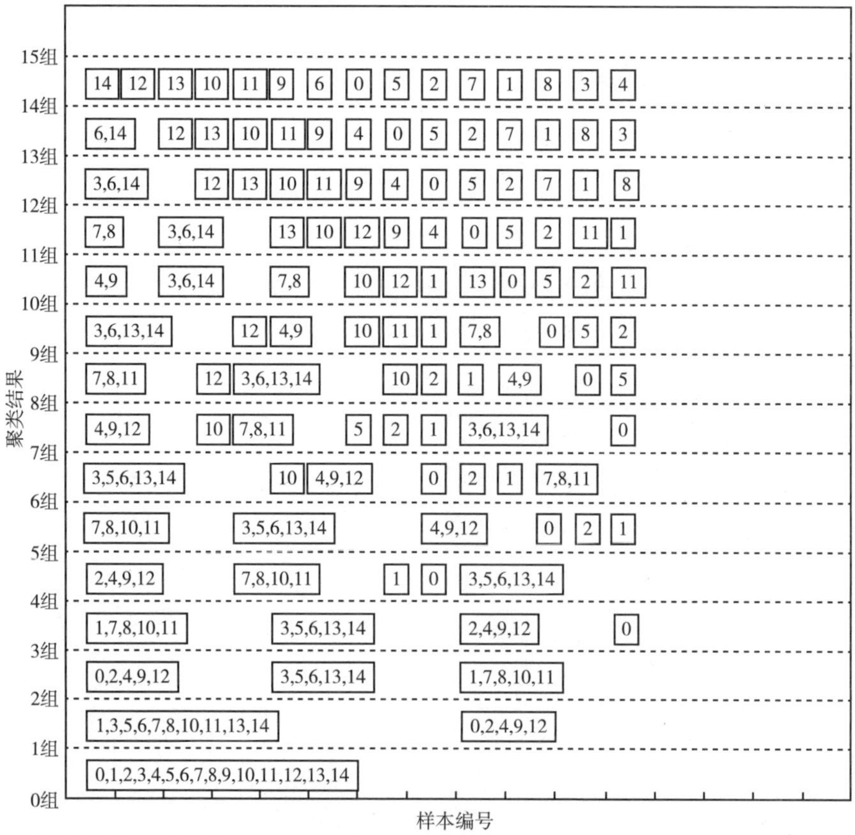

图7-28　L1范数模式下各层次聚类结果

由程序执行的结果可以发现，在L1范数和最小距离度量模式下，最好的聚类结果是聚类成3个组别。

在L2范数和最小距离度量模式下，层次聚类法各个层次上聚类结果的具体示例代码及执行结果如图7-29所示。

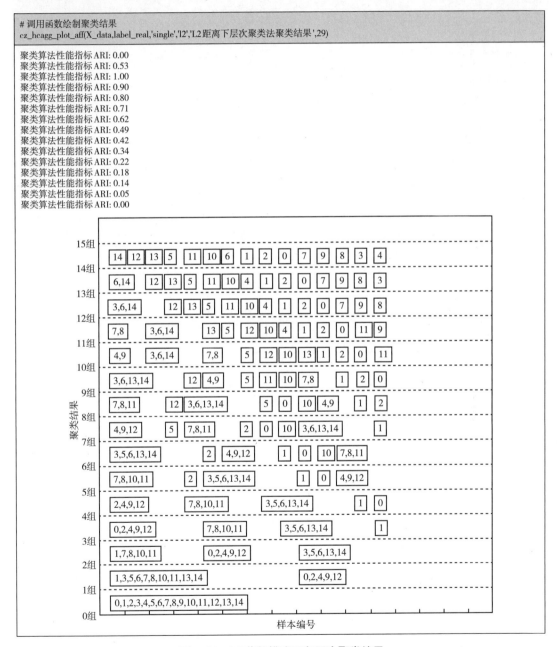

图7-29　L2范数模式下各层次聚类结果

由程序执行的结果可以发现，在L2范数和最小距离度量模式下，最好的聚类结果是聚类成3个组别。

在Manhattan范数和最小距离度量模式下，层次聚类法各个层次上聚类结果的具体示例代码及执行结果如图7-30所示。

```
# 调用函数绘制聚类结果
cz_hcagg_plot_aff(X_data,label_real,'single','manhattan','Manhattan距离下层次聚类法聚类结果',30)
```

聚类算法性能指标ARI: 0.00
聚类算法性能指标ARI: 0.53
聚类算法性能指标ARI: 1.00
聚类算法性能指标ARI: 0.90
聚类算法性能指标ARI: 0.80
聚类算法性能指标ARI: 0.71
聚类算法性能指标ARI: 0.62
聚类算法性能指标ARI: 0.49
聚类算法性能指标ARI: 0.42
聚类算法性能指标ARI: 0.34
聚类算法性能指标ARI: 0.22
聚类算法性能指标ARI: 0.18
聚类算法性能指标ARI: 0.14
聚类算法性能指标ARI: 0.05
聚类算法性能指标ARI: 0.00

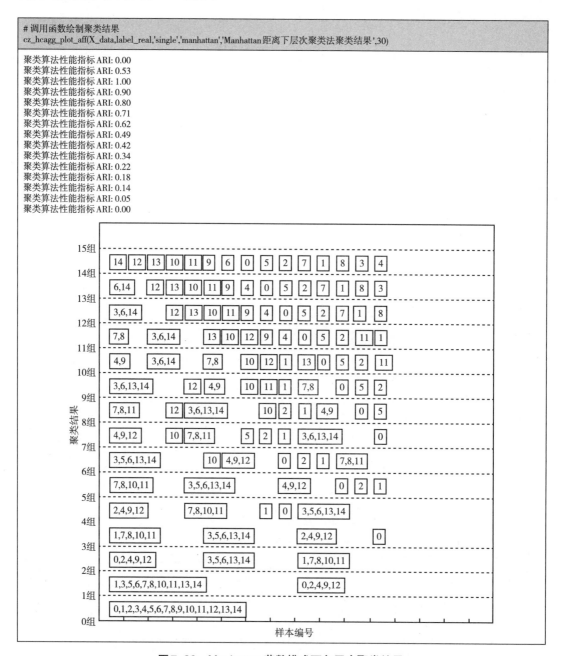

图7-30　Manhattan范数模式下各层次聚类结果

由程序执行的结果可以发现，在Manhattan范数和最小距离度量模式下，最好的聚类结果是聚类成3个组别。

在Cosine范数和最小距离度量模式下，层次聚类法各个层次上聚类结果的具体示例代码及执行结果如图7-31所示。

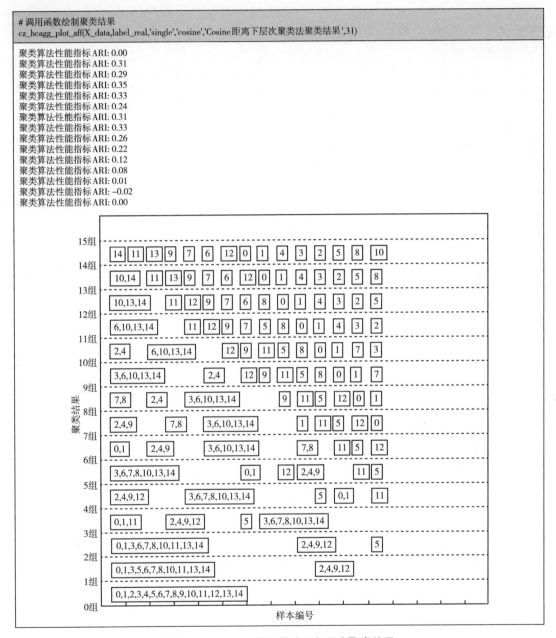

图7-31　Cosine范数模式下各层次聚类结果

由程序执行的结果可以发现，在Cosine范数和最小距离度量模式下，最好的聚类结果是聚类成4个组别。

值得注意的是，在层次聚类算法中还有一种模式是基于聚类后各组数据的方差最小化准则进行聚类，具体示例代码及执行结果如图7-32所示。

```
# 调用函数绘制聚类结果
cz_hcagg_plot_aff(X_data,label_real,'ward','euclidean','Euclidean距离下层次聚类法聚类结果',32)
```

聚类算法性能指标ARI: 0.00
聚类算法性能指标ARI: 0.53
聚类算法性能指标ARI: 1.00
聚类算法性能指标ARI: 0.90
聚类算法性能指标ARI: 0.80
聚类算法性能指标ARI: 0.71
聚类算法性能指标ARI: 0.59
聚类算法性能指标ARI: 0.49
聚类算法性能指标ARI: 0.42
聚类算法性能指标ARI: 0.34
聚类算法性能指标ARI: 0.22
聚类算法性能指标ARI: 0.18
聚类算法性能指标ARI: 0.09
聚类算法性能指标ARI: 0.05
聚类算法性能指标ARI: 0.00

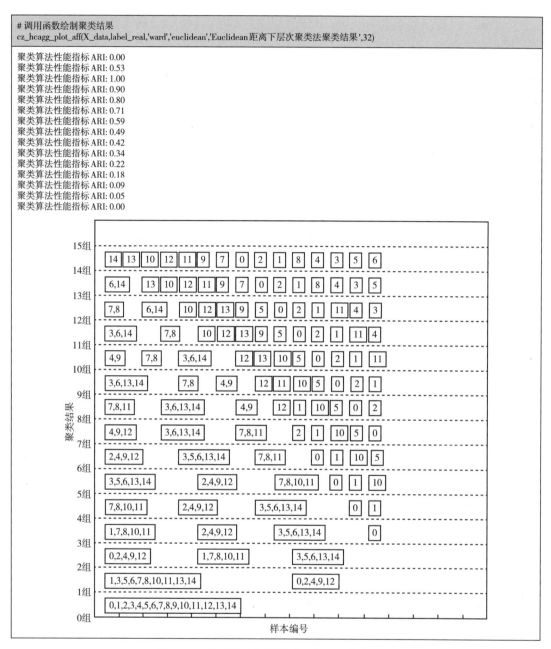

图 7-32　欧式距离范数模式下各层次聚类结果

由程序执行的结果可以发现，在欧式距离范数和方差最小化准则下，最好的聚类结果是聚类成3个组别。

（二）Scipy模块

层次聚类法还可以通过调用Scipy模块中的函数来对数据进行聚类分析，具体示例代码及执行结果如图7-33所示。

```
"""
导入必要的模块
"""
from scipy.cluster.hierarchy import linkage,dendrogram
import matplotlib.pyplot as plt
import pandas as pd
from matplotlib.pyplot import MultipleLocator

"""
采用Scipy模块中的函数进行聚类分析并绘制聚类结果
"""
def cz_linkage_plot(X,method,metric,title,fignum):
    """
    Author: Cheangzhang Wang
    Date: 2022-2-24
    根据参数传入的数据集采用层次聚类算法进行聚类分析，并绘制聚类结果。
    参数：
        X: 待聚类的数据集
        method: 集合间距离度量模式
        metric: 样本间距离度量模式
        title: 聚类结果的图标题
        fignum: 图编号
    返回：
        聚类结果
    """
    # 调用模块进行聚类分析
    cz_agg=linkage(X,method=method,metric=metric)

    # 绘制聚类结果树
    plt.figure(figsize=[6,12],dpi=300)
    #设置坐标轴显示的刻度间距，存储在变量中
    y_major_loc=MultipleLocator(5)
    ax=plt.gca()
    #设置主要刻度间距为5的倍数
    ax.yaxis.set_major_locator(y_major_loc)
    ax.yaxis.set_ticks([])
    # 绘制聚类结果树
    dendrogram(cz_agg,leaf_rotation=0,leaf_font_size=10)
    plt.title(title)
    plt.savefig('.\图片\图7-'+str(fignum)+'.png')
    plt.show()

    return cz_agg

# 调用函数进行聚类分析
cz_agg=cz_linkage_plot(X_data,'single','euclidean','最小欧式距离下聚类结果 ',33)
```

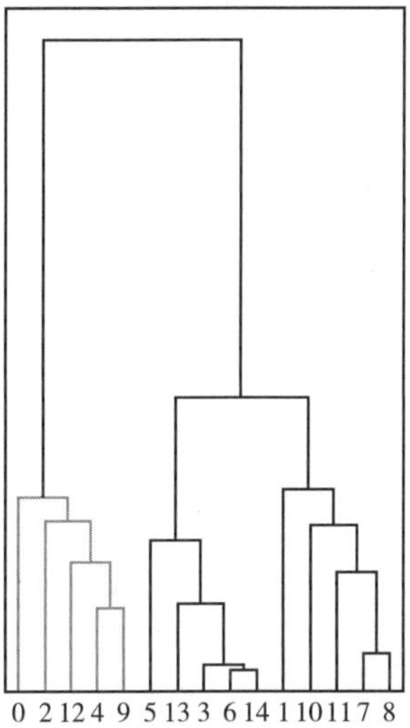

图7-33　Scipy模块中函数的层次聚类结果

259

由程序执行的结果可以发现，Scipy模块中的层次聚类算法可以给出各个层次聚类结果的树状图。

为了更好地展示Scipy模块中的层次聚类算法给出的信息，可以给出各个层次聚类下的组别信息，具体示例代码及执行结果如图7-34所示。

```
'''
聚类结果中新添加组的信息
'''
# 最大的聚类组别
cz_gr={i: str(i) for i in range(X_data.shape[0])}
cz_key_max=max(cz_gr.keys())
cz_gr_agg=cz_gr.copy()
# 逐步聚类
for row in range(cz_agg.shape[0]):
    # 找到新增加的组及其元素

temp=cz_gr.setdefault(max(cz_gr.keys())+1,str(int(cz_agg[row,0]))+','+str(int(cz_agg[row,1])))
    if int(cz_agg[row,0])<cz_key_max+1:
        temp=cz_gr.pop(int(cz_agg[row,0]))
    if int(cz_agg[row,1])<cz_key_max+1:
        temp=cz_gr.pop(int(cz_agg[row,1]))


'''
定义递归函数来将聚类结果新添加组中的元素展开成最初样本点编号
'''
def cz_iterFun(val,cz_dict):
    '''
    Author: Cheangzhang Wang
    Date: 2022-2-24
    根据参数传入的键值和字典循环递归调用，展开后的结果用全局变量带出函数体。
    参数:
        val: 待展开的键值
        cz_dict: 字典
    返回:
        通过全局变量带出函数体
    '''
    for itm in val.split(','):
        global cz_key_max, cz_str
        # 判断哪个值是新添加组的标记
        if int(itm)> cz_key_max:
            #循环递归调用函数体本身
            cz_iterFun(cz_dict.get(int(itm)),cz_dict)
        else:
            cz_str.append(itm)

# 展开聚类结果中新添加组别
temp_dict=dict()
for itm,val in cz_gr.items():
    val_list=[]
    if int(itm)<=cz_key_max:
        val_list.append(itm)
    else:
        cz_str=[]
        cz_iterFun(val,cz_gr)
        val_list.append(cz_str)
    temp_dict[itm]=','.join(val_list[0])
del cz_gr
cz_gr=temp_dict
del temp_dict

'''
给出层次聚类法聚类的最终结果
'''
plt.figure(figsize=(10,10),dpi=300)
for row in range(cz_agg.shape[0]):    #range(cz_agg.shape[0])
    # 找到新增加的组及其元素

temp=cz_gr_agg.setdefault(max(cz_gr_agg.keys())+1,str(int(cz_agg[row,0]))+','+str(int(cz_agg[row,1])))
    temp=cz_gr_agg.pop(int(cz_agg[row,0]))
    temp=cz_gr_agg.pop(int(cz_agg[row,1]))
```

```
    print('第 {}次聚类后的结果为：'.format(row+1))


    for key,val in cz_gr_agg.items():
        temp=val.split(',')
        for i,itm in enumerate(temp):
            if int(itm)>cz_key_max:
                temp[i]=cz_gr.get(int(itm))
        cz_gr_agg[key]=','.join(temp)
    # 聚类结果的样本编号
    print(cz_gr_agg.values(),'\n')

    for i,itm in enumerate(cz_gr_agg.items()):
        label_str=itm[1]
        if i==0:
            stx=.5
            if row==0:
                sty=.3
                plt.text(stx,sty,label_str,color='blue',alpha=0.8,
fontsize=15,bbox=dict(facecolor='gray',alpha=.1))
                stx+=len(label_str)/1.8
            else:
                plt.text(stx,sty,label_str,color='blue',alpha=0.8,
fontsize=15,bbox=dict(facecolor='gray',alpha=.1))
                stx+=len(label_str)/1.8
        else:
            if row==0:
                sty=.3
                plt.text(stx,sty,label_str,color='blue',alpha=0.8,
fontsize=15,bbox=dict(facecolor='gray',alpha=.1))
                stx+=len(label_str)/1.8
            else:
                label_str=list(cz_gr_agg.values())[i]
                plt.text(stx,sty,label_str,color='blue',alpha=0.8,
fontsize=15,bbox=dict(facecolor='gray',alpha=.1))
                stx+=len(label_str)/1.8
    sty+=1

plt.ylim(0,15)
plt.xlim(0,15)
plt.yticks(list(range(15)),[str(15-i)+'组'  for i in list(range(15))])
plt.xticks(list(range(15)),color='b')
plt.grid(axis='y',color='r',linestyle='--', linewidth=2)
plt.xlabel('样本编号')
plt.ylabel('聚类结果')
plt.title('层次聚类法聚类结果')
plt.savefig('.\图片\图 7-'+str(34)+'.png')
plt.show()
```

第 1 次聚类后的结果为：
dict_values(['0', '1', '2', '3', '4', '5', '7', '8', '9', '10', '11', '12', '13', '6,14'])

第 2 次聚类后的结果为：
dict_values(['0', '1', '2', '4', '5', '7', '8', '9', '10', '11', '12', '13', '3,6,14'])

第 3 次聚类后的结果为：
dict_values(['0', '1', '2', '4', '5', '9', '10', '11', '12', '13', '3,6,14', '7,8'])

第 4 次聚类后的结果为：
dict_values(['0', '1', '2', '5', '10', '11', '12', '13', '3,6,14', '7,8', '4,9'])

第 5 次聚类后的结果为：
dict_values(['0', '1', '2', '5', '10', '11', '12', '7,8', '4,9', '13,3,6,14'])

第 6 次聚类后的结果为：

dict_values(['0', '1', '2', '5', '10', '12', '4,9', '13,3,6,14', '11,7,8'])

第7次聚类后的结果为:
dict_values(['0', '1', '2', '5', '10', '13,3,6,14', '11,7,8', '12,4,9'])

第8次聚类后的结果为:
dict_values(['0', '1', '2', '10', '11,7,8', '12,4,9', '5,13,3,6,14'])

第9次聚类后的结果为:
dict_values(['0', '1', '2', '12,4,9', '5,13,3,6,14', '10,11,7,8'])

第10次聚类后的结果为:
dict_values(['0', '1', '5,13,3,6,14', '10,11,7,8', '2,12,4,9'])

第11次聚类后的结果为:
dict_values(['1', '5,13,3,6,14', '10,11,7,8', '0,2,12,4,9'])

第12次聚类后的结果为:
dict_values(['5,13,3,6,14', '0,2,12,4,9', '1,10,11,7,8'])

第13次聚类后的结果为:
dict_values(['0,2,12,4,9', '5,13,3,6,14,1,10,11,7,8'])

第14次聚类后的结果为:
dict_values(['0,2,12,4,9,5,13,3,6,14,1,10,11,7,8'])

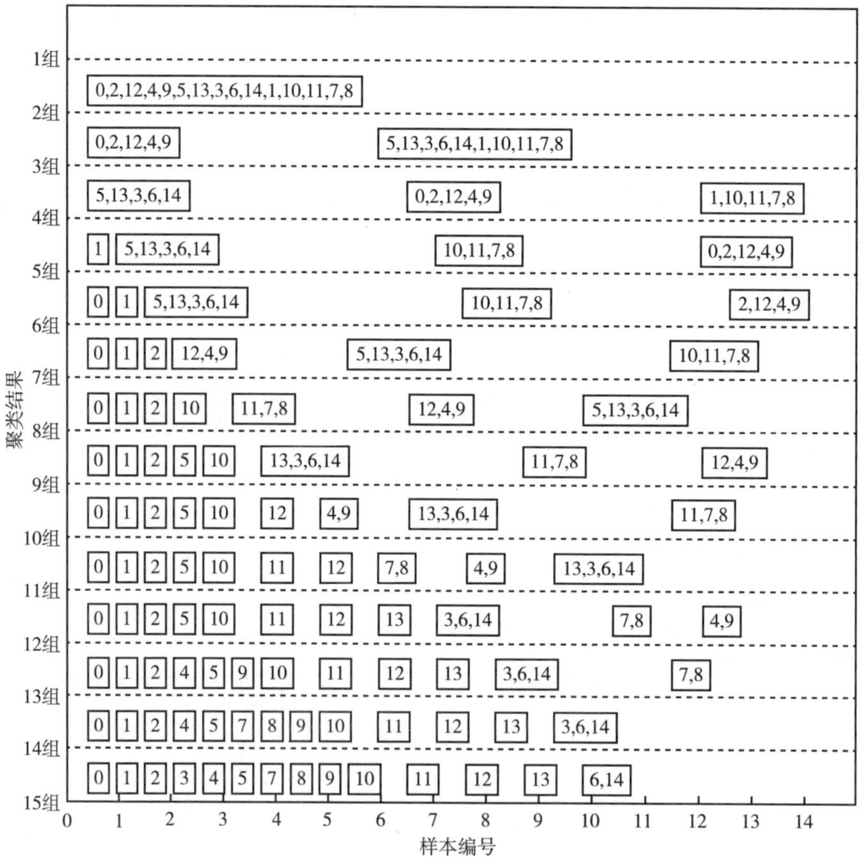

图7-34 Scipy 模块中函数的层次聚类信息

最大欧式距离度量模式下层次聚类算法聚类结果的具体示例代码及执行结果如图
7-35所示。

```
# 调用函数进行聚类分析
cz_agg=cz_linkage_plot(X_data,'complete','euclidean','最大欧式距离下聚类结果',35)
```

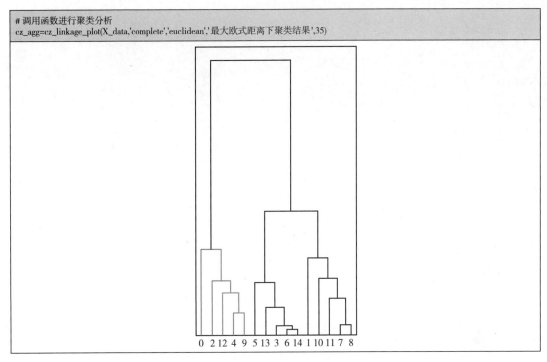

图7-35 Scipy模块中最大距离模式下聚类结果

类似地，可以给出最大欧式距离度量模式下层次聚类算法的聚类信息，具体示例代码及执行结果如图7-36所示。

```
'''
聚类结果中新添加组的信息
'''
# 最大的聚类组别
cz_gr={i: str(i) for i in range(X_data.shape[0])}
cz_key_max=max(cz_gr.keys())
cz_gr_agg=cz_gr.copy()
# 逐步聚类
for row in range(cz_agg.shape[0]):
    # 找到新增加的组及其元素

temp=cz_gr.setdefault(max(cz_gr.keys())+1,str(int(cz_agg[row,0]))+','+str(int(cz_agg[row,1])))
    if int(cz_agg[row,0])<cz_key_max+1:
        temp=cz_gr.pop(int(cz_agg[row,0]))
    if int(cz_agg[row,1])<cz_key_max+1:
        temp=cz_gr.pop(int(cz_agg[row,1]))

'''
定义递归函数来将聚类结果新添加组中的元素展开成最初样本点编号
'''
def cz_iterFun(val,cz_dict):
    '''
    Author: Cheangzhang Wang
    Date: 2022-2-24
    根据参数传入的键值和字典循环递归调用，展开后的结果用全局变量带出函数体。
    参数:
        val: 待展开的键值
        cz_dict: 字典
    返回:
        通过全局变量带出函数体
    '''
    for itm in val.split(','):
```

```
            global cz_key_max, cz_str
            # 判断哪个值是新添加组的标记
            if int(itm)> cz_key_max:
                # 循环递归调用函数体本身
                cz_iterFun(cz_dict.get(int(itm)),cz_dict)
            else:
                cz_str.append(itm)


# 展开聚类结果中新添加组别
temp_dict=dict()
for itm,val in cz_gr.items():
    val_list=[]
    if int(itm)<=cz_key_max:
        val_list.append(itm)
    else:
        cz_str=[]
        cz_iterFun(val,cz_gr)
        val_list.append(cz_str)
    temp_dict[itm]=','.join(val_list[0])
del cz_gr
cz_gr=temp_dict
del temp_dict

'''
给出层次聚类法聚类的最终结果
'''
plt.figure(figsize=(10,10),dpi=300)
for row in range(cz_agg.shape[0]):     #range(cz_agg.shape[0])
    # 找到新增加的组及其元素

temp=cz_gr_agg.setdefault(max(cz_gr_agg.keys())+1,str(int(cz_agg[row,0]))+','+str(int(cz_agg[row,1])))
    temp=cz_gr_agg.pop(int(cz_agg[row,0]))
    temp=cz_gr_agg.pop(int(cz_agg[row,1]))
    print('第 {} 次聚类后的结果为：'.format(row+1))

    for key,val in cz_gr_agg.items():
        temp=val.split(',')
        for i,itm in enumerate(temp):
            if int(itm)>cz_key_max:
                temp[i]=cz_gr.get(int(itm))
        cz_gr_agg[key]=','.join(temp)
    # 聚类结果的样本编号
    print(cz_gr_agg.values(),'\n')

    for i,itm in enumerate(cz_gr_agg.items()):
        label_str=itm[1]
        if i==0:
            stx=.5
            if row==0:
                sty=.3
                plt.text(stx,sty,label_str,color='blue',alpha=0.8,
                            fontsize=15,bbox=dict(facecolor='gray',alpha=.1))
                stx+=len(label_str)/1.8
            else:
                plt.text(stx,sty,label_str,color='blue',alpha=0.8,
                            fontsize=15,bbox=dict(facecolor='gray',alpha=.1))
                stx+=len(label_str)/1.8
        else:
            if row==0:
                sty=.3
                plt.text(stx,sty,label_str,color='blue',alpha=0.8,
                            fontsize=15,bbox=dict(facecolor='gray',alpha=.1))
                stx+=len(label_str)/1.8
            else:
                label_str=list(cz_gr_agg.values())[i]
                plt.text(stx,sty,label_str,color='blue',alpha=0.8,
                            fontsize=15,bbox=dict(facecolor='gray',alpha=.1))
                stx+=len(label_str)/1.8
    sty+=1
```

```
plt.ylim(0,15)
plt.xlim(0,15)
plt.yticks(list(range(15)),[str(15-i)+'组'   for i in list(range(15))])
plt.xticks(list(range(15)),color='b')
plt.grid(axis='y',color='r',linestyle='--', linewidth=2)
plt.xlabel('样本编号')
plt.ylabel('聚类结果')
plt.title('最大距离下层次聚类法聚类结果')
plt.savefig('.\图片\图7-'+str(36)+'.png')
plt.show()
```

第1次聚类后的结果为：
dict_values(['0', '1', '2', '3', '4', '5', '7', '8', '9', '10', '11', '12', '13', '6,14'])

第2次聚类后的结果为：
dict_values(['0', '1', '2', '3', '4', '5', '9', '10', '11', '12', '13', '6,14', '7,8'])

第3次聚类后的结果为：
dict_values(['0', '1', '2', '4', '5', '9', '10', '11', '12', '13', '7,8', '3,6,14'])

第4次聚类后的结果为：
dict_values(['0', '1', '2', '5', '10', '11', '12', '13', '7,8', '3,6,14', '4,9'])

第5次聚类后的结果为：
dict_values(['0', '1', '2', '5', '10', '11', '12', '7,8', '4,9', '13,3,6,14'])

第6次聚类后的结果为：
dict_values(['0', '1', '2', '5', '10', '12', '4,9', '13,3,6,14', '11,7,8'])

第7次聚类后的结果为：
dict_values(['0', '1', '2', '5', '10', '13,3,6,14', '11,7,8', '12,4,9'])

第8次聚类后的结果为：
dict_values(['0', '1', '5', '10', '13,3,6,14', '11,7,8', '2,12,4,9'])

第9次聚类后的结果为：
dict_values(['0', '1', '10', '11,7,8', '2,12,4,9', '5,13,3,6,14'])

第10次聚类后的结果为：
dict_values(['0', '1', '2,12,4,9', '5,13,3,6,14', '10,11,7,8'])

第11次聚类后的结果为：
dict_values(['0', '2,12,4,9', '5,13,3,6,14', '1,10,11,7,8'])

第12次聚类后的结果为：
dict_values(['5,13,3,6,14', '1,10,11,7,8', '0,2,12,4,9'])

第13次聚类后的结果为：
dict_values(['0,2,12,4,9', '5,13,3,6,14,1,10,11,7,8'])

第14次聚类后的结果为：
dict_values(['0,2,12,4,9,5,13,3,6,14,1,10,11,7,8'])

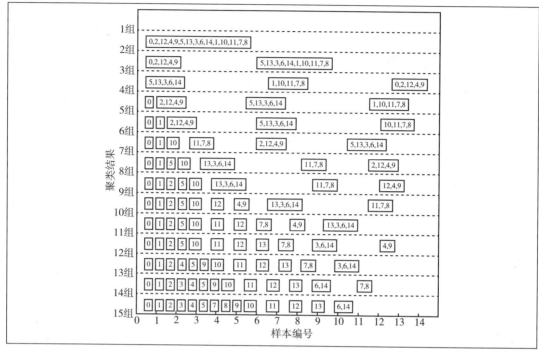

图7-36　Scipy模块中最大距离模式下聚类信息

平均欧式距离度量模式下层次聚类算法聚类结果的具体示例代码及执行结果如图7-37所示。

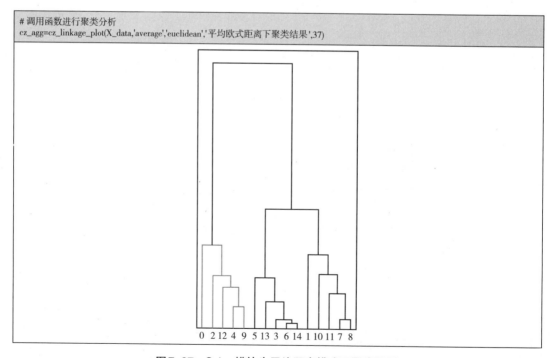

图7-37　Scipy模块中平均距离模式下聚类结果

　　类似地，可以给出平均欧式距离度量模式下层次聚类算法的聚类信息，具体示例代码及执行结果如图7-38所示。

```
'''
聚类结果中新添加组的信息
'''
# 最大的聚类组别
cz_gr={i: str(i) for i in range(X_data.shape[0])}
cz_key_max=max(cz_gr.keys())
cz_gr_agg=cz_gr.copy()
# 逐步聚类
for row in range(cz_agg.shape[0]):
    # 找到新增加的组及其元素
    temp=cz_gr.setdefault(max(cz_gr.keys())+1,str(int(cz_agg[row,0]))+','+str(int(cz_agg[row,1])))
    if int(cz_agg[row,0])<cz_key_max+1:
        temp=cz_gr.pop(int(cz_agg[row,0]))
    if int(cz_agg[row,1])<cz_key_max+1:
        temp=cz_gr.pop(int(cz_agg[row,1]))

'''
定义递归函数来将聚类结果新添加组中的元素展开成最初样本点编号
'''
def cz_iterFun(val,cz_dict):
    '''
    Author: Cheangzhang Wang
    Date: 2022-2-24
    根据参数传入的键值和字典循环递归调用，展开后的结果用全局变量带出函数体。
    参数：
        val: 待展开的键值
        cz_dict: 字典
    返回：
        通过全局变量带出函数体
    '''
    for itm in val.split(','):
        global cz_key_max, cz_str
        # 判断哪个值是新添加组的标记
        if int(itm)> cz_key_max:
            # 循环递归调用函数体本身
            cz_iterFun(cz_dict.get(int(itm)),cz_dict)
        else:
            cz_str.append(itm)

# 展开聚类结果中新添加组别
temp_dict=dict()
for itm,val in cz_gr.items():
    val_list=[]
    if int(itm)<=cz_key_max:
        val_list.append(itm)
    else:
        cz_str=[]
        cz_iterFun(val,cz_gr)
        val_list.append(cz_str)
    temp_dict[itm]=','.join(val_list[0])
del cz_gr
cz_gr=temp_dict
del temp_dict

'''
给出层次聚类法聚类的最终结果
'''
plt.figure(figsize=(10,10),dpi=300)
for row in range(cz_agg.shape[0]):    #range(cz_agg.shape[0])
    # 找到新增加的组及其元素
    temp=cz_gr_agg.setdefault(max(cz_gr_agg.keys())+1,str(int(cz_agg[row,0]))+','+str(int(cz_agg[row,1])))
    temp=cz_gr_agg.pop(int(cz_agg[row,0]))
    temp=cz_gr_agg.pop(int(cz_agg[row,1]))
    print('第 {} 次聚类后的结果为：'.format(row+1))

    for key,val in cz_gr_agg.items():
        temp=val.split(',')
        for i,itm in enumerate(temp):
```

```
                if int(itm)>cz_key_max:
                    temp[i]=cz_gr.get(int(itm))
        cz_gr_agg[key]=','.join(temp)
    # 聚类结果的样本编号
    print(cz_gr_agg.values(),'\n')

    for i,itm in enumerate(cz_gr_agg.items()):
        label_str=itm[1]
        if i==0:
            stx=.5
            if row==0:
                sty=.3
                plt.text(stx,sty,label_str,color='blue',alpha=0.8,
                        fontsize=15,bbox=dict(facecolor='gray',alpha=.1))
                stx+=len(label_str)/1.8
            else:
                plt.text(stx,sty,label_str,color='blue',alpha=0.8,
                        fontsize=15,bbox=dict(facecolor='gray',alpha=.1))
                stx+=len(label_str)/1.8
        else:
            if row==0:
                sty=.3
                plt.text(stx,sty,label_str,color='blue',alpha=0.8,
                        fontsize=15,bbox=dict(facecolor='gray',alpha=.1))
                stx+=len(label_str)/1.8
            else:
                label_str=list(cz_gr_agg.values())[i]
                plt.text(stx,sty,label_str,color='blue',alpha=0.8,
                        fontsize=15,bbox=dict(facecolor='gray',alpha=.1))
                stx+=len(label_str)/1.8
    sty+=1

plt.ylim(0,15)
plt.xlim(0,15)
plt.yticks(list(range(15)),[str(15-i)+'组 '  for i in list(range(15))])
plt.xticks(list(range(15)),color='b')
plt.grid(axis='y',color='r',linestyle='--', linewidth=2)
plt.xlabel('样本编号')
plt.ylabel('聚类结果')
plt.title('平均距离下层次聚类法聚类结果')
plt.savefig('.\图片\图7-'+str(38)+'.png')
plt.show()
```

第1次聚类后的结果为：
dict_values(['0', '1', '2', '3', '4', '5', '7', '8', '9', '10', '11', '12', '13', '6,14'])

第2次聚类后的结果为：
dict_values(['0', '1', '2', '4', '5', '7', '8', '9', '10', '11', '12', '13', '3,6,14'])

第3次聚类后的结果为：
dict_values(['0', '1', '2', '4', '5', '9', '10', '11', '12', '13', '3,6,14', '7,8'])

第4次聚类后的结果为：
dict_values(['0', '1', '2', '5', '10', '11', '12', '13', '3,6,14', '7,8', '4,9'])

第5次聚类后的结果为：
dict_values(['0', '1', '2', '5', '10', '11', '12', '7,8', '4,9', '13,3,6,14'])

第6次聚类后的结果为：
dict_values(['0', '1', '2', '5', '10', '12', '4,9', '13,3,6,14', '11,7,8'])

第7次聚类后的结果为：
dict_values(['0', '1', '2', '5', '10', '13,3,6,14', '11,7,8', '12,4,9'])

第8次聚类后的结果为：
dict_values(['0', '1', '2', '10', '11,7,8', '12,4,9', '5,13,3,6,14'])

第9次聚类后的结果为：
dict_values(['0', '1', '10', '11,7,8', '5,13,3,6,14', '2,12,4,9'])

第10次聚类后的结果为：
dict_values(['0', '1', '5,13,3,6,14', '2,12,4,9', '10,11,7,8'])

第11次聚类后的结果为：
dict_values(['0', '5,13,3,6,14', '2,12,4,9', '1,10,11,7,8'])

第12次聚类后的结果为：
dict_values(['5,13,3,6,14', '1,10,11,7,8', '0,2,12,4,9'])

第13次聚类后的结果为：
dict_values(['0,2,12,4,9', '5,13,3,6,14,1,10,11,7,8'])

第14次聚类后的结果为：
dict_values(['0,2,12,4,9,5,13,3,6,14,1,10,11,7,8'])

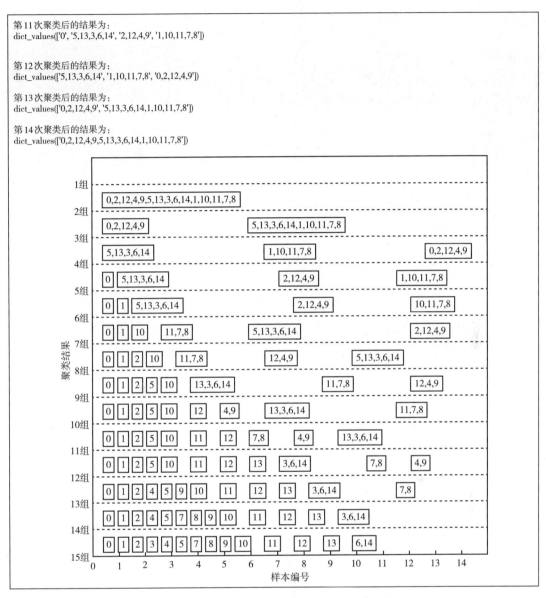

图7-38　Scipy模块中平均距离模式下聚类信息

四、高斯混合模型算法的Python实践

　　下面定义函数调用Scikit-Learning模块中的高斯混合模型算法对数据集进行聚类分析，并基于ARI指标评价算法的性能。首先来看一维高斯混合模型的性能，一维高斯混合模型虚拟数据的生成及分布图像的具体示例代码及执行结果如图7-39所示。

```
'''
导入需要的模块
'''
from scipy.stats import multivariate_normal
'''
一维高斯混合模型
'''
def cz_densityFun(dim,vMean,vCov,num):
    '''
    Author: Cheangzhang Wang
    Date: 2022-2-25
    根据参数传入的数据生成高斯密度函数数据。
    参数：
        dim: 分布的维度
        vMean: 均值
        vCov: 方差
        num: 点的个数
    返回：
        cz_data: 高斯分布抽样数据
        cz_Gauss: 符合高斯分布的随机变量
    '''
    N=dim
    M=num
    mean=vMean
    sigma=vCov
    cz_mean=np.zeros(N)+mean
    cz_sigma=np.eye(N)*sigma
    np.random.seed(2022)
    cz_data=np.random.multivariate_normal(cz_mean,cz_sigma,M)
    cz_Gauss=multivariate_normal(cz_mean,cz_sigma) # 高斯密度函数

    return cz_data,cz_Gauss

def cz_pdfFun(x,mu1,sigma1,mu2,sigma2,mu3,sigma3):
    '''
    Author: Cheangzhang Wang
    Date: 2022-2-25
    根据参数传入的数据生成高斯分布函数数据。
    参数：
        x: 随机变量的值
        mu1:第一个子分布的期望
        sigma1:第一个子分布的方差
        mu2:第二个子分布的期望
        sigma2:第二个子分布的方差
        mu3:第三个子分布的期望
        sigma3:第三个子分布的方差
    返回：
        混合分布的概率密度值
    '''
    y= np.exp(-(x-mu1)**2/(2*(sigma1**2)))/np.sqrt(2*np.pi*(sigma1**2))+ \
    np.exp(-(x-mu2)**2/(2*(sigma2**2)))/np.sqrt(2*np.pi*(sigma2**2))+ \
    np.exp(-(x-mu3)**2/(2*(sigma3**2)))/np.sqrt(2*np.pi*(sigma3**2))

    return y

# 生成虚拟数据
cz_gauss1,cz_pdf1=cz_densityFun(1,-.5,.5,200)
cz_gauss2,cz_pdf2=cz_densityFun(1,1,.3,200)
cz_gauss3,cz_pdf3=cz_densityFun(1,+2.5,.8,200)

plt.figure(figsize=(5,4),dpi=300)
plt.plot(sorted(cz_gauss1),cz_pdf1.pdf(sorted(cz_gauss1)),'b--',label='子分布 1')
plt.plot(sorted(cz_gauss2),cz_pdf2.pdf(sorted(cz_gauss2)),'b--',label='子分布 2')
plt.plot(sorted(cz_gauss3),cz_pdf3.pdf(sorted(cz_gauss3)),'b--',label='子分布 3')
# plt.plot(cz_x,cz_y,"r-",linewidth=1.5,label='混合分布 ')
plt.legend()
plt.title('子分布图像 ')
plt.savefig('.\图片 \图 7-'+str(39)+'.png')
plt.show()
```

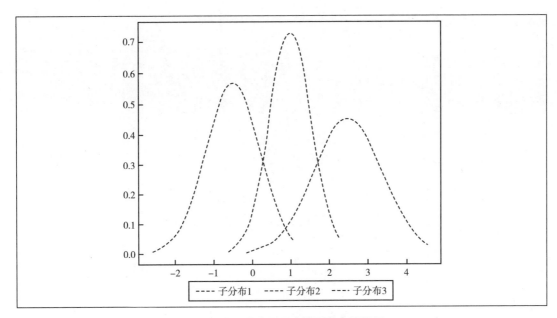

图7-39　一维高斯混合模型的虚拟数据

采用高斯混合模型估计数据集的多峰期望及方差的具体示例代码及执行结果如图7-40所示。

```
"""
采用高斯混合模型估计期望和方差
"""
# 生成混合分布数据
cz_gauss_mix=np.hstack((cz_gauss1,cz_gauss2,cz_gauss3))

# 采用高斯混合模型估计期望和方差
cz_clst=mixture.GaussianMixture()
cz_para_hat=cz_clst.fit(cz_gauss_mix)
print('高斯混合模型估计的期望为：{}'.format(cz_para_hat.means_.reshape(3,)))
print('高斯混合模型估计的方差为：
{}'.format(np.diagonal(cz_para_hat.covariances_.reshape(3,3))))

# 混合模型的随机变量和概率密度值
cz_x=np.linspace(min(cz_gauss1),max(cz_gauss3),300)
cz_means=cz_para_hat.means_.reshape(3,)
cz_sigmas=np.diagonal(cz_para_hat.covariances_.reshape(3,3))
cz_y=cz_pdfFun(cz_x,cz_means[0],cz_sigmas[0],cz_means[1],cz_sigmas[1],cz_means[2],cz_sigmas[2])

plt.figure(figsize=(5,4),dpi=300)
plt.plot(sorted(cz_gauss1),cz_pdf1.pdf(sorted(cz_gauss1)),'b--',label='子分布1')
plt.plot(sorted(cz_gauss2),cz_pdf2.pdf(sorted(cz_gauss2)),'b--',label='子分布2')
plt.plot(sorted(cz_gauss3),cz_pdf3.pdf(sorted(cz_gauss3)),'b--',label='子分布3')
plt.plot(cz_x,cz_y,"r-",linewidth=1.5,label='混合分布')
plt.legend()
plt.title('高斯混合分布图像')
plt.savefig('.\图片\图7-'+str(40)+'.png')
plt.show()
```

高斯混合模型估计的期望为：[-0.49952852　1.00036521　2.50059638]
高斯混合模型估计的方差为：[0.47437164 0.28462339 0.75899403]

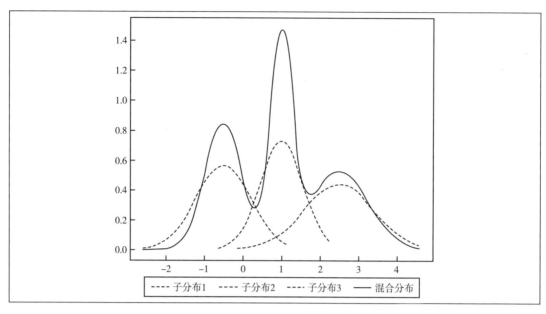

图 7-40　一维高斯混合模型估计期望和方差

针对二维高斯混合模型，首先生成虚拟数据，具体示例代码及执行结果如图 7-41 所示。

```
'''
生成虚拟数据
'''
X_data,label_real=cz_simulation_data([[5,7],[10,9],[7,8]],100,.5)
data_fr0=pd.DataFrame(data=X_data,columns=['first','second'])
data_fr0['label']=label_real
data_fr0['size']=data_fr0['first']*data_fr0['second']


'''
绘制原始数据的散点图
'''
def cz_scatter_only(data_fr,title,fignum):
    '''
    Author: Cheangzhang Wang
    Date: 2022-2-23
    根据参数传入的数据集和字符串绘制原始数据的散点图。
    参数:
        data_fr: DataFrame格式的数据集
        title: 图像的标题
        fignum: 图编号
    '''
    fig = plt.figure(figsize=(10, 8), dpi= 300, facecolor='w', edgecolor='k')
    # 绘制不同类别的散点图，注意参数c需要每个点赋给颜色值
    labels=set(data_fr['label'])
    colors = [plt.cm.tab10(i/float(len(labels)−1)) if (len(labels)−1)>0 else 'm' for i in range(len(labels))]
    # 不同颜色的散点图
    for i, category in enumerate(labels):
        plt.scatter('first','second', data=data_fr.loc[data_fr.label==category, :],
                s='size',
c=(colors[i],)*(data_fr.loc[data_fr.label==category, :].shape[0], label=str(category), edgecolors='black', linewidths=.5)
    # 其他的设置
    plt.xticks(fontsize=10); plt.yticks(fontsize=10)
    plt.title(title, fontsize=22)
    plt.legend(labels=['类别 '+str(i+1) for i in range(len(labels))],fontsize=20)
    plt.savefig('.\图片\图 7-'+str(fignum)+'.png')
    plt.show()

#绘制散点图
cz_scatter_only(data_fr0,'原始数据散点图',41)
```

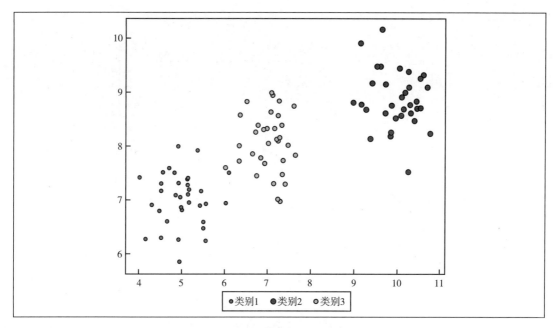

图7-41　二维高斯混合分布的虚拟数据

　　针对二维高斯混合分布的虚拟数据，调用高斯混合分布模型算法进行聚类分析，默认超参数情况下的聚类性能的具体示例代码及执行结果如图7-42所示。

```
'''
定义高斯混合模型聚类算法
'''
def cz_gmm(X,label_real):
    '''
    Author: Cheangzhang Wang
    Date: 2022-2-25
    根据参数传入的数据采用高斯混合模型进行聚类分析。
    参数：
        X: 待聚类的数据集
        label_real: 样本点的真实标签
    返回：
        高斯混合模型的聚类结果
    '''
    cz_clst=mixture.GaussianMixture()
    cz_clst.fit(X)
    label_pred=cz_clst.predict(X)
    print('聚类性能评价指标ARI: {}'.format(adjusted_rand_score(label_real,label_pred)))

    return label_pred

# 调用函数进行聚类分析
label_pred = cz_gmm(X_data,label_real)
```

聚类性能评价指标ARI: 0.0

图7-42　二维高斯混合模型聚类性能

　　默认超参数情况下的高斯混合模型的聚类结果的具体示例代码及执行结果如图7-43所示。

```
# 高斯混合模型聚类后的结果
data_fr0['label']=label_pred
cz_scatter_only(data_fr0,'高斯混合模型聚类后数据散点图',43)
```

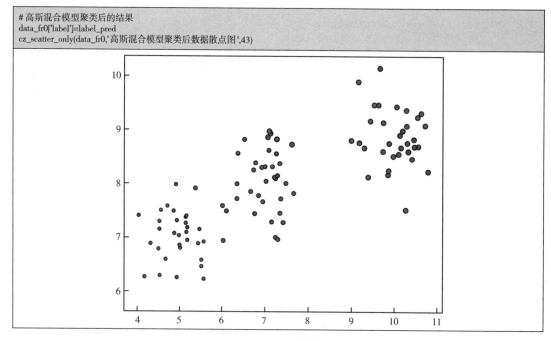

图 7-43　二维高斯混合模型聚类结果

由程序的执行结果可以发现，高斯混合模型默认超参数情况下将数据集聚类成了1个组别。

下面对聚类组数这一超参数进行优化，具体示例代码及执行结果如图7-44所示。

```
"""
聚类组数对聚类效果的影响
"""
def cz_gmm_nclusters(X,label_real,fignum):
    """
    Author: Cheangzhang Wang
    Date: 2022-2-25
    根据参数传入的数据采用高斯混合模型进行聚类分析。
    参数：
        X: 待聚类的数据集
        label_real: 样本点的真实标签
        fignum: 图编号
    返回：
        高斯混合模型的聚类结果的最优参数
    """
    cz_nclusters=range(1,51)
    ARIs=[]

    for num in cz_nclusters:
        cz_clst=mixture.GaussianMixture(n_components=num)
        cz_clst.fit(X)
        label_pred=cz_clst.predict(X)
        ARIs.append(adjusted_rand_score(label_real,label_pred))

    fig=plt.figure(figsize=[10,6],dpi=300)
    ax=fig.add_subplot(1,1,1)
    ax.plot(cz_nclusters,ARIs,marker='*')
    ax.set_xlabel('聚类组数')
    ax.set_xticks(cz_nclusters[::2])    # 设置坐标轴间距
    ax.set_ylabel('指标 ARI')
    plt.grid(True)
```

```
plt.suptitle('高斯混合模型聚类组数的影响')
plt.savefig('.\图片\图7-'+str(fignum)+'.png')
plt.show()

return list(cz_nclusters)[(ARIs.index(max(ARIs)))]

# 调用函数进行参数优化
opt_ncls=cz_gmm_nclusters(X_data,label_real,44)
```

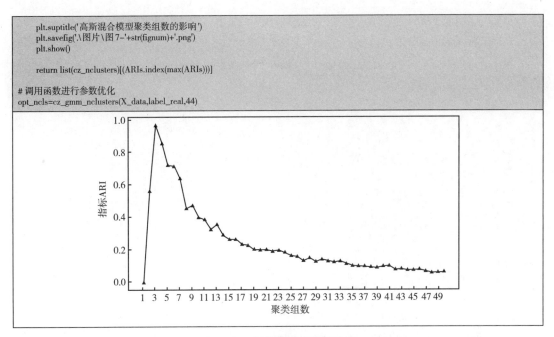

图7-44 优化聚类组数超参数

由程序的执行结果可以发现，高斯混合模型最优的聚类组数为3。

在最优聚类组数情况下，计算高斯混合模型聚类结果的具体示例代码及执行结果如图7-45所示。

```
'''效果最好的组数的结果'''
cz_clst=mixture.GaussianMixture(n_components=opt_ncls)
cz_clst.fit(X_data)
label_pred=cz_clst.predict(X_data)
print('聚类性能指标ARI为：%s'%adjusted_rand_score(label_real,label_pred))

# 高斯混合模型聚类后的结果
data_fr0['label']=label_pred
cz_scatter_only(data_fr0,'高斯混合模型(最优组数)聚类后数据散点图',45)
```

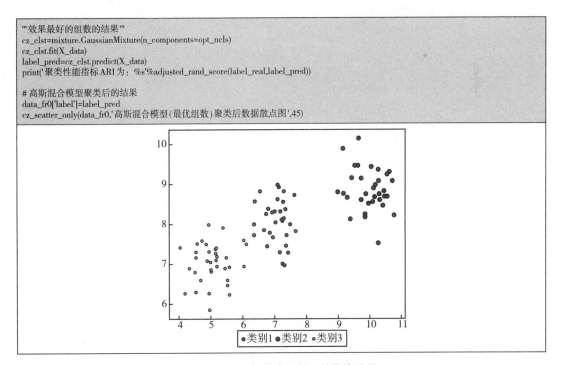

图7-45 优化聚类组数下的聚类结果

由程序的执行结果可以发现，最优聚类组数情况下高斯混合模型聚类性能指标ARI为0.97。

接下来对最优聚类组数及方差估计模式两个超参数进行组合调优，具体示例代码及执行结果如图7-46所示。

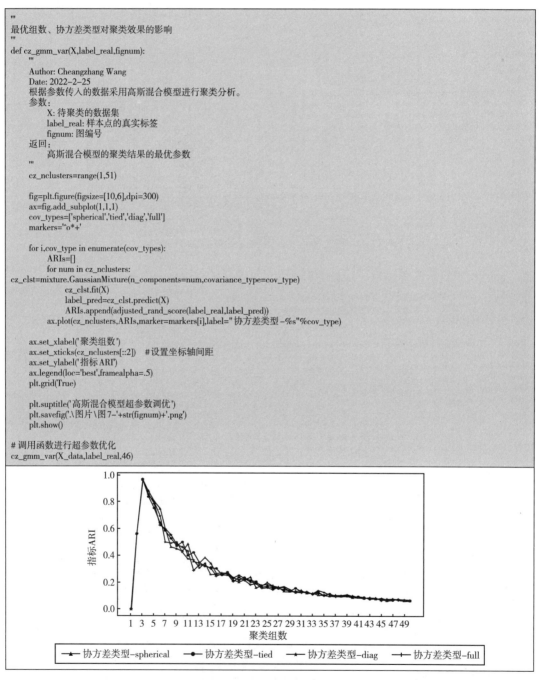

```
'''
最优组数、协方差类型对聚类效果的影响
'''
def cz_gmm_var(X,label_real,fignum):
    '''
    Author: Cheangzhang Wang
    Date: 2022-2-25
    根据参数传入的数据采用高斯混合模型进行聚类分析。
    参数：
        X: 待聚类的数据集
        label_real: 样本点的真实标签
        fignum: 图编号
    返回：
        高斯混合模型的聚类结果的最优参数
    '''
    cz_nclusters=range(1,51)

    fig=plt.figure(figsize=[10,6],dpi=300)
    ax=fig.add_subplot(1,1,1)
    cov_types=['spherical','tied','diag','full']
    markers='^o*+'

    for i,cov_type in enumerate(cov_types):
        ARIs=[]
        for num in cz_nclusters:
            cz_clst=mixture.GaussianMixture(n_components=num,covariance_type=cov_type)
            cz_clst.fit(X)
            label_pred=cz_clst.predict(X)
            ARIs.append(adjusted_rand_score(label_real,label_pred))
        ax.plot(cz_nclusters,ARIs,marker=markers[i],label="协方差类型-%s"%cov_type)

    ax.set_xlabel('聚类组数')
    ax.set_xticks(cz_nclusters[::2])    #设置坐标轴间距
    ax.set_ylabel('指标ARI')
    ax.legend(loc='best',framealpha=.5)
    plt.grid(True)

    plt.suptitle('高斯混合模型超参数调优')
    plt.savefig('.\图片\图7-'+str(fignum)+'.png')
    plt.show()

# 调用函数进行超参数优化
cz_gmm_var(X_data,label_real,46)
```

图7-46   不同协方差类型的组数优化

　　由程序的执行结果可以发现，超参数组合优化的结果是：最优组数仍为3，协方差类型对聚类算法性能的影响差异不大。

　　超参数优化后，协方差类型参数为"spherical"时，高斯混合模型聚类结果的具体示例代码及执行结果如图7-47所示。

```
'''优化超参数后聚类的结果'''
cz_clst=mixture.GaussianMixture(n_components=opt_ncls,covariance_type='spherical')#'spherical','tied','diag','full'
cz_clst.fit(X_data)
label_pred=cz_clst.predict(X_data)
print('聚类性能指标ARI为：%.2f'%adjusted_rand_score(label_real,label_pred))

# 高斯混合模型聚类后的结果
data_fr0['label']=label_pred
cz_scatter_only(data_fr0,'高斯混合模型(spherical)聚类后数据散点图',47)
```

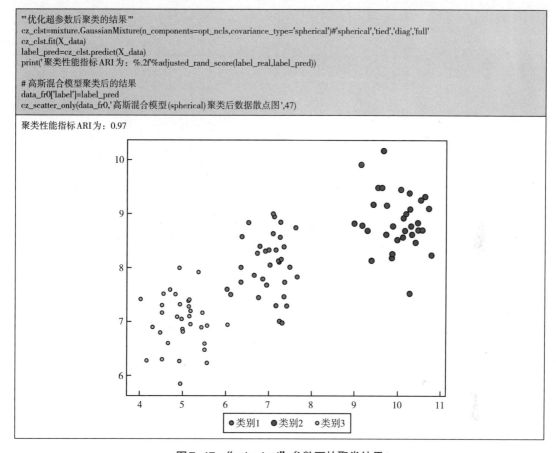

图7-47 "spherical"参数下的聚类结果

　　超参数优化后，协方差类型参数为"tied"时，高斯混合模型聚类结果的具体示例代码及执行结果如图7-48所示。

```
'''优化超参数后聚类的结果'''
cz_clst=mixture.GaussianMixture(n_components=opt_ncls,covariance_type='tied')#'spherical','tied','diag','full'
cz_clst.fit(X_data)
label_pred=cz_clst.predict(X_data)
print('聚类性能指标ARI为：%.2f'%adjusted_rand_score(label_real,label_pred))

# 高斯混合模型聚类后的结果
data_fr0['label']=label_pred
cz_scatter_only(data_fr0,'高斯混合模型(tied)聚类后数据散点图',48)
```

聚类性能指标 ARI 为 0.97

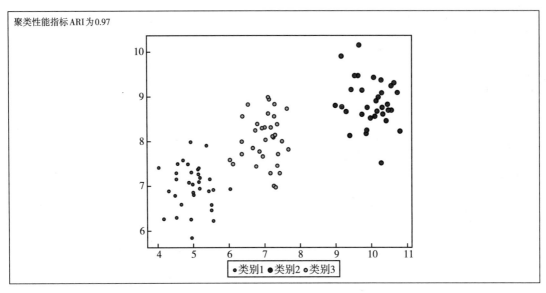

图 7-48 "tied" 参数下的聚类结果

超参数优化后，协方差类型参数为 "diag" 时，高斯混合模型聚类结果的具体示例代码及执行结果如图 7-49 所示。

```
'''优化超参数后聚类的结果'''
cz_clst=mixture.GaussianMixture(n_components=opt_ncls,covariance_type='diag')#'spherical','tied','diag','full'
cz_clst.fit(X_data)
label_pred=cz_clst.predict(X_data)
print('聚类性能指标 ARI 为：%.2f'%adjusted_rand_score(label_real,label_pred))

# 高斯混合模型聚类后的结果
data_fr0['label']=label_pred
cz_scatter_only(data_fr0,'高斯混合模型(diag)聚类后数据散点图',49)
```

聚类性能指标 ARI 为：0.97

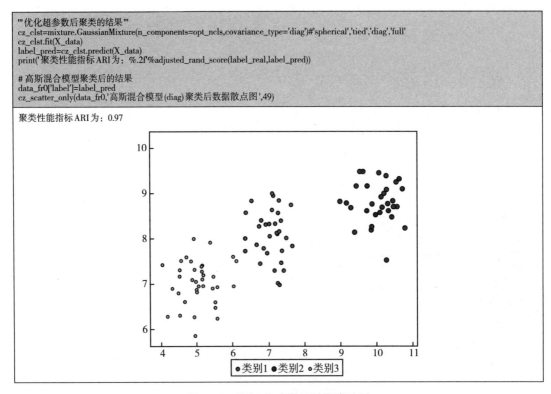

图 7-49 "diag" 参数下的聚类结果

　　由程序的执行结果可以发现，高斯混合模型聚类算法对协方差类型这一超参数具有较好的鲁棒性。

习题

　　1. 简述聚类分析的基本原理。

　　2. 以Cifar图像数据集(http://www.cs.toronto.edu/~kriz/cifar.html)为例，采用不同的聚类分析算法进行目标聚类，并比较不同算法之间的差异。

第八章　维度约简

学习目标：

　　了解维度约简的基本原理，掌握主成分分析、线性判别分析、核主成分分析以及流形学习算法的实践过程。

　　随着计算机软硬件技术的飞速发展，现实世界中描述同一对象属性的数据越来越多。由于样本属性特征维度的急剧增加，导致在对相关数据进行向量计算的过程中，计算量的增加呈现出指数倍增长的态势，这一问题通常被称为"维度灾难（Curse of Dimensionality）"问题。在机器学习领域，解决该问题的一种行之有效的方法是对样本数据进行维度约简（Dimension Reduction），有时也称之为降维。

第一节　简　介

　　原始数据的样本点通常分布在高维的观测空间，客观对象属性维度的增加一方面大大增加了向量运算的计算量，另一方面由于冗余信息、噪声信息的存在，也在一定程度上降低了机器学习算法的性能。维度约简旨在通过各种模式来降低原始数据的分布维度，同时尽可能保持原有数据集的分布特性。

一、基本概念

　　本质上来讲，维度约简就是建立从高维观测空间 $\Re^n$ 到低维特征空间 $\Re^d$ 的映射：

$$\Re^n \overset{F}{\mapsto} \Re^d \triangleq \{y \mid y = F(X), X \in \Re^n, y \in \Re^d, F \in \mathbb{F}, d \ll n\}$$

　　映射空间 $\mathbb{F}$ 中不同的映射函数 F 就对应了不同的维度约简算法。通常情况下，如果映射函数 F 为线性函数，则称相应的维度约简算法为线性降维算法；如果映射函数 F 为非线性函数，则称相应的维度约简算法为非线性降维算法。

　　为了寻找映射函数 F 最优的参数组合，维度约简算法还需要满足一定的约束条件，这种约束条件通常就是对应于相应降维算法的目标函数：

$$\underset{\phi \in \Theta}{\operatorname{argmax}}\ G_{obj}\big[F(\phi; X)\big]$$

二、主成分分析（Principal Component Analysis: PCA）算法

主成分分析（PCA）算法是一种常用的线性维度约简算法，其目标是构建原始数据各个维度的线性组合作为新的维度，并要求原始数据对应的样本点在新的维度上投影后的像尽可能分散，其目标函数就是要求投影后的像数据的方差达到最大化。

假定原始数据集为：

$$X_{n \times m} = \begin{pmatrix} x_1^{(1)} & x_1^{(2)} & \cdots & x_1^{(m)} \\ x_2^{(1)} & x_2^{(2)} & \cdots & x_2^{(m)} \\ \cdots & \cdots & \ddots & \cdots \\ x_n^{(1)} & x_n^{(2)} & \cdots & x_n^{(m)} \end{pmatrix}$$

每个样本点数据的维度为 n，共有 m 个样本点。主成分分析（PCA）算法试图建立原有样本点数据各个维度的线性组合作为新的维度，第 $i(1 \leq i \leq m)$ 个样本点的第 $k(1 \leq k \leq d)$ 个新的维度为：

$$y_k^{(i)} = w_{k1} x_1^{(i)} + w_{k2} x_2^{(i)} + \cdots + w_{kn} x_n^{(i)}$$

其中 w_{kj} 为投影系数，投影系数向量 $(w_{k1}, w_{k2}, \cdots, w_{kn})$ 被称之为投影主成分方向。记投影矩阵为：

$$W_{d \times n} = \begin{pmatrix} w_{11} & w_{12} & \cdots & w_{1n} \\ w_{21} & w_{22} & \cdots & w_{2n} \\ \cdots & \cdots & \ddots & \cdots \\ w_{d1} & w_{d2} & \cdots & w_{dn} \end{pmatrix}$$

则原始样本点数据的投影 Y 为：

$$Y_{d \times m} = W_{d \times n} \cdot X_{n \times m}$$

主成分分析（PCA）算法目标函数则可以表示为：

$$\underset{W}{\arg\max} \; \mathbb{E}(Y - \mathbb{E}Y)^2 = \mathbb{E}(WX - \mathbb{E}(WX))^2$$

需要注意的是，投影矩阵中各个投影主成分方向对应的就是原始数据样本协方差矩阵 $\sum = X_{n \times m} X_{n \times m}^T$ 的特征向量。主成分分析算法的核心就是依次找出一组相互正交的投影方向，第一个主成分方向为原始样本数据集方差最大的方向，第二个主成分方向为与第一个主成分方向正交且数据集方差最大的方向，第三个主成分方向为与前两个主成分方向正交且数据集方差最大的方向。依次类推，即可得到 n 个这样的主成分方向。其实，依次排序的这些主成分方向向量就是原始数据样本协方差矩阵按照特征值 $\xi_i (1 \leq i \leq n)$ 从大到小排序所对应的特征向量。通常情况下，降维以后的维度 d 是根据这些特征值的累积贡献率来确定：

$$d \triangleq \frac{\sum_{i=1}^{d} \xi_i}{\sum_{i=1}^{n} \xi_i} \geq \alpha$$

其中阈值 α 通常取为 80%。

三、线性判别分析（Linear Discriminant Analysis：LDA）算法

与主成分分析算法不同，线性判别分析（Linear Discriminant Analysis：LDA）算法是一种有监督的机器学习模型。主成分分析算法的目标函数是寻找最优的投影方向，使得数据尽可能分散，而线性判别分析（LDA）算法的目标函数是寻找最优的投影方向，使得同类别数据投影后能够尽可能的聚集，不同类别数据投影后尽可能分散。算法采用类内散度和类间散度分布度量同类别数据的聚集程度和不同类别数据之间的分散程度。

类内散度矩阵 S_w 为：

$$S_w \triangleq \sum_{i=1}^{C} \sum_{X_j \in C_i} \| X_j - \mu_i \|_2^2$$

类内散度矩阵 S_b 为：

$$S_b \triangleq \sum_{i=1}^{C} N_i \| \mu_i - \mu \|_2^2$$

从而，线性判别分析（LDA）算法的目标函数为：

$$\underset{W}{\text{argmax}} \; J(W) = \frac{WS_bW^T}{WS_wW^T}$$

可以采用拉格朗日乘子法求解对应的优化问题。其实，最优投影矩阵中的各个投影方向的向量就是矩阵 $S_w^{-1}S_b$ 的特征向量，类似于主成分分析算法，维度约简的参数 d 也可以根据这些特征向量对应的特征值的累积贡献率来确定。

四、核主成分分析（Kernal Pricipal Component Analysis：KPCA）算法

线性维度约简算法是从高维观测空间到低维特征空间建立线性映射函数：

$$\Re^n \overset{\mathbb{F}}{\mapsto} \Re^d \triangleq \{ y \,|\, y = F(X), X \in \Re^n, y \in \Re^d, F \in \mathbb{F}, d \ll n \}$$

其中，映射函数 F 为线性函数。然而，由于实际数据的分布情况较为复杂，很多情况下，采用线性映射函数难以找到满意的低维特征空间，此时需要将映射函数 F 构造成非线性函数来处理。基于非线性映射函数的维度约简算法被称之为非线性维度约简算法。

基于核函数理论的非线性化方法是维度约简算法中常见的非线性化处理模式。核函数理论的基本思想为，如果原始的高维观测空间中样本点的分布难以满足线性可分的要求，那么将其映射到一个更高维的特征空间，使其满足线性可分的条件，最后在映射后的更高维的特征空间上做维度约简。

核主成分分析（KPCA）算法即是建立在这一思想基础上的一种非线性维度约简算法。假定原始高维观测空间中的样本数据为：

$$X_{n \times m} = [x_1, x_2, \cdots, x_m]$$

定义一个非线性映射 φ 将 $X_{n \times m}$ 中的样本点 x 映射到一个更高维的特征空间 $\Re^h$：

$$\Re^n \overset{\varphi}{\mapsto} \Re^h \triangleq \{ z \mid z = \varphi(x), x \in \Re^n, z \in \Re^h, n < h \}$$

从而可以得到在更高维的特征空间中的样本数据集：

$$\varphi(X_{n \times m}) = [\varphi(x_1), \varphi(x_2), \cdots, \varphi(x_m)]$$

则在空间 $\Re^h$ 中样本的协方差矩阵为：

$$\frac{1}{m} \varphi(X_{n \times m}) [\varphi(X_{n \times m})]^T = \frac{1}{m} \sum_{j=1}^{m} \varphi(x_j) \varphi(x_j)^T$$

不难发现，如果想要计算空间 $\Re^h$ 中样本的协方差矩阵，则必须知道非线性映射 φ 的具体表达式。为了避开此问题，核函数的思想是直接采用原始高维观测空间中的向量来定义空间 $\Re^h$ 中内积运算，于是引入核函数：

$$K(x_i, x_j) \triangleq \varphi(x_i)^T \varphi(x_j)$$

这时可以发现，只要定义出核函数 $K(x_i, x_j)$ 的具体形式，即便不知道映射 φ 的具体表达式，也可以计算空间 $\Re^h$ 中样本的协方差矩阵了。从而，可以在空间 $\Re^h$ 中进行主成分分析了。

常用的核函数有：
（1）多项式核函数：

$$K(x_i, x_j) \triangleq (\alpha x_i^T x_j + \beta)^p$$

（2）高斯核函数：

$$K(x_i, x_j) \triangleq \exp\left(-\frac{\|x_i - x_j\|^2}{2\tau^2} \right)$$

（3）Sigmoid核函数：

$$K(x_i, x_j) \triangleq \tanh(\alpha x_i^T x_j + \beta)^p$$

五、流形学习（Manifold Learning：ML）算法

从拓扑学的角度来看，"流形"这一个概念指的是连在一起的区域。在高等数学的概念上流形就是指的一组点，并且每个点都有邻域的范畴。给定任意一个点，该点处的流形从局部来看就是一个欧几里得空间，因而在局部可以采用欧式空间距离度量的模式来刻画样本点之间的距离。机器学习中流形学习（ML）算法是一类借鉴了拓扑流形概念的维度约简算法。

流形学习（ML）算法的核心思想是假定高维观测空间中的样本点数据是由其对应的低维嵌套特征空间中的样本点通过某种映射得到：

$$\Re^d \overset{G}{\mapsto} \Re^n \triangleq \{ y \mid X = G(y) + \varepsilon, X \in \Re^n, y \in \Re^d, G \in \mathbb{G}, d \ll n \}$$

值得注意的是，低维嵌套特征空间中的样本点 y 和映射函数 G 都是未知的。流形学习算法的目标就是通过对低维嵌套特征空间中样本点的分布施加一定的约束来建立空间之间的映射关系。

（一）多维度缩放（Multidimensional Scaling：MDS）算法

多维度缩放（MDS）算法对低维嵌套特征空间中样本点的分布施加的约束是尽量保持样本点对之间的相似性，即如果两个样本点在高维观测空间中的相似性很高，那么这两个样本点在低维嵌套特征空间中对应的像之间的相似性也要保持很高；如果两个样本点在高维观测空间中的相似性很低，那么这两个样本点在低维嵌套特征空间中对应的像之间的相似性也要保持很低。高维观测空间中每个样本点代表一个对象，因此样本点数据之间的距离与其代表的对象之间的相似性高度相关。多维度缩放（MDS）算法的核心就是两个样本点代表的对象之间的相似性由两个样本点之间的欧式距离来度量：

$$S(x_i,x_j) \triangleq d(x_i,x_j) = \|x_i-x_j\|_2$$

假定高维观测空间中 m 个样本点的维度为 n 数据集为：

$$X_{n \times m} = \begin{pmatrix} x_1^{(1)} & x_1^{(2)} & \cdots & x_1^{(m)} \\ x_2^{(1)} & x_2^{(2)} & \cdots & x_2^{(m)} \\ \cdots & \cdots & \ddots & \cdots \\ x_n^{(1)} & x_n^{(2)} & \cdots & x_n^{(m)} \end{pmatrix} = (x_1,x_2,\cdots,x_m)$$

基于多维度缩放（MDS）算法的核心思想，样本点对之间的相似度为：

$$S_{m \times m} = \begin{pmatrix} d_{11} & d_{12} & \cdots & d_{1m} \\ d_{21} & d_{22} & \cdots & d_{2m} \\ \cdots & \cdots & \ddots & \cdots \\ d_{m1} & d_{m2} & \cdots & d_{mm} \end{pmatrix}$$

其中 $d_{ij} \triangleq d(x_i,x_j) = \|x_i-x_j\|_2$。
假定低维嵌套特征空间中对应的 m 个样本点的数据集为：

$$Y_{n \times p} = \begin{pmatrix} y_1^{(1)} & y_1^{(2)} & \cdots & y_1^{(m)} \\ y_2^{(1)} & y_2^{(2)} & \cdots & y_2^{(m)} \\ \cdots & \cdots & \ddots & \cdots \\ y_p^{(1)} & y_p^{(2)} & \cdots & y_p^{(m)} \end{pmatrix} = (y_1,y_2,\cdots,y_m)$$

其中维度为 $p \ll n$。则多维度缩放（MDS）算法目标函数为：

$$\arg \min J \triangleq \sum_{i=1}^{m} \sum_{j=1}^{m} (d(x_i,x_j) - \|y_i - y_j\|_2)^2$$

基于函数优化理论，最后可以采用矩阵分解的方法求解多维度缩放（MDS）算法目标函数。

（二）等度规映射（Isometric Mapping：ISOMAP）算法

等度规映射（ISOMAP）算法的核心思想类似于多维度缩放（MDS）算法，如果两个样本点在高维观测空间中的相似性很高，那么这两个样本点在低维嵌套特征空间中对应的像之间的相似性也要保持很高；如果两个样本点在高维观测空间中的相似性很低，那么这两个样本点在低维嵌套特征空间中对应的像之间的相似性也要保持很低。不同点在于，等度规映射（ISOMAP）算法中定义两个样本点代表的对象之间的相似性由两个样本点之间的测地线距离（Geometric Distance）来度量：

$$S(x_i, x_j) \triangleq d_{Geometric}(x_i, x_j)$$

测地线距离的引入使得等度规映射（ISOMAP）算法很好的解决了非线性流形空间上的降维问题。为了计算两个样本点之间的测地线距离，首先在每个样本点的 ε 邻域内计算点对之间的欧氏距离，并建立邻接矩阵；ε 邻域外的点对之间的距离定义为无穷大。然后，采用Floyd算法或者Dijkstra算法计算两个样本点之间的最短路径距离，该距离就被定义为测地线距离。

等度规映射（ISOMAP）算法的目标函数为：

$$\arg\min J \triangleq \sum_{i=1}^{m} \sum_{j=1}^{m} \left(d_{Geometric}(x_i, x_j) - \| y_i - y_j \|_2 \right)^2$$

最终可以采用类似于多维度缩放（MDS）算法目标函数的求解方法来优化等度规映射（ISOMAP）算法的目标函数。

（三）局部线性嵌套（Locally Linear Embedding：LLE）算法

局部线性嵌套（LLE）算法的基本约束不同于等度规映射（ISOMAP）算法，后者是从整个高维观测空间中样本点对之间相似度保持的角度施加约束，而局部线性嵌套（LLE）算法仅仅关注于某个样本点局部的分布结构。局部线性嵌套（LLE）算法的核心思想是在高维观测空间中任何一个样本点均可以由其邻域内的样本点线性组合来表示：

$$x_i = \sum_{x_k \in U(x_i)} \gamma_k x_k$$

那么在低维嵌套特征空间中这种组合表示结构需要得到最大限度地保持，即在低维嵌套特征空间中，样本点 x_i 及其邻域内点的像也保持同样的组合结构：

$$y_i = \sum_{y_k \in U(y_i)} \gamma_k y_k$$

因而，局部线性嵌套（LLE）算法的目标函数为：

$$\arg\min J \triangleq \sum_{i=1}^{m} \left(y_i - \sum_{y_k \in U(y_i)} \gamma_k y_k \right)^2$$

需要注意的是，局部线性嵌套（LLE）算法的目标函数中邻域内样本点的组合系数 γ_k 和像 y_k 都是未知的。算法的求解分为两步，首先通过优化目标函数：

$$\arg\min J \triangleq \sum_{i=1}^{m} \left(x_i - \sum_{x_k \in U(x_i)} \gamma_k x_k \right)^2$$

计算得到组合系数矩阵 Γ。然后基于组合系数矩阵 Γ 构造矩阵 $(I-\Gamma)(I-\Gamma)^T$，该矩阵的特征向量即为维度约简后样本点对应的像。

第二节　维度约简的 Python 实践

本节介绍如何采用Python语言来实现维度约简的主成分分析（PCA）算法、线性判别分析（LDA）算法、核主成分分析（KPCA）算法、多维度缩放（MDS）算法、等度规映射（ISOMAP）算法和局部线性嵌套（LLE）算法，并通过实际的例子来考察算法的运行及性能。

一、主成分分析（PCA）算法的 Python 实践

为了采用主成分分析（PCA）算法对高维数据集进行维度约简，首先导入Scikit-Learning模块中的decompostion子模块。为了对维度约简结果进行分析，并对算法结果进行可视化，一并导入相关的模块，具体示例代码及执行结果如图8-1所示。

```
"""
导入需要的模块
"""
import numpy as np
import matplotlib.pyplot as plt
import pandas as pd
import matplotlib as mpl
from mpl_toolkits.mplot3d import Axes3D
from matplotlib.patches import Polygon,Circle,Wedge
mpl.rcParams['font.sans-serif']= ['simsun']
plt.rcParams['axes.unicode_minus']=False
from sklearn import datasets,decomposition,manifold
```

图8-1　导入相关模块

为了直观地展示主成分分析（PCA）算法的原理，定义简单的二维样本点模拟数据，并采用PCA算法计算对应的主成分方向向量，具体示例代码及执行结果如图8-2所示。

```
"""
定义原始样本点数据，并进行主成分分析
"""
cz_X=np.array([[-1,-1,0,0,2],[-2,0,0,1,1]])

def cz_PCA(X):
    """
    Author: Chengzhang Wang
    Date: 2022-3-2
    根据原始样本点数据集(行为样本个数，列为属性个数)计算最优投影方向。
    参数：
        X: 原始样本点数据集
    返回：
        com_ratio: 特征值的贡献率
        fea_vec: 特征向量
    """
    cz_pca=decomposition.PCA(n_components=None) #实例化
    #输入数据进行主成分分析
```

```
    cz_pca.fit(X)

    return cz_pca.explained_variance_ratio_,cz_pca.components_
```

```
# 调用函数进行主成分分析
cz_ratio,cz_comp=cz_PCA(cz_X.T)
print('特征值的累积贡献率为：')
for i,val in enumerate(cz_ratio):
    print('第 {} 个特征值的累积贡献率为：{:.2f}%'.format(i+1,100*(cz_ratio[:i+1].sum())))
print('——'*10)
print('主成分方向为：')
for i in np.arange(cz_comp.shape[0]):
    print('第 {} 个主成分方向为：{}'.format(i+1,cz_comp[i,:]))
```

```
特征值的累积贡献率为：
第 1 个特征值的累积贡献率为：83.33%
第 2 个特征值的累积贡献率为：100.00%
————————————————————
主成分方向为：
第 1 个主成分方向为：[-0.70710678 -0.70710678]
第 2 个主成分方向为：[ 0.70710678 -0.70710678]
```

图 8-2　二维虚拟数据的主成分分析

由程序执行的结果可以发现，虚拟数据集包含 5 个二维样本点，无论是向 X 轴投影还是向 Y 轴投影，都会有部分样本点重合。也就是说，原始数据分布的观测空间（二维）中任何单独一个维度都不能将样本点完全分散开来。原始数据协方差矩阵的两个特征值的贡献率分别是 83.33% 和 16.67%，两个主成分方向向量分别是 $[-0.70710678\ -0.70710678]$ 和 $[0.70710678\ -0.70710678]$，不难看出，这两个主成分方向向量是相互垂直的。

将原始数据集中的样本点投影到主成分方向，使得数据集的方差最大化，具体示例代码及执行结果如图 8-3 所示。

```
'''
绘制样本点散点图及主成分方向
'''
from mpl_toolkits.axisartist.axislines import AxesZero
cz_proj1=(cz_X.T).dot(cz_comp[0,:])/np.sqrt(2)   # 新坐标的 1 个单位长度等于原来的 1/sqrt(2)
fig = plt.figure(figsize=(6,6),dpi=300)
ax = fig.add_subplot(axes_class=AxesZero) # 调用模式
for direction in ["xzero", "yzero"]:
    # 给坐标轴末尾加箭头
    ax.axis[direction].set_axisline_style("-|>")
    # 从原点开始添加坐标轴
    ax.axis[direction].set_visible(True)
for direction in ["left", "right", "bottom", "top"]:
    # 隐藏绘图区域的边界
    ax.axis[direction].set_visible(False)
# 设置坐标轴刻度和标签
plt.text(6,-0.4,'$X$')
plt.text(.3,6,'$Y$')
plt.xticks([-5,-4,-3,-2,-1,1,2,3,4,5])
plt.yticks([-5,-4,-3,-2,-1,0,1,2,3,4,5])
plt.plot(cz_X[0,:],cz_X[1,:],'r*',markersize=5,label=' 原始样本点 ')
plt.plot([6*cz_comp[0,0],-6*cz_comp[0,0]],[6*cz_comp[0,1],-6*cz_comp[0,1]],'b-',label=' 第一主成分方向 ',linewidth=1.5)
ax.annotate("",xy=(-6*cz_comp[0,0],-6*cz_comp[0,1]),xytext=(-6*cz_comp[0,0]+0.1,-6*cz_comp[0,1]+0.1),
            arrowprops=dict(arrowstyle="<-",color='b'))
plt.plot([3*cz_comp[1,0],-3*cz_comp[1,0]],[3*cz_comp[1,1],-3*cz_comp[1,1]],'g--',label=' 第二主成分方向 ',linewidth=1)
plt.plot(cz_proj1,cz_proj1,'ys',markersize=4,label=' 投影后的样本点 ')
for i in np.arange(cz_proj1.shape[0]):
    # 投影线
    plt.plot([cz_X[0,i],cz_proj1[cz_proj1.shape[0]-i-1]],[cz_X[1,i],cz_proj1[cz_proj1.shape[0]-i-1]],'k--',linewidth=.5)
plt.xlim([-6,6])
plt.ylim([-6,6])
```

```
plt.legend()
plt.savefig('.\图片\图8-3.png')
plt.show()
```

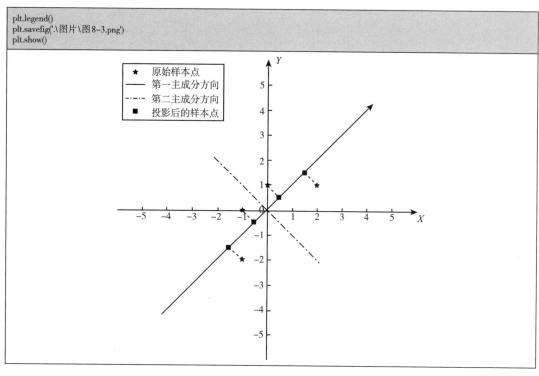

图8-3　主成分分析结果

由程序执行的结果可以发现，原始数据集中的样本点投影到第一主成分方向后实现了样本方差的最大化，5个样本点的像在一个维度上可以完全分散开，无重叠的情况发生，从而实现了数据维度约简的目标（由二维表示替换为一维表示）。

下面以鸢尾花数据集为例，考察主成分分析算法的降维效果。鸢尾花数据集是Scikit-Learning模块中自带的数据集，调用其函数"load_iris()"即可导入相应的数据，具体示例代码及执行结果如图8-4所示。

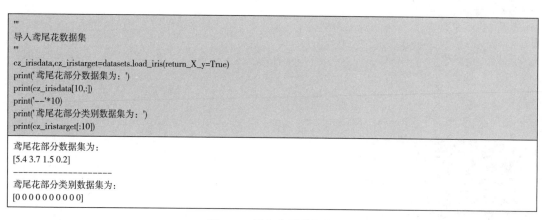

图8-4　导入鸢尾花数据

以花萼信息为基础，绘制样本点的散点图的具体示例代码及执行结果如图8-5所示。

```
"""
原始数据的分布情况：分布根据花瓣和花萼的特征数据可视化
"""
def cz_scatter2D(X,Y,xlabel,ylabel,title,fignum):
    """
    Author: Chengzhang Wang
    Date: 2022-3-2
    根据原始样本点数据集的绘制样本点分布的散点图。
    参数：
        X: 原始样本点数据集
        Y: 原始样本点的类别标签
        xlabel: 横轴标签
        ylabel: 纵轴标签
        title: 图标题
        fignum: 图标号
    """
    fig=plt.figure(figsize=(6,6),dpi=300)
    ax=fig.add_subplot(1,1,1)
    colors=((1,0,0),(0,1,0),(0,0,1))
    for label,color in zip(np.unique(Y),colors):
        position=Y==label    #布尔型的矩阵 True or False
        ax.scatter(X[position,0],X[position,1], label='类别 {}'.format(label),color=color)

    ax.set_xlabel(xlabel)
    ax.set_ylabel(ylabel)
    ax.legend(loc='best')
    ax.set_title(title)

    plt.savefig('.\图片\图 8'+str(fignum)+'.png')
    plt.show()

# 调用函数绘制分布散点图
cz_scatter2D(cz_irisdata[:,:2],cz_iristarget,'花萼的长','花萼的宽','基于花萼信息的散点图',5)
```

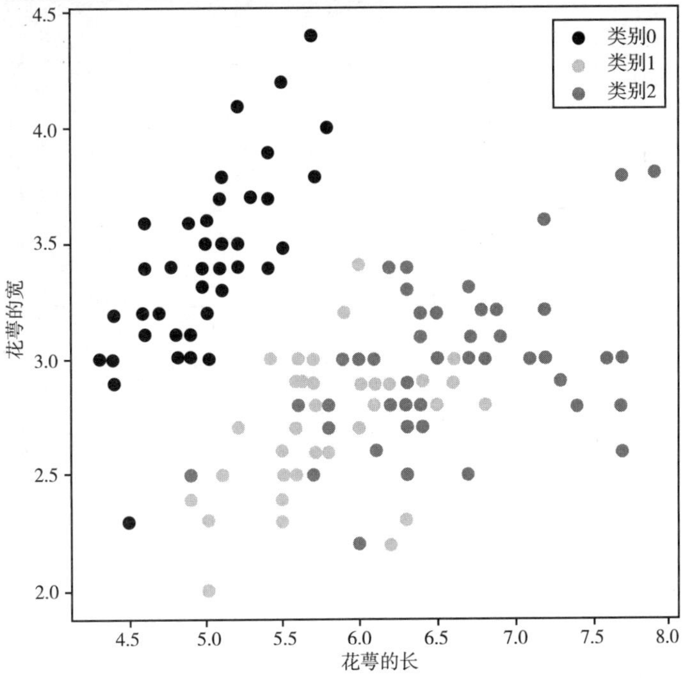

图 8-5　基于花萼信息的散点图

以花瓣信息为基础，绘制样本点的散点图的具体示例代码及执行结果如图 8-6 所示。

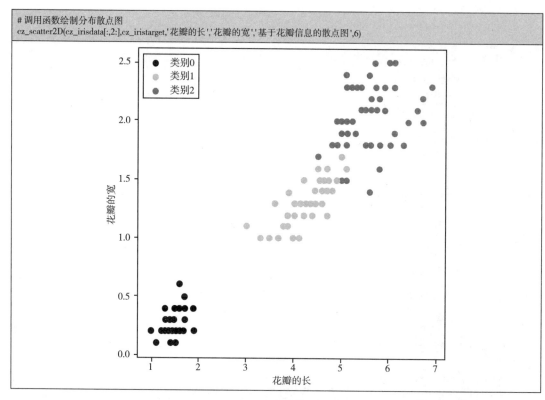

```
# 调用函数绘制分布散点图
cz_scatter2D(cz_irisdata[:,2:],cz_iristarget,'花瓣的长','花瓣的宽','基于花瓣信息的散点图',6)
```

图8-6　基于花瓣信息的散点图

　　由程序执行的结果可以发现，在花萼长度和宽度两个维度上数据点分布混乱，在花瓣的长度和宽度上数据点分布得较好。

　　调用主成分分析算法进行维度约简，具体示例代码及执行结果如图8-7所示。

```
'''
采用主成分分析算法进行维度约简
'''
cz_ratio,cz_comp=cz_PCA(cz_irisdata)
print('特征值的累积贡献率为：')
for i,val in enumerate(cz_ratio):
    print('第 {} 个特征值的累积贡献率为：{:.2f}%'.format(i+1,100*(cz_ratio[:i+1].sum())))
print('--'*10)
print('主成分方向为：')
for i in np.arange(cz_comp.shape[0]):
    print('第 {} 个主成分方向为：{}'.format(i+1,cz_comp[i,:]))
```

```
特征值的累积贡献率为：
第1个特征值的累积贡献率为：92.46%
第2个特征值的累积贡献率为：97.77%
第3个特征值的累积贡献率为：99.48%
第4个特征值的累积贡献率为：100.00%
--------------------
主成分方向为：
第1个主成分方向为：[ 0.36138659 -0.08452251  0.85667061  0.3582892 ]
第2个主成分方向为：[ 0.65658877  0.73016143 -0.17337266 -0.07548102]
第3个主成分方向为：[-0.58202985  0.59791083  0.07623608  0.54583143]
第4个主成分方向为：[-0.31548719  0.3197231   0.47983899 -0.75365743]
```

图8-7　鸢尾花数据的降维

由程序执行的结果可以发现，第一主成分方向的解释贡献率已经达到92.46%，前两个主成分方向的累积贡献率已经达到97.77%。

将原始观察空间中的样本点投影到第一主成分方向，考察投影后样本点分布的散点图的具体示例代码及执行结果如图8-8所示。

```
"""
在主成分方向上投影，分析投影后数据分布
"""
# 计算投影后的样本点
cz_proj1=cz_irisdata.dot(cz_comp[0])
# 绘制投影后样本点分布散点图
cz_scatter2D(np.vstack((cz_proj1,np.ones(cz_proj1.shape))).T,cz_iristarget,'第一主成分方向','投影后的样本点','第一主成分上的散点图',8)
```

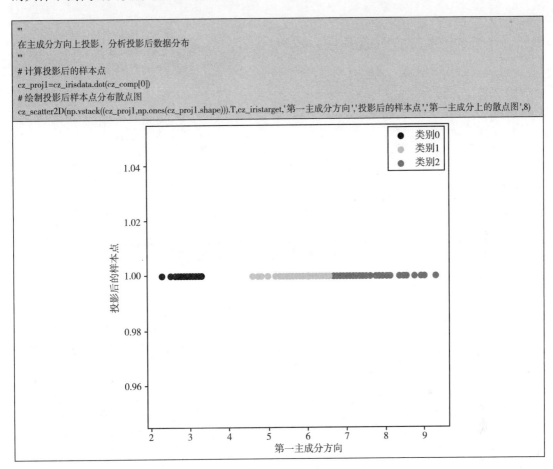

图8-8　第一主成分方向的分布

由程序执行的结果可以发现，在第一主成分方向上只有个别不同类别的样本点存在重叠情况，大部分样本点都可以散开。

下面添加第二个主成分方向，考察原始样本点在第一和第二个主成分方向上的分布情况，具体示例代码及执行结果如图8-9所示。

```
"""
在主成分方向上投影，分析投影后数据分布
"""
# 计算投影后的样本点
cz_proj1=cz_irisdata.dot(cz_comp[0])
cz_proj2=cz_irisdata.dot(cz_comp[1])
# 绘制投影后样本点分布散点图
cz_scatter2D(np.vstack((cz_proj1,cz_proj2)).T,cz_iristarget,'第一主成分方向','第二主成分方向','前两个主成分上的散点图',9)
```

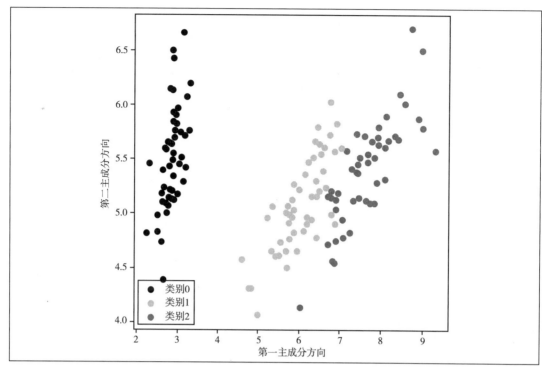

图8-9 前两个主成分方向的分布

由程序执行的结果可以发现，在前两个主成分方向上不同类别的样本点的分布更加分散。

下面添加第三个主成分方向，考察原始样本点在第一、第二和第三个主成分方向上的分布情况，具体示例代码及执行结果如图8-10所示。

```
'''
原始数据集在三个主成分方向维度上的维度约简效果
'''
def cz_scatter3D(X,Y,xlabel,ylabel,zlabel,title,fignum):
    '''
    Author: Chengzhang Wang
    Date: 2022-3-2
    根据原始样本点数据集的绘制样本点分布的三维散点图。
    参数:
        X: 原始样本点数据集
        Y: 原始样本点的类别标签
        xlabel: 横轴标签
        ylabel: 纵轴标签
        zlabel: 竖轴标签
        title: 图标题
        fignum: 图标号
    '''
    #对数据集进行降维运算，并计算降维后的坐标
    cz_pca=decomposition.PCA()
    cz_pca.fit(X)
    #进行投影运算，将数据从高维观测空间映射到低维特征空间，计算新的坐标
    cz_new_coord=cz_pca.transform(X)

    fig=plt.figure(figsize=(6,6),dpi=300)
    ax=fig.add_subplot(projection='3d')
    colors=((1,0,0),(0,1,0),(0,0,1))
    for label,color in zip(np.unique(Y),colors):
        position=Y==label    #布尔型的矩阵 True or False
```

```
ax.scatter(cz_new_coord[position,0],cz_new_coord[position,1],cz_new_coord[position,2], color=color,marker='*')

    ax.set_title(title)
    ax.set_xlabel(xlabel)
    ax.set_ylabel(ylabel)
    ax.set_zlabel(zlabel)
    ax.w_xaxis.line.set_color('w')
    ax.w_yaxis.line.set_color('w')
    ax.w_zaxis.line.set_color('w')
    ax.w_xaxis.set_pane_color((0.5, 0.5, .5, 0.5))
    ax.w_yaxis.set_pane_color((0.5, 0.5, .5, 0.5))
    ax.w_zaxis.set_pane_color((0.5, 0.5, .5, 0.5))
    ax.w_xaxis.set_ticks(())
    ax.w_yaxis.set_ticks(())
    ax.w_zaxis.set_ticks(())

    ax.view_init(elev=25,azim=105)
    plt.savefig('.\图片\图 8-'+str(fignum)+'.png')
    plt.show()

# 调用函数绘制散点图
cz_scatter3D(cz_irisdata,cz_iristarget,'第一主成分方向','第二主成分方向','第三主成分方向',
            '三个主成分方向上的散点图',10)
```

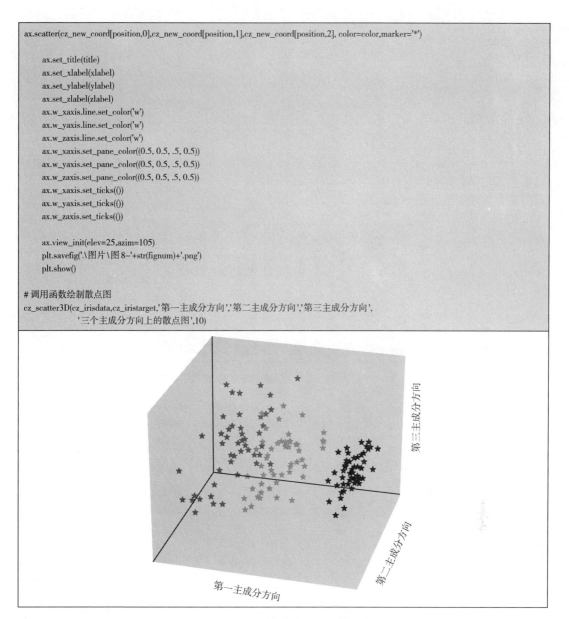

图 8-10　前三个主成分方向的分布

　　由程序执行的结果可以发现，在前三个主成分方向上不同类别的样本点的分布是完全分散开的。

　　图像是典型的非结构化数据，通常情况下，一幅图像的维度都非常高，比如一副 300×300 像素的图像，其向量表示的维度就是 90000。因此，维度灾难问题是图像处理中经常遇到的问题。下面以图像为例，考察主成分分析算法的维度约简效果。图像数据来源于 ORL 人脸数据库，有关数据库的详细信息可以参见其官网：http：//cam-orl.co.uk/facedatabase.html/。首先查看数据库中的部分样本原始数据的图像，具体示例代码及执行结果如图 8-11 所示。

```
'''
ORL数据库中部分图像示例
'''
import matplotlib.image as mg

fig=plt.figure(figsize=(5,3),dpi=300)
fpath="D: \\ReadyForMoving\\PythonDatasets\\ORL_faces\\"
for i in range(10):
    fname='\\s1\\'+str(i+1)+'.pgm'
    fimg=mg.imread(fpath+fname)
    ax=fig.add_subplot(2,5,i+1)
    plt.axis('off')    #不显示坐标轴
    plt.imshow(fimg,cmap='gray')
    plt.title(str(i+1)+'副')
plt.savefig('.\图片\图8-11.png')
plt.show()
```

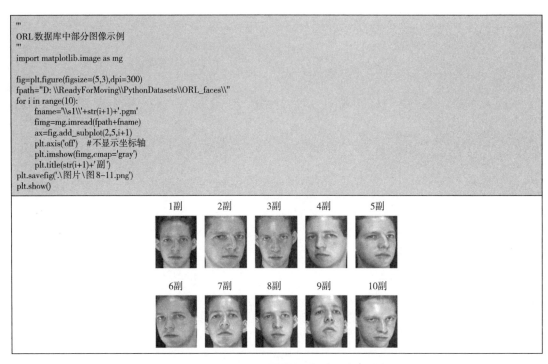

图8-11　ORL数据库部分图像

读取所有图像数据，即可进行主成分分析计算主成分方向，具体示例代码及执行结果如图8-12所示。

```
'''
读取所有图像数据，并进行主成分分析
'''
cz_img_all=np.zeros((40*10,112*92)) #每幅图像大小112*92
fpath="D: \\ReadyForMoving\\PythonDatasets\\ORL_faces\\"
# 一共40个人
for j in range(40):
    # 每人10副图像
    for i in range(10):
        fname='\\s'+str(j+1)+'\\'+str(i+1)+'.pgm'
        cz_fimg=mg.imread(fpath+fname)
        cz_img_all[j*10+i]=cz_fimg.ravel()

# 调用函数进行主成分分析
cz_ratio,cz_comp=cz_PCA(cz_img_all)
print('特征值的累积贡献率为: ')
for i,val in enumerate(cz_ratio):
    if cz_ratio[:i+1].sum()>.8:
        print('第 {} 个特征值的累积贡献率为: {:.2f}%'.format(i+1,100*(cz_ratio[:i+1].sum())))
        break
print('--'*10)
print('部分主成分方向为: ')
for i in np.arange(5):
    print('第 {} 个主成分方向为: {}'.format(i+1,cz_comp[i,:]))
```

```
特征值的累积贡献率为:
第44个特征值的累积贡献率为: 80.09%
--------------------
部分主成分方向为:
第1个主成分方向为为: [-0.00212508 -0.00211277 -0.0021425 ... -0.00704006 -0.00639096 -0.00734479]
```

第2个主成分方向为：[−0.01468515 −0.01461394 −0.01463186 … 0.01056104　0.0097007　0.00881892]
第3个主成分方向为：[0.01992949 0.0200092　0.01983852 … 0.01416368 0.01439436 0.01487489]
第4个主成分方向为：[0.01231568　0.01236965　0.01243004 … −0.01363221 −0.01295525 −0.01278056]
第5个主成分方向为：[0.00217783　0.00223336　0.00232057 … −0.00236171 −0.00138123 −0.00146807]

图8-12　ORL数据库图像数据的主成分分析

由程序执行的结果可以发现，前44个主成分方向的累积解释贡献率达到了80.09%。

其实，如果将ORL人脸数据库的主成分方向的向量看成是图像的像素数据，可以发现其非常像人脸图像，这就是机器学习中常说的特征脸（EigenFace），计算特征脸的具体示例代码及执行结果如图8-13所示。

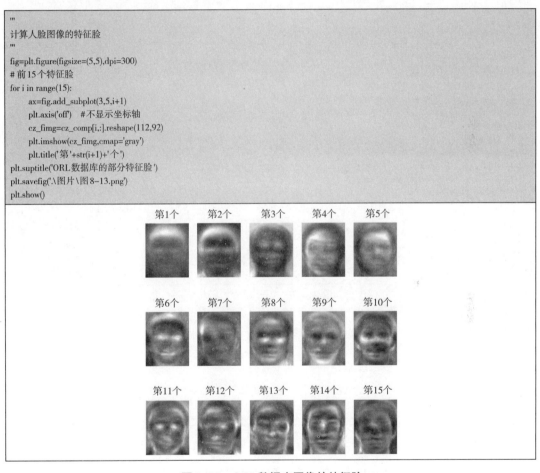

```
'''
计算人脸图像的特征脸
'''
fig=plt.figure(figsize=(5,5),dpi=300)
# 前15个特征脸
for i in range(15):
    ax=fig.add_subplot(3,5,i+1)
    plt.axis('off')   #不显示坐标轴
    cz_fimg=cz_comp[i,:].reshape(112,92)
    plt.imshow(cz_fimg,cmap='gray')
    plt.title('第'+str(i+1)+'个')
plt.suptitle('ORL数据库的部分特征脸')
plt.savefig('.\图片\图8-13.png')
plt.show()
```

图8-13　ORL数据库图像的特征脸

二、线性判别分析（LDA）算法的Python实践

为了采用线性判别分析（LDA）算法对高维数据集进行维度约简，首先导入Scikit-Learning模块中的discriminant_analysis子模块。具体示例代码及执行结果如图8-14所示。

```
"""
导入相关模块
"""
from sklearn.discriminant_analysis import LinearDiscriminantAnalysis as LDA
```

图 8-14　导入 LDA 算法所在模块

输入鸢尾花数据即可调用函数对数据集进行维度约简，具体示例代码及执行结果如图8-15所示。

```
"""
对数据集进行LDA维度约简分析
"""
def cz_LDA(X,Y):
    """
    Author: Chengzhang Wang
    Date: 2022-3-2
    根据原始样本点数据集(行为样本个数，列为属性个数)计算最优投影方向。
    参数：
        X: 原始样本点数据集
        Y: 样本点的类别信息
    返回：
        降维后的数据
    """
    cz_lda=LDA(n_components=None) #实例化
    #输入数据进行线性判别分析
    cz_lda.fit(X,Y)

    return cz_lda.transform(X)

# 调用函数进行线性判别分析
cz_data_proj=cz_LDA(cz_irisdata,cz_iristarget.T)
print('投影后部分样本点坐标为：')
print(cz_data_proj[:10,:])
```

```
投影后部分样本点坐标为：
[[ 8.06179978   0.30042062]
 [ 7.12868772 -0.78666043]
 [ 7.48982797 -0.26538449]
 [ 6.81320057 -0.67063107]
 [ 8.13230933   0.51446253]
 [ 7.70194674   1.46172097]
 [ 7.21261762   0.35583621]
 [ 7.60529355 -0.01163384]
 [ 6.56055159 -1.01516362]
 [ 7.34305989 -0.94731921]]
```

图 8-15　LDA算法进行降维

在新的投影方向构成的坐标系中，样本点具有了新的二维坐标，可在新的坐标系下绘制样本点的散点图，具体示例代码及执行结果如图8-16所示。

```
"""
采用LDA进行降维，绘制样本点散点图
"""
#绘制投影后样本点分布散点图
cz_scatter2D(cz_data_proj,cz_iristarget,'第一投影方向','第二投影方向','LDA降维后的散点图',16)
```

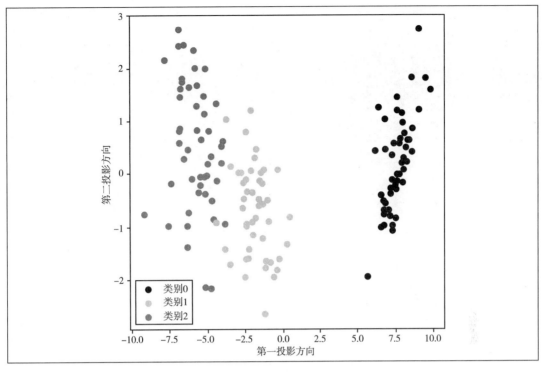

图8-16　LDA算法降维后结果

同样是针对ORL数据库中的人脸图像数据，采用线性判别分析（LDA）算法也可进行维度约简，具体示例代码及执行结果如图8-17所示。

```
'''
图像数据的LDA分析
'''
# 图像数据的类别信息
cz_y=np.zeros(40*10)
cz_y=np.zeros(40*10)
for i in range(1,40):
    cz_y[i*10:(i+1)*10]=i
# 调用函数进行LDA降维
cz_data_proj=cz_LDA(cz_img_all,cz_y)
print('投影后部分样本点坐标为：')
print(cz_data_proj[:5,:])

投影后部分样本点坐标为：
[[-4.53312435e+00  3.34036266e+00  1.14345761e+01 -2.15108320e+00
   4.41276924e-01 -4.59507441e+00  3.14078214e+00  6.98240009e-01
   2.76923849e+00 -4.89308326e-01  5.87840237e-01  6.74648616e-01
  -7.48993916e-01  1.55000682e+00 -1.15086200e+00  6.11469446e-01
  -9.09038341e-01  5.46280296e-02  1.12256102e+00 -1.78288124e+00
  -2.03091009e+00  2.95767778e-01  1.73421824e+00 -1.31894318e+00
   1.29346343e+00  5.09307562e-01  1.43858738e+00  1.56902071e+00
   2.11310114e+00 -1.83496772e-01 -4.49861102e-01  2.09312969e-01
  -1.95000784e+00 -1.28684049e+00  1.26575890e+00  5.12950232e-01
   2.22759693e+00 -1.92362172e+00  4.91302894e-01]
 [-6.49491927e+00  1.87924788e+00  1.15972862e+01 -7.21034270e+00
   2.04767461e+00 -2.39757664e+00  2.20482430e+00 -2.58779025e+00
   2.91283750e+00  1.87785617e+00  1.01498383e+00 -1.07112013e-01
  -9.23739779e-01  1.53173672e+00 -3.26292774e+00 -1.21198939e+00
  -4.75123155e-01 -7.54571373e-01 -2.73629993e-01  2.03410032e+00
   1.16646821e+00 -1.96527039e+00 -9.70777255e-01 -2.57882064e+00
```

```
      −7.75525633e−01 −1.06707606e+00 −7.87736498e−03   1.93493022e+00
      −5.84020038e−01 −2.06927903e+00 −2.96084291e+00 −2.82286203e−01
       2.99976007e+00   6.92391307e−01   2.94474375e+00   1.26374757e−01
       1.05894077e+00 −8.81916968e−01   2.79146019e+00]
     [−8.38093248e+00   3.76366826e+00   1.10225633e+01 −7.74531680e−01
       3.11907951e+00 −3.32113439e−01 −2.62093355e+00 −2.41128652e−01
       2.00822571e+00 −1.21472799e+00   1.50579691e+00 −7.14782151e−01
      −1.65050613e+00   4.82690684e−01 −1.13602092e−01 −5.09200947e−01
      −6.71256765e−01 −9.90237845e−01   1.70786801e+00   1.12580295e+00
      −5.37622701e−02 −1.06167565e+00   1.26295022e−01 −3.14239057e+00
       9.36997476e−01 −1.72764411e+00   2.78584341e+00   2.55041838e+00
      −9.37565409e−01 −1.12576657e+00 −1.28095221e+00   4.11038977e−01
       1.55380309e+00   1.03146280e+00 −8.20504391e−01   1.50606572e+00
       2.91749326e+00 −2.05571040e+00 −1.75165169e−02]
     [−7.47447553e+00   4.99679077e+00   9.57711166e+00 −4.83376901e+00
      −2.80766421e−02 −1.53295196e+00 −8.76234981e−01 −2.91091526e+00
       3.47028855e+00 −1.46872879e+00   7.03559008e−01   2.24331599e+00
      −1.40571909e+00   5.40247743e−01 −2.56642621e+00 −1.51063163e+00
       3.78608842e−01   9.81822620e−01   3.35716485e+00   1.25627081e+00
       3.51076802e−01 −1.18683139e+00   5.21764524e−01 −4.79573262e+00
       2.51716548e+00   1.49899128e+00   7.56887607e−01   8.18645240e−01
      −4.31938475e−01 −5.68343475e−01 −9.93070034e−01 −7.31515403e−01
       1.37499180e+00   8.91019517e−01   2.25472123e+00 −4.67395453e−01
       3.57721997e+00 −2.26839471e+00   4.80266053e−01]
     [−7.21367582e+00   4.14371437e+00   8.83354453e+00 −2.12340864e+00
      −3.86836551e−01   1.84527231e−01   8.49692819e−01 −3.33034926e+00
       4.93276879e+00 −1.88810850e+00 −1.43122248e+00   2.12915961e+00
      −1.98084255e+00   1.01941938e+00 −2.08969526e+00 −8.93479934e−01
       2.25117483e−01   6.52032409e−01   4.87082510e−01   3.43404998e+00
       7.60369240e−01   3.06480095e−02 −5.79736064e−01 −3.38732375e+00
       3.27652979e−03   9.68016243e−01   9.72986088e−01   1.56320392e+00
       8.93825321e−01   5.79700760e−01 −1.54568708e+00   2.88128448e−01
       2.59698342e+00 −8.09046256e−01   1.53041356e+00   1.42384760e+00
       2.22047462e+00 −2.32068500e+00 −5.03747052e−01]]
```

图8-17　LDA算法对图像数据的降维结果

　　根据ORL数据库中人脸的图像数据及其对应的投影后数据，可以计算得到线性判别分析（LDA）算法的特征脸图像数据，具体示例代码及执行结果如图8-18所示。

```
'''
计算LDA算法的特征脸图像
'''
# 计算特征脸数据：知道X,Y求W: Y=WX
cz_lda_eigf=(cz_data_proj.T).dot((np.linalg.pinv(cz_img_all)).T)
# 绘制特征脸图像
fig=plt.figure(figsize=(5,5),dpi=300)
# 前15个特征脸
for i in range(15):
    ax=fig.add_subplot(3,5,i+1)
    plt.axis('off')   # 不显示坐标轴
    cz_fimg=cz_lda_eigf[i,:].reshape(112,92)
    plt.imshow(cz_fimg,cmap='gray')
    plt.title('第 '+str(i+1)+' 个')
plt.suptitle('ORL数据库的部分LDA特征脸')
plt.savefig('.\图片\图8-18.png')
plt.show()
```

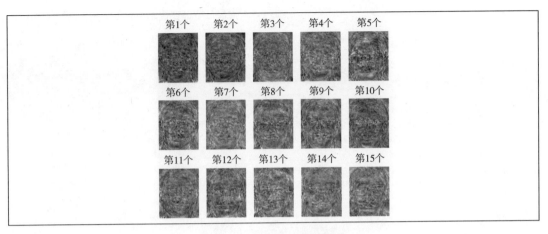

图8-18　LDA算法的特征脸

三、核主成分分析（KPCA）算法的Python实践

首先导入Scikit-Learning模块中的make_circles函数，并调用函数生成虚拟数据，具体示例代码及执行结果如图8-19所示。

```
"""
采用make_circles函数构造虚拟数据
"""
from sklearn.datasets import make_circles
# 调用函数生成虚拟数据
cz_X, cz_y = make_circles(n_samples=400, factor=.2, noise=.03, random_state=0)
#绘制数据的散点图
plt.figure(figsize=(4,4),dpi=300)
#横纵坐标轴相同
plt.subplot(1, 1, 1, aspect='equal')
# 包含两个圆分布的数据
plt.scatter(cz_X[cz_y==0, 0], cz_X[cz_y==0, 1], c="green",s=15)
plt.scatter(cz_X[cz_y==1, 0], cz_X[cz_y==1, 1], c="blue",s=15, edgecolor='m')
plt.xlabel(r"$x_1$",fontdict=dict(family='Times New Roman'))
plt.ylabel(r"$x_2$",fontdict=dict(family='Times New Roman'))
plt.title("原始观测空间")
plt.savefig('.\图片\图8-19.png')
plt.show()
```

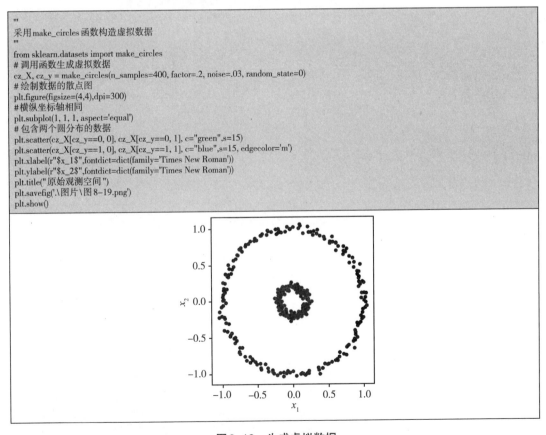

图8-19　生成虚拟数据

定义映射$\varphi\ (x_1,\ x_2) \triangleq (x_1^2,\ x_2^2,\ \sqrt{2}x_1x_2)$将样本点映射到更高维的特征空间，具体示例代码及执行结果如图8-20所示。

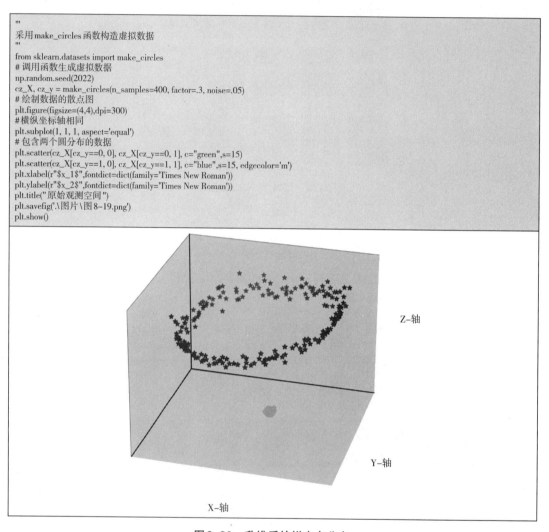

```
"""
采用make_circles函数构造虚拟数据
"""
from sklearn.datasets import make_circles
# 调用函数生成虚拟数据
np.random.seed(2022)
cz_X, cz_y = make_circles(n_samples=400, factor=.3, noise=.05)
# 绘制数据的散点图
plt.figure(figsize=(4,4),dpi=300)
#横纵坐标轴相同
plt.subplot(1, 1, 1, aspect='equal')
# 包含两个圆分布的数据
plt.scatter(cz_X[cz_y==0, 0], cz_X[cz_y==0, 1], c="green",s=15)
plt.scatter(cz_X[cz_y==1, 0], cz_X[cz_y==1, 1], c="blue",s=15, edgecolor='m')
plt.xlabel(r"$x_1$",fontdict=dict(family="Times New Roman"))
plt.ylabel(r"$x_2$",fontdict=dict(family="Times New Roman"))
plt.title(" 原始观测空间 ")
plt.savefig('.\图片\图8-19.png')
plt.show()
```

图8-20　升维后的样本点分布

由程序的执行结果可以发现，样本点在原始高维（二维）观测空间中（见图8-19）难以满足线性可分的条件，映射到更高维的特征空间（三维）中很好的满足了线性可分的要求。

直接在原始高维观测空间中进行主成分分析，并在降维后的空间中绘制样本点的散点图，具体示例代码及执行结果如图8-21所示。

```
"""
原始高维观测空间上PCA降维后的效果
"""
def cz_PCA_trans(X):
    """
    Author: Chengzhang Wang
```

```
Date: 2022-3-2
根据输入的数据进行PCA降维分析。
参数：
    X: 待降维的数据集
返回：
    映射到降维后空间中的样本点
'''
cz_pca = decomposition.PCA()
#降维重构后的结果
x_trans = cz_pca.fit_transform(X)

return x_trans

# 调用函数进行PCA维度约简
cz_X_trans=cz_PCA_trans(cz_X)
# 绘制数据的散点图
plt.figure(figsize=(5,4),dpi=300)
#横纵坐标轴相同
plt.subplot(1, 1, 1, aspect='equal')
# 包含两个圆分布的数据
plt.scatter(cz_X_trans[cz_y==0, 0], cz_X_trans[cz_y==0, 1], c="green",s=15)
plt.scatter(cz_X_trans[cz_y==1, 0], cz_X_trans[cz_y==1, 1], c="blue",s=15, edgecolor='m')
plt.xlabel(" 第一主成分方向 ")
plt.ylabel(" 第二主成分方向 ")
plt.title(" 原始观测空间降维后分布 ")
plt.savefig('.\图片\图8-21.png')
plt.show()
```

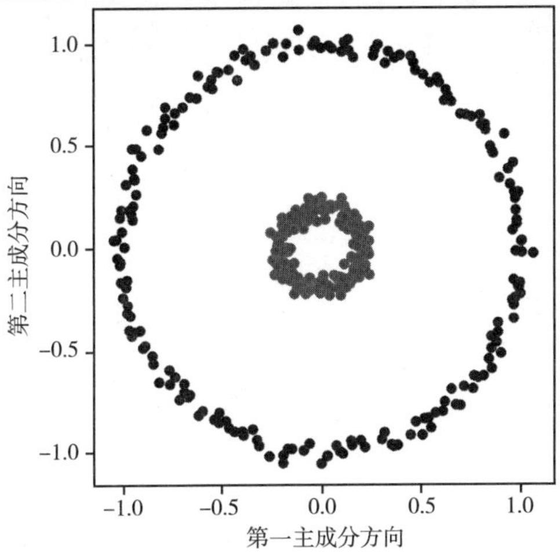

图8-21　原始空间上的PCA结果

由程序的执行结果可以发现，直接在原始观测空间中进行主成分分析维度约简，降维后数据的分布几乎没有任何变化。

直接在原始高维观测空间中进行核主成分分析（KPCA），并在降维后的空间中绘制样本点的散点图，具体示例代码及执行结果如图8-22所示。

```
'''
采用核PCA降维后的结果
'''
def cz_kPCA_trans(X,kernel,gamma=None,n_components=None):
    '''
    Author: Chengzhang Wang
    Date: 2022-3-2
    根据输入的数据进行Kernal PCA降维分析。
    参数：
```

```
        X: 待降维的数据集
        kernal: 核函数类型
        gamma: gamma因子
        n_components: 降维后的维度
    返回:
        核主成分分析降维后及在原始观测空间中的重构点
    """
    cz_kpca = decomposition.KernelPCA(kernel=kernel, fit_inverse_transform=True, gamma=gamma, ,n_components=n_components)
    cz_kpca_trans = cz_kpca.fit_transform(X)
    cz_kpca_inv_trans = cz_kpca.inverse_transform(cz_kpca_trans)

    return cz_kpca_trans,cz_kpca_inv_trans

# 调用函数进行核主成分分析
cz_X_ktrans,cz_X_inv_trans=cz_kPCA_trans(cz_X,'rbf',gamma=10)
# 绘制数据的散点图
plt.figure(figsize=(5,4),dpi=300)
#横纵坐标轴相同
plt.subplot(1, 1, 1, aspect='equal')
# 包含两个圆分布的数据
plt.scatter(cz_X_ktrans[cz_y==0, 0], cz_X_ktrans[cz_y==0, 1], c="green",s=15)
plt.scatter(cz_X_ktrans[cz_y==1, 0], cz_X_ktrans[cz_y==1, 1], c="blue",s=15, edgecolor='m')
plt.xlabel('第一主成分方向')
plt.ylabel('第二主成分方向')
plt.title("KPCA降维后的散点图")
plt.savefig('.\图片\图8-22.png')
```

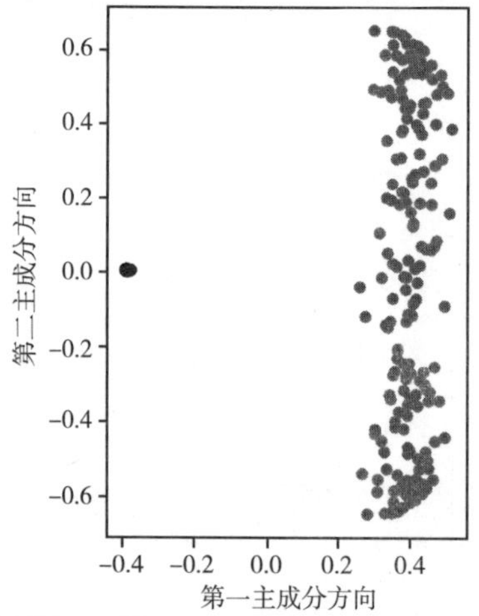

图8-22　原始空间上的KPCA结果

由程序的执行结果可以发现，直接在原始观测空间中进行核主成分分析（KPCA）维度约简，降维后数据的分布很好的实现了分散的目标。

直接在原始高维观测空间中进行核主成分分析（KPCA），然后在降维后重构原始空间中的样本点，并绘制样本点的散点图，具体示例代码及执行结果如图8-23所示。

```
"""
绘制核主成分分析降维后重构样本点的散点图
"""
# 绘制数据的散点图
plt.figure(figsize=(4,4),dpi=300)
#横纵坐标轴相同
plt.subplot(1, 1, 1, aspect='equal')
# 包含两个圆分布的数据
plt.scatter(cz_X_inv_trans[cz_y==0, 0], cz_X_inv_trans[cz_y==0, 1], c="green",s=15)
plt.scatter(cz_X_inv_trans[cz_y==1, 0], cz_X_inv_trans[cz_y==1, 1], c="blue",s=15, edgecolor='m')
```

```
plt.xlabel(r"$x_1$",fontdict=dict(family='Times New Roman'))
plt.ylabel(r"$x_2$",fontdict=dict(family='Times New Roman'))
plt.title("KPCA降维后重构的散点图 ")
plt.savefig('.\图片\图8-23.png')
plt.show()
```

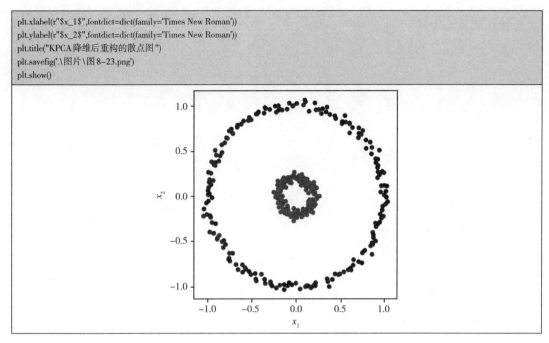

图8-23　原始空间上KPCA重构的结果

　　由程序的执行结果可以发现，核主成分分析（KPCA）重构后样本点的分布很好的保持了原有观测空间中的分布形状。

　　下面以手写体数字图像数据集为原始数据集，采用核主成分分析（KPCA）算法进行降维分析。导入Scikit-Learning模块自带的手写体数字图像数据集，具体示例代码及执行结果如图8-24所示。

```
from sklearn import preprocessing as prp
from matplotlib import offsetbox as ofbox

'''
导入手写数字图像数据
'''
cz_digits = datasets.load_digits(n_class=4)
cz_X_data = cz_digits.data
cz_Y_label = cz_digits.target

# 显示部分原始手写体数字图像
fig=plt.figure(figsize=(5,5),dpi=300)
# 前20个特征脸
for i in range(40):
    ax=fig.add_subplot(5,8,i+1)
    plt.axis('off')    #不显示坐标轴
    plt.imshow(cz_X_data[i].reshape(8,8),cmap=plt.cm.binary)
    plt.title(str(cz_Y_label[i]))
plt.suptitle('部分手写体数字图像')
plt.savefig('.\图片\图8-24.png')
plt.show()
```

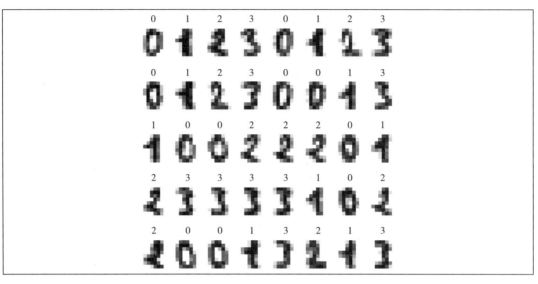

图8-24　导入手写体数字图像数据集

采用核主成分分析（KPCA）算法进行维度约简，具体示例代码及执行结果如图8-25所示。

```
'''
采用核主成分分析算法进行维度约简分析
'''
# 调用函数进行核主成分分析
cz_X_ktrans,cz_X_inv_trans=cz_kPCA_trans(cz_X_data,'rbf',gamma=10,n_components=2)
print('核主成分分析降维后前两个维度上的坐标：')
print(cz_X_ktrans[:10,:])
```

```
核主成分分析降维后前两个维度上的坐标：
[[ 0.01757221   0.01110353]
 [ 0.01281009 -0.01252707]
 [-0.06543978   0.28311001]
 [ 0.01143256 -0.04371687]
 [-0.00754772   0.00922246]
 [-0.043891      0.06109039]
 [ 0.01405085   0.00359823]
 [ 0.04889308   0.01769347]
 [-0.00676737   0.00360443]
 [-0.01878117   0.01163196]]
```

图8-25　手写体数字图像KPCA的结果

以核主成分分析（KPCA）算法维度约简后前两个维度为坐标，绘制原始样本点在投影后的前两个维度上的散点图，并标记对应的数字标签，具体示例代码及执行结果如图8-26所示。

```
'''
考察降维后图像数据在前二维的分布情况
'''
def cz_2DdimReduction(X_cor,X_data, Y_label,title,fignum):

    Author: Chengzhang Wang
    Date: 2022-3-2
    根据输入的数据绘制降维前两个维度上样本点的分布。
```

```
参数:
    X_cor: 降维后样本点的坐标
    X_data: 原始观测数据集(样本＊属性)
    Y_label: 原始样本点的标签
    title: 图的标题
    fignum: 图的标号
'''
# 对数据进行标准化处理
cz_mms=prp.MinMaxScaler()
X=cz_mms.fit_transform(X_cor)
# 绘制样本散点图
fig=plt.figure(figsize=(5,5),dpi=300)
ax=fig.add_subplot(1,1,1)
# 绘制图像对应的标签
for corX,label in zip(X,Y_label):
    plt.text(corX[0], corX[1], str(label),color=plt.cm.Set1(label/10.),
                fontdict=dict(weight='bold', size=9))

# 在指定位置绘制图像
cor_center = np.array([[1.5, 1.5]])   # 要显示的图像区域的起始位置
# 每一个样本点
for i in range(X.shape[0]):
    # 到中心点的距离
    cz_dist = np.sum((X[i]– cor_center) ** 2, 1)
    # 距离太小就不显示图像，以免重叠
    if np.min(cz_dist) < 0.005:
        continue
    # 更新图像中心点的位置，把已经显示图像的样本点坐标加入，以便更新绘制的
    # 图像与所有已经显示的图像不重合
    cor_center=np.vstack((cor_center,[X[i]]))
    # 绘制图像框
    imagebox = ofbox.AnnotationBbox(ofbox.OffsetImage(X_data[i].reshape(8,8), cmap=plt.cm.gray_r),X[i])
    ax.add_artist(imagebox)

    ax.set_xticks([])
    ax.set_yticks([])

plt.title(title)
plt.savefig('.\图片\图 8–'+str(fignum)+'.png')
plt.show()

# 调用函数，考察分布情况
cz_2DdimReduction(cz_X_ktrans,cz_X_data, cz_Y_label,'KPCA前两个维度上的分布',26)
```

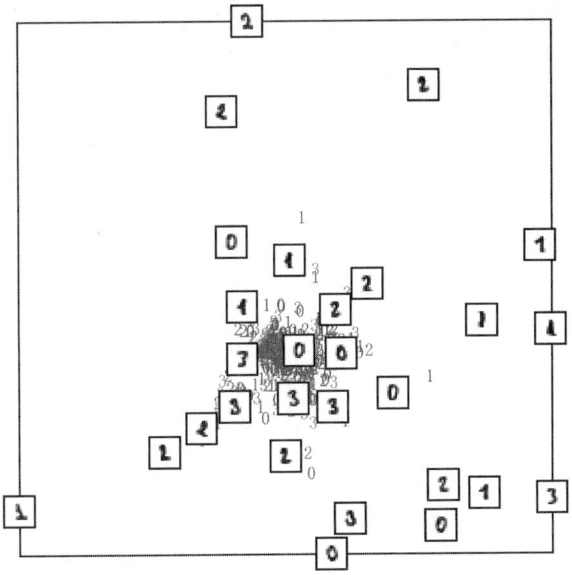

图8–26　KPCA前两个维度上的样本点分布

在核主成分分析（KPCA）算法中不同算法的性能之间也存在差异，针对手写体数字图像数据集，比较不同核函数的维度约简的效果的具体示例代码及执行结果如图 8-27 所示。

```
'''
不同核函数的性能对比
'''
# 绘制样本散点图
fig=plt.figure(figsize=(10, 10),dpi=300)
for i,kernel in enumerate(['rbf','cosine','sigmoid','linear']):
cz_X_ktrans,cz_X_inv_trans=cz_kPCA_trans(cz_X_data,kernel,n_components=2,gamma=10)
    # 对数据进行标准化处理
    cz_mms=prp.MinMaxScaler()
    X=cz_mms.fit_transform(cz_X_ktrans[:,:2])
    Y_label=cz_Y_label
    X_data=cz_X_data
    ax=fig.add_subplot(2,2,i+1)
    # 绘制图像对应的标签
    for corX,label in zip(X,Y_label):
        plt.text(corX[0], corX[1], str(label),color=plt.cm.Set1(label/10.),
                fontdict=dict(weight='bold', size=9))

    # 在指定位置绘制图像
    cor_center = np.array([[1.5, 1.5]])    # 要显示的图像区域的起始位置
    # 每一个样本点
    for i in range(X.shape[0]):
        # 到中心点的距离
        cz_dist = np.sum((X[i]- cor_center) ** 2, 1)
        # 距离太小就不显示图像，以免重叠
        if np.min(cz_dist) < 0.005:
            continue
        # 更新图像中心点的位置，把已经显示图像的样本点坐标加入，以便新绘制的
        # 图像与所有已经显示的图像不重合
        cor_center=np.vstack((cor_center,[X[i]]))
        # 绘制图像框
        imagebox = ofbox.AnnotationBbox(ofbox.OffsetImage(X_data[i].reshape(8,8), cmap=plt.cm.gray_r),X[i])
        ax.add_artist(imagebox)

        ax.set_xticks([])
        ax.set_yticks([])

    plt.title('核函数\''+kernel+'\'算法结果',y=1.05)

plt.tight_layout()
plt.savefig('.\图片\图8-27.png')
plt.show()
```

核函数"rbf"算法结果 　　　　核函数"cosine"算法结果

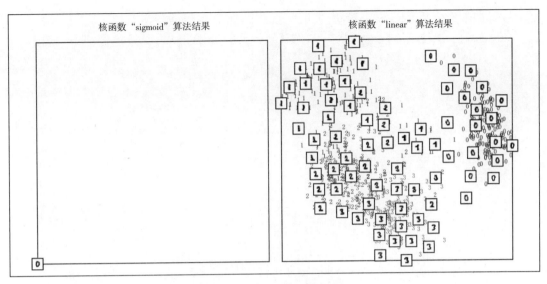

图8-27 不同核函数的效果

在核主成分分析（KPCA）算法中不同算法的超参数组合之间的性能也互不相同，以多项式核函数为例，比较不同超参数组合条件下的维度约简效果的具体示例代码及执行结果如图8-28所示。

```
"""
多项式核函数的性能比较
"""
# 绘制样本散点图
fig=plt.figure(figsize=(10,10),dpi=300)
# 定义参数组合：(gamma*((x*y+1)+coef0))^p
cz_pars=[(10,5,3),(10,10,3),(10,5,5),(10,10,5)]
for i,(gamma,coef0,p) in enumerate(cz_pars):

cz_kpca=decomposition.KernelPCA(n_components=2,kernel='poly',gamma=gamma,degree=p,coef0=coef0)
    cz_X_ktrans=cz_kpca.fit_transform(cz_X_data)
    # 对数据进行标准化处理
    cz_mms=prp.MinMaxScaler()
    X=cz_mms.fit_transform(cz_X_ktrans)
    Y_label=cz_Y_label
    X_data=cz_X_data
    ax=fig.add_subplot(2,2,i+1)
    # 绘制图像对应的标签
    for corX,label in zip(X,Y_label):
        plt.text(corX[0], corX[1], str(label),color=plt.cm.Set1(label/10.),
                fontdict=dict(weight='bold', size=9))


    # 在指定位置绘制图像
    cor_center = np.array([[1.5, 1.5]])    # 要显示的图像区域的起始位置
    # 每一个样本点
    for i in range(X.shape[0]):
        # 到中心点的距离
        cz_dist = np.sum((X[i]- cor_center) ** 2, 1)
        # 距离太小就不显示图像，以免重叠
        if np.min(cz_dist) < 0.005:
            continue
        # 更新图像中心点的位置，把已经显示图像的样本点坐标加入，以便新绘制的
        # 图像与所有已经显示的图像不重合
        cor_center=np.vstack((cor_center,[X[i]]))
        # 绘制图像框
        imagebox = ofbox.AnnotationBbox(ofbox.OffsetImage(X_data[i].reshape(8,8), cmap=plt.cm.gray_r),X[i])
```

```
        ax.add_artist(imagebox)

        ax.set_xticks([])
        ax.set_yticks([])
        ax.set_title(r'$({}\cdot (x \cdot y+1)+{})^{}$'.format(gamma,coef0,p))

plt.tight_layout()
plt.savefig('.\图片\图8-28.png')
plt.show()
```

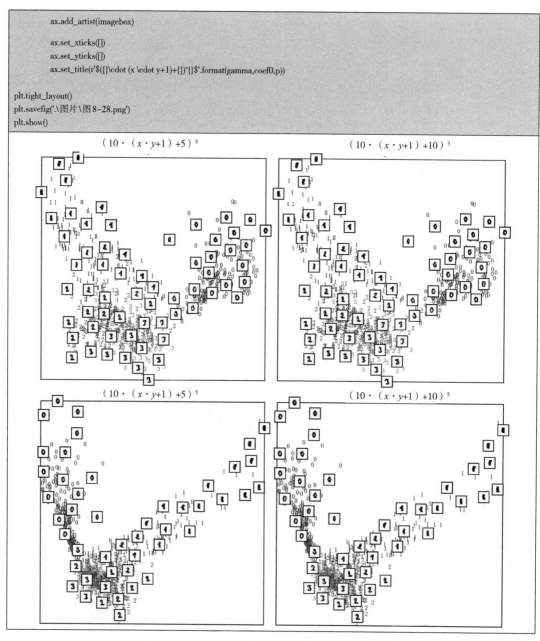

图8-28　多项式核函数不同超参数组合下的效果

四、多维度缩放（MDS）算法的Python实践

下面以瑞士卷（Swiss Roll）数据为例，考察流形学习算法的降维效果。首先导入Scikit-Learning模块中的make_s_curve函数，并调用函数生成虚拟数据，具体示例代码及执行结果如图8-29所示。

```
"""
采用make_s_curve函数构造瑞士卷数据
"""
from sklearn.datasets import make_s_curve as swiss

# 生成瑞士卷数据
cz_X_data,cz_Y_label = swiss(n_samples=500, noise=0.02,random_state=2022)

# 绘制瑞士卷三维散点图
fig = plt.figure(figsize=(5, 5),dpi=300)
ax = fig.add_subplot(111, projection="3d")
ax.scatter(cz_X_data[:, 0], cz_X_data[:, 1], cz_X_data[:, 2],
           c=cz_Y_label, marker='*',cmap=plt.cm.rainbow)
ax.view_init(4, -72)
# 隐藏坐标轴刻度
ax.set_xticks([])
ax.set_yticks([])
ax.set_zticks([])
plt.title('瑞士卷散点图',y=.9)
plt.savefig('.\图片\图8-29.png')
plt.show()
```

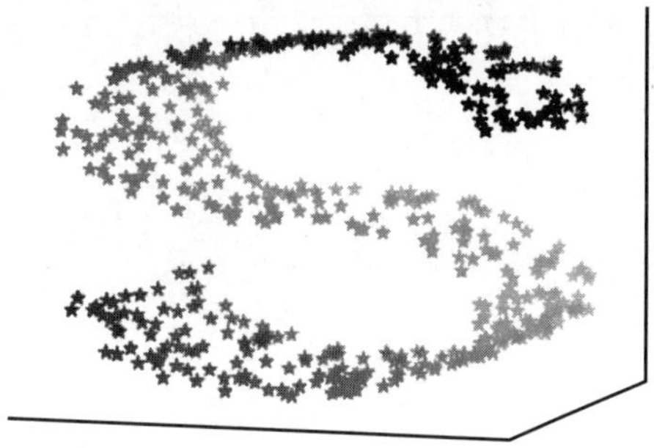

图8-29　瑞士卷数据

调用Scikit-Learning模块中的manifold子模块中的多维度缩放（MDS）算法，即可对瑞士卷虚拟数据进行维度约简，具体示例代码及执行结果如图8-30所示。

```
"""
定义多维度缩放(MDS)算法进行维度约简
"""
def cz_ML_MDS(X_data):
    """
    Author: Chengzhang Wang
    Date: 2022-3-5
    根据输入的数据采用MDS算法进行维度约简。
    参数：
        X_data: 原始观测数据集(样本*属性)
    返回：
        降维后样本点的新坐标和降维后不一致的距离之和
    """
    cz_mds=manifold.MDS()
    cz_trans=cz_mds.fit_transform(X_data)

    return cz_trans,cz_mds.stress_

# 调用函数进行维度约简
cz_X_trans,cz_mis_dis=cz_ML_MDS(cz_X_data)
print(' 不一致的距离之和为：{}'.format(cz_mis_dis))
print('---'*10)
print(' 部分样本点降维后的坐标：')
print(cz_X_trans[:10,:])
```

```
不一致的距离之和为：9905.738389847056
————————————————————————
部分样本点降维后的坐标：
[[ 0.87418317   1.20281265]
 [ 0.15101618   0.21214982]
 [ 1.78868385   0.87653892]
 [ 1.29395179   1.26090063]
 [-1.32559612   0.92601633]
 [ 0.13096917  -0.0339168 ]
 [-1.5742333   -1.01326866]
 [-1.05043848   0.90805842]
 [-1.66465738  -1.12539091]
 [-1.62507857   0.62320355]]
```

图8-30 MDS维度约简的结果

以多维度缩放（MDS）算法降维后的低维嵌套特征空间为基础，可以考察样本点的像在低维空间中的分布情况，具体示例代码及执行结果如图8-31所示。

```
'''
考察高维观测空间中样本点在低维嵌套特征空间中的分布情况
'''
def cz_embedding_plot(X_data,Y_label,xlabel,ylabel,title,fignum):
    '''
    Author: Chengzhang Wang
    Date: 2022-3-5
    根据输入的数据绘制低维嵌套特征空间中样本点的分布散点图。
    参数：
        X_data: 原始观测数据集(样本*属性)
        Y_label: 样本点原始的标签
        xlabel: X轴的标签
        ylabel: Y轴的标签
        title: 图标题
        fignum: 图标号
    '''
    fig=plt.figure(figsize=(5,5),dpi=300)
    ax=fig.add_subplot(1,1,1)
    ax.scatter(X_data[:, 0], X_data[:, 1],
            c=cz_Y_label, marker='*',cmap=plt.cm.rainbow)

    ax.set_xlabel(xlabel)
    ax.set_ylabel(ylabel)
    ax.set_xticks([])
    ax.set_yticks([])
    ax.set_title(title)
    plt.savefig('.\图片\图8-'+str(fignum)+'.png')
    plt.show()

# 调用算法绘制低维嵌套特征空间中的分布图
cz_embedding_plot(cz_X_trans,cz_Y_label,'X-轴','Y-轴','多维度缩放(MDS)算法的降维效果',31)
```

图8-31 MDS维度约简后样本点的分布

以手写体数字图像数据集为原始数据集，采用多维度缩放（MDS）算法进行降维分析，具体示例代码及执行结果如图8-32所示。

```
"""
手写体数字数据集上的降维效果
"""
cz_digits = datasets.load_digits(n_class=4)
cz_X_data = cz_digits.data
cz_Y_label = cz_digits.target
# 调用函数进行维度约简
cz_X_trans,cz_mis_dis=cz_ML_MDS(cz_X_data)
#降维后样本点数据的分布情况
cz_2DdimReduction(cz_X_trans,cz_X_data, cz_Y_label,'手写体数字图像MDS降维效果',32)
```

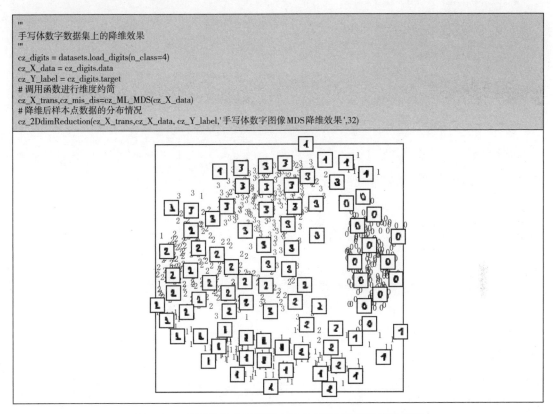

图8-32　手写体数字图像数据集上MDS维度约简的效果

五、等度规映射（ISOMAP）算法的Python实践

调用Scikit-Learning模块中的manifold子模块中的等度规映射（ISOMAP）算法，即可对瑞士卷虚拟数据进行维度约简，具体示例代码及执行结果如图8-33所示。

```
"""
定义等度规映射(ISOMAP)维度约简算法对数据进行降维
"""
#生成瑞士卷数据
cz_X_data,cz_Y_label = swiss(n_samples=500, noise=0.02,random_state=2022)

def cz_ML_ISOMAP(X_data):
    """
    Author: Chengzhang Wang
    Date: 2022-3-5
    根据输入的数据采用ISOMAP算法进行维度约简。
    参数:
        X_data: 原始观测数据集(样本 * 属性)
    返回:
        降维后样本点的新坐标和降维后的重建误差
    """
```

```
        cz_isomap=manifold.Isomap()
        cz_trans=cz_isomap.fit_transform(X_data)

        return cz_trans,cz_isomap.reconstruction_error

# 调用函数进行维度约简
cz_X_trans,cz_rec_error=cz_ML_ISOMAP(cz_X_data)

# 降维后样本点数据的分布情况
cz_embedding_plot(cz_X_trans,cz_Y_label,'X-轴','Y-轴','等度规映射(ISOMAP)算法的降维效果',33)
```

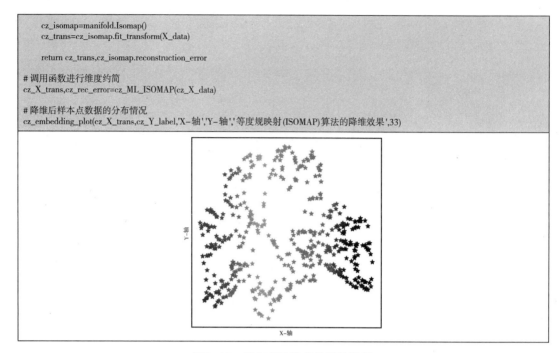

图 8-33　ISOMAP 维度约简的结果

以手写体数字图像数据集为原始数据集，采用等度规映射（ISOMAP）算法进行降维分析，具体示例代码及执行结果如图 8-34 所示。

```
'''
手写体数字数据集上的降维效果
'''
cz_digits = datasets.load_digits(n_class=4)
cz_X_data = cz_digits.data
cz_Y_label = cz_digits.target
# 调用函数进行维度约简
cz_X_trans,cz_rec_error=cz_ML_ISOMAP(cz_X_data)
# 降维后样本点数据的分布情况
cz_2DdimReduction(cz_X_trans,cz_X_data, cz_Y_label,'手写体数字图像ISOMAP降维效果',34)
```

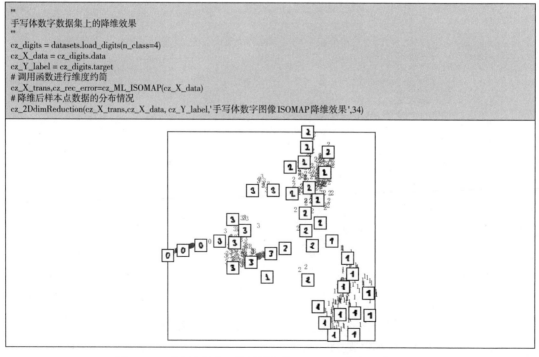

图 8-34　手写体数字图像数据集上 ISOMAP 维度约简的效果

六、局部线性嵌套（LLE）算法的Python实践

调用Scikit-Learning模块中的manifold子模块中的局部线性嵌套（LLE）算法，即可对瑞士卷虚拟数据进行维度约简，具体示例代码及执行结果如图8-35所示。

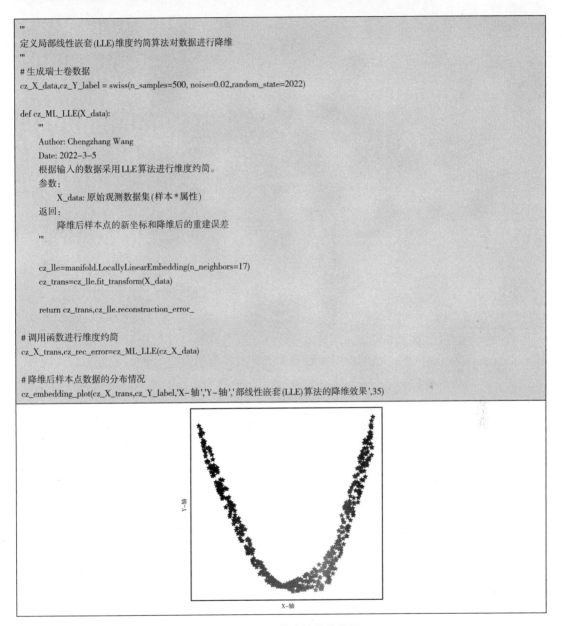

```
"""
定义局部线性嵌套(LLE)维度约简算法对数据进行降维
"""
#生成瑞士卷数据
cz_X_data,cz_Y_label = swiss(n_samples=500, noise=0.02,random_state=2022)

def cz_ML_LLE(X_data):
    """
    Author: Chengzhang Wang
    Date: 2022-3-5
    根据输入的数据采用LLE算法进行维度约简。
    参数：
        X_data: 原始观测数据集(样本*属性)
    返回：
        降维后样本点的新坐标和降维后的重建误差
    """

    cz_lle=manifold.LocallyLinearEmbedding(n_neighbors=17)
    cz_trans=cz_lle.fit_transform(X_data)

    return cz_trans,cz_lle.reconstruction_error_

#调用函数进行维度约简
cz_X_trans,cz_rec_error=cz_ML_LLE(cz_X_data)

#降维后样本点数据的分布情况
cz_embedding_plot(cz_X_trans,cz_Y_label,'X-轴','Y-轴','部线性嵌套(LLE)算法的降维效果',35)
```

图8-35 LLE维度约简的结果

以手写体数字图像数据集为原始数据集，采用局部线性嵌套（LLE）算法进行降维分析，具体示例代码及执行结果如图8-36所示。

```
"""
手写体数字数据集上的降维效果
"""
cz_digits = datasets.load_digits(n_class=4)
cz_X_data = cz_digits.data
cz_Y_label = cz_digits.target
# 调用函数进行维度约简
cz_X_trans,cz_rec_error=cz_ML_LLE(cz_X_data)
#降维后样本点数据的分布情况
cz_2DdimReduction(cz_X_trans,cz_X_data, cz_Y_label,'手写体数字图像LLE降维效果',36)
```

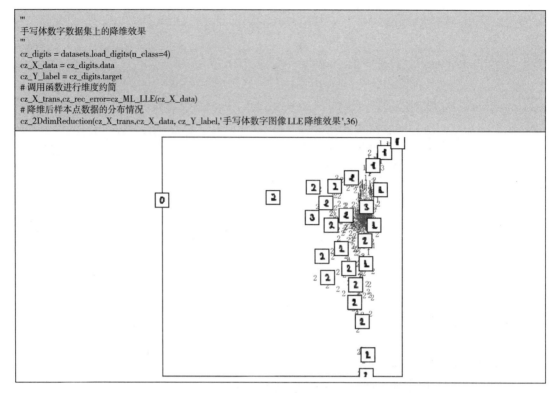

图8-36　手写体数字图像数据集上LLE维度约简的效果

值得注意的是，基于流形学习理论的维度约简算法本身也存在很多的超参数，实际应用时也需要根据具体问题的要求和实际数据集的特点进行超参数的调优。

习题

1. 简述维度约简的基本原理。

2. 以 Cifar 数据集 (http://www.cs.toronto.edu/~kriz/cifar.html) 为例，分别采用不同的维度约简算法进行降维实验，并对结果进行比较分析。

第九章　分类分析

学习目标：

　　了解分类分析的基本原理，掌握线性感知机分类算法、岭回归分类算法、最近邻分类算法，贝叶斯分类算法、决策树分类算法、集成学习分类算法和支持向量机分类算法的实践过程。

　　分类问题（Classification）是机器学习领域中有监督学习的重要组成部分，其目标是根据已知样本的属性特征和类别信息，学习一种类别判定模型，建立关于属性特征信息的类别判定函数，并采用构建的判定函数来判别新的未知样本属于哪种已知的样本类别。

第一节　简　介

　　分类分析的核心思想是从已知样本数据中学习数据的分布规律，并对未知样本数据进行类别判断。已知属性特征信息和类别信息并应用于机器学习模型构建的样本数据集通常被称之为训练数据集（Training Set）；已知属性特征信息和类别信息并应用于机器学习模型验证的样本数据集通常被称之为验证数据集（Verifying Set）；已知属性特征信息，而类别信息未知的样本数据集通常被称之为测试数据集（Test Set）。

一、基本概念

　　假定训练数据集为：

$$S_{Training} = \{(X,y) \mid X \in \Re^n, y \in \{C_1, C_2, \cdots, C_K\}\}$$

其中，每个样本包含 n 个属性特征：$X = (x_1, x_2, \cdots, x_n)^T$，一个类别特征 y。

　　本质上来讲，分类分析就是建立从属性特征空间 $\Re^n$ 到类别空间 D（离散空间 $D \triangleq \{C_1, C_2, \cdots, C_K\}$）的映射：

$$\Re^n \overset{\mathbb{F}}{\mapsto} D \triangleq \{y \mid y = F(X), X \in \Re^n, y \in D, F \in \mathbb{F}\}$$

　　映射空间 $\mathbb{F}$ 中不同的映射函数 F 就对应了不同的分类算法。通常情况下，如果映射函数 F 为线性函数，则称相应的分类算法为线性分类算法；如果映射函数 F 为非线性函数，则称相应的分类算法为非线性分类算法。

315

为了寻找映射函数 F 最优的参数组合，分类分析的目标函数通常是使得某种损失函数达到最小化：

$$\operatorname*{argmin}_{\phi \in \Theta} Loss \triangleq \sum_i \| y_i - F(\phi; X_i) \|$$

对于二分类问题，样本类别通常被称之为正例样本（标记为 1）和反例样本（标记为 −1）。对于一个分类算法而言，如果正例样本被正确地预测为正例，则该样本被称之为真正例（True Positive：TP）；如果反例样本被正确地预测为反例，则该样本被称之为真反例（True Negative：TN）；如果反例样本被错误地预测为正例，则该样本被称之为假正例（False Positive：FP）；如果正例样本被错误地预测为反例，则该样本被称之为假反例（False Negative：FN）。

分类分析算法性能的评价指标主要包括：

（1）准确率（Accuracy）：算法预测正确的样本数占总样本数的百分比。

$$E_{Accuracy} \triangleq \frac{TP+TN}{TP+TN+FP+FN}$$

（2）精确率（Precision）：又称为查准率，它是所有被预测为正例的样本作实际上真正为正例的样本的概率。

$$E_{Precision} \triangleq \frac{TP}{TP+FP}$$

（3）召回率（Recall）：又称为查全率，它是所有实际上真正为正例的样本中被正确预测为正例的概率。

$$E_{Recall} \triangleq \frac{TP}{TP+FN}$$

（4）P–R（Precision Recall Curve）曲线：描述精确率和召回率变化的曲线。如果一个分类算法的 P–R 曲线被另外一个分类算法的 P–R 曲线完全包围，则后一个算法的性能要优于前一个算法。P–R 曲线上当 P 值与 R 值相等时，曲线上的点被称之为平衡点（Break-Event Point：BEP），平衡点取值越大的算法其分类性能越好。

（5）F1–Score：由于精确率和召回率指标有时是此消彼长，精确率高了，召回率就下降了；召回率高了，精确率就下降。F–Score 同时兼顾了这两个指标，是精确率和召回率的加权调和平均：

$$E_{F-Score} \triangleq \frac{(1+\alpha^2) E_{Precision} E_{Recall}}{\alpha^2 E_{Precision} + E_{Recall}}$$

当 $\alpha=1$ 时，即为 F1–Score。F1–Score 越高，算法的分类性能越好。

（6）ROC（Receiver Operating Characteristic Curve：ROC）曲线：又称之为接受者操作特征曲线。该曲线基于真正率和假正率两个指标构建，可以较好地衡量样本不均衡条件下算法的分类性能。真正率也被称之为灵敏度，定义为：

$$E_{TPR} \triangleq \frac{TP}{TP+FN}$$

不难发现，真正率其实就是召回率。假正率定义为：

$$E_{FPR} \triangleq \frac{FP}{TN+FP}$$

ROC曲线即为这两个指标为横纵坐标轴构建的曲线。

（7）AUC（Area Under Curve）：又被称为曲线下面积指标，是指位于ROC曲线下方的封闭区域的面积。AUC越大，算法的分类性能越好。

（8）混淆矩阵（Confusion Maxtrix）：又被称为错误矩阵，直接给出了TP、FP、FN和TN指标的值，定义为：

混淆矩阵		真实值	
		正例	反例
预测值	正例	TP	FP
	反例	FN	TN

二、线性感知机（Linear Perception）分类算法

线性感知机分类算法首先通过样本属性特征的线性组合构建预测概率变量，然后采用符号函数来实现对样本类别的判定。线性感知机分类算法的预测概率函数为：

$$p(X) = \sum_{i=1}^{n} w_i x_i + b$$

最终的判别函数为：

$$F(X) = \mathrm{sgn}(p(X)) = \mathrm{sgn}\left(\sum_{i=1}^{n} w_i x_i + b\right)$$

对于二分类问题，线性感知机算法的预测概率函数 $p(X) = 0$ 其实对应于空间中的一个超平面，算法的目标函数是要求被误分类的样本点到超平面的距离之和最小化：

$$\underset{W,b}{\mathrm{argmin}}\, Loss = -\frac{1}{\|W\|} \sum_{j \in S_{false}} y_j \left(\sum_{i=1}^{n} w_i x_i^{(j)} + b\right)$$

其中第 j 个样本的属性特征数据为 $X^{(j)} = (x_1^{(j)}, x_2^{(j)}, \cdots, x_n^{(j)})^T$。$W$ 为权重系数向量。S_{false} 为算法误分类样本点的集合。

三、岭回归（Ridge Regression）分类算法

岭回归分类器在岭回归的基础上增加了符号函数以判定样本点所属的类别。岭回归是一种系数稀疏的线性回归，一般线性回归的函数表达式为：

$$y = f(X) = \alpha_0 + \alpha_1 x_1 + \alpha_2 x_2 + \cdots + \alpha_n x_n$$

线性回归的目标函数为：

$$\underset{}{\mathrm{argmin}}\, J \triangleq \sum_i \left[y^{(i)} - (\alpha_0 + \alpha_1 x_1^{(i)} + \alpha_2 x_2^{(i)} + \cdots + \alpha_n x_n^{(i)}) \right]^2$$

岭回归除了要求响应变量估计值与真实值之间误差平方和最小之外，为了保持系数稀疏，还增加了对系数的正则化约束，目标函数改变为：

$$\text{argmin } J \triangleq \sum_i \left[y^{(i)} - (\alpha_0 + \alpha_1 x_1^{(i)} + \alpha_2 x_2^{(i)} + \cdots + \alpha_n x_n^{(i)}) \right]^2 + \lambda \sum_j \alpha_j^2$$

岭回归中的 λ 因子可以通过岭迹法或者方差扩大因子法确定其最佳取值。

为了实现分类的目的，岭回归分类算法在原有岭回归的基础上采用符号函数来判定样本点的类别信息：

$$F(X) = \text{sgn}(f(X)) = \text{sgn}\left(\alpha_0 + \sum_{i=1}^n \alpha_i x_i \right)$$

四、最近邻（Nearest Neighborhood：NN）分类算法

最近邻（NN）分类算法是一种简单的非线性分类算法，该算法对于待分类的样本点通过其最近邻的已知类别信息的样本点来确定。最近邻样本点的划分方式通常情况下有两种：一种方式是通过与待分类的样本点的距离最近的K个已知类别信息的样本点来确定，称之为K近邻（K-Nearest Neighborhood：KNN）分类算法。假定待分类的样本点为 X_0，则其K近邻样本点集合为：

$$S_{knn} = \{ X_i \,|\, d(X_i, X_0) < d(X_{i+1}, X_0), i = 1, 2, \cdots, K \}$$

另外一种方式是通过与待分类的样本点的距离小于某个阈值的邻域内已知类别信息的样本点来确定，称之为半径最近邻（Radius Neighbors：RN）分类算法。假定待分类的样本点为 X_0，则其K近邻样本点集合为：

$$S_{rn} = \{ X_i \,|\, d(X_i, X_0) < r \}$$

最终待分类的样本点的类别信息通过邻域内已知类别信息的样本点投票决定，即待分类的样本点的类别与样本数最多的类别一致。

五、贝叶斯（Bayesian Classifier）分类算法

从贝叶斯（Bayesian）理论来看，现实世界中任何一个未知的变量都可以看作是统计意义上的随机变量，因此，就可以采用某个概率分布来概括、描述该未知的变量。

朴素贝叶斯（Naïve Bayesion）理论要求属性特征满足条件独立性，也就是说当样本点的类别特征确定后，用于分类的属性特征变量之间都是条件独立的，这也正是朴素二字的基本含义，即：

$$P(X = x \,|\, y = c_k) = P(X_1 = x_1, X_2 = x_2, \cdots, X_n = x_n \,|\, y = c_k)$$

$$= \prod_{i=1}^n P(X_i = x_i \,|\, y = c_k)$$

则朴素贝叶斯分类器的后验条件概率为：

$$P(y = c_k | X = x) = \frac{P(X = x | y = c_k) P(y = c_k)}{\sum_j P(X = x | y = c_j) P(y = c_j)}$$

$$= \frac{\prod_{i=1}^{n} P(X_i = x_i | y = c_k) P(y = c_k)}{\sum_j \prod_{i=1}^{n} P(X_i = x_i | y = c_j) P(y = c_j)}$$

最终，朴素贝叶斯分类器的目标函数为：

$$\underset{c_k}{\mathrm{argmax}}\ J \triangleq \prod_{i=1}^{n} P(X_i = x_i | y = c_k) P(y = c_k)$$

根据属性特征变量分布 $P(X = x)$ 的不同假设，朴素贝叶斯分类器可以分为朴素贝叶斯高斯分类器、朴素贝叶斯多项式分类器和朴素贝叶斯伯努利分类器。

六、决策树（Decision Tree Classifier：DTC）分类算法

决策树（Decision Tree Classifier：DTC）分类算法采取了一种被称之为"分而治之"处理策略，通过在每一个属性特征上的分支切割来构造一种树形结构的决策框架。树形结构中每一个内部节点都代表某个样本属性特征上的测试，每一个分支则代表了在该属性特征上的测试结果，树的叶子节点则代表样本所属的某个类别。

假定在内部节点 m 处待测试的数据集为 S_m，在该节点处针对第 i 个属性特征通过某个测试 φ 将数据集分成两部分，即形成两个分支：

$$S_m^{left}(\varphi) = \{(X;y) | x_i \leqslant \theta_m\}$$

$$S_m^{right}(\varphi) = \{(X;y) | x_i > \theta_m\}$$

其中，θ_m 为内部节点 m 处测试 φ 的阈值，即测试 φ 是关于属性 i 和阈值 θ_m 的函数 $\varphi(i, \theta_m)$。
在内部节点 m 处测试 φ 的性能通过不纯度函数的组合来度量：

$$Q(S_m, \varphi) = \frac{|S_m^{left}|}{|S_m|} IP(S_m^{left}(\varphi)) + \frac{|S_m^{right}|}{|S_m|} IP(S_m^{right}(\varphi))$$

决策树分类算法的目标函数为：

$$\underset{\varphi}{\mathrm{argmin}}\ J(\varphi) \triangleq Q(S_m, \varphi)$$

一般来讲，不纯度函数 $IP(\cdot)$ 有以下几种定义形式：
（1）Gini 系数：

$$IP(S_m) = \sum_k p_m^{(k)} (1 - p_m^{(k)})$$

其中，$p_m^{(k)}$ 为节点 m 处类别标记为 k 的样本个数所占的比率：

$$p_m^{(k)} = \frac{1}{|S_m|} \sum_{(x,y) \in S_m} I(y = k)$$

（2）信息熵（Entropy）：

$$IP(S_m) = -\sum_k p_m^{(k)} \log(p_m^{(k)})$$

（3）误分类指标：

$$IP(S_m) = 1 - \max(p_m^{(k)})$$

七、集成学习（Ensemble Learning：EL）分类算法

所谓的集成学习算法就是通过若干个单独的弱机器学习算法组合在一起构成一个强机器学习算法。集成学习算法注意到单个机器学习算法在一组数据集上的性能可能较弱，旨在通过多个单独的弱（性能弱）机器学习算法的组合来提高整体算法的性能，从而构造一个强（性能强）机器学习算法。常见的集成学习算法包含两大类：基于Bagging思想的集成学习算法和基于Boosting思想的集成学习算法。

Bagging（Bootstrap Aggregating：Bagging）算法也被称为装袋法或者自举聚集法，某个角度上来讲是一种"并行"算法。给定一个数据集和若干个弱学习模型，基于Bagging思想的集成学习算法从数据集中随机抽样，并采用抽样后的样本集合来训练单个的弱学习模型，最后融合所有的弱学习模型构成一个强学习模型。

假定数据集为 S，弱学习器为 $L_j(j=1,2,\cdots,K)$，基于Bagging思想的集成学习算法首先从数据集 S 中随机抽取容量为 M 的样本，并采用抽样后的样本集合训练弱学习器为 L_j：

$$\hat{y}^{(j)} = L_j(\theta_j; X)$$

最后融合（加权平均）所有的弱学习器构成强学习器：

$$\hat{y} = \sum_j \beta_j L_j(\theta_j; X) = \sum_j \beta_j \hat{y}^{(j)}$$

对于分类问题，最后强学习器的输出结果为各个弱学习器输出结果的众数。随机深林算法就是一种典型的基于Bagging思想的集成学习算法。

基于Boosting思想的集成学习算法也被称为提升学习算法，某个角度上来讲是一种"串行"算法。给定一个数据集和若干个弱学习模型，并对数据集中的每一个样本赋予相同的权重；基于Boosting思想的集成学习算法首先采用数据集训练第一个弱学习模型，根据该弱学习模型的输出结果更新数据集中样本的权重，对该弱学习模型判断错误的样本赋予更大的权重；接下来，采用权重更新后的数据集训练下一个弱学习模型，该模型旨在前一个弱学习模型的基础上对权重更大的样本实现正确的判断，以弥补前一个弱学习模型的"缺陷"，并根据模型的输出结果进一步更新样本的权重；然后，循环迭代，依次训练每一个弱学习模型。

假定数据集为 $S = \{(X_i; y_i)\}_{i=1}^m$，弱学习器为 $L_j(j=1,2,\cdots,K)$，基于Boosting思想的集成学习算法首先赋予每个样本相同的权重：

$$D(0) \triangleq (w_{01}, w_{02}, \cdots, w_{0m}), w_{0i} = \frac{1}{m}$$

然后训练第一个弱学习器 L_1，该弱学习器的学习错误率为：

$$e_1 = P(L_1(X_i) \neq y_i) = \sum_{i=1}^{m} w_{0i} \cdot I(L_1(X_i) \neq y_i)$$

定义弱学习器L_1的组合权重系数为：

$$\beta_1 = \frac{1}{2} \log \frac{1-e_1}{e_1}$$

值得注意的是，弱学习器的学习错误率越高，其组合权重越低。

根据弱学习器L_1的输出更新样本权重：

$$D(1) = (w_{11}, w_{12}, \cdots, w_{1m})$$

其中$w_{1i} = \dfrac{w_{0i}}{Z_0} e^{-\beta_0 y_i L_1(X_i)}$，而$Z_0 = \sum_i w_{0i} e^{-\beta_0 y_i L_1(X_i)}$为权重归一化因子。

接下来，基于数据集为$S = \{(X_i; y_i)\}_{i=1}^{m}$，样本权重$D(1) = (w_{11}, w_{12}, \cdots, w_{1m})$训练下一个弱学习器$L_k (k = 2, 3, \cdots, K)$，基于该弱学习器的输出计算其学习错误率$e_k$，并得到其组合权重系数$\beta_k$；更新样本权重得到$D(k) = (w_{k1}c, w_{k2}, \cdots, w_{km})$。循环迭代，直到所有的弱学习器训练完成。

最终的强学习器为：

$$L_f \triangleq \sum_j \beta_j L_j(\theta_j; X)$$

对于分类问题，最终的强分类器为强学习器叠加符号函数而成：

$$L_{classify} \triangleq \text{sgn} \Big[\sum_j \beta_j L_j(\theta_j; X) \Big]$$

自适应提升（Adaptive Boosting：AdaBoost）算法和梯度提升树（Gradient Boosting Trees：GBT）算法是典型的基于Boosting思想的集成学习算法。

八、支持向量机（Support Vector Machine：SVM）分类算法

支持向量机（Support Vector Machine：SVM）算法的核心思想是对线性可分的数据集，定义一个超平面，使得同属于一类的样本点位于超平面的一侧；同属于另外一类的样本点位于超平面的另外一侧。满足要求的超平面有很多，支持向量机（SVM）算法要找的最优超平面为到两类样本点分布边界的间隔（距离）最大的超平面。通常情况下，观测数据集的分布难以满足线性可分的条件，支持向量机（SVM）算法便融合了核（Kernel）的技巧，将观测数据集通过核函数变换到高维的特征空间，然后再在特征空间上寻找最优的分割超平面。

假定数据集为$S = \{(X_i; y_i)\}_{i=1}^{m}$，类别标签为$y_i \in \{1, -1\}$，支持向量机（SVM）算法试图寻找最优的参数$W$和$b$，以满足$\text{sgn}(W^T \varphi(X) + b)$能够最大程度正确预测样本的类别。

因此，支持向量机（SVM）算法的目标函数定义为：

$$\underset{W, b, \tau}{\arg\min} J \triangleq \frac{1}{2} W^T W + C \sum_{j=1}^{m} \tau_j$$

$$s.t. \begin{cases} y_i(W^T \varphi(X_i) + b) \geq 1 - \tau_i \\ \tau_i \geq 0, i = 1, 2, \cdots, m \end{cases}$$

其中，τ_j 为松弛因子，C 为惩罚因子。通过最小化 $\|W\|^2 = W^T W$ 可以最大化两类样本边界到超平面的间隔。理想状态下，对数据集中所有的样本都要满足条件 $y_i(W^T \varphi(X_i) + b) \geq 1$，但是对于真实的数据集而言，这种完美的超平面往往不存在，所以算法添加了松弛因子以容忍个别样本点位于最大间隔的内部。

支持向量机（SVM）算法的最终形式化为一个求解凸二次规划的问题，也等价于正则化的合页损失函数的最小化问题。

第二节 分类分析的 Python 实践

本节介绍如何采用 Python 语言来实现分类分析的线性感知机（Linear Perception）分类算法、岭回归（Ridge Regression）分类算法、最近邻（Nearest Neighborhood）分类算法、贝叶斯（Bayesian Classifier）分类算法、决策树（Decision Tree Classifier：DTC）分类算法、集成学习（Ensemble Learning：EL）分类算法和支持向量机（Support Vector Machine Classifier：SVMC）分类算法，并通过实际的例子来考察算法的运行及性能。

一、线性感知机（Linear Perception）分类算法的 Python 实践

为了采用线性感知机（Linear Perception）分类算法对数据集进行分类分析，首先导入 Scikit-Learning 模块中的 linear_model 子模块。为了对算法分类结果进行分析，并对算法结果进行可视化，一并导入相关的模块，具体示例代码及执行结果如图 9-1 所示。

```
"""
导入必要的模块
"""
import numpy as np
from sklearn import datasets
import matplotlib.pyplot as plt
from sklearn.model_selection import train_test_split
from sklearn.preprocessing import StandardScaler
from sklearn.linear_model import Perceptron
from matplotlib.colors import ListedColormap
import matplotlib as mpl
from mpl_toolkits.mplot3d import Axes3D
from matplotlib.patches import Polygon,Circle,Wedge
mpl.rcParams['font.sans-serif']= ['simsun']
mpl.rcParams['axes.unicode_minus']=False
import warnings
warnings.filterwarnings('ignore')
```

图 9-1 导入相关模块

导入 Scikit-Learning 模块中自带的鸢尾花数据集，具体示例代码及执行结果如图 9-2 所示。

```
"""
导入鸢尾花数据，并对数据分布进行可视化
"""
cz_iris = datasets.load_iris()
cz_X_data = cz_iris.data[:,[2,3]]
cz_y_label = cz_iris.target

def cz_2D_Scatter(X,Y,xlabel,ylabel,title,fignum):
    """
    Author: Chengzhang Wang
    Date: 2022-3-7
    根据原始样本点数据集的绘制样本点分布的散点图。
    参数:
        X: 原始样本点数据集
        Y: 原始样本点的类别标签
        xlabel: 横轴标签
        ylabel: 纵轴标签
        title: 图标题
        fignum: 图标号
    """
    fig=plt.figure(figsize=(5,5),dpi=300)
    ax=fig.add_subplot(1,1,1)
    labels=np.unique(Y)
    colors=((1,0,0),(0,1,0),(0,0,1))
    markers='*xos.,^v8pDd'
    for label,color,marker in zip(labels,colors,markers):
        position=Y==label
        ax.scatter(X[position,0],X[position,1],label='类别 {}'.format(label),color=color,marker=marker)

    ax.set_xlabel(xlabel)
    ax.set_ylabel(ylabel)
    ax.set_xticks([])
    ax.set_yticks([])
    ax.legend(loc='best')
    ax.set_title(title)

    plt.savefig('.\图片\图 9-'+str(fignum)+'.png')
    plt.show()

# 调用函数绘制分布散点图
cz_2D_Scatter(cz_X_data[:,:2],cz_y_label,'花萼的长','花萼的宽','基于花萼信息的散点图',2)
```

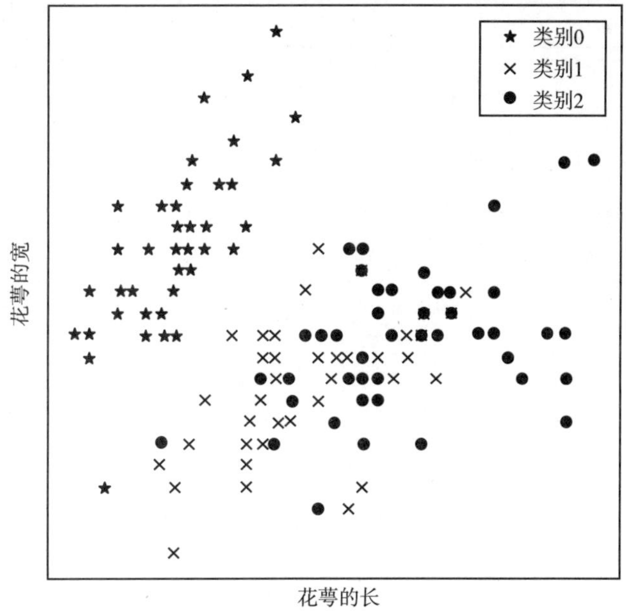

图 9-2　基于花萼信息的分布情况

基于花瓣的长度和宽度数据，考察三类样本点的分布情况，具体示例代码及执行结果如图9-3所示。

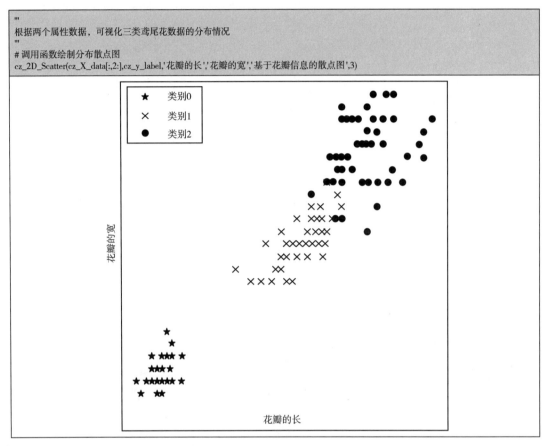

```
"""
根据两个属性数据，可视化三类鸢尾花数据的分布情况
"""
# 调用函数绘制分布散点图
cz_2D_Scatter(cz_X_data[:,2:],cz_y_label,'花瓣的长','花瓣的宽','基于花瓣信息的散点图',3)
```

图9-3　基于花瓣信息的分布情况

将鸢尾花数据集随机分成训练集和测试集，具体示例代码及执行结果如图9-4所示。

```
"""
为了评估训练好的分类模型对外样本数据的分类能力，首先把整个数据集随机分割为两部分：训练集和测试集。
"""
cz_X_train, cz_X_test, cz_y_train, cz_y_test = train_test_split(cz_X_data, cz_y_label , test_size = 0.2,

random_state = 2022, stratify=cz_y_label)
print('训练数据集的维度为：{}'.format(cz_X_train.shape))
print('测试数据集的维度为：{}'.format(cz_X_test.shape))
```
```
训练数据集的维度为：(120, 4)
测试数据集的维度为：(30, 4)
```

图9-4　拆分成训练集和测试集

调用Scikit-Learning模块中"preprocess"子模块的"StandardScaler"函数对数据集进行标准化处理，使其均值变为0，方差变为1，具体示例代码及执行结果如图9-5所示。

```
"""
数据预处理: 标准化处理数据使得均值变成0,方差变成1
"""
cz_StanS = StandardScaler()
#对数据集中每一维度特征计算出(样本平均值)和(标准差)
cz_StanS.fit(cz_X_train)
cz_X_train_stans = cz_StanS.transform(cz_X_train)
cz_X_test_stans= cz_StanS.transform(cz_X_test)
print ('标准化处理后训练数据集的均值: {};方差: {}'.format(int(np.mean(cz_X_train_stans)),int((np.var(cz_X_train_stans)))))
print ('标准化处理后测试数据集的均值: {};方差: {}'.format(int(np.mean(cz_X_test_stans)),int((np.var(cz_X_test_stans)))))
```

```
标准化处理后训练数据集的均值: 0; 方差: 1
标准化处理后测试数据集的均值: 0; 方差: 1
```

图9-5 数据的标准化处理

定义线性感知机分类器,并采用训练数据集训练模型,给出分类模型在训练集和测试集上的分类效果,具体示例代码及执行结果如图9-6所示。

```
"""
定义线性感知机分类器,并基于训练数据集训练分类算法
"""
def cz_Linear_Perception(X_data,y_label):

    Author: Chengzhang Wang
    Date: 2022-3-7
    根据训练数据集训练线性分类器模型。
    参数:
        X_data: 原始样本点属性特征数据集
        y_label: 原始样本点的类别标签
    返回:
        训练好的线性感知机分类器
    """
    cz_lperception=Perceptron()
    cz_lperception.fit(X_data, y_label)

    return cz_lperception

# 调用函数进行分类预测
cz_lperception=cz_Linear_Perception(cz_X_train_stans,cz_y_train)
cz_y_train_hat=cz_lperception.predict(cz_X_train_stans)
print('训练集上算法的准确率: {}'.format(metrics.accuracy_score(cz_y_train,cz_y_train_hat)))
print('训练集上算法的精确率: {:.2f}'.format(metrics.precision_score(cz_y_train,cz_y_train_hat,average='macro')))
print('训练集上算法的召回率: {}'.format(metrics.recall_score(cz_y_train,cz_y_train_hat,average='macro')))
print('训练集上算法的平均准确率: {}'.format(cz_lperception.score(cz_X_train_stans,cz_y_train)))
print('训练集部分样本点的置信得分: \n{}'.format(cz_lperception.decision_function(cz_X_train_stans)[:10,:]))
print('--'*10)
cz_y_test_hat=cz_lperception.predict(cz_X_test_stans)
print('测试集上算法的准确率: {:.2f}'.format(metrics.accuracy_score(cz_y_test,cz_y_test_hat)))
print('测试集上算法的精确率: {:.2f}'.format(metrics.precision_score(cz_y_test,cz_y_test_hat,average='macro')))
print('测试集上算法的召回率: {:.2f}'.format(metrics.recall_score(cz_y_test,cz_y_test_hat,average='macro')))
print('测试集上算法的平均准确率: {:.2f}'.format(cz_lperception.score(cz_X_test_stans,cz_y_test)))
print('测试集部分样本点的置信得分: \n{}'.format(cz_lperception.decision_function(cz_X_test_stans)[:10,:]))
```

```
训练集上算法的准确率: 0.875
训练集上算法的精确率: 0.88
训练集上算法的召回率: 0.875
训练集上算法的平均准确率: 0.875
训练集部分样本点的置信得分:
[[ -2.67961203   0.87393341  -3.67636773]
 [ -7.77979486   6.79040179   2.00967793]
 [ -3.20623576   3.02470415  -5.51374523]
 [ -4.7276566   -4.07405623   6.50241595]
 [  7.46139395  -5.17234802 -22.32572435]
 [ -6.08672964  -1.23261404   7.89600189]
```

```
[ −5.95621434    3.96309839    0.95451985]
[  5.78387097   −0.99625143  −24.04055274]
[ −4.03047216   −6.29884243   10.51833069]
[  3.79695044   −0.47648985  −20.37957216]]
————————————————————
测试集上算法的准确率：0.83
测试集上算法的精确率：0.83
测试集上算法的召回率：0.83
测试集上算法的平均准确率：0.83
测试集部分样本点的置信得分：
[[ −5.13479741   −2.59150689    7.96833386]
[  4.74514942    0.64229291  −21.7728281 ]
[ −3.50652658   −1.34819225    1.63929874]
[ −4.2449573     4.66324849   −3.24602059]
[  5.17968021   −0.24875191  −23.84118027]
[  5.0408977     0.29532566  −22.99382237]
[ −3.49103008   −1.48756148    1.95719672]
[  6.99867245   −4.08836896  −22.81788624]
[ −4.58623307   −0.03002668    1.957284  ]
[  2.70902245    2.87391571  −22.30211345]]
```

图 9−6　线性感知机分类器的效果

由程序执行的结果可以发现，线性感知机分类器在测试集上的分类性能要低于在训练数据集上的性能。

仅仅采用花萼的信息训练线性感知机分类器，并可视化分类效果，具体示例代码及执行结果如图 9−7 所示。

```
'''
分类效果可视化展示
'''
def cz_2Dclassify(X_data, y_label, X_tdata, clser ,title, fignum):
    '''
    Author: Chengzhang Wang
    Date: 2022-3-7
    根据给定的数据信息可视化分类效果。
    参数：
        X_data: 原始样本点属性特征数据集
        y_label: 原始样本点的类别标签
        X_tdata: 测试样本的属性特征数据
        clster: 分类器
        title: 图像标题
        fignum: 图像标号
    '''
    # 定义基本颜色colors.BASE_COLORS
    colors=((1,0,0),(0,1,0),(0,0,1),(0, 0.5, 0),(0, 0.75, 0.75),(0.75, 0, 0.75),(0.75, 0.75, 0),(0, 0, 0),(1, 1, 1))
    markers='*xos.,^v8pDd'
    color_map = ListedColormap(colors[:len(np.unique(y_label))])
    # 绘制分类面
    x1_min = X_data[:, 0].min() − 1.5
    x1_max = X_data[:, 0].max() + 1.5
    x2_min = X_data[:, 1].min() − 1.5
    x2_max = X_data[:, 1].max() + 1.5
    #根据范围和密度(density)绘制交叉网格
    density=0.05
    xnet1, xnet2 = np.meshgrid(np.arange(x1_min, x1_max, density),np.arange(x2_min, x2_max, density))
    #定义交叉网格点的类别信息
    cz_xx_label = clser.predict(np.array([xnet1.ravel(), xnet2.ravel()]).T)
    cz_xx_label = cz_xx_label.reshape(xnet1.shape)
    #根据交叉网格点的类别信息绘制类别判断面
    plt.figure(figsize=(6,5),dpi=300)
```

```
plt.contourf(xnet1, xnet2, cz_xx_label, alpha=0.3, cmap=color_map)
plt.xlim(xnet1.min(), xnet1.max())
plt.ylim(xnet2.min(), xnet2.max())
plt.xticks([])
plt.yticks([])

#根据真实数据的类别信息绘制散点图
for i, label in enumerate(np.unique(y_label)):
    plt.scatter(X_data[y_label == label, 0],X_data[y_label == label, 1],alpha=0.6, color=colors[i],
            marker=markers[i], label='类别 '+str(label))
#标记测试样本点：空心圆圈
plt.scatter(X_tdata[:, 0],X_tdata[:, 1],c='none',alpha=1.0,edgecolor='white',linewidths=1.5,marker='o',
            label='测试数据')

plt.title(title)
plt.legend()
plt.savefig('.\图片\图9-'+str(fignum)+'.png')
plt.show()

# 调用函数进行分类分析，并可视化效果
cz_lperception=cz_Linear_Perception(cz_X_train_stans[:,:2],cz_y_train)
cz_2Dclassify(np.vstack((cz_X_train_stans,cz_X_test_stans)),

np.hstack((cz_y_train,cz_y_test)),cz_X_test_stans,cz_lperception,'基于花萼信息的分类效果',7)
```

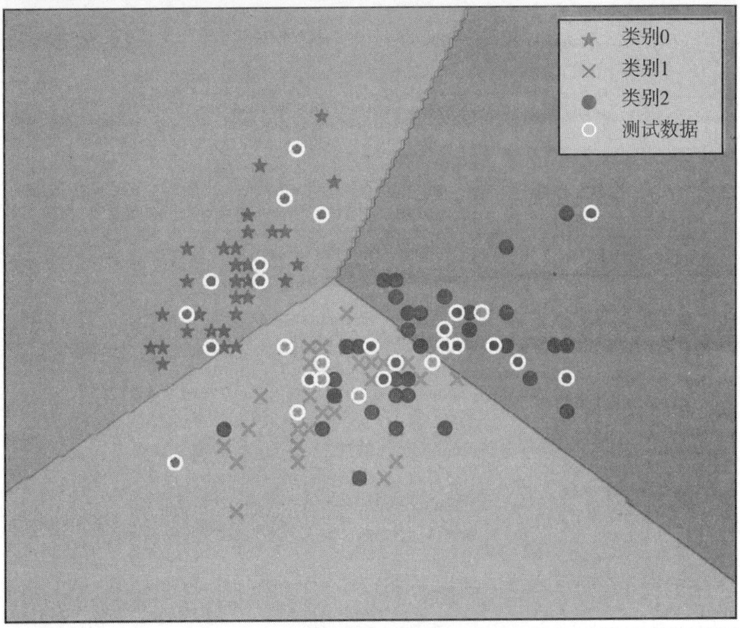

图9-7　仅采用花萼信息的分类效果

仅仅基于花瓣信息进行分类分析的具体示例代码及执行结果如图9-8所示。

```
# 调用函数进行分类分析，并可视化效果
cz_lperception=cz_Linear_Perception(cz_X_train_stans[:,2:],cz_y_train)
cz_2Dclassify(np.vstack((cz_X_train_stans,cz_X_test_stans))[:,2:], np.hstack((cz_y_train,cz_y_test)),cz_X_test_stans[:,2:],cz_lperception,'基于花瓣信息的分类效果',8)
```

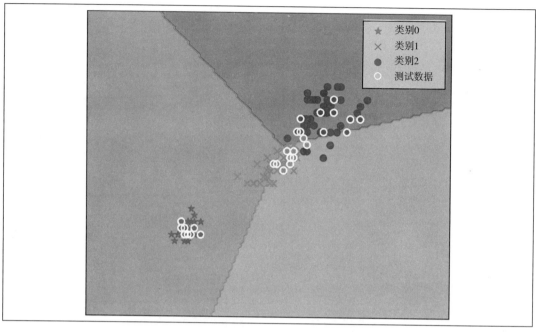

图9-8　仅基于花瓣信息的分类效果

下面以手写体数字图像数据集为基础，考察线性感知机分类器的性能。首先加载数据集并随机拆分为训练集和测试集，具体示例代码及执行结果如图9-9所示。

```
'''
导入手写体数字图像数据，并随机拆分成训练集和测试集
'''
cz_digits = datasets.load_digits(n_class=4)
cz_X_data = cz_digits.data
cz_y_label = cz_digits.target
# 为了评估训练好的分类模型对外样本数据的分类能力，首先把整个数据集随机分割为两部分：训练集和测试集。
cz_X_train, cz_X_test, cz_y_train, cz_y_test = train_test_split(cz_X_data, cz_y_label , test_size = 0.2,

random_state = 2022, stratify=cz_y_label)
print('训练数据集的维度为：{}'.format(cz_X_train.shape))
print('测试数据集的维度为：{}'.format(cz_X_test.shape))

训练数据集的维度为：(576, 64)
测试数据集的维度为：(144, 64)
```

图9-9　手写体数字图像数据集

将原始手写体图像数据集标准化，并采用线性感知机分类器进行分类分析，具体示例代码及执行结果如图9-10所示。

```
'''
对数据集做标准化处理，并采用线性感知机分类器进行分类分析
'''
#对数据集中每一维度特征计算出(样本平均值)和(标准差)
cz_StanS.fit(cz_X_train)
cz_X_train_stans = cz_StanS.transform(cz_X_train)
cz_X_test_stans= cz_StanS.transform(cz_X_test)
```

```
# 调用函数进行分类预测
cz_lperception=cz_Linear_Perception(cz_X_train_stans,cz_y_train)
cz_y_train_hat=cz_lperception.predict(cz_X_train_stans)
print('训练集上算法的准确率：{}'.format(metrics.accuracy_score(cz_y_train,cz_y_train_hat)))
print('训练集上算法的精确率：{:.2f}'.format(metrics.precision_score(cz_y_train,cz_y_train_hat,average='macro')))
print('训练集上算法的召回率：{}'.format(metrics.recall_score(cz_y_train,cz_y_train_hat,average='macro')))
print('训练集上算法的平均准确率：{}'.format(cz_lperception.score(cz_X_train_stans,cz_y_train)))
print('训练集部分样本点的置信得分：\n{}'.format(cz_lperception.decision_function(cz_X_train_stans)[:10,:]))
print('--'*10)
cz_y_test_hat=cz_lperception.predict(cz_X_test_stans)
print('测试集上算法的准确率：{:.2f}'.format(metrics.accuracy_score(cz_y_test,cz_y_test_hat)))
print('测试集上算法的精确率：{:.2f}'.format(metrics.precision_score(cz_y_test,cz_y_test_hat,average='macro')))
print('测试集上算法的召回率：{:.2f}'.format(metrics.recall_score(cz_y_test,cz_y_test_hat,average='macro')))
print('测试集上算法的平均准确率：{:.2f}'.format(cz_lperception.score(cz_X_test_stans,cz_y_test)))
print('测试集部分样本点的置信得分：\n{}'.format(cz_lperception.decision_function(cz_X_test_stans)[:10,:]))
```

```
训练集上算法的准确率：1.0
训练集上算法的精确率：1.00
训练集上算法的召回率：1.0
训练集上算法的平均准确率：1.0
训练集部分样本点的置信得分：
[[ -56.36138582  -84.36588652   64.25366401 -126.63433621]
 [ -40.96653058  -15.083733     18.75120495  -57.39060487]
 [  70.44135957  -97.51149936  -16.35846121  -85.42539193]
 [ -29.84147799 -133.09817271   29.44749243 -132.83294748]
 [  46.1756881   -28.19677826  -48.05725374  -42.01422743]
 [ -20.73122414   52.95818504  -31.68670768  -87.51092492]
 [ -59.56701353 -150.09796901   96.57977384 -101.85141653]
 [ -65.99479929  -97.06405954   95.90381807 -122.36565614]
 [ -57.29993183 -116.00398307  -42.25304582  116.95265705]
 [ -61.35031973  -84.01619274  -64.4386652   117.68832539]]
--------------------
测试集上算法的准确率：0.96
测试集上算法的精确率：0.96
测试集上算法的召回率：0.96
测试集上算法的平均准确率：0.96
测试集部分样本点的置信得分：
[[ -74.92377921  -79.90705514    6.69421131  -99.91198782]
 [  55.84438069  -84.51041135  -56.4056559   -54.36700394]
 [  47.69396156  -86.41125081  -38.75818647  -64.72977382]
 [ -48.13897299  -83.4966896   -50.13764379  107.61540766]
 [  46.87165506  -84.16410419  -38.6952762  -107.78893667]
 [ -36.06999819  -65.82858675   67.91780831  -99.49174002]
 [ -52.39767026 -124.96057137  -82.87652739  101.96554436]
 [ -61.16386761  -20.10467004   60.75317962 -143.42897798]
 [ -94.70801581  -47.85047071   81.45194487 -116.66734724]
 [ -24.44850386 -146.63396533   44.299167   -51.4165063 ]]
```

图9-10 对手写体数字图像感知机分类效果

由程序执行的结果可以发现，线性感知机分类器在训练集上的分类效果非常好，测试集上的分类准确率达到了96%。

可以将线性感知机分类器误分类的手写体图像及其正确的数字标记和分类预测的标记进行对比，找到误分类数据的信息，具体示例代码及执行结果如图9-11所示。

```
"""
手写体数字图像的分类结果
"""
# 展示手写体数字图像的分类不正确的结果
fnum=sum(cz_y_test_hat!=cz_y_test)
# 被误分类的图像数据
```

```
cz_X_fclass=cz_X_test[cz_y_test_hat!=cz_y_test,:]
cz_y_tlabel=cz_y_test[cz_y_test_hat!=cz_y_test]
cz_y_flabel=cz_y_test_hat[cz_y_test_hat!=cz_y_test]
fig=plt.figure(figsize=(5,5),dpi=300)
for i in range(fnum):
    ax=fig.add_subplot(2,int(fnum/2),i+1)
    plt.axis('off')
    plt.imshow(cz_X_fclass[i].reshape(8,8),cmap=plt.cm.binary)
    plt.title('T'+str(cz_y_tlabel[i])+'->'+'F'+str(cz_y_flabel[i]))
plt.suptitle('误分类手写体数字图像')
plt.savefig('.\图片\图9-11.png')
plt.show()
```

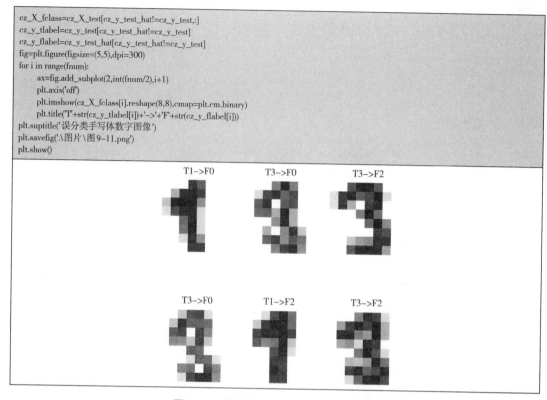

图9-11　线性感知机分类器误分类图像

二、岭回归（Ridge Regression）分类算法的Python实践

为了采用岭回归（Ridge Regression）分类算法对数据集进行分类分析，首先导入Scikit-Learning模块中的linear_model子模块。具体示例代码及执行结果如图9-12所示。

```
'''
导入岭回归分类器需要的模块
'''
from sklearn.linear_model import RidgeClassifier
```

图9-12　导入岭回归分类算法所在模块

载入鸢尾花数据即可调用函数对数据集进行分类分析，具体示例代码及执行结果如图9-13所示。

```
"""
定义岭回归分类器，并基于训练数据集训练分类算法
"""
def cz_Ridge_Classifier(X_data,y_label):
    """
    Author: Chengzhang Wang
    Date: 2022-3-7
    根据训练数据集训练岭回归分类器模型。
    参数：
        X_data: 原始样本点属性特征数据集
        y_label: 原始样本点的类别标签
    返回：
        训练好的岭回归分类器
    """
    cz_ridge_clf=RidgeClassifier()
    cz_ridge_clf.fit(X_data, y_label)

    return cz_ridge_clf

# 调用函数进行分类预测
cz_ridge_clf=cz_Ridge_Classifier(cz_X_train_stans,cz_y_train)
cz_y_train_hat=cz_ridge_clf.predict(cz_X_train_stans)
print('训练集上算法的准确率：{:.2f}'.format(metrics.accuracy_score(cz_y_train,cz_y_train_hat)))
print('训练集上算法的精确率：{:.2f}'.format(metrics.precision_score(cz_y_train,cz_y_train_hat,average='macro')))
print('训练集上算法的召回率：{:.2f}'.format(metrics.recall_score(cz_y_train,cz_y_train_hat,average='macro')))
print('训练集上算法的平均准确率：{:.2f}'.format(cz_ridge_clf.score(cz_X_train_stans,cz_y_train)))
# 置信得分以样本点到超平面的距离来表达，大于零即为所属的类；(nsample,nclass)
print('训练集部分样本点的置信得分：\n{}'.format(cz_ridge_clf.decision_function(cz_X_train_stans)[:10,:]))
print('--'*10)
cz_y_test_hat=cz_ridge_clf.predict(cz_X_test_stans)
print('测试集上算法的准确率：{:.2f}'.format(metrics.accuracy_score(cz_y_test,cz_y_test_hat)))
print('测试集上算法的精确率：{:.2f}'.format(metrics.precision_score(cz_y_test,cz_y_test_hat,average='macro')))
print('测试集上算法的召回率：{:.2f}'.format(metrics.recall_score(cz_y_test,cz_y_test_hat,average='macro')))
print('测试集上算法的平均准确率：{:.2f}'.format(cz_ridge_clf.score(cz_X_test_stans,cz_y_test)))
# 置信得分以样本点到超平面的距离来表达，大于零即为所属的类；(nsample,nclass)
print('测试集部分样本点的置信得分：\n{}'.format(cz_ridge_clf.decision_function(cz_X_test_stans)[:10,:]))
```

```
训练集上算法的准确率：0.87
训练集上算法的精确率：0.88
训练集上算法的召回率：0.87
训练集上算法的平均准确率：0.87
训练集部分样本点的置信得分：
[[-0.61394253 -0.06843402 -0.31762345]
 [-1.35014265  0.66135955 -0.3112169 ]
 [-0.6031727   0.06399654 -0.46082384]
 [-1.07907063 -0.61232736  0.691398  ]
 [ 1.0516615  -1.20275475 -0.84890675]
 [-1.3403918  -0.26323106  0.60362285]
 [-1.11766653  0.34863872 -0.23097218]
 [ 0.94911213 -0.74635445 -1.20275767]
 [-1.26273316 -0.89914519  1.16187835]
 [ 0.65737529 -0.6700025  -0.98737279]]
_____
测试集上算法的准确率：0.80
测试集上算法的精确率：0.83
测试集上算法的召回率：0.80
测试集上算法的平均准确率：0.80
测试集部分样本点的置信得分：
[[-1.26517861 -0.27579119  0.5409698 ]
 [ 0.68870674 -0.54526429 -1.14344245]
 [-0.87690723 -0.25221748  0.12912471]
 [-0.86357809  0.26508671 -0.40150862]
 [ 0.89666692 -0.63440345 -1.26226347]
 [ 0.79799894 -0.6176524  -1.18034654]
 [-0.90073659 -0.39166983  0.29240642]
 [ 1.03366987 -1.00698847 -1.0266814 ]
 [-0.97564789 -0.19977412  0.17542202]
 [ 0.61372275 -0.31767628 -1.29604648]]
```

图9-13　鸢尾花数据的岭回归分类结果

仅仅采用花萼的二维信息，考察岭回归分类器的分类效果，具体示例代码及执行结果如图9-14所示。

```
"""
仅仅采用二维信息，可视化岭回归分类器的效果
"""
#调用函数进行分类分析，并可视化效果
cz_ridge_clf=cz_Ridge_Classifier(cz_X_train_stans[:,:2],cz_y_train)
cz_2Dclassify(np.vstack((cz_X_train_stans,cz_X_test_stans)),
            np.hstack((cz_y_train,cz_y_test)),cz_X_test_stans,cz_ridge_clf,'岭回归分类器基于花萼信息的分类效果',14)
```

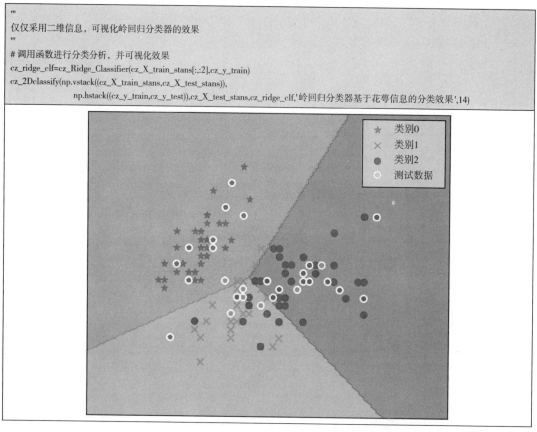

图9-14 岭回归分类器仅采用花萼信息的分类效果

仅仅采用花瓣的二维信息，考察岭回归分类器的分类效果，具体示例代码及执行结果如图9-15所示。

```
"""
仅仅采用二维信息，可视化岭回归分类器的效果
"""
#调用函数进行分类分析，并可视化效果
cz_ridge_clf=cz_Ridge_Classifier(cz_X_train_stans[:,2:],cz_y_train)
cz_2Dclassify(np.vstack((cz_X_train_stans,cz_X_test_stans))[:,2:],

np.hstack((cz_y_train,cz_y_test)),cz_X_test_stans[:,2:],cz_ridge_clf,'岭回归分类器基于花瓣信息的分类效果',15)
```

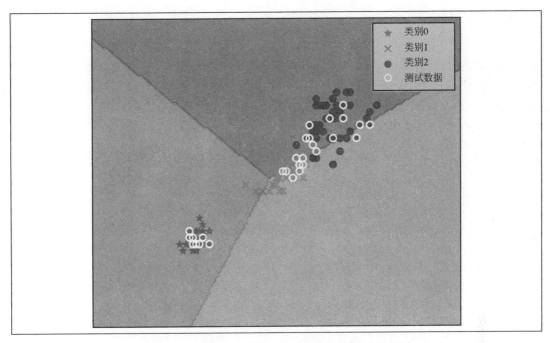

图 9-15　岭回归分类器仅采用花瓣信息的分类效果

对于岭回归分类器而言，惩罚因子 α 的大小对算法的性能有一定的影响，可以绘制岭迹图以选择最好的惩罚因子，具体示例代码及执行结果如图 9-16 所示。

```
'''
根据岭迹选择最优的参数lambda
'''
cz_alphas=np.logspace(-2,5,100)
cz_coefs1=[]
cz_coefs2=[]
cz_coefs3=[]

for i in cz_alphas:
    cz_ridge_clf=RidgeClassifier(alpha=i,fit_intercept=False)
    cz_ridge_clf.fit(cz_X_train_stans,cz_y_train)
    #分别存储每一类的系数
    cz_coefs1.append(cz_ridge_clf.coef_[0])
    cz_coefs2.append(cz_ridge_clf.coef_[1])
    cz_coefs3.append(cz_ridge_clf.coef_[2])

#绘制岭迹图
plt.figure(figsize=(6,6),dpi=300)
ax=plt.gca()
plt.plot(cz_alphas, cz_coefs1,label='类别1')
plt.plot(cz_alphas, cz_coefs2,label='类别2')
plt.plot(cz_alphas, cz_coefs3,label='类别3')
#修改坐标轴字体
labels=ax.get_xticklabels()+ax.get_yticklabels()
[label.set_fontname('Times New Roman') for label in labels]

plt.xscale('log')
plt.xlabel(r'参数 $\lambda$')
plt.ylabel('系数')
plt.grid(axis='x')
plt.legend(ncol=3)
plt.title('岭迹图')
plt.savefig('.\图片\图9-16.png')
plt.show()
```

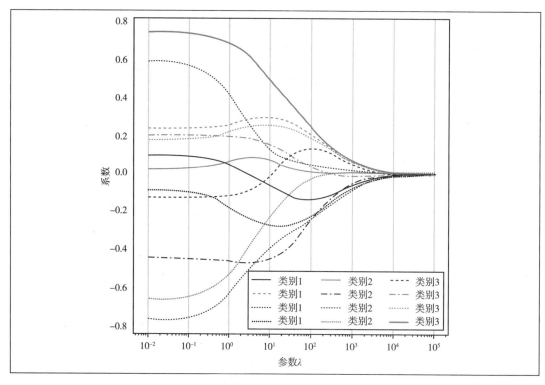

图9-16　岭迹图

　　由程序执行的结果可以发现，回归系数与惩罚因子间的函数曲线呈现喇叭口形状，说明原有自变量之间存在一定程度的多重共线性关系，最优的参数可以在喇叭口处选择。

　　根据岭迹图，惩罚因子 α 取1.5时岭回归分类的效果较好，具体示例代码及执行结果如图9-17所示。

```
"""
最优惩罚因子下的分类效果
"""
cz_ridge_clf=RidgeClassifier(alpha=1.5,fit_intercept=False)
cz_ridge_clf.fit(cz_X_train_stans,cz_y_train)
cz_y_train_hat=cz_ridge_clf.predict(cz_X_train_stans)
print('训练集上算法的平均准确率：{:.2f}'.format(cz_ridge_clf.score(cz_X_train_stans,cz_y_train)))
print('—'*10)
cz_y_test_hat=cz_ridge_clf.predict(cz_X_test_stans)
print('测试集上算法的平均准确率：{:.2f}'.format(cz_ridge_clf.score(cz_X_test_stans,cz_y_test)))
```

訓练集上算法的平均准确率：0.88
————————————————
测试集上算法的平均准确率：0.80

图9-17　最优惩罚因子下的结果

　　由程序执行的结果可以发现，算法在训练数据集上的分类性能提升了1%，测试数据集上的性能保持不变。

　　载入手写体数字图像数据，并采用岭回归分类算法进行分类分析，具体示例代码及执行结果如图9-18所示。

```
'''
导入手写体数字图像数据，并随机拆分成训练集和测试集
'''
cz_digits = datasets.load_digits(n_class=4)
cz_X_data = cz_digits.data
cz_y_label = cz_digits.target
# 为了评估训练好的分类模型对外样本数据的分类能力，首先把整个数据集随机分割为两部分：训练集和测试集。
cz_X_train, cz_X_test, cz_y_train, cz_y_test = train_test_split(cz_X_data, cz_y_label , test_size = 0.2, random_state = 2022, stratify=cz_y_label)
'''
对数据集做标准化处理
'''
#对数据集中每一维度特征计算出(样本平均值)和(标准差)
cz_StanS.fit(cz_X_train)
cz_X_train_stans = cz_StanS.transform(cz_X_train)
cz_X_test_stans= cz_StanS.transform(cz_X_test)

# 调用函数进行分类预测
cz_ridge_clf=cz_Ridge_Classifier(cz_X_train_stans,cz_y_train)
cz_y_train_hat=cz_ridge_clf.predict(cz_X_train_stans)
print('训练集上算法的准确率：{:.2f}'.format(metrics.accuracy_score(cz_y_train,cz_y_train_hat)))
print('训练集上算法的精确率：{:.2f}'.format(metrics.precision_score(cz_y_train,cz_y_train_hat,average='macro')))
print('训练集上算法的召回率：{:.2f}'.format(metrics.recall_score(cz_y_train,cz_y_train_hat,average='macro')))
print('训练集上算法的平均准确率：{:.2f}'.format(cz_ridge_clf.score(cz_X_train_stans,cz_y_train)))
print('训练集部分样本点的置信得分：\n{}'.format(cz_ridge_clf.decision_function(cz_X_train_stans)[:10,:]))
print('--'*10)
cz_y_test_hat=cz_ridge_clf.predict(cz_X_test_stans)
print('测试集上算法的准确率：{:.2f}'.format(metrics.accuracy_score(cz_y_test,cz_y_test_hat)))
print('测试集上算法的精确率：{:.2f}'.format(metrics.precision_score(cz_y_test,cz_y_test_hat,average='macro')))
print('测试集上算法的召回率：{:.2f}'.format(metrics.recall_score(cz_y_test,cz_y_test_hat,average='macro')))
print('测试集上算法的平均准确率：{:.2f}'.format(cz_ridge_clf.score(cz_X_test_stans,cz_y_test)))
print('测试集部分样本点的置信得分：\n{}'.format(cz_ridge_clf.decision_function(cz_X_test_stans)[:10,:]))
```

```
训练集上算法的准确率：1.00
训练集上算法的精确率：1.00
训练集上算法的召回率：1.00
训练集上算法的平均准确率：1.00
训练集部分样本点的置信得分：
[[-1.16960276 -0.78090321  1.00736521 -1.05685924]
 [-0.79021145 -0.37711373  0.28049054 -1.11316536]
 [ 1.10036432 -1.226533   -0.70546791 -1.16836341]
 [-0.51575797 -1.25122871  0.78245537 -1.0154687 ]
 [ 0.63553022 -0.43356787 -1.15033762 -1.05162473]
 [-0.63280314  0.7662711  -0.93027838 -1.20318957]
 [-0.94988168 -1.33316383  1.32920725 -1.04616173]
 [-1.16668222 -0.93186548  1.40907804 -1.31053035]
 [-1.0620811  -1.20682257 -0.95349412  1.22239779]
 [-1.04786634 -0.98139798 -0.89137933  0.92064365]]
--------------------
测试集上算法的准确率：0.99
测试集上算法的精确率：0.99
测试集上算法的召回率：0.99
测试集上算法的平均准确率：0.99
测试集部分样本点的置信得分：
[[-0.87924571 -0.58946106  0.21194421 -0.74323744]
 [ 0.850123   -1.06953807 -1.06305676 -0.71752817]
 [ 0.7849312  -0.85282871 -0.74681797 -1.18528452]
 [-1.16327414 -1.0032513  -0.88766515  1.05419058]
 [ 0.79719709 -0.85699632 -0.62389735 -1.31630342]
 [-1.00347653 -0.75157897  0.74727533 -0.99221983]
 [-1.00123328 -1.06100767 -1.09386788  1.15610884]
 [-1.25247252 -0.04177815  0.686436   -1.39218533]
 [-1.37350967 -0.6586662   1.23614241 -1.20396654]
 [-0.77965598 -1.09499284  0.64192242 -0.7672736 ]]
```

图9-18　岭回归分类器在手写体数字图像数据集上的效果

在该数据集上，岭回归分类器误分类的图像只有两个，具体示例代码及执行结果如图9-19所示。

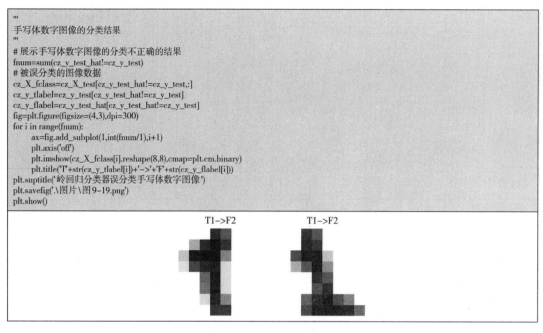

```
"""
手写体数字图像的分类结果
"""
# 展示手写体数字图像的分类不正确的结果
fnum=sum(cz_y_test_hat!=cz_y_test)
# 被误分类的图像数据
cz_X_fclass=cz_X_test[cz_y_test_hat!=cz_y_test,:]
cz_y_tlabel=cz_y_test[cz_y_test_hat!=cz_y_test]
cz_y_flabel=cz_y_test_hat[cz_y_test_hat!=cz_y_test]
fig=plt.figure(figsize=(4,3),dpi=300)
for i in range(fnum):
    ax=fig.add_subplot(1,int(fnum/1),i+1)
    plt.axis('off')
    plt.imshow(cz_X_fclass[i].reshape(8,8),cmap=plt.cm.binary)
    plt.title('T'+str(cz_y_tlabel[i])+'->'+'F'+str(cz_y_flabel[i]))
plt.suptitle('岭回归分类器误分类手写体数字图像')
plt.savefig('.\图片\图9-19.png')
plt.show()
```

图9-19　岭回归分类器误分类图像

三、最近邻（Nearest Nerghborhood：NN）分类算法的Python实践

为了采用最近邻（Nearest Nerghborhood: NN）分类算法对数据集进行分类分析，首先导入Scikit-Learning模块中的neighbors子模块。载入Scikit-Learning模块中的鸢尾花数据，定义K近邻分类算法进行分类分析，具体示例代码及执行结果如图9-20所示。

```
"""
导入必要的模块
"""
from sklearn.neighbors import KNeighborsClassifier as KNNC
"""
导入鸢尾花数据
"""
cz_iris = datasets.load_iris()
cz_X_data = cz_iris.data
cz_y_label = cz_iris.target

"""
为了评估训练好的分类模型对外样本数据的分类能力，首先把整个数据集随机分割为两部分：训练集和测试集。
"""
cz_X_train, cz_X_test, cz_y_train, cz_y_test = train_test_split(cz_X_data, cz_y_label , test_size = 0.2,

random_state = 2022, stratify=cz_y_label)

数据预处理：标准化处理数据使得均值变成0,方差变成1
"""
```

```
cz_StanS = StandardScaler()
#对数据集中每一维度特征计算出(样本平均值)和(标准差)
cz_StanS.fit(cz_X_train)
cz_X_train_stans = cz_StanS.transform(cz_X_train)
cz_X_test_stans= cz_StanS.transform(cz_X_test)

def cz_KNNC(X_data,y_label):
    '''
    Author: Chengzhang Wang
    Date: 2022-3-7
    根据训练数据集训练KNN分类器模型。
    参数：
        X_data: 原始样本点属性特征数据集
        y_label: 原始样本点的类别标签
    返回：
        训练好的KNN分类器
    '''
    cz_knnc=KNNC()
    cz_knnc.fit(X_data,y_label)

    return cz_knnc

# 调用函数进行分类预测
cz_knnc=cz_KNNC(cz_X_train_stans,cz_y_train)
cz_y_train_hat=cz_knnc.predict(cz_X_train_stans)
print('训练集上算法的准确率：{:.2f}'.format(metrics.accuracy_score(cz_y_train,cz_y_train_hat)))
print('训练集上算法的精确率：{:.2f}'.format(metrics.precision_score(cz_y_train,cz_y_train_hat,average='macro')))
print('训练集上算法的召回率：{:.2f}'.format(metrics.recall_score(cz_y_train,cz_y_train_hat,average='macro')))
print('训练集上算法的平均准确率：{:.2f}'.format(cz_knnc.score(cz_X_train_stans,cz_y_train)))
# 预测概率，最大的即为所属的类: (nsample,nclass)
print('训练集部分样本点的置信得分：\n{}'.format(cz_knnc.predict_proba(cz_X_train_stans)[:10,:]))
print('----'*10)
cz_y_test_hat=cz_knnc.predict(cz_X_test_stans)
print('测试集上算法的准确率：{:.2f}'.format(metrics.accuracy_score(cz_y_test,cz_y_test_hat)))
print('测试集上算法的精确率：{:.2f}'.format(metrics.precision_score(cz_y_test,cz_y_test_hat,average='macro')))
print('测试集上算法的召回率：{:.2f}'.format(metrics.recall_score(cz_y_test,cz_y_test_hat,average='macro')))
print('测试集上算法的平均准确率：{:.2f}'.format(cz_knnc.score(cz_X_test_stans,cz_y_test)))
# 预测概率，最大的即为所属的类: (nsample,nclass)
print('测试集部分样本点的置信得分：\n{}'.format(cz_knnc.predict_proba(cz_X_test_stans)[:10,:]))
```

```
训练集上算法的准确率：0.95
训练集上算法的精确率：0.95
训练集上算法的召回率：0.95
训练集上算法的平均准确率：0.95
训练集部分样本点的置信得分：
[[0.  1.  0. ]
 [0.  0.8 0.2]
 [0.  1.  0. ]
 [0.  0.  1. ]
 [1.  0.  0. ]
 [0.  0.  1. ]
 [0.  0.4 0.6]
 [1.  0.  0. ]
 [0.  0.  1. ]
 [1.  0.  0. ]]
--------------------
测试集上算法的准确率：0.93
测试集上算法的精确率：0.94
测试集上算法的召回率：0.93
测试集上算法的平均准确率：0.93
测试集部分样本点的置信得分：
[[0.  0.  1. ]
 [1.  0.  0. ]
 [0.  0.4 0.6]
 [0.  1.  0. ]
 [1.  0.  0. ]
 [1.  0.  0. ]
 [0.  0.4 0.6]
 [1.  0.  0. ]
 [0.  0.2 0.8]
 [1.  0.  0. ]]
```

图9-20　KNN分类器在鸢尾花数据上的效果

仅采用花萼的二维信息，考察 K 近邻分类器的分类效果，具体示例代码及执行结果如图 9-21 所示。

```
'''
仅仅采用二维信息，可视化 KNN 分类器的效果
'''
# 调用函数进行分类分析，并可视化效果
cz_knnc=cz_KNNC(cz_X_train_stans[:,:2],cz_y_train)
cz_2Dclassify(np.vstack((cz_X_train_stans,cz_X_test_stans)),
            np.hstack((cz_y_train,cz_y_test)),cz_X_test_stans,cz_knnc,'KNN 分类器基于花萼信息的分类效果',21)
```

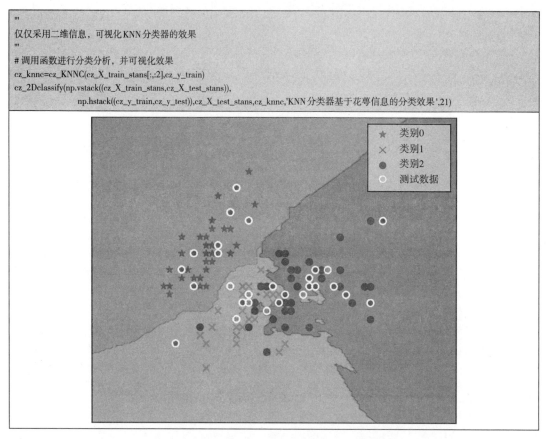

图 9-21　KNN 分类器仅采用花萼信息的分类效果

仅采用花瓣的二维信息，考察 K 近邻分类器的分类效果，具体示例代码及执行结果如图 9-22 所示。

邻域中样本点的个数 K 对 K 近邻算法的分类性能由较大影响，可以绘制性能指标关于邻域中样本点的个数 K 的曲线，确定最优的 K 值，具体示例代码及执行结果如图 9-23 所示。

由程序执行的结果可以发现，K 近邻算法在训练集和测试集上性能达到最优均衡的 K 值为 10。

```
'''
仅仅采用二维信息，可视化 KNN 归分类器的效果
'''
# 调用函数进行分类分析，并可视化效果
cz_knnc=cz_KNNC(cz_X_train_stans[:,2:],cz_y_train)
cz_2Dclassify(np.vstack((cz_X_train_stans,cz_X_test_stans))[:,2:],

np.hstack((cz_y_train,cz_y_test)),cz_X_test_stans[:,2:],cz_knnc,'KNN 分类器基于花瓣信息的分类效果',22)
```

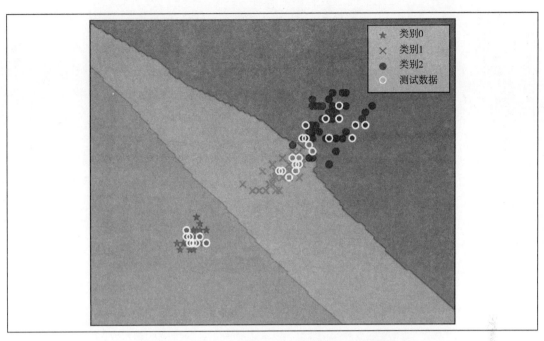

图9-22 KNN分类器仅采用花瓣信息的分类效果

```
'''
超参数优化
'''
#定义最近邻样本个数k
cz_nsample=np.arange(1,50)
cz_train_scores=[]
cz_test_scores=[]
for nsample in cz_nsample:
    cz_knnc=KNNC(n_neighbors=nsample)
    cz_knnc.fit(cz_X_train_stans,cz_y_train)
    cz_train_scores.append(cz_knnc.score(cz_X_train_stans,cz_y_train))
    cz_test_scores.append(cz_knnc.score(cz_X_test_stans,cz_y_test))

#绘制性能曲线
plt.figure(figsize=(6,4),dpi=300)
plt.plot(cz_train_scores,'8-',label='训练集')
plt.plot(cz_test_scores,'*-',label='测试集')
plt.xlabel('参数K')
plt.ylabel('平均准确率')
plt.grid(axis='x')
plt.xlim((-1,50))
plt.legend()
plt.savefig('.\图片\图9-23.png')
plt.show()
```

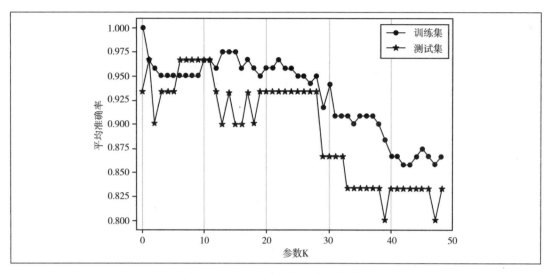

图 9-23　KNN分类器超参数调优

　　最优超参数取值下，K近邻分类算法的分类性能达到最好，具体示例代码及执行结果如图9-24所示。

```
"""
最优超参数下KNN分类效果
"""
cz_knnc=KNNC(n_neighbors=10)
cz_knnc.fit(cz_X_train_stans,cz_y_train)
print('最优超参数取值下训练集平均准确率：{}'.format(cz_knnc.score(cz_X_train_stans,cz_y_train)))
print('最优超参数取值下测试集平均准确率：{:.2f}'.format(cz_knnc.score(cz_X_test_stans,cz_y_test)))

最优超参数取值下训练集平均准确率：0.95
最优超参数取值下测试集平均准确率：0.97
```

图 9-24　最优超参数下KNN性能

　　下面采用半径最近邻分类（RNC）算法对鸢尾花数据集进行分类分析，具体示例代码及执行结果如图9-25所示。

```
"""
导入必要的模块
"""
from sklearn.neighbors import RadiusNeighborsClassifier as RNC

def cz_RNC(X_data,y_label):
    """
    Author: Chengzhang Wang
    Date: 2022-3-7
    根据训练数据集训练半径最近邻分类器模型。
    参数：
        X_data: 原始样本点属性特征数据集
        y_label: 原始样本点的类别标签
    返回：
        训练好的RNC分类器
    """
    cz_rnc=RNC(outlier_label='most_frequent')
    cz_rnc.fit(X_data,y_label)

    return cz_rnc
```

```
# 调用函数进行分类预测
cz_rnc=cz_RNC(cz_X_train_stans,cz_y_train)
cz_y_train_hat=cz_rnc.predict(cz_X_train_stans)
print('训练集上算法的准确率：{:.2f}'.format(metrics.accuracy_score(cz_y_train,cz_y_train_hat)))
print('训练集上算法的精确率：{:.2f}'.format(metrics.precision_score(cz_y_train,cz_y_train_hat,average='macro')))
print('训练集上算法的召回率：{:.2f}'.format(metrics.recall_score(cz_y_train,cz_y_train_hat,average='macro')))
print('训练集上算法的平均准确率：{:.2f}'.format(cz_rnc.score(cz_X_train_stans,cz_y_train)))
# 预测概率，最大的即为所属的类：(nsample,nclass)
print('训练集部分样本点的置信得分：\n{}'.format(cz_rnc.predict_proba(cz_X_train_stans)[:10,:]))
print('--'*10)
cz_y_test_hat=cz_rnc.predict(cz_X_test_stans)
print('测试集上算法的准确率：{:.2f}'.format(metrics.accuracy_score(cz_y_test,cz_y_test_hat)))
print('测试集上算法的精确率：{:.2f}'.format(metrics.precision_score(cz_y_test,cz_y_test_hat,average='macro')))
print('测试集上算法的召回率：{:.2f}'.format(metrics.recall_score(cz_y_test,cz_y_test_hat,average='macro')))
print('测试集上算法的平均准确率：{:.2f}'.format(cz_rnc.score(cz_X_test_stans,cz_y_test)))
# 预测概率，最大的即为所属的类：(nsample,nclass)
print('测试集部分样本点的置信得分：\n{}'.format(cz_rnc.predict_proba(cz_X_test_stans)[:10,:]))
```

```
训练集上算法的准确率：0.96
训练集上算法的精确率：0.96
训练集上算法的召回率：0.96
训练集上算法的平均准确率：0.96
训练集部分样本点的置信得分：
[[0.         0.80952381 0.19047619]
 [0.         0.625      0.375      ]
 [0.         1.         0.         ]
 [0.         0.         1.         ]
 [1.         0.         0.         ]
 [0.         0.         1.         ]
 [0.         0.47368421 0.52631579]
 [1.         0.         0.         ]
 [0.         0.         1.         ]
 [1.         0.         0.         ]]
--------------------
测试集上算法的准确率：0.93
测试集上算法的精确率：0.93
测试集上算法的召回率：0.93
测试集上算法的平均准确率：0.93
测试集部分样本点的置信得分：
[[0.         0.         1.         ]
 [1.         0.         0.         ]
 [0.         0.37931034 0.62068966]
 [0.         1.         0.         ]
 [1.         0.         0.         ]
 [1.         0.         0.         ]
 [0.         0.5        0.5        ]
 [1.         0.         0.         ]
 [0.         0.4516129  0.5483871 ]
 [1.         0.         0.         ]]
```

图9-25　半径最近邻分类器在鸢尾花数据上的分类结果

半径最近邻分类算法可以仅采用花萼的二维信息进行分类预测，具体示例代码及执行结果如图9-26所示。

```
'''
仅仅采用二维信息，可视化RNC分类器的效果
'''
# 调用函数进行分类分析，并可视化效果
cz_rnc=cz_RNC(cz_X_train_stans[:,:2],cz_y_train)
cz_2Dclassify(np.vstack((cz_X_train_stans,cz_X_test_stans)),
np.hstack((cz_y_train,cz_y_test)),cz_X_test_stans,cz_rnc,'RNC分类器基于花萼信息的分类效果',26)
```

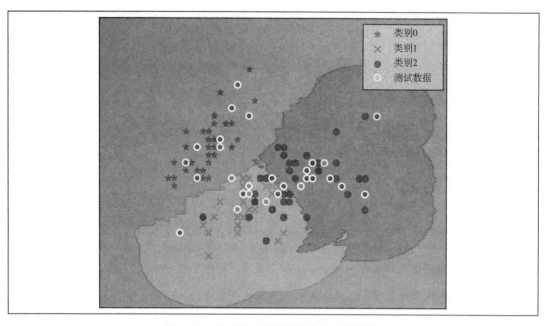

图9-26　RNC仅采用花萼信息的分类效果

半径最近邻分类算法可以仅采用花瓣的二维信息进行分类预测，具体示例代码及执行结果如图9-27所示。

```
"""
仅仅采用二维信息，可视化RNC分类器的效果
"""
# 调用函数进行分类分析，并可视化效果
cz_rnc=cz_RNC(ez_X_train_stans[:,2:],cz_y_train)
cz_2Dclassify(np.vstack((cz_X_train_stans,cz_X_test_stans))[:,2:],
np.hstack((cz_y_train,cz_y_test)),cz_X_test_stans[:,2:],cz_rnc,'RNC分类器基于花瓣信息的分类效果',27)
```

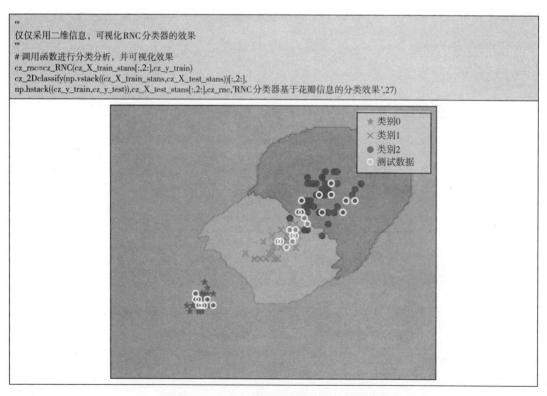

图9-27　RNC仅采用花瓣信息的分类效果

超参数半径的取值对半径最近邻分类算法的性能影响较大，可以采用分类性能指标关于超参数半径的变化函数确定最优的半径取值，具体示例代码及执行结果如图9-28所示。

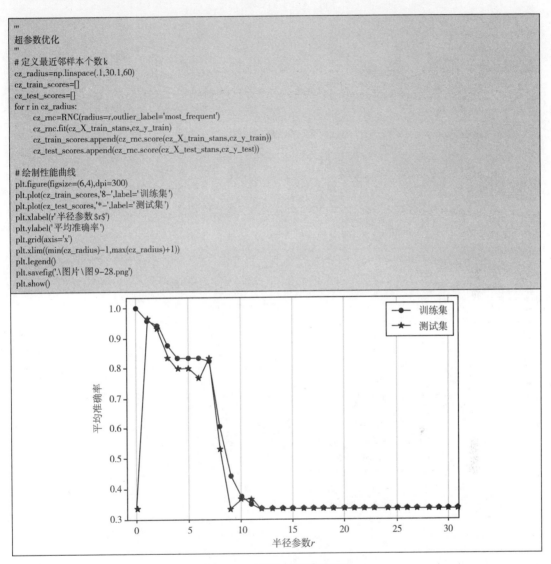

```
"""
超参数优化
"""
#定义最近邻样本个数k
cz_radius=np.linspace(.1,30.1,60)
cz_train_scores=[]
cz_test_scores=[]
for r in cz_radius:
    cz_rnc=RNC(radius=r,outlier_label='most_frequent')
    cz_rnc.fit(cz_X_train_stans,cz_y_train)
    cz_train_scores.append(cz_rnc.score(cz_X_train_stans,cz_y_train))
    cz_test_scores.append(cz_rnc.score(cz_X_test_stans,cz_y_test))

#绘制性能曲线
plt.figure(figsize=(6,4),dpi=300)
plt.plot(cz_train_scores,'8-',label='训练集')
plt.plot(cz_test_scores,'*-',label='测试集')
plt.xlabel(r'半径参数 $r$')
plt.ylabel('平均准确率')
plt.grid(axis='x')
plt.xlim((min(cz_radius)-1,max(cz_radius)+1))
plt.legend()
plt.savefig('.\图片\图9-28.png')
plt.show()
```

图9-28　RNC的超参数调优

由程序执行的结果可以发现，半径最近邻算法在训练集和测试集上性能达到最优均衡的半径取值为0.61。

最优超参数取值下，半径最近邻分类算法的分类性能达到最好，具体示例代码及执行结果如图9-29所示。

```
cz_rnc=RNC(radius=.61,outlier_label='most_frequent')
cz_rnc.fit(cz_X_train_stans,cz_y_train)
print('最优超参数取值下训练集平均准确率：{:.2f}'.format(cz_rnc.score(cz_X_train_stans,cz_y_train)))
print('最优超参数取值下测试集平均准确率：{:.2f}'.format(cz_rnc.score(cz_X_test_stans,cz_y_test)))
```

```
最优超参数取值下训练集平均准确率：0.96
最优超参数取值下测试集平均准确率：0.97
```

图9-29　最优超参数下RNC的分类结果

四、贝叶斯（Bayesian Classifier）分类算法的Python实践

为了采用朴素贝叶斯（Naïve Bayesian Classifier）分类算法对数据集进行分类分析，首先导入Scikit-Learning模块中的naïve_bayesian子模块。

（一）朴素贝叶斯高斯分类器

载入Scikit-Learning模块中的鸢尾花数据，定义贝叶斯高斯分类器进行分类分析，具体示例代码及执行结果如图9-30所示。

```
'''
导入必要的模块
'''
from sklearn import datasets,model_selection,naive_bayes

'''
导入鸢尾花数据
'''
cz_iris = datasets.load_iris()
cz_X_data = cz_iris.data
cz_y_label = cz_iris.target

'''
为了评估训练好的分类模型对外样本数据的分类能力，首先把整个数据集随机分割为两部分：训练集和测试集。
'''
cz_X_train, cz_X_test, cz_y_train, cz_y_test = train_test_split(cz_X_data, cz_y_label , test_size = 0.2,

random_state = 2022, stratify=cz_y_label)

'''
数据预处理：标准化处理数据使得均值变成0,方差变成1
'''
cz_StanS = StandardScaler()
#对数据集中每一维度特征计算出(样本平均值)和(标准差)
cz_StanS.fit(cz_X_train)
cz_X_train_stans = cz_StanS.transform(cz_X_train)
cz_X_test_stans= cz_StanS.transform(cz_X_test)

def cz_Naïve_Bayes_Classifier(X_data,y_label,num):
    '''
    Author: Chengzhang Wang
    Date: 2022-3-7
    根据训练数据集训练朴素贝叶斯分类器模型。
    参数：
        X_data: 原始样本点属性特征数据集
        y_label: 原始样本点的类别标签
    返回：
        训练好的朴素贝叶斯分类器
    '''
    if num==1:
        cz_gnb=naive_bayes.GaussianNB()
        cz_gnb.fit(X_data,y_label)
        return cz_gnb
    if num==2:
        cz_mnb=naive_bayes.MultinomialNB()
        cz_mnb.fit(X_data,y_label)
        return cz_mnb
```

```
    if num==3:
        cz_bnb=naive_bayes.BernoulliNB()
        cz_bnb.fit(X_data,y_label)
        return cz_bnb
# 调用函数进行分类预测
cz_gnb=cz_Naive_Bayes_Classifier(cz_X_train_stans,cz_y_train,1)
cz_y_train_hat=cz_gnb.predict(cz_X_train_stans)
print('训练集上算法的准确率：{:.2f}'.format(metrics.accuracy_score(cz_y_train,cz_y_train_hat)))
print('训练集上算法的精确率：{:.2f}'.format(metrics.precision_score(cz_y_train,cz_y_train_hat,average='macro')))
print('训练集上算法的召回率：{:.2f}'.format(metrics.recall_score(cz_y_train,cz_y_train_hat,average='macro')))
print('训练集上算法的平均准确率：{:.2f}'.format(cz_gnb.score(cz_X_train_stans,cz_y_train)))
print('训练集部分样本点的置信得分：\n{}'.format(cz_gnb.predict_proba(cz_X_train_stans)[:10,:]))
print('--'*10)
cz_y_test_hat=cz_gnb.predict(cz_X_test_stans)
print('测试集上算法的准确率：{:.2f}'.format(metrics.accuracy_score(cz_y_test,cz_y_test_hat)))
print('测试集上算法的精确率：{:.2f}'.format(metrics.precision_score(cz_y_test,cz_y_test_hat,average='macro')))
print('测试集上算法的召回率：{:.2f}'.format(metrics.recall_score(cz_y_test,cz_y_test_hat,average='macro')))
print('测试集上算法的平均准确率：{:.2f}'.format(cz_gnb.score(cz_X_test_stans,cz_y_test)))
print('测试集部分样本点的置信得分：\n{}'.format(cz_gnb.predict_proba(cz_X_test_stans)[:10,: ]))
```

```
训练集上算法的准确率：0.96
训练集上算法的精确率：0.96
训练集上算法的召回率：0.96
训练集上算法的平均准确率：0.96
训练集部分样本点的置信得分：
[[5.81491195e-085 9.97611778e-001 2.38822177e-003]
 [1.73614518e-126 9.32080967e-001 6.79190326e-002]
 [1.84591867e-063 9.99973166e-001 2.68340573e-005]
 [1.19449166e-185 2.14009331e-007 9.99999786e-001]
 [1.00000000e+000 1.24864053e-013 1.23278802e-021]
 [1.65124468e-201 5.44526482e-007 9.99999455e-001]
 [9.51063821e-122 8.68852417e-001 1.31147583e-001]
 [1.00000000e+000 1.07275587e-017 3.87496573e-026]
 [6.74858271e-248 1.92135436e-011 1.00000000e+000]
 [1.00000000e+000 7.12589405e-011 1.10277025e-019]]
---------------------
测试集上算法的准确率：0.93
测试集上算法的精确率：0.94
测试集上算法的召回率：0.93
测试集上算法的平均准确率：0.93
测试集部分样本点的置信得分：
[[1.33541002e-218 4.52436758e-008 9.99999955e-001]
 [1.00000000e+000 8.11404461e-014 8.12040327e-022]
 [1.25515114e-137 3.32827472e-002 9.66717253e-001]
 [1.97615935e-083 9.99829235e-001 1.70764578e-004]
 [1.00000000e+000 3.23004483e-017 1.01517606e-025]
 [1.00000000e+000 1.21120035e-016 5.13552333e-025]
 [2.63616830e-134 6.06022328e-002 9.39397767e-001]
 [1.00000000e+000 6.33872753e-014 1.13002414e-021]
 [6.90396473e-130 1.23361435e-001 8.76638565e-001]
 [1.00000000e+000 1.40088405e-015 8.57873193e-025]]
```

图9-30　朴素贝叶斯高斯分类器在鸢尾花数据上的效果

仅采用花萼的二维信息，考察朴素贝叶斯高斯分类器的分类效果，具体示例代码及执行结果如图9-31所示。

```
'''
仅仅采用二维信息，可视化朴素贝叶斯高斯分类器的效果
'''
# 调用函数进行分类分析，并可视化效果
cz_gnb=cz_Naive_Bayes_Classifier(cz_X_train_stans[:,:2],cz_y_train,1)
cz_2Dclassify(np.vstack((cz_X_train_stans,cz_X_test_stans)),
        np.hstack((cz_y_train,cz_y_test)),cz_X_test_stans,cz_gnb,'朴素贝叶斯高斯分类器基于花萼信息的分类效果',31)
```

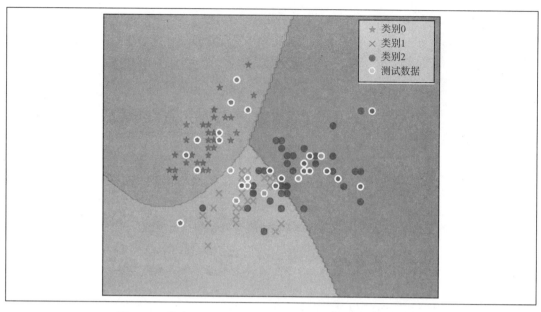

图9-31 朴素贝叶斯高斯分类器仅采用花萼信息的分类效果

仅采用花瓣的二维信息，考察朴素贝叶斯高斯分类器的分类效果，具体示例代码及执行结果如图9-32所示。

```
"""
仅仅采用二维信息，可视化朴素贝叶斯高斯分类器的效果
"""
# 调用函数进行分类分析，并可视化效果
cz_gnb=cz_Naive_Bayes_Classifier(cz_X_train_stans[:,2:],cz_y_train,1)
cz_2Dclassify(np.vstack((cz_X_train_stans,cz_X_test_stans))[:,2:],
          np.hstack((cz_y_train,cz_y_test)),cz_X_test_stans[:,2:],cz_gnb,'朴素贝叶斯高斯分类器基于花瓣信息的分类效果',32)
```

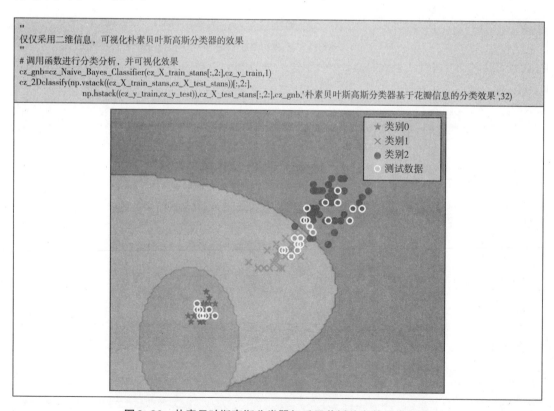

图9-32 朴素贝叶斯高斯分类器仅采用花瓣信息的分类效果

（二）朴素贝叶斯多项式分类器

定义贝叶斯多项式分类器进行分类分析，具体示例代码及执行结果如图9-33所示。

```
"""
导入鸢尾花数据
"""
cz_iris = datasets.load_iris()
cz_X_data = cz_iris.data
cz_y_label = cz_iris.target

"""
为了评估训练好的分类模型对外样本数据的分类能力，首先把整个数据集随机分割为两部分：训练集和测试集。
"""
cz_X_train, cz_X_test, cz_y_train, cz_y_test = train_test_split(cz_X_data, cz_y_label , test_size = 0.2,

random_state = 2022, stratify=cz_y_label)

"""
数据预处理，标准化后数据包含负值，朴素贝叶斯多项式分类器无法处理
"""
cz_StanS = MinMaxScaler()
#对数据集中每一维度特征计算出(样本平均值)和(标准差)
cz_StanS.fit(cz_X_train)
cz_X_train_stans = cz_StanS.transform(cz_X_train)
cz_X_test_stans= cz_StanS.transform(cz_X_test)

# 调用函数进行分类预测
cz_mnb=cz_Naive_Bayes_Classifier(cz_X_train_stans,cz_y_train,2)
cz_y_train_hat=cz_mnb.predict(cz_X_train_stans)
print('训练集上算法的准确率：{:.2f}'.format(metrics.accuracy_score(cz_y_train,cz_y_train_hat)))
print('训练集上算法的精确率：{:.2f}'.format(metrics.precision_score(cz_y_train,cz_y_train_hat,average='macro')))
print('训练集上算法的召回率：{:.2f}'.format(metrics.recall_score(cz_y_train,cz_y_train_hat,average='macro')))
print('训练集上算法的平均准确率：{:.2f}'.format(cz_mnb.score(cz_X_train_stans,cz_y_train)))
print('训练集部分样本点的置信得分：\n{}'.format(cz_mnb.predict_proba(cz_X_train_stans)[:10,:]))
print('--'*10)
cz_y_test_hat=cz_mnb.predict(cz_X_test_stans)
print('测试集上算法的准确率：{:.2f}'.format(metrics.accuracy_score(cz_y_test,cz_y_test_hat)))
print('测试集上算法的精确率：{:.2f}'.format(metrics.precision_score(cz_y_test,cz_y_test_hat,average='macro')))
print('测试集上算法的召回率：{:.2f}'.format(metrics.recall_score(cz_y_test,cz_y_test_hat,average='macro')))
print('测试集上算法的平均准确率：{:.2f}'.format(cz_mnb.score(cz_X_test_stans,cz_y_test)))
print('测试集部分样本点的置信得分：\n{}'.format(cz_mnb.predict_proba(cz_X_test_stans)[:10,:]))
```

```
训练集上算法的准确率：0.79
训练集上算法的精确率：0.79
训练集上算法的召回率：0.79
训练集上算法的平均准确率：0.79
训练集部分样本点的置信得分：
[[0.17772301 0.414316   0.40796099]
 [0.10647725 0.4413886  0.45213415]
 [0.18407148 0.40897934 0.40694918]
 [0.10147672 0.44536519 0.4531581 ]
 [0.49983118 0.26009978 0.24006904]
 [0.09129196 0.44917794 0.4595301 ]
 [0.12356026 0.4362321  0.44020763]
 [0.48908833 0.26414169 0.24676998]
 [0.09487917 0.44950788 0.45561295]
 [0.40999528 0.30203217 0.28797255]]
---------------------
测试集上算法的准确率：0.83
测试集上算法的精确率：0.84
测试集上算法的召回率：0.83
测试集上算法的平均准确率：0.83
测试集部分样本点的置信得分：
[[0.0978463  0.45032393 0.45182977]
 [0.45572071 0.28070595 0.26357334]
 [0.13833823 0.43244241 0.42921935]
 [0.16479004 0.41758897 0.41762099]
 [0.47462595 0.27115909 0.25421496]
 [0.46948773 0.2734745  0.25703777]
 [0.13719447 0.43099336 0.43181217]
 [0.49640826 0.26217449 0.24141724]
 [0.12650073 0.43455817 0.4389411 ]
 [0.41261213 0.29954681 0.28784106]]
```

图9-33 朴素贝叶斯多项式分类器在鸢尾花数据上的效果

仅采用花萼的二维信息，考察朴素贝叶斯多项式分类器的分类效果，具体示例代码及执行结果如图9-34所示。

```
'''
仅仅采用二维信息，可视化朴素贝叶斯多项式分类器的效果
'''
# 调用函数进行分类分析，并可视化效果
cz_mnb=cz_Naive_Bayes_Classifier(cz_X_train_stans[:,:2],cz_y_train,2)
cz_2Dclassify(np.vstack((cz_X_train_stans,cz_X_test_stans)),
              np.hstack((cz_y_train,cz_y_test)),cz_X_test_stans,cz_mnb,'朴素贝叶斯多项式分类器基于花萼信息的分类效果',34)
```

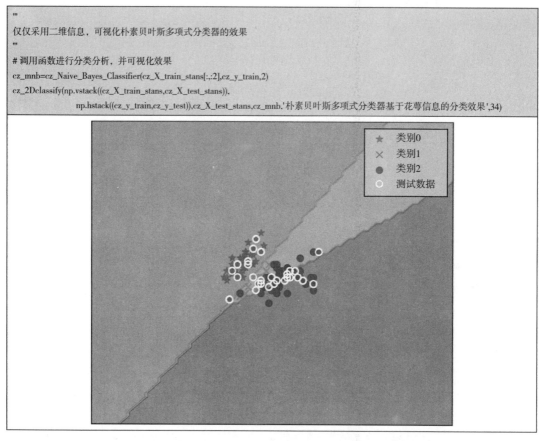

图9-34　朴素贝叶斯多项式分类器仅采用花萼信息的分类效果

仅采用花瓣的二维信息，考察朴素贝叶斯多项式分类器的分类效果，具体示例代码及执行结果如图9-35所示。

（三）朴素贝叶斯伯努利分类器

定义贝叶斯伯努利分类器进行分类分析，具体示例代码及执行结果如图9-36所示。

仅采用花萼的二维信息，考察朴素贝叶斯伯努利分类器的分类效果，具体示例代码及执行结果如图9-37所示。

```
'''
仅仅采用二维信息，可视化朴素贝叶斯多项式分类器的效果
'''
# 调用函数进行分类分析，并可视化效果
cz_mnb=cz_Naive_Bayes_Classifier(cz_X_train_stans[:,2:],cz_y_train,2)
cz_2Dclassify(np.vstack((cz_X_train_stans,cz_X_test_stans))[:,2:],
              np.hstack((cz_y_train,cz_y_test)),cz_X_test_stans[:,2:],cz_mnb,'朴素贝叶斯多项式分类器基于花瓣信息的分类效果',35)
```

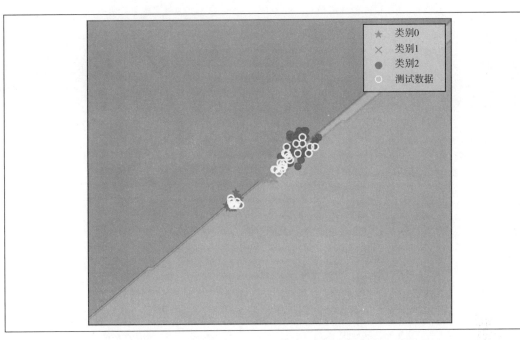

图9-35　朴素贝叶斯多项式分类器仅采用花瓣信息的分类效果

```
"""
导入鸢尾花数据
"""
cz_iris = datasets.load_iris()
cz_X_data = cz_iris.data
cz_y_label = cz_iris.target

"""
为了评估训练好的分类模型对外样本数据的分类能力，首先把整个数据集随机分割为两部分：训练集和测试集。
"""
cz_X_train, cz_X_test, cz_y_train, cz_y_test = train_test_split(cz_X_data, cz_y_label , test_size = 0.2,

random_state = 2022, stratify=cz_y_label)

"""
数据预处理，标准化数据
"""
cz_StanS = StandardScaler()
#对数据集中每一维度特征计算出(样本平均值)和(标准差)
cz_StanS.fit(cz_X_train)
cz_X_train_stans = cz_StanS.transform(cz_X_train)
cz_X_test_stans= cz_StanS.transform(cz_X_test)

# 调用函数进行分类预测
cz_bnb=cz_Naive_Bayes_Classifier(cz_X_train_stans,cz_y_train,3)
cz_y_train_hat=cz_bnb.predict(cz_X_train_stans)
print('训练集上算法的准确率：{:.2f}'.format(metrics.accuracy_score(cz_y_train,cz_y_train_hat)))
print('训练集上算法的精确率：{:.2f}'.format(metrics.precision_score(cz_y_train,cz_y_train_hat,average='macro')))
print('训练集上算法的召回率：{:.2f}'.format(metrics.recall_score(cz_y_train,cz_y_train_hat,average='macro')))
print('训练集上算法的平均准确率：{:.2f}'.format(cz_bnb.score(cz_X_train_stans,cz_y_train)))
print('训练集部分样本点的置信得分：\n{}'.format(cz_bnb.predict_proba(cz_X_train_stans)[:10,:]))
print('--'*10)
cz_y_test_hat=cz_bnb.predict(cz_X_test_stans)
print('测试集上算法的准确率：{:.2f}'.format(metrics.accuracy_score(cz_y_test,cz_y_test_hat)))
print('测试集上算法的精确率：{:.2f}'.format(metrics.precision_score(cz_y_test,cz_y_test_hat,average='macro')))
print('测试集上算法的召回率：{:.2f}'.format(metrics.recall_score(cz_y_test,cz_y_test_hat,average='macro')))
print('测试集上算法的平均准确率：{:.2f}'.format(cz_bnb.score(cz_X_test_stans,cz_y_test)))
print('测试集部分样本点的置信得分：\n{}'.format(cz_bnb.predict_proba(cz_X_test_stans)[:10,:]))
```

```
训练集上算法的准确率：0.75
训练集上算法的精确率：0.76
训练集上算法的召回率：0.75
训练集上算法的平均准确率：0.75
训练集部分样本点的置信得分：
[[2.98111718e-06 3.29920238e-01 6.70076781e-01]
 [2.98111718e-06 3.29920238e-01 6.70076781e-01]
 [2.76703049e-04 7.46895768e-01 2.52827529e-01]
 [2.98111718e-06 3.29920238e-01 6.70076781e-01]
 [9.94626571e-01 5.33384572e-03 3.95832706e-05]
 [2.98111718e-06 3.29920238e-01 6.70076781e-01]
 [2.98111718e-06 3.29920238e-01 6.70076781e-01]
 [9.94626571e-01 5.33384572e-03 3.95832706e-05]
 [3.11601641e-05 1.37939815e-01 8.62029025e-01]
 [9.94626571e-01 5.33384572e-03 3.95832706e-05]]
----------------------
测试集上算法的准确率：0.77
测试集上算法的精确率：0.80
测试集上算法的召回率：0.77
测试集上算法的平均准确率：0.77
测试集部分样本点的置信得分：
[[2.98111718e-06 3.29920238e-01 6.70076781e-01]
 [9.94626571e-01 5.33384572e-03 3.95832706e-05]
 [2.98111718e-06 3.29920238e-01 6.70076781e-01]
 [2.76703049e-04 7.46895768e-01 2.52827529e-01]
 [9.94626571e-01 5.33384572e-03 3.95832706e-05]
 [9.94626571e-01 5.33384572e-03 3.95832706e-05]
 [2.98111718e-06 3.29920238e-01 6.70076781e-01]
 [9.94626571e-01 5.33384572e-03 3.95832706e-05]
 [2.98111718e-06 3.29920238e-01 6.70076781e-01]
 [8.81531127e-01 1.18183828e-01 2.85044483e-04]]
```

图9-36　朴素贝叶斯伯努利分类器在鸢尾花数据上的效果

```
"""
仅仅采用二维信息，可视化朴素贝叶斯多项式分类器的效果
"""
# 调用函数进行分类分析，并可视化效果
cz_bnb=cz_Naive_Bayes_Classifier(cz_X_train_stans[:,:2],cz_y_train,3)
cz_2Dclassify(np.vstack((cz_X_train_stans,cz_X_test_stans)),
            np.hstack((cz_y_train,cz_y_test)),cz_X_test_stans,cz_bnb,'朴素贝叶斯伯努利分类器基于花萼信息的分类效果',37)
```

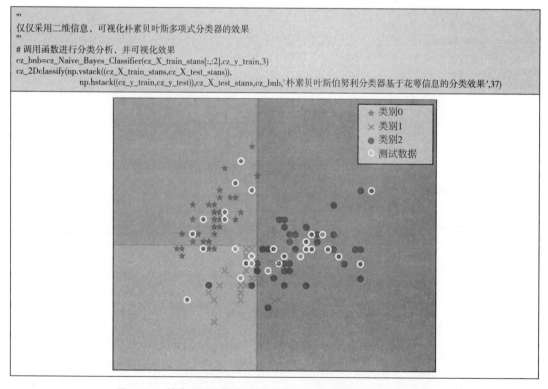

图9-37　朴素贝叶斯伯努利分类器仅采用花萼信息的分类效果

　　仅采用花瓣的二维信息，考察朴素贝叶斯伯努利分类器的分类效果，具体示例代码及执行结果如图9-38所示。

```
"""
仅仅采用二维信息，可视化朴素贝叶斯多项式分类器的效果
"""
#调用函数进行分类分析，并可视化效果
cz_bnb=cz_Naive_Bayes_Classifier(cz_X_train_stans[:,2:],cz_y_train,3)
cz_2Dclassify(np.vstack((cz_X_train_stans,cz_X_test_stans))[:,2:],
              np.hstack((cz_y_train,cz_y_test)),cz_X_test_stans[:,2:],cz_bnb,'朴素贝叶斯伯努利分类器基于花瓣信息的分类效果',38)
```

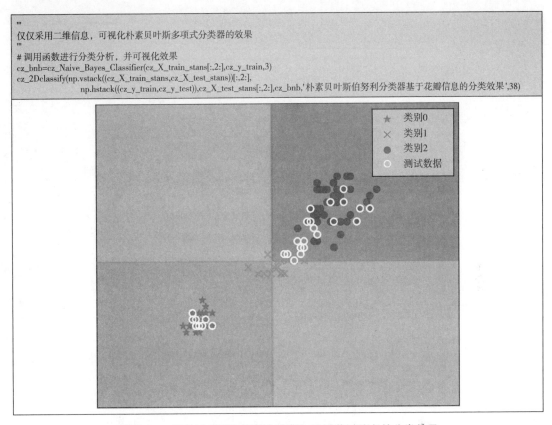

图9-38　朴素贝叶斯伯努利分类器仅采用花瓣信息的分类效果

　　加性平滑参数对朴素贝叶斯伯努利分类器的分类效果有较大影响，可以对此超参数进行优化，具体示例代码及执行结果如图9-39所示。

```
"""
超参数：加性平滑参数的影响
"""
cz_as=np.logspace(-2,4,50)
cz_train_scores=[]
cz_test_scores=[]
for a in cz_as:
    cz_bnb=naive_bayes.BernoulliNB(alpha=a)
    cz_bnb.fit(cz_X_train_stans,cz_y_train)
    cz_train_scores.append(cz_bnb.score(cz_X_train_stans,cz_y_train))
    cz_test_scores.append(cz_bnb.score(cz_X_test_stans,cz_y_test))

#绘制性能曲线
plt.figure(figsize=(6,4),dpi=300)
ax=plt.gca()
plt.plot(cz_as,cz_train_scores,'8-',label='训练集')
plt.plot(cz_as,cz_test_scores,'*-',label='测试集')
#修改坐标轴字体
labels=ax.get_xticklabels()+ax.get_yticklabels()
[label.set_fontname('Times New Roman') for label in labels]
```

```
plt.xlabel(r'加性平滑参数 $\alpha$')
plt.ylabel('平均准确率')
plt.grid(axis='x')
plt.xscale('log')
plt.legend()
plt.savefig('.\图片\图9-39.png')
plt.show()
```

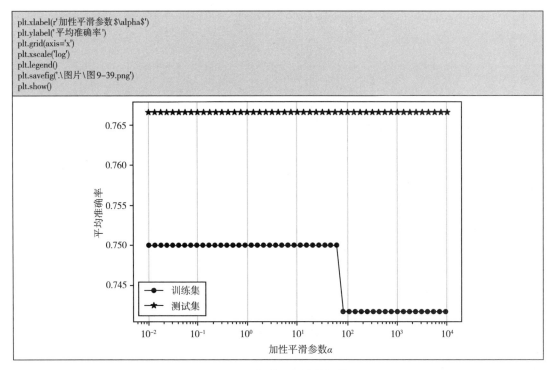

图9-39　加性平滑参数调优

由程序执行的结果可以发现，加性平滑参数取值为1时朴素贝叶斯伯努利分类器性能最优。

接下来对特征二值化阈值超参数进行优化，具体示例代码及执行结果如图9-40所示。

```
'''
超参数：加性平滑参数的影响+特征二值化阈值调优
'''
cz_minx=min(np.min(cz_X_train_stans.ravel()),np.min(cz_X_test_stans.ravel()))-.1
cz_maxx=min(np.max(cz_X_train_stans.ravel()),np.max(cz_X_test_stans.ravel()))+.1
cz_bt=np.linspace(cz_minx,cz_maxx,50,endpoint=True)
cz_train_scores=[]
cz_test_scores=[]
for bt in cz_bt:
    cz_bnb=naive_bayes.BernoulliNB(alpha=1,binarize=bt)
    cz_bnb.fit(cz_X_train_stans,cz_y_train)
    cz_train_scores.append(cz_bnb.score(cz_X_train_stans,cz_y_train))
    cz_test_scores.append(cz_bnb.score(cz_X_test_stans,cz_y_test))

#绘制性能曲线
plt.figure(figsize=(6,4),dpi=300)
ax=plt.gca()
plt.plot(cz_bt,cz_train_scores,'8-',label='训练集')
plt.plot(cz_bt,cz_test_scores,'*-',label='测试集')
#修改坐标轴无法显示负号的问题：换个字体
labels=ax.get_xticklabels()+ax.get_yticklabels()
[label.set_fontname('Times New Roman') for label in labels]

plt.xlabel(r'特征二值化阈值')
plt.ylabel('平均准确率')
plt.xlim((min(cz_bt)-.5,max(cz_bt)+.5))
plt.grid(axis='x')
plt.legend()
plt.savefig('.\图片\图9-40.png')
plt.show()
```

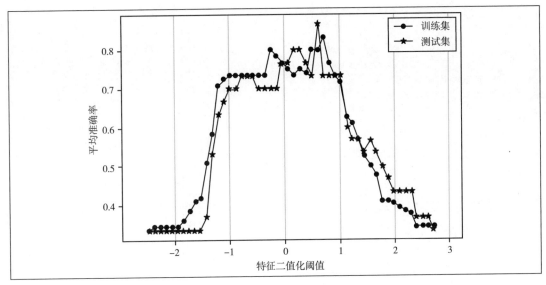

图9-40 特征二值化阈值参数调优

由程序执行的结果可以发现，特征二值化阈值参数取值为0.607时朴素贝叶斯伯努利分类器性能最优。

最优超参数下朴素贝叶斯伯努利分类器的性能达到最好，具体示例代码及执行结果如图9-41所示。

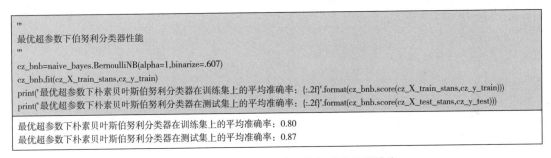

```
'''
最优超参数下伯努利分类器性能
'''
cz_bnb=naive_bayes.BernoulliNB(alpha=1,binarize=.607)
cz_bnb.fit(cz_X_train_stans,cz_y_train)
print('最优超参数下朴素贝叶斯伯努利分类器在训练集上的平均准确率：{:.2f}'.format(cz_bnb.score(cz_X_train_stans,cz_y_train)))
print('最优超参数下朴素贝叶斯伯努利分类器在测试集上的平均准确率：{:.2f}'.format(cz_bnb.score(cz_X_test_stans,cz_y_test)))

最优超参数下朴素贝叶斯伯努利分类器在训练集上的平均准确率：0.80
最优超参数下朴素贝叶斯伯努利分类器在测试集上的平均准确率：0.87
```

图9-41 最优超参数组合下伯努利分类器性能

五、决策树（Decision Tree Classifier：DTC）分类算法的Python实践

为了采用决策树（Decision Tree Classifier：DTC）分类算法对数据集进行分类分析，首先导入Scikit-Learning模块中的Decision Tree Classifier子模块。载入Scikit-Learning模块中的鸢尾花数据，定义决策树分类器进行分类分析，具体示例代码及执行结果如图9-42所示。

```
'''
导入必要的模块
'''
from sklearn.tree import DecisionTreeClassifier as DTC
'''
导入鸢尾花数据
'''
cz_iris = datasets.load_iris()
cz_X_data = cz_iris.data
cz_y_label = cz_iris.target


'''
为了评估训练好的分类模型对外样本数据的分类能力，首先把整个数据集随机分割为两部分：训练集和测试集。
'''
cz_X_train, cz_X_test, cz_y_train, cz_y_test = train_test_split(cz_X_data, cz_y_label , test_size = 0.2,

random_state = 2022, stratify=cz_y_label)


'''
数据预处理，标准化数据
'''
cz_StanS = StandardScaler()
#对数据集中每一维度特征计算出(样本平均值)和(标准差)
cz_StanS.fit(cz_X_train)
cz_X_train_stans = cz_StanS.transform(cz_X_train)
cz_X_test_stans= cz_StanS.transform(cz_X_test)

def cz_DTC(X_data,y_label,crit='gini',split='best',mdepth=None):
    '''
    Author: Chengzhang Wang
    Date: 2022-3-7
    根据给定的数据信息采用决策树分类算法进行分类分析。
    参数：
        X_data: 原始样本点属性特征数据集
        y_label: 原始样本点的类别标签
        mdep: 决策树最大深度
        split: 内部节点分叉原则
        crit: 内部节点分叉质量的度量
    返回：
        训练好的决策树分类器
    '''
    #采用超参数默认值
    cz_dtc=DTC(criterion=crit,splitter=split,max_depth=mdepth, random_state=2022)
    cz_dtc.fit(X_data,y_label)

    return cz_dtc

# 调用函数进行分类预测
cz_dtc=cz_DTC(cz_X_train_stans,cz_y_train)
cz_y_train_hat=cz_dtc.predict(cz_X_train_stans)
print('训练集上算法的准确率：{:.2f}'.format(metrics.accuracy_score(cz_y_train,cz_y_train_hat)))
print('训练集上算法的精确率：{:.2f}'.format(metrics.precision_score(cz_y_train,cz_y_train_hat,average='macro')))
print('训练集上算法的召回率：{:.2f}'.format(metrics.recall_score(cz_y_train,cz_y_train_hat,average='macro')))
print('训练集上算法的平均准确率：{:.2f}'.format(cz_dtc.score(cz_X_train_stans,cz_y_train)))
print('训练集部分样本点的置信得分：\n{}'.format(cz_dtc.predict_proba(cz_X_train_stans)[:10,:]))
print('--'*10)
cz_y_test_hat=cz_dtc.predict(cz_X_test_stans)
print('测试集上算法的准确率：{:.2f}'.format(metrics.accuracy_score(cz_y_test,cz_y_test_hat)))
print('测试集上算法的精确率：{:.2f}'.format(metrics.precision_score(cz_y_test,cz_y_test_hat,average='macro')))
print('测试集上算法的召回率：{:.2f}'.format(metrics.recall_score(cz_y_test,cz_y_test_hat,average='macro')))
print('测试集上算法的平均准确率：{:.2f}'.format(cz_dtc.score(cz_X_test_stans,cz_y_test)))
print('测试集部分样本点的置信得分：\n{}'.format(cz_dtc.predict_proba(cz_X_test_stans)[:10,:]))
```

```
训练集上算法的准确率：1.00
训练集上算法的精确率：1.00
训练集上算法的召回率：1.00
训练集上算法的平均准确率：1.00
训练集部分样本点的置信得分：
```

```
[[0. 1. 0.]
 [0. 0. 1.]
 [0. 1. 0.]
 [0. 1. 0.]
 [1. 0. 0.]
 [0. 0. 1.]
 [0. 1. 0.]
 [1. 0. 0.]
 [0. 0. 1.]
 [1. 0. 0.]]
————————————————————
测试集上算法的准确率：0.93
测试集上算法的精确率：0.94
测试集上算法的召回率：0.93
测试集上算法的平均准确率：0.93
测试集部分样本点的置信得分：
[[0. 0. 1.]
 [1. 0. 0.]
 [0. 0. 1.]
 [0. 1. 0.]
 [1. 0. 0.]
 [1. 0. 0.]
 [0. 0. 1.]
 [1. 0. 0.]
 [0. 0. 1.]
 [1. 0. 0.]]
```

图9-42 决策树分类器在鸢尾花数据集上的分类结果

仅采用花萼的二维信息，考察决策树分类器的分类效果，具体示例代码及执行结果如图9-43所示。

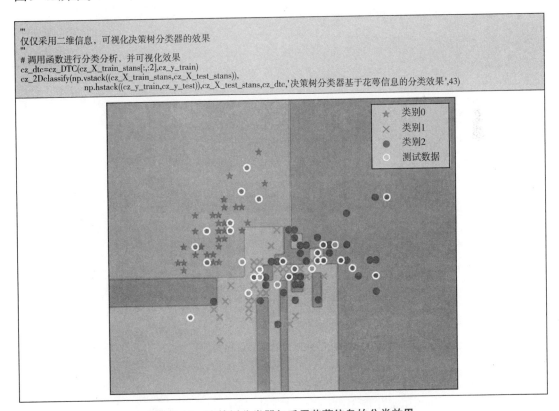

图9-43 决策树分类器仅采用花萼信息的分类效果

仅采用花瓣的二维信息，考察决策树分类器的分类效果，具体示例代码及执行结果如图9-44所示。

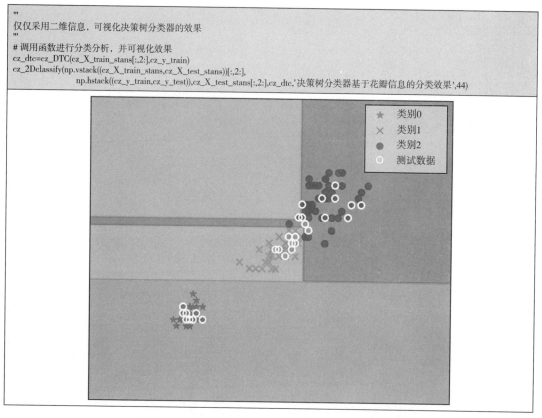

```
'''
仅仅采用二维信息，可视化决策树分类器的效果
'''
# 调用函数进行分类分析，并可视化效果
cz_dtc=cz_DTC(cz_X_train_stans[:,2:],cz_y_train)
cz_2Dclassify(np.vstack((cz_X_train_stans,cz_X_test_stans))[:,2:],
              np.hstack((cz_y_train,cz_y_test)),cz_X_test_stans[:,2:],cz_dtc,'决策树分类器基于花瓣信息的分类效果',44)
```

图9-44 决策树分类器仅采用花瓣信息的分类效果

内部节点分叉策略、内部节点分叉策略的性能度量以及决策树的最大深度参数对决策树分类器的分类效果有较大影响，可以对此超参数组合进行优化，具体示例代码及执行结果如图9-45所示。

```
'''
超参数组合优化
'''
cz_mdepth=np.arange(1,50)
cz_crit=['gini','entropy']
cz_split=['best','random']
cz_train_scores_gb=[]
cz_train_scores_gr=[]
cz_train_scores_eb=[]
cz_train_scores_er=[]
cz_test_scores_gb=[]
cz_test_scores_gr=[]
cz_test_scores_eb=[]
cz_test_scores_er=[]
for crit in cz_crit:
    for split in cz_split:
        for mdepth in cz_mdepth:
            cz_dtc=cz_DTC(cz_X_train_stans,cz_y_train,crit,split,mdepth)
            if (crit=='gini') & (split=='best'):
```

```
cz_train_scores_gb.append(cz_dtc.score(cz_X_train_stans,cz_y_train))
cz_test_scores_gb.append(cz_dtc.score(cz_X_test_stans,cz_y_test))
        if (crit=='gini') & (split=='random'):
cz_train_scores_gr.append(cz_dtc.score(cz_X_train_stans,cz_y_train))
cz_test_scores_gr.append(cz_dtc.score(cz_X_test_stans,cz_y_test))
        if (crit=='entropy') & (split=='best'):
cz_train_scores_eb.append(cz_dtc.score(cz_X_train_stans,cz_y_train))
cz_test_scores_eb.append(cz_dtc.score(cz_X_test_stans,cz_y_test))
        if (crit=='entropy') & (split=='random'):
cz_train_scores_er.append(cz_dtc.score(cz_X_train_stans,cz_y_train))
cz_test_scores_er.append(cz_dtc.score(cz_X_test_stans,cz_y_test))


#绘制性能曲线
plt.figure(figsize=(6,4),dpi=300)
ax=plt.gca()
markers='*xos.,ˇv8pDd'
plt.plot(cz_mdepth,cz_train_scores_gb,marker=markers[0],label='训练集–GB')
plt.plot(cz_mdepth,cz_test_scores_gb,marker=markers[1],label='测试集–GB')
plt.plot(cz_mdepth,cz_train_scores_gr,marker=markers[2],label='训练集–GR')
plt.plot(cz_mdepth,cz_test_scores_gr,marker=markers[3],label='测试集–GR')
plt.plot(cz_mdepth,cz_train_scores_eb,marker=markers[4],label='训练集–EB')
plt.plot(cz_mdepth,cz_test_scores_eb,marker=markers[5],label='测试集–EB')
plt.plot(cz_mdepth,cz_train_scores_er,marker=markers[6],label='训练集–ER')
plt.plot(cz_mdepth,cz_test_scores_er,marker=markers[7],label='测试集–ER')

plt.xlabel(r'决策树最大深度')
plt.ylabel('平均准确率')
plt.grid(axis='x')
plt.legend()
plt.savefig('.\图片\图9-45.png')
plt.show()
```

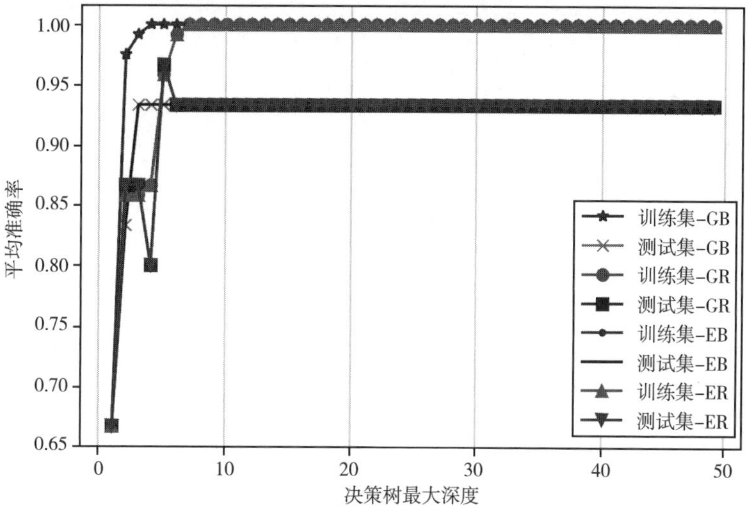

图9-45 超参数组合调优

由程序执行的结果可以发现，超参数组合为（'gini'，'best'，4）时决策树分类器性能最优。

最优超参数下决策树分类器的性能达到最好，具体示例代码及执行结果如图9-46所示。

```
'''
最优超参数组合下决策树算法分类性能
'''
crit,split,mdepth=cz_max_final[:3]
cz_dtc=cz_DTC(cz_X_train_stans,cz_y_train,crit,split,mdepth)
print('最优超参数下决策树分类器在训练集上的平均准确率：{:.2f}'.format(cz_dtc.score(cz_X_train_stans,cz_y_train)))
print('最优超参数下决策树分类器在测试集上的平均准确率：{:.2f}'.format(cz_dtc.score(cz_X_test_stans,cz_y_test)))

最优超参数下决策树分类器在训练集上的平均准确率：1.00
最优超参数下决策树分类器在测试集上的平均准确率：0.93
```

图9-46　最优超参数组合下决策树分类器性能

最后可以采用Graphviz程序来可视化决策树分类器的结果，具体示例代码及执行结果如图9-47所示。

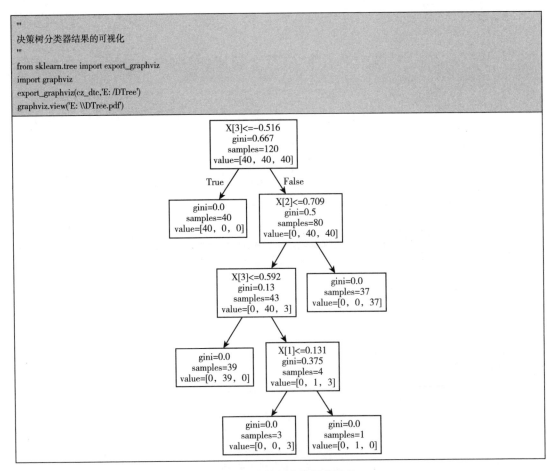

```
'''
决策树分类器结果的可视化
'''
from sklearn.tree import export_graphviz
import graphviz
export_graphviz(cz_dtc,'E: /DTree')
graphviz.view('E: \\DTree.pdf')
```

图9-47　决策树分类器可视化

值得注意的是，要可视化决策树结果需要下载并安装Graphviz的程序，然后在命令行控制台执行：dot.exe –Tpng E：\DTree –o E：\DTree.png得到图形化的结果。

六、随机森林（Random Forest Classifier：RFC）分类算法的Python实践

为了采用随机森林（Random Forest Classifier：RFC）分类算法对数据集进行分类分析，首先导入Scikit-Learning模块中的ensemble子模块。采用载入的Scikit-Learning模块中的鸢尾花数据，定义随机森林分类器进行分类分析，具体示例代码及执行结果如图9-48所示。

```
'''
导入必要的包
'''
from sklearn import ensemble

def cz_RFC(X_data,y_label,nst=100,crit='gini',mdepth=None,mfeat='auto'):
    '''
    Author: Chengzhang Wang
    Date: 2022-3-7
    根据给定的数据信息采用随机森林分类算法进行分类分析。
    参数：
        X_data: 原始样本点属性特征数据集
        y_label: 原始样本点的类别标签
        nst: 决策树的个数
        mdep: 决策树最大深度
        mfeat: 最大特征个数
        crit: 内部节点分叉质量的度量
    返回：
        训练好的随机森林分类器
    '''
    #采用超参数默认值
    cz_rfc=ensemble.RandomForestClassifier(n_estimators=nst,criterion=crit,
                    max_depth=mdepth,max_features=mfeat,random_state=2022)

    cz_rfc.fit(X_data,y_label)

    return cz_rfc

# 调用函数进行分类预测
cz_rfc=cz_RFC(cz_X_train_stans,cz_y_train)
cz_y_train_hat=cz_rfc.predict(cz_X_train_stans)
print('训练集上算法的准确率：{:.2f}'.format(metrics.accuracy_score(cz_y_train,cz_y_train_hat)))
print('训练集上算法的精确率：{:.2f}'.format(metrics.precision_score(cz_y_train,cz_y_train_hat,average='macro')))
print('训练集上算法的召回率：{:.2f}'.format(metrics.recall_score(cz_y_train,cz_y_train_hat,average='macro')))
print('训练集上算法的平均准确率：{:.2f}'.format(cz_rfc.score(cz_X_train_stans,cz_y_train)))
print('训练集部分样本点的置信得分：\n{}'.format(cz_rfc.predict_proba(cz_X_train_stans)[:10,:]))
print('--'*10)
cz_y_test_hat=cz_rfc.predict(cz_X_test_stans)
print('测试集上算法的准确率：{:.2f}'.format(metrics.accuracy_score(cz_y_test,cz_y_test_hat)))
print('测试集上算法的精确率：{:.2f}'.format(metrics.precision_score(cz_y_test,cz_y_test_hat,average='macro')))
print('测试集上算法的召回率：{:.2f}'.format(metrics.recall_score(cz_y_test,cz_y_test_hat,average='macro')))
print('测试集上算法的平均准确率：{:.2f}'.format(cz_rfc.score(cz_X_test_stans,cz_y_test)))
print('测试集部分样本点的置信得分：\n{}'.format(cz_rfc.predict_proba(cz_X_test_stans)[:10,:]))
```

```
训练集上算法的准确率：1.00
训练集上算法的精确率：1.00
训练集上算法的召回率：1.00
训练集上算法的平均准确率：1.00
训练集部分样本点的置信得分：
[[0.   1.   0.  ]
 [0.   0.2  0.8 ]
 [0.   1.   0.  ]
 [0.   0.   1.  ]
 [1.   0.   0.  ]
 [0.   0.   1.  ]
 [0.   0.86 0.14]
 [1.   0.   0.  ]
 [0.   0.01 0.99]
 [1.   0.   0.  ]]
--------------------
```

```
测试集上算法的准确率：0.93
测试集上算法的精确率：0.94
测试集上算法的召回率：0.93
测试集上算法的平均准确率：0.93
测试集部分样本点的置信得分：
[[0.   0.   1.  ]
 [1.   0.   0.  ]
 [0.   0.04 0.96]
 [0.   0.99 0.01]
 [1.   0.   0.  ]
 [1.   0.   0.  ]
 [0.   0.15 0.85]
 [0.98 0.02 0.  ]
 [0.   0.17 0.83]
 [1.   0.   0.  ]]
```

图9-48　随机森林分类器在鸢尾花数据集上的分类结果

仅采用花萼的二维信息，考察随机森林分类器的分类效果，具体示例代码及执行结果如图9-49所示。

```
'''
仅仅采用二维信息，可视化随机森林分类器的效果
'''
# 调用函数进行分类分析，并可视化效果
cz_rfc=cz_DTC(cz_X_train_stans[:,:2],cz_y_train)
cz_2Dclassify(np.vstack((cz_X_train_stans,cz_X_test_stans)),
          np.hstack((cz_y_train,cz_y_test)),cz_X_test_stans,cz_rfc,'随机森林分类器基于花萼信息的分类效果',49)
```

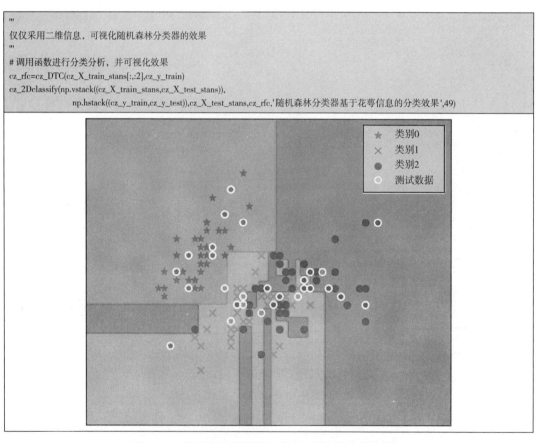

图9-49　随机森林分类器仅采用花萼信息的分类效果

仅采用花瓣的二维信息，考察随机森林分类器的分类效果，具体示例代码及执行结果如图9-50所示。

```
"""
仅仅采用二维信息，可视化随机森林分类器的效果
"""
# 调用函数进行分类分析，并可视化效果
cz_rfc=cz_DTC(cz_X_train_stans[:,2:],cz_y_train)
cz_2Dclassify(np.vstack((cz_X_train_stans,cz_X_test_stans))[:,2:],
              np.hstack((cz_y_train,cz_y_test)),cz_X_test_stans[:,2:],cz_rfc,'随机森林分类器基于花瓣信息的分类效果',50)
```

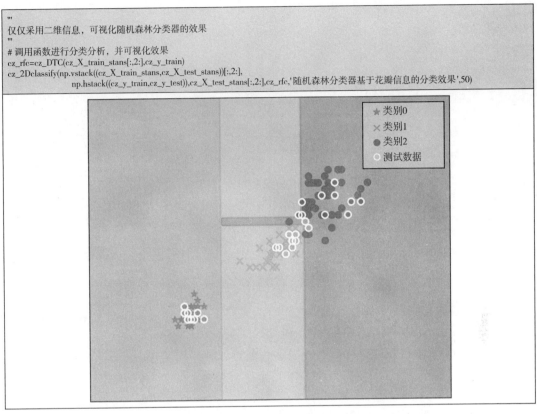

图9-50　随机森林分类器仅采用花瓣信息的分类效果

决策树的个数、内部节点分叉的质量衡量准则、决策树的最大深度和最大特征数超参数对随机森林分类器的分类效果有较大影响，可以对此超参数组合进行优化，具体示例代码及执行结果如图9-51所示。

```
"""
超参数的组合优化
"""
import pandas as pd
cz_nests=np.arange(1,150,30)
cz_crits=['gini','entropy']
cz_mdepths=np.arange(1,20,5)
cz_mfeats=['auto','sqrt','log2']
# 存储性能指标及其对应的超参数
cz_para_score=pd.DataFrame(columns=['score','score_1','score_2','para'])
cz_para_comb=[(i,j,k,t) for i in cz_nests for j in cz_crits for k in cz_mdepths for t in cz_mfeats]
print('# 下面开始参数优化搜索：')
i=0
for para in cz_para_comb:
    cz_rfc=cz_RFC(cz_X_train_stans,cz_y_train,para[0],para[1],para[2],para[3])
    cz_scr1=cz_rfc.score(cz_X_train_stans,cz_y_train)
    cz_scr2=cz_rfc.score(cz_X_test_stans,cz_y_test)
    cz_para_score=cz_para_score.append({'score': cz_scr1*cz_scr2,'score_1': cz_scr1,'score_2': cz_scr2,'para': para},ignore_index=True)
    if i<20:
        print('指标：{:.2f}、{:.2f}，参数：{}'.format(cz_scr1,cz_scr2,para))
    i+=1
print('--'*10)
cz_bidx=cz_para_score['score'].idxmax(axis=0)
print('最优的超参数组合为：{}'.format(cz_para_score.iloc[cz_bidx]['para']))
```

```
#下面开始参数优化搜索：
指标：0.67、0.67，参数：(1, 'gini', 1, 'auto')
指标：0.67、0.67，参数：(1, 'gini', 1, 'sqrt')
指标：0.67、0.67，参数：(1, 'gini', 1, 'log2')
指标：0.98、0.93，参数：(1, 'gini', 6, 'auto')
指标：0.98、0.93，参数：(1, 'gini', 6, 'sqrt')
指标：0.98、0.93，参数：(1, 'gini', 6, 'log2')
指标：0.98、0.93，参数：(1, 'gini', 11, 'auto')
指标：0.98、0.93，参数：(1, 'gini', 11, 'sqrt')
指标：0.98、0.93，参数：(1, 'gini', 11, 'log2')
指标：0.98、0.93，参数：(1, 'gini', 16, 'auto')
指标：0.98、0.93，参数：(1, 'gini', 16, 'sqrt')
指标：0.98、0.93，参数：(1, 'gini', 16, 'log2')
指标：0.67、0.67，参数：(1, 'entropy', 1, 'auto')
指标：0.67、0.67，参数：(1, 'entropy', 1, 'sqrt')
指标：0.67、0.67，参数：(1, 'entropy', 1, 'log2')
指标：0.98、0.93，参数：(1, 'entropy', 6, 'auto')
指标：0.98、0.93，参数：(1, 'entropy', 6, 'sqrt')
指标：0.98、0.93，参数：(1, 'entropy', 6, 'log2')
指标：0.98、0.93，参数：(1, 'entropy', 11, 'auto')
指标：0.98、0.93，参数：(1, 'entropy', 11, 'sqrt')
———————————————
最优的超参数组合为：(31, 'gini', 6, 'auto')
```

图9-51　超参数组合优化

由程序执行的结果可以发现，超参数组合为（31，'gini'，6，'auto'）时随机森林分类器性能最优。

最优超参数下随机森林分类器的性能达到最好，具体示例代码及执行结果如图9-52所示。

```
'''
最优超参数组合下随机森林的分类结果
'''
cz_rfc=cz_RFC(cz_X_train_stans,cz_y_train,31,'gini',6,'auto')
cz_scr1=cz_rfc.score(cz_X_train_stans,cz_y_train)
cz_scr2=cz_rfc.score(cz_X_test_stans,cz_y_test)
print('最优超参数下随机森林分类器在训练集上的平均准确率：{:.2f}'.format(cz_scr1))
print('最优超参数下随机森林分类器在测试集上的平均准确率：{:.2f}'.format(cz_scr2))

最优超参数下随机森林分类器在训练集上的平均准确率：1.00
最优超参数下随机森林分类器在测试集上的平均准确率：0.93
```

图9-52　最优超参数组合下随机森林分类器性能

最后可以采用Graphviz程序来可视化随机森林分类器的结果（决策树），具体示例代码及执行结果如图9-53所示。

```
'''
随机森林可视化
'''
import os
for i,dtc in enumerate(cz_rfc.estimators_):
    # 以dot文件形式导出决策树
    export_graphviz(dtc,out_file='.\图片\dtc{}.dot'.format(i+1),feature_names=['花萼长','花萼宽','花瓣长','花瓣宽'],
class_names=cz_iris.target_names,rounded=True,proportion=False,precision=2,filled=True)
    #解决中文显示的问题
    with open('.\图片\dtc{}.dot'.format(i+1),encoding='utf-8') as f:
        f_all=f.readlines()
    cz_temp_f=[ct.replace('fontname=helvetica','fontname="SimSun"') if ('fontname=helvetica' in ct ) else ct for ct in f_all]
    with open('.\图片\dtc{}.dot'.format(i+1),mode='w',encoding='utf-8') as ff:
        ff.writelines(cz_temp_f)
    os.system('dot.exe –Tpng –Gdpi=300 .\图片\dtc{}.dot -o .\图片\dtc{}.png'.format(i+1,i+1))
```

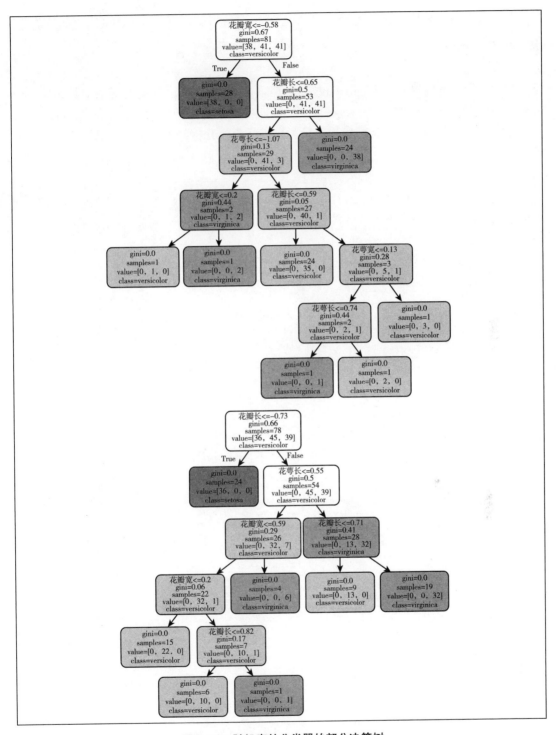

图9-53　随机森林分类器的部分决策树

　　值得注意的是，要可视化随机森林中决策树的结果需要下载并安装Graphviz的程序。

七、自适应提升（Adaptive Boosting Classifier：AdaBoostC）分类算法的Python实践

为了采用自适应提升（Adaptive Boosting Classifier：AdaBoostC）分类算法对数据集进行分类分析，首先导入Scikit-Learning模块中的ensemble子模块。采用载入的Scikit-Learning模块中的鸢尾花数据，定义自适应提升分类器进行分类分析，具体示例代码及执行结果如图9-54所示。

```
"""
导入必要的包
"""
from sklearn import ensemble

def cz_AdaB(X_data,y_label,nst=50,lr=1.0,alg='SAMME.R'):
    """
    Author: Chengzhang Wang
    Date: 2022-3-7
    根据给定的数据信息采用AdaBoost分类算法进行分类分析。
    参数：
        X_data: 原始样本点属性特征数据集
        y_label: 原始样本点的类别标签
        nst: 弱学习器的个数
        lr: 算法学习率(迭代步长)
        alg: 提升算法(弱学习器的权重计算方法)
    返回：
        训练好的AdaBoost分类器
    """
    #采用超参数默认值
    cz_adab=ensemble.AdaBoostClassifier(n_estimators=nst,learning_rate=lr,algorithm=alg,random_state=2022)
    cz_adab.fit(X_data,y_label)

    return cz_adab

# 调用函数进行分类预测
cz_adab=cz_AdaB(cz_X_train_stans,cz_y_train)
cz_y_train_hat=cz_adab.predict(cz_X_train_stans)
print('训练集上算法的准确率：{:.2f}'.format(metrics.accuracy_score(cz_y_train,cz_y_train_hat)))
print('训练集上算法的精确率：{:.2f}'.format(metrics.precision_score(cz_y_train,cz_y_train_hat,average='macro')))
print('训练集上算法的召回率：{:.2f}'.format(metrics.recall_score(cz_y_train,cz_y_train_hat,average='macro')))
print('训练集上算法的平均准确率：{:.2f}'.format(cz_adab.score(cz_X_train_stans,cz_y_train)))
print('训练集部分样本点的置信得分：\n{}'.format(cz_adab.predict_proba(cz_X_train_stans)[:10,:]))
print('--'*10)
cz_y_test_hat=cz_adab.predict(cz_X_test_stans)
print('测试集上算法的准确率：{:.2f}'.format(metrics.accuracy_score(cz_y_test,cz_y_test_hat)))
print('测试集上算法的精确率：{:.2f}'.format(metrics.precision_score(cz_y_test,cz_y_test_hat,average='macro')))
print('测试集上算法的召回率：{:.2f}'.format(metrics.recall_score(cz_y_test,cz_y_test_hat,average='macro')))
print('测试集上算法的平均准确率：{:.2f}'.format(cz_adab.score(cz_X_test_stans,cz_y_test)))
print('测试集部分样本点的置信得分：\n{}'.format(cz_adab.predict_proba(cz_X_test_stans)[:10,:]))
```

```
训练集上算法的准确率：0.97
训练集上算法的精确率：0.98
训练集上算法的召回率：0.97
训练集上算法的平均准确率：0.97
训练集部分样本点的置信得分：
[[4.58867205e-11 9.94748799e-01 5.25120117e-03]
 [9.96922475e-12 8.72932282e-03 9.91270677e-01]
 [4.58867205e-11 9.94748799e-01 5.25120117e-03]
 [3.20829028e-16 4.76501264e-05 9.99952350e-01]
 [9.99993157e-01 6.80735901e-06 3.59355162e-08]
 [3.20829028e-16 4.76501264e-05 9.99952350e-01]
 [4.58867205e-11 9.94748799e-01 5.25120117e-03]
 [9.99993157e-01 6.80735901e-06 3.59355162e-08]
 [3.20829028e-16 4.76501264e-05 9.99952350e-01]
 [9.99993157e-01 6.80735901e-06 3.59355162e-08]]
--------------------
```

```
测试集上算法的准确率：0.83
测试集上算法的精确率：0.84
测试集上算法的召回率：0.83
测试集上算法的平均准确率：0.83
测试集部分样本点的置信得分：
[[3.20829028e-16 4.76501264e-05 9.99952350e-01]
 [9.99993157e-01 6.80735901e-06 3.59355162e-08]
 [3.20829028e-16 4.76501264e-05 9.99952350e-01]
 [4.58867205e-11 9.94748799e-01 5.25120117e-03]
 [9.99993157e-01 6.80735901e-06 3.59355162e-08]
 [9.99993157e-01 6.80735901e-06 3.59355162e-08]
 [1.37662202e-13 5.06188586e-01 4.93811414e-01]
 [9.99993157e-01 6.80735901e-06 3.59355162e-08]
 [1.37662202e-13 5.06188586e-01 4.93811414e-01]
 [9.99993157e-01 6.80735901e-06 3.59355162e-08]]
```

图9-54　自适应提升分类器在鸢尾花数据集上的分类结果

仅采用花萼的二维信息，考察自适应提升分类器的分类效果，具体示例代码及执行结果如图9-55所示。

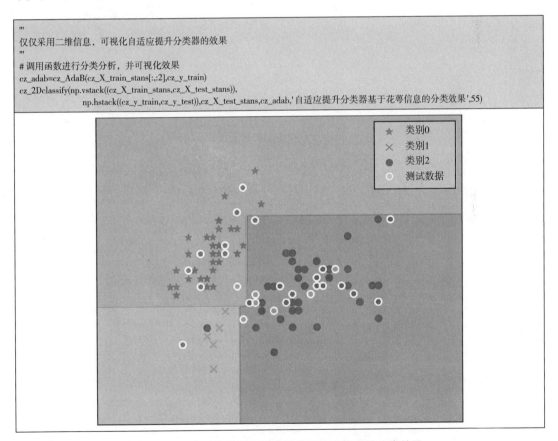

图9-55　自适应提升分类器仅采用花萼信息的分类效果

仅采用花瓣的二维信息，考察自适应提升分类器的分类效果，具体示例代码及执行结果如图9-56所示。

```
'''
仅仅采用二维信息，可视化自适应提升分类器的效果
'''
# 调用函数进行分类分析，并可视化效果
cz_adab=cz_AdaB(cz_X_train_stans[:,2:],cz_y_train)
cz_2Dclassify(np.vstack((cz_X_train_stans,cz_X_test_stans))[:,2:],
              np.hstack((cz_y_train,cz_y_test)),cz_X_test_stans[:,2:],cz_adab,'自适应提升分类器基于花瓣信息的分类效果',56)
```

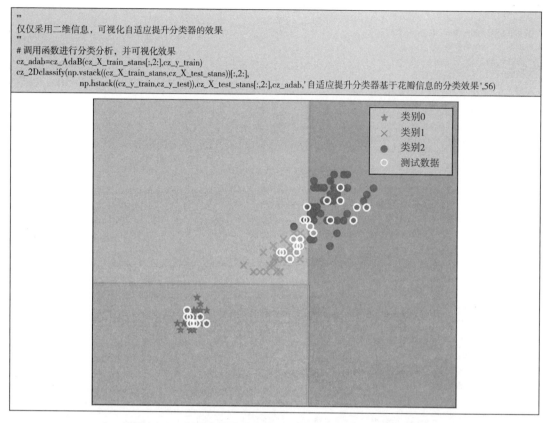

图9-56　自适应提升分类器仅采用花瓣信息的分类效果

弱分类器的最大个数、学习率和提升算法对自适应提升分类器的分类效果有较大影响，可以对此超参数组合进行优化，具体示例代码及执行结果如图9-57所示。

```
'''
超参数的组合优化
'''
import pandas as pd
cz_nests=np.arange(1,100,10)
cz_lrs=np.arange(0.1,2.1,0.1)
cz_algs=['SAMME','SAMME.R']
# 存储性能指标及其对应的超参数
cz_para_score=pd.DataFrame(columns=['score','score_1','score_2','para'])
cz_para_comb=[(i,j,k) for i in cz_nests for j in cz_lrs for k in cz_algs]
print('# 下面开始参数优化搜索：')
i=0
for para in cz_para_comb:
    cz_adab=cz_AdaB(cz_X_train_stans,cz_y_train,para[0],para[1],para[2])
    cz_scr1=cz_adab.score(cz_X_train_stans,cz_y_train)
    cz_scr2=cz_adab.score(cz_X_test_stans,cz_y_test)
cz_para_score=cz_para_score.append({'score': cz_scr1*cz_scr2,'score_1': cz_scr1,'score_2': cz_scr2,'para': para},ignore_index=True)
    if i<20:
        print('指标：{:.2f}、{:.2f}，参数：{}'.format(cz_scr1,cz_scr2,para))
    i+=1
print('—'*10)
cz_bidx=cz_para_score['score'].idxmax(axis=0)
print(' 最优的超参数组合为：{}'.format(cz_para_score.iloc[cz_bidx]['para']))
```

```
#下面开始参数优化搜索：
指标：0.67、0.67,参数：(1, 0.1, 'SAMME')
指标：0.67、0.67,参数：(1, 0.1, 'SAMME.R')
指标：0.67、0.67,参数：(1, 0.2, 'SAMME')
指标：0.67、0.67,参数：(1, 0.2, 'SAMME.R')
指标：0.67、0.67,参数：(1, 0.30000000000000004, 'SAMME')
指标：0.67、0.67,参数：(1, 0.30000000000000004, 'SAMME.R')
指标：0.67、0.67,参数：(1, 0.4, 'SAMME')
指标：0.67、0.67,参数：(1, 0.4, 'SAMME.R')
指标：0.67、0.67,参数：(1, 0.5, 'SAMME')
指标：0.67、0.67,参数：(1, 0.5, 'SAMME.R')
指标：0.67、0.67,参数：(1, 0.6, 'SAMME')
指标：0.67、0.67,参数：(1, 0.6, 'SAMME.R')
指标：0.67、0.67,参数：(1, 0.7000000000000001, 'SAMME')
指标：0.67、0.67,参数：(1, 0.7000000000000001, 'SAMME.R')
指标：0.67、0.67,参数：(1, 0.8, 'SAMME')
指标：0.67、0.67,参数：(1, 0.8, 'SAMME.R')
指标：0.67、0.67,参数：(1, 0.9, 'SAMME')
指标：0.67、0.67,参数：(1, 0.9, 'SAMME.R')
指标：0.67、0.67,参数：(1, 1.0, 'SAMME')
指标：0.67、0.67,参数：(1, 1.0, 'SAMME.R')
----------------------
最优的超参数组合为：(11, 1.1, 'SAMME')
```

图9-57　超参数组合优化

由程序执行的结果可以发现，超参数组合为（11，1.1，'SAMME'）时自适应提升分类器性能最优。

最优超参数下自适应提升分类器的性能达到最好，具体示例代码及执行结果如图9-58所示。

```
'''
最优超参数组合下自适应提升的分类结果
'''
cz_adab=cz_AdaB(cz_X_train_stans,cz_y_train, 11, 1.1, 'SAMME')
cz_scr1=cz_adab.score(cz_X_train_stans,cz_y_train)
cz_scr2=cz_adab.score(cz_X_test_stans,cz_y_test)
print('最优超参数下自适应提升分类器在训练集上的平均准确率：{:.2f}'.format(cz_scr1))
print('最优超参数下自适应提升分类器在测试集上的平均准确率：{:.2f}'.format(cz_scr2))

最优超参数下自适应提升分类器在训练集上的平均准确率：1.00
最优超参数下自适应提升分类器在测试集上的平均准确率：0.93
```

图9-58　最优超参数组合下自适应提升分类器性能

八、支持向量机（Support Vector Machine Classifier：SVMC）分类算法的Python实践

为了采用支持向量机（Support Vector Machine Classifier：SVMC）分类算法对数据集进行分类分析，首先导入Scikit-Learning模块中的svm子模块。采用载入的Scikit-Learning模块中的鸢尾花数据，定义支持向量机分类器进行分类分析，具体示例代码及执行结果如图9-59所示。

```
'''
导入必要的包
'''
from sklearn import svm

def cz_SVMC(X_data,y_label,pc=1.0,knl='rbf',ga='scale',dfs='ovr'):
    '''
    Author: Chengzhang Wang
    Date: 2022-3-7
    根据给定的数据信息采用支持向量机分类算法进行分类分析。
    参数：
        X_data: 原始样本点属性特征数据集
        y_label: 原始样本点的类别标签
        pc: 惩罚系数
        knl: 核函数
        ga: 核函数中的调节因子
        dfs: 决策函数形式
    返回：
        训练好的支持向量机分类器
    '''
    #采用超参数默认值
    cz_svmc=svm.SVC(C=pc,kernel=knl,gamma=ga,decision_function_shape=dfs,random_state=2022)
    cz_svmc.fit(X_data,y_label)

    return cz_svmc

# 调用函数进行分类预测
cz_svmc=cz_SVMC(cz_X_train_stans,cz_y_train)
cz_y_train_hat=cz_svmc.predict(cz_X_train_stans)
print('训练集上算法的准确率：{:.2f}'.format(metrics.accuracy_score(cz_y_train,cz_y_train_hat)))
print('训练集上算法的精确率：{:.2f}'.format(metrics.precision_score(cz_y_train,cz_y_train_hat,average='macro')))
print('训练集上算法的召回率：{:.2f}'.format(metrics.recall_score(cz_y_train,cz_y_train_hat,average='macro')))
print('训练集上算法的平均准确率：{:.2f}'.format(cz_svmc.score(cz_X_train_stans,cz_y_train)))
print('训练集部分样本点的置信得分：\n{}'.format(cz_svmc.decision_function(cz_X_train_stans)[:10,:]))
print('---'*10)
cz_y_test_hat=cz_svmc.predict(cz_X_test_stans)
print('测试集上算法的准确率：{:.2f}'.format(metrics.accuracy_score(cz_y_test,cz_y_test_hat)))
print('测试集上算法的精确率：{:.2f}'.format(metrics.precision_score(cz_y_test,cz_y_test_hat,average='macro')))
print('测试集上算法的召回率：{:.2f}'.format(metrics.recall_score(cz_y_test,cz_y_test_hat,average='macro')))
print('测试集上算法的平均准确率：{:.2f}'.format(cz_svmc.score(cz_X_test_stans,cz_y_test)))
print('测试集部分样本点的置信得分：\n{}'.format(cz_svmc.decision_function(cz_X_test_stans)[:10,:]))
```

```
训练集上算法的准确率：0.99
训练集上算法的精确率：0.99
训练集上算法的召回率：0.99
训练集上算法的平均准确率：0.99
训练集部分样本点的置信得分：
[[-0.21869046   2.23700214   0.88134585]
 [-0.22236577   2.17572253   1.15687    ]
 [-0.2191365    2.24656746   0.8400232 ]
 [-0.22037465   0.85745492   2.2431962 ]
 [ 2.22569706   0.89381101  -0.20655948]
 [-0.22261063   0.82723216   2.25176434]
 [-0.22667992   2.18246535   1.15935533]
 [ 2.23237859   0.88221759  -0.21235808]
 [-0.21146599   0.83188581   2.24450928]
 [ 2.22278838   1.02443863  -0.22561467]]

--------------------
测试集上算法的准确率：0.93
测试集上算法的精确率：0.94
测试集上算法的召回率：0.93
测试集上算法的平均准确率：0.93
测试集部分样本点的置信得分：
[[-0.21641308   0.83990965   2.24503372]
 [ 2.2308041    0.8921498   -0.21311782]
 [-0.22512898   1.14588588   2.1885515 ]
 [-0.22599427   2.23269944   0.94285358]
 [ 2.23109936   0.9027404   -0.21631295]
 [ 2.23337392   0.87567101  -0.211671   ]
 [-0.2301178    1.15668698   2.19103392]
 [ 2.22041466   0.93002927  -0.20924669]
 [-0.23135253   1.14224546   2.20127782]
 [ 2.22556622   0.93580793  -0.21656203]]
```

图9-59　支持向量机分类器在鸢尾花数据集上的分类结果

仅采用花萼的二维信息，考察支持向量机分类器的分类效果，具体示例代码及执行结果如图9-60所示。

```
"""
仅仅采用二维信息，可视化支持向量机分类器的效果
"""
# 调用函数进行分类分析，并可视化效果
cz_svmc=cz_SVMC(cz_X_train_stans[:,:2],cz_y_train)
cz_2Dclassify(np.vstack((cz_X_train_stans,cz_X_test_stans)),
              np.hstack((cz_y_train,cz_y_test)),cz_X_test_stans,cz_svmc,'支持向量机分类器基于花萼信息的分类效果',60)
```

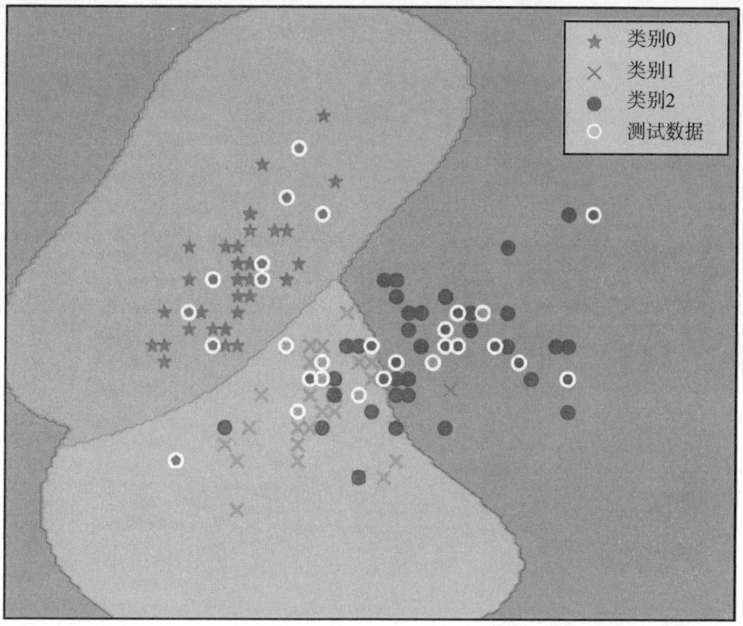

图9-60　支持向量机分类器仅采用花萼信息的分类效果

仅采用花瓣的二维信息，考察支持向量机分类器的分类效果，具体示例代码及执行结果如图9-61所示。

惩罚项的权重、核函数的形式、核函数调节因子和决策函数的形式对支持向量机分类器的分类效果有较大影响，可以对此超参数组合进行优化，具体示例代码及执行结果如图9-62所示。

```
"""
仅仅采用二维信息，可视化支持向量机分类器的效果
"""
# 调用函数进行分类分析，并可视化效果
cz_svmc=cz_SVMC(cz_X_train_stans[:,2:],cz_y_train)
cz_2Dclassify(np.vstack((cz_X_train_stans,cz_X_test_stans))[:,2:],
              np.hstack((cz_y_train,cz_y_test)),cz_X_test_stans[:,2:],cz_svmc,'支持向量机分类器基于花瓣信息的分类效果',61)
```

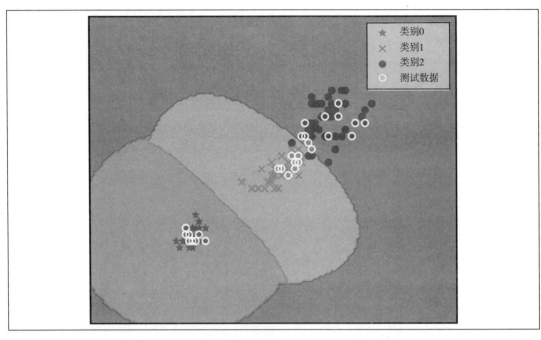

图9-61　支持向量机分类器仅采用花瓣信息的分类效果

```
'''
超参数的组合优化
'''
import pandas as pd

cz_cs=np.arange(.1,10.1,.1)
cz_knls=['linear', 'poly', 'rbf', 'sigmoid']
cz_gas=['scale', 'auto',0.1,0.5,1,1.5,2]
cz_dfs=['ovr','ovo']
# 存储性能指标及其对应的超参数
cz_para_score=pd.DataFrame(columns=['score','score_1','score_2','para'])
cz_para_comb=[(i,j,k,t) for i in cz_cs for j in cz_knls for k in cz_gas for t in cz_dfs]
print('# 下面开始参数优化搜索：')
i=0
for para in cz_para_comb:
cz_svc=cz_SVMC(cz_X_train_stans,cz_y_train,pc=para[0],knl=para[1],ga=para[2],dfs=para[3])
    cz_scr1=cz_svc.score(cz_X_train_stans,cz_y_train)
    cz_scr2=cz_svc.score(cz_X_test_stans,cz_y_test)
cz_para_score=cz_para_score.append({'score': cz_scr1*cz_scr2,'score_1': cz_scr1,'score_2': cz_scr2,'para': para},ignore_index=True)
    if i<20:
        print('指标：{:.2f}, {:.2f},参数：{}'.format(cz_scr1,cz_scr2,para))
    i+=1
print('--'*10)
cz_bidx=cz_para_score['score'].idxmax(axis=0)
print('最优的超参数组合为：{}'.format(cz_para_score.iloc[cz_bidx]['para']))
```

```
# 下面开始参数优化搜索：
指标：0.97、0.93,参数：(0.1, 'linear', 'scale', 'ovr')
指标：0.97、0.93,参数：(0.1, 'linear', 'scale', 'ovo')
指标：0.97、0.93,参数：(0.1, 'linear', 'auto', 'ovr')
指标：0.97、0.93,参数：(0.1, 'linear', 'auto', 'ovo')
指标：0.97、0.93,参数：(0.1, 'linear', 0.1, 'ovr')
指标：0.97、0.93,参数：(0.1, 'linear', 0.1, 'ovo')
指标：0.97、0.93,参数：(0.1, 'linear', 0.5, 'ovr')
指标：0.97、0.93,参数：(0.1, 'linear', 0.5, 'ovo')
指标：0.97、0.93,参数：(0.1, 'linear', 1, 'ovr')
指标：0.97、0.93,参数：(0.1, 'linear', 1, 'ovo')
指标：0.97、0.93,参数：(0.1, 'linear', 1.5, 'ovr')
```

```
指标：0.97、0.93,参数：(0.1, 'linear', 1.5, 'ovo')
指标：0.97、0.93,参数：(0.1, 'linear', 2, 'ovr')
指标：0.97、0.93,参数：(0.1, 'linear', 2, 'ovo')
指标：0.86、0.87,参数：(0.1, 'poly', 'scale', 'ovr')
指标：0.86、0.87,参数：(0.1, 'poly', 'scale', 'ovo')
指标：0.86、0.87,参数：(0.1, 'poly', 'auto', 'ovr')
指标：0.86、0.87,参数：(0.1, 'poly', 'auto', 'ovo')
指标：0.54、0.53,参数：(0.1, 'poly', 0.1, 'ovr')
指标：0.54、0.53,参数：(0.1, 'poly', 0.1, 'ovo')
_____
最优的超参数组合为：(0.2, 'poly', 1.5, 'ovr')
```

图9-62　超参数组合优化

由程序执行的结果可以发现，超参数组合为（0.2，'poly'，1.5，'ovr'）时支持向量机分类器性能最优。

最优超参数下支持向量机分类器的性能达到最好，具体示例代码及执行结果如图9-63所示。

```
'''
最优超参数组合下支持向量机的分类结果
'''
cz_svc=cz_SVMC(cz_X_train_stans,cz_y_train,pc=0.2,knl='poly',ga=1.5,dfs='ovr')
cz_scr1=cz_svc.score(cz_X_train_stans,cz_y_train)
cz_scr2=cz_svc.score(cz_X_test_stans,cz_y_test)
print('最优超参数下支持向量机分类器在训练集上的平均准确率：{:.2f}'.format(cz_scr1))
print('最优超参数下支持向量机分类器在测试集上的平均准确率：{:.2f}'.format(cz_scr2))
```

```
最优超参数下支持向量机分类器在训练集上的平均准确率：0.98
最优超参数下支持向量机分类器在测试集上的平均准确率：0.97
```

图9-63　最优超参数组合下支持向量机分类器性能

习题

1. 简述分类分析算法的基本原理。

2. 以Cifar数据集(http://www.cs.toronto.edu/~kriz/cifar.html)为例，采用各种分类算法进行分类分析，并比较最后的分类结果。

第十章 预测分析

学习目标：

了解预测分析的基本原理，掌握线性回归预测算法、岭回归预测算法、套索回归预测算法、弹性网络回归预测算法、逻辑回归预测算法、分位数回归预测算法、最近邻回归预测算法、决策树回归预测算法、集成学习预测算法、支持向量机回归预测算法、人工神经网络预测算法的实践过程。

预测问题（Prediction）研究的是响应变量和解释变量之间的关系，并通过得到的函数关系预测某些解释变量对应的响应值。通常情况下，预测分析是基于客观现实中过去和现在的观测数据构建响应变量与解释变量之间的函数关系，旨在通过建立的函数关系推测未来解释变量所对应的响应值，进而分析和刻画客观事实发展的趋势和规律。与前面介绍的分类问题不同，预测问题中主要是对随机变量的连续取值进行估计和推测。

第一节 简 介

类似于分类分析，预测分析的核心思想是也是要从已知样本观测数据中学习数据的分布规律，并对未知样本数据的响应变量数值进行预测。已知解释变量信息和响应变量信息并应用于机器学习模型构建的样本数据集通常被称为训练数据集（Training Set）；已知解释变量信息和响应变量信息并应用于机器学习模型验证的样本数据集通常被称为验证数据集（Verifying Set）；已知解释变量信息，而响应变量信息未知的样本数据集通常被称为测试数据集（Test Set）。

一、基本概念

假定训练数据集为：

$$S_{Training} = \{ (X, y) \mid X \in \Re^n, y \in \Re \}$$

其中，每个样本包含 n 个属性特征（对应于解释变量）：$X = (x_1, x_2, \cdots, x_n)^T$，一个目标特征（对应于响应变量）$y$。

本质上来讲，预测分析就是建立从解释变量的分布空间$\mathfrak{R}^n$到响应变量的分布空间$\mathfrak{R}$（连续空间）的映射：

$$\mathfrak{R}^n \overset{\mathbb{F}}{\mapsto} \mathfrak{R} \triangleq \{y \mid y = F(X), X \in \mathfrak{R}^n, y \in \mathfrak{R}, F \in \mathbb{F}\}$$

映射空间$\mathbb{F}$中不同的映射函数F就对应了不同的预测算法。通常情况下，如果映射函数F为线性函数，则称相应的预测算法为线性预测算法；如果映射函数F为非线性函数，则称相应的预测算法为非线性预测算法。

为了估计映射函数F最优的参数组合，预测分析的目标函数通常是使得某种损失函数达到最小化：

$$\underset{\phi \in \Theta}{\arg\min} \, Loss \triangleq \sum_i \| y_i - F(\phi; X_i) \|$$

预测分析算法性能的评价指标主要包括：

（1）均方误差（Mean Square Error：MSE）：定义为预测值与真实值之间误差平方和的平均值。

$$MSE \triangleq \frac{1}{|S|} \sum_{X_i \in S} (y_i - F(\phi^*; X_i))^2$$

预测算法的性能越好，预测值与真实值之间的误差越小，从而均方误差指标的值也越小。

（2）均方根误差（Root Mean Square Error：RMSE）：定义为预测值与真实值之间误差平方和的平均值的平方根。

$$RMSE \triangleq \sqrt{\frac{1}{|S|} \sum_{X_i \in S} (y_i - F(\phi^*; X_i))^2}$$

预测算法的性能越好，预测值与真实值之间的误差越小，从而均方根误差指标的值也越小。

（3）平均绝对误差（Mean Absolute Error：MAE）：定义为预测值与真实值之间误差绝对值的平均值。

$$MAE \triangleq \frac{1}{|S|} \sum_{X_i \in S} |y_i - F(\phi^*; X_i)|$$

预测算法的性能越好，预测值与真实值之间的误差越小，从而平均绝对误差指标的值也越小。

（4）平均绝对百分比误差（Mean Absolute Percentage Error：MAPE）：定义为预测值与真实值之间误差绝对值的平均百分比值。

$$MAE \triangleq \frac{100\%}{|S|} \sum_{X_i \in S} \left| \frac{y_i - F(\phi^*; X_i)}{y_i} \right|$$

预测算法的性能越好，预测值与真实值之间的误差越小，从而平均绝对百分比误差指标的值也越小。

二、线性回归（Linear Regression：LR）预测算法

线性回归（Linear Regression：LR）预测算法通过多元线性函数来刻画解释变量与响应

变量之间的关系：

$$y = F(X) = \beta_0 + \beta_1 x_1 + \beta_2 x_2 + \cdots + \beta_n x_n + \varepsilon$$

算法的目标函数为：

$$\arg\min_{\beta_i} Loss \triangleq \sum_i \| y_i - F((\beta_0, \cdots, \beta_n); X_i) \|$$

通过最小化目标函数，可以得到线性回归预测函数的参数估计值，并建立线性回归预测模型：

$$\hat{y} = \hat{F}(X) = \hat{\beta}_0 + \hat{\beta}_1 x_1 + \hat{\beta}_2 x_2 + \cdots + \hat{\beta}_n x_n$$

三、岭回归（Ridge Regression）预测算法

岭回归预测模型在原有线性回归的基础上增加回归系数稀疏性的要求，因此，岭回归是一种系数稀疏的线性回归，一般线性回归的目标函数为：

$$\arg\min J \triangleq \sum_i \left[y^{(i)} - (\beta_0 + \beta_1 x_1^{(i)} + \beta_2 x_2^{(i)} + \cdots + \beta_n x_n^{(i)}) \right]^2$$

岭回归除了要求响应变量估计值与真实值之间误差平方和最小之外，为了保持系数稀疏，还增加了对系数的正则化约束，并采用L2范数进行度量，目标函数改变为：

$$\arg\min J \triangleq \sum_i \left[y^{(i)} - (\beta_0 + \beta_1 x_1^{(i)} + \beta_2 x_2^{(i)} + \cdots + \beta_n x_n^{(i)}) \right]^2 + \lambda \sum_j \beta_j^2$$

岭回归中的 λ 因子可以通过岭迹法或者方差扩大因子法确定其最佳取值。

四、套索回归（LASSO Regression）预测算法

类似于岭回归预测算法，套索回归（Least Absolute Shrinkage and Selection Operator Regression：LASSO Regression）预测模型的基本原理也是在原有线性回归的基础上增加回归系数稀疏性的要求。岭回归除了要求响应变量估计值与真实值之间误差平方和最小之外，为了保持系数稀疏，还增加了对系数的正则化约束，并采用L2范数进行度量，然而，套索回归对系数正则化的约束是采用L1范数，因此，套索回归预测模型的目标函数改变为：

$$\arg\min J \triangleq \sum_i \left[y^{(i)} - (\beta_0 + \beta_1 x_1^{(i)} + \beta_2 x_2^{(i)} + \cdots + \beta_n x_n^{(i)}) \right]^2 + \lambda \sum_j |\beta_j|$$

套索回归中的惩罚项权重 λ 因子也可以类似地通过岭迹法确定其最佳取值。套索回归预测模型中有的解释变量前对应的系数估计值变成了零，因此，模型可以实现解释变量的自动选择。

五、弹性网络回归（ElasticNet Regression）预测算法

如果解释变量中存在多个变量之间的相关性，采用套索回归的方法将可以增强系数的稀疏性，从众多相关的解释变量中随机选择其中一个变量保留在最终的回归模型中，然

而，采用岭回归的方法将会尽可能保留所有解释变量，从而保持系数的平滑性。弹性网络回归（ElasticNet Regression）预测算法则是融合了岭回归算法和套索回归算法，其基本思想是除了要求响应变量估计值与真实值之间误差平方和最小之外，为了保持系数稀疏，还增加了对系数的正则化约束，而正则化约束中同时采用L2范数和L1范数进行度量，因此，弹性网络回归预测模型的目标函数改变为：

$$\arg\min J \triangleq \sum_i \left[y^{(i)} - (\beta_0 + \beta_1 x_1^{(i)} + \beta_2 x_2^{(i)} + \cdots + \beta_n x_n^{(i)}) \right]^2 + \lambda_1 \sum_j \beta_j^2 + \lambda_2 \sum_j |\beta_j|$$

弹性网络回归中的惩罚项权重因子包含两个，因此既可以实现解释变量的自动选择，又可以选择较稳定的系数组合。

六、逻辑回归（Logistic Regression）预测算法

通常情况下，预测问题研究的响应变量的取值都是连续的，其实，如果将连续取值的响应变量按照不同的区间进行离散化，就将连续变量的预测问题转化成了离散变量的预测问题。从一定角度来看，离散变量的预测问题就是分类问题。

假定数据集为：

$$S = \{ (X, Y) \mid X \in \Re^n, Y \in \{C_1, C_2, \cdots, C_K\} \}$$

由于线性预测函数：

$$y = F(X) = \beta_0 + \beta_1 x_1 + \beta_2 x_2 + \cdots + \beta_n x_n + \varepsilon$$

得到的响应变量的取值都是连续的，因此，可以将该连续取值 y 定义为样本点 X 属于类别 C_k 的概率：$y = P(Y = C_k \mid X)$，而这也正是逻辑回归（Logistic Regression）预测算法的基本思想。

对于二分类问题，逻辑回归预测算法采用对数几率函数来描述样本点属于正例样本的概率：

$$\ln \frac{y}{1-y} = \beta_0 + \beta_1 x_1 + \beta_2 x_2 + \cdots + \beta_n x_n$$

其中：$y = P(Y = 1 \mid X) = \dfrac{1}{1 + e^{-(\beta_0 + \beta_1 x_1 + \beta_2 x_2 + \cdots + \beta_n x_n)}}$。

逻辑回归预测算法的目标函数为：

$$\arg\min J = \frac{1}{|S|} \sum_i (Y_i \log y_i + (1 - Y_i) \log(1 - y_i))$$

由于逻辑回归预测函数采用了对数几率函数的形式，因此算法得到的分割边界为非线性函数形式。

七、分位数回归（Quantile Regression：QR）预测算法

普通的线性回归（Linear Regression：LR）预测算法刻画的是给定解释变量的条件下，

响应变量的条件期望，算法的目标是使得样本残差的平方和最小，通常采用最小二乘法估计模型的参数。分位数回归（Quantile Regression：QR）预测算法是将线性回归与分位数的概念结合在一起，预测在给定解释变量的条件下响应变量的各种分位数。

分位数回归算法的目标函数为：

$$\arg\min_{\beta_i} Loss \triangleq \frac{1}{|S|} \sum_i L_q(y^{(i)} - (\beta_0 + \beta_1 x_1^{(i)} + \cdots + \beta_n x_n^{(i)})) + \lambda \sum_j |\beta_j|$$

其中包含一个线性损失函数：

$$L_q(y^{(i)} - (\beta_0 + \beta_1 x_1^{(i)} + \cdots + \beta_n x_n^{(i)})) \triangleq q\max(y^{(i)} - (\beta_0 + \beta_1 x_1^{(i)} + \cdots + \beta_n x_n^{(i)}), 0) + (1-q)\max(-(y^{(i)} - (\beta_0 + \beta_1 x_1^{(i)} + \cdots + \beta_n x_n^{(i)})), 0)$$

$$= \begin{cases} q[y^{(i)} - (\beta_0 + \beta_1 x_1^{(i)} + \cdots + \beta_n x_n^{(i)})] & y^{(i)} - (\beta_0 + \beta_1 x_1^{(i)} + \cdots + \beta_n x_n^{(i)}) > 0 \\ 0 & y^{(i)} - (\beta_0 + \beta_1 x_1^{(i)} + \cdots + \beta_n x_n^{(i)}) = 0 \\ (1-q)(y^{(i)} - (\beta_0 + \beta_1 x_1^{(i)} + \cdots + \beta_n x_n^{(i)})) & y^{(i)} - (\beta_0 + \beta_1 x_1^{(i)} + \cdots + \beta_n x_n^{(i)}) < 0 \end{cases}$$

由于分位数回归算法的线性损失函数只是残差的线性函数，因此相比于普通的线性回归算法，分位数回归算法受离群值的影响更小。

八、最近邻（Nearest Neighborhood：NN）回归预测算法

最近邻（NN）预测算法是一种简单的非线性预测算法，该算法对于待预测的样本点通过其最近邻的样本点对应的响应变量来确定。最近邻样本点的划分方式通常情况下有两种：一种方式是通过与待预测的样本点的距离最近的K个已知响应变量信息的样本点来确定，称之为K近邻（K-Nearest Neighborhood：KNN）预测算法。假定待预测的样本点为X_0，则其K近邻样本点集合为：

$$S_{knn} = \{X_i | d(X_i, X_0) < d(X_{i+1}, X_0), i = 1, 2, \cdots, K\}$$

另外一种方式是通过与待预测的样本点的距离小于某个阈值的邻域内已知响应变量信息的样本点来确定，称之为半径最近邻（Radius Neighbors：RN）预测算法。假定待预测的样本点为X_0，则其K近邻样本点集合为：

$$S_{rn} = \{X_i | d(X_i, X_0) < r\}$$

最终待预测的样本点的响应变量数值通过邻域内已知响应变量信息的样本点的加权组合计算得到，通常采用的权重有均匀权重和距离权重。

九、决策树回归（Decision Tree Regression：DTR）预测算法

决策树回归（Decision Tree Regression：DTR）预测算法采取了一种被称之为"分而治之"处理策略，通过在每一个属性特征上的分支切割来构造一种树形结构的决策框架。树形结构中每一个内部节点都代表某个样本属性特征上的测试，每一个分支则代表了在该属性特征上的测试结果，树的叶子节点则代表样本最终的响应变量值。

假定在内部节点 m 处待测试的数据集为 S_m，在该节点处针对第 i 个属性特征通过某个测试 φ 将数据集分成两部分，即形成两个分支：

$$S_m^{left}(\varphi) = \{(X;y) \mid x_i \leqslant \theta_m\}$$
$$S_m^{right}(\varphi) = \{(X;y) \mid x_i > \theta_m\}$$

其中，θ_m 为内部节点 m 处测试 φ 的阈值，即测试 φ 是关于属性 i 和阈值 θ_m 的函数 $\varphi(i,\theta_m)$。在内部节点 m 处测试 φ 的性能通过均方误差、平均绝对误差或者半泊松偏差的组合来度量：

$$Q(S_m,\varphi) = \frac{|S_m^{left}|}{|S_m|} Error(S_m^{left}(\varphi)) + \frac{|S_m^{right}|}{|S_m|} Error(S_m^{right}(\varphi))$$

决策树预测算法的目标函数为：

$$\arg\min_{\varphi} J(\varphi) \triangleq Q(S_m,\varphi)$$

其中：

（1）均方误差定义为：

$$Error(S_m) = \frac{1}{|S_m|} \sum_{y \in S_m} \left(y - \frac{1}{|S_m|} \sum_{y \in S_m} y\right)^2$$

（2）平均绝对误差定义为：

$$Error(S_m) = \frac{1}{|S_m|} \sum_{y \in S_m} |y - median\,(y)_m|$$

（3）半泊松偏差定义为：

$$Error(S_m) = \frac{1}{|S_m|} \sum_{y \in S_m} \left(y\log\frac{y}{\frac{1}{|S_m|}\sum_{y \in S_m} y} - y + \frac{1}{|S_m|}\sum_{y \in S_m} y\right)$$

十、集成学习（Ensemble Learning：EL）预测算法

所谓的集成学习算法就是通过若干个单独的弱机器学习算法组合在一起构成一个强机器学习算法。集成学习算法注意到单个机器学习算法在一组数据集上的性能可能较弱，旨在通过多个单独的弱（性能弱）机器学习算法的组合来提高整体算法的性能，从而构造一个强（性能强）机器学习算法。常见的集成学习算法包含两大类：基于 Bagging 思想的集成学习算法和基于 Boosting 思想的集成学习算法。

Bagging（Bootstrap Aggregating：Bagging）算法也被称为装袋法或者自举聚集法，某个角度上来讲是一种"并行"算法。给定一个数据集和若干个弱学习模型，基于 Bagging 思想的集成学习算法从数据集中随机抽样，并采用抽样后的样本集合来训练单个的弱学习模型，最后融合所有的弱学习模型构成一个强学习模型。

假定数据集为 S，弱学习器为 $L_j(j=1,2,\cdots,K)$，基于 Bagging 思想的集成学习算法首先从数据集 S 中随机抽取容量为 M 的样本，并采用抽样后的样本集合训练弱学习器为 L_j：

$$\hat{y}^{(j)} = L_j(\theta_j;X)$$

最后融合（加权平均）所有的弱学习器构成强学习器：

$$\hat{y} = \sum_j \beta_j L_j(\theta_j; X) = \sum_j \beta_j \hat{y}^{(j)}$$

对于预测问题，最后强学习器的输出结果为各个弱学习器输出结果的加权平均。随机深林算法就是一种典型的基于 Bagging 思想的集成学习算法。

基于 Boosting 思想的集成学习算法也被称为提升学习算法，某个角度上来讲是一种"串行"算法。给定一个数据集和若干个弱学习模型，并对数据集中的每一个样本赋予相同的权重；基于 Boosting 思想的集成学习算法首先采用数据集训练第一个弱学习模型，根据该弱学习模型的输出结果更新数据集中样本的权重，对该弱学习模型判断错误的样本赋予更大的权重；接下来，采用权重更新后的数据集训练下一个弱学习模型，该模型旨在前一个弱学习模型的基础上对权重更大的样本实现正确的判断，以弥补前一个弱学习模型的"缺陷"，并根据模型的输出结果进一步更新样本的权重；然后，循环迭代，依次训练每一个弱学习模型。

假定数据集为 $S = \{(X_i; y_i)\}_{i=1}^m$，弱学习器为 $L_j(j=1,2,\cdots,K)$，基于 Boosting 思想的集成学习算法首先赋予每个样本相同的权重：

$$D(0) \triangleq (w_{01}, w_{02}, \cdots, w_{0m}), w_{0i} = \frac{1}{m}$$

然后训练第一个弱学习器 L_1，该弱学习器的学习错误率可以采用线性绝对误差、平方误差或者指数误差形式，其中线性绝对误差形式为：

$$e_1 = \sum_{i=1}^m w_{0i} \cdot \frac{|-y_i + L_1(X_i)|}{\max_i |y_i - L_1(x_i)|}$$

平方误差形式为：

$$e_1 = \sum_{i=1}^m w_{0i} \cdot \left(\frac{-y_i + L_1(X_i)}{\max_i |y_i - L_1(x_i)|}\right)^2$$

指数误差形式为：

$$e_1 = \sum_{i=1}^m w_{0i} \cdot \left(1 - e^{\left(\frac{-y_i + L_1(X_i)}{\max_i |y_i - L_1(x_i)|}\right)}\right)$$

定义弱学习器 L_1 的组合权重系数为：

$$\beta_1 = \frac{1}{2}\log\frac{1-e_1}{e_1}$$

值得注意的是，弱学习器的学习错误率越高，其组合权重越低。

根据弱学习器 L_1 的输出更新样本权重：

$$D(1) = (w_{11}, w_{12}, \cdots, w_{1m})$$

其中 $w_{1i} = \frac{w_{0i}}{Z_0}e^{-\beta_0 y_i L_1(X_i)}$，而 $Z_0 = \sum_i w_{0i}e^{-\beta_0 y_i L_1(X_i)}$ 为权重归一化因子。

接下来，基于数据集为 $S = \{(X_i; y_i)\}_{i=1}^m$，样本权重 $D(1) = (w_{11}, w_{12}, \cdots, w_{1m})$ 训练下一个弱学习器 $L_k(k=2,3,\cdots,K)$，基于该弱学习器的输出计算其学习错误率 e_k，并得到其

组合权重系数β_k；更新样本权重得到$D(k)=(w_{k1}c,w_{k2},\cdots,w_{km})$。循环迭代，直到所有的弱学习器训练完成。

最终的强学习器为：

$$L_f \triangleq \sum_j \beta_j \cdot median[L_j(\theta_j;X)]$$

自适应提升（Adaptive Boosting：AdaBoost）算法和梯度提升树（Gradient Boosting Trees：GBT）算法是典型的基于Boosting思想的集成学习算法。

十一、支持向量机（Support Vector Machine：SVM）回归预测算法

支持向量机（Support Vector Machine：SVM）回归算法的核心思想是对线性可分的数据集，定义一个超平面，使得到超平面距离最远的样本点之间的距离最小。通常情况下，观测数据集的分布难以满足线性可分的条件，支持向量机（SVM）算法便融合了核（Kernel）的技巧，将观测数据集通过核函数变换到高维的特征空间，然后再在特征空间上寻找最优的分割超平面。

假定数据集为$S=\{(X_i;y_i)\}_{i=1}^m$，支持向量机（SVM）回归算法的目标函数定义为：

$$\underset{W,b,\tau}{\arg\min} J \triangleq \frac{1}{2}W^TW + C\sum_{j=1}^m (\tau_j + \eta_j)$$

$$s.t. \begin{cases} y_i - W^T\varphi(X_i) - b \leqslant \varepsilon + \tau_i \\ W^T\varphi(X_i) + b - y_i \leqslant \varepsilon + \eta_i \\ \tau_i, \eta_i \geqslant 0, i = 1,2,\cdots,m \end{cases}$$

其中，τ_j，η_j为松弛因子，C为惩罚因子。

支持向量机（SVM）回归算法最终形式化为一个求解二次规划的问题。

十二、人工神经网络（Artificial Neural Networks：ANN）预测算法

人工神经网络（Artificial Neural Networks：ANN）预测算法是通过模拟人脑神经元的工作机理进行学习，不同的神经元之间通过图网络的形式连接在一起，神经元的输出则是通过激活函数来模拟。人工神经网络（ANN）算法的第一层为网络的输入层，中间层为网络的隐含层，最后一层为网络的输出层，层与层之间通过权重系数矩阵连接。

假定数据集为：

$$S = \{(X=(x_1,x_2,\cdots,x_n)^T,y)|X\in\Re^n,y\in\Re\}$$

只有一个隐含层的人工神经网络（也被称为多层感知机网络）的目标是学习一个非线性函数，满足：

$$\hat{y} = F(X) = W_2 \cdot g(W_1^TX+b_1) + b_2$$

其中，$g(\cdot)$为激活函数，通常可取为双曲正切函数形式：

$$g(t)=\frac{e^{t}-e^{-t}}{e^{t}+e^{-t}}$$

人工神经网络（ANN）预测算法的目标函数为：

$$\arg\min_{W} J \triangleq \frac{1}{2}\sum_{i}\|y_{i}-\hat{y}_{i}\|^{2}+\frac{\lambda}{2}\|W\|^{2}$$

其中，W包含所有的网络权重系数。

第二节　预测分析的 Python 实践

本节介绍如何采用Python语言来实现预测分析的线性回归（Linear Regression：LR）预测算法、岭回归（Ridge Regression）预测算法、套索回归（LASSO Regression）预测算法、弹性网络回归（ElasticNet Regression）预测算法、逻辑回归（Logistic Regression）预测算法、分位数回归（Quantile Regression：QR）预测算法、最近邻（Nearest Neighborhood：NN）回归预测算法、决策树回归（Decision Tree Regression：DTR）预测算法、集成学习（Ensemble Learning：EL）预测算法、支持向量机（Support Vector Machine：SVM）回归预测算法、人工神经网络（Artificial Neural Networks：ANN）预测算法，并通过实际的例子来考察算法的运行及性能。

一、线性回归（Linear Regression：LR）预测算法的 Python 实践

为了采用线性回归（Linear Regression）预测算法对数据集进行预测分析，首先导入Scikit-Learning模块中的linear_model子模块。为了对算法预测结果进行分析，并对算法结果进行可视化，一并导入相关的模块，具体示例代码及执行结果如图10-1所示。

```
"""
导入必要的模块
"""
import matplotlib.pyplot as plt
import numpy as np
import pandas as pd
from sklearn import datasets,linear_model,discriminant_analysis,model_selection
from sklearn.model_selection import train_test_split
from sklearn.preprocessing import StandardScaler,MinMaxScaler
from matplotlib.colors import ListedColormap
import matplotlib as mpl
from mpl_toolkits.mplot3d import Axes3D
from matplotlib.patches import Polygon,Circle,Wedge
from sklearn import metrics
import matplotlib.colors as colors
from matplotlib import offsetbox as ofbox
mpl.rcParams['font.sans-serif']= ['simsun']
mpl.rcParams['axes.unicode_minus']=False
import warnings
warnings.filterwarnings('ignore')
```

图10-1　导入相关模块

导入Scikit-Learning模块中自带的糖尿病数据集，该数据集包含442位患者的10个生理特征，且特征变量数据均已进行规范化预处理，具体示例代码及执行结果如图10-2所示。

```
"""
导入数据集合，并随机分成测试集合和训练集合
Diabetes: 糖尿病数据集
"""
cz_diabetes=datasets.load_diabetes()
cz_diab_data=cz_diabetes.data
cz_diab_y=cz_diabetes.target
cz_X_train,cz_X_test,cz_y_train,cz_y_test=train_test_split(cz_diab_data,cz_diab_y,test_size=.20,random_state=2022)
print('部分训练数据集：\n{}\n----\n{}'.format(cz_X_train[:10,:],cz_y_train[:10]))
```
```
部分训练数据集：
[[ 0.08166637  -0.04464164  0.03367309  0.00810087  0.0520932   0.05661859
   -0.01762938  0.03430886  0.03486419  0.06933812]
 [ 0.05987114  0.05068012  0.02289497  0.04941532  0.01631843  0.01183836
   -0.01394774  -0.00259226  0.03953988  0.01963284]
 [ 0.04534098  -0.04464164  0.0519959  -0.0538708  0.06310082  0.06476045
   -0.01026611  0.03430886  0.03723201  0.01963284]
 [-0.00188202  -0.04464164  0.03367309  0.12515848  0.02457414  0.02624319
   -0.01026611  -0.00259226  0.02671426  0.06105391]
 [ 0.04897352  -0.04464164  -0.04285156  -0.0538708  0.04521344  0.05004247
   0.03391355  -0.00259226  -0.02595242  -0.0632093 ]
 [ 0.02717829  -0.04464164  -0.00728377  -0.05042792  0.0754844   0.05661859
   0.03391355  -0.00259226  0.04344317  0.01549073]
 [-0.04910502  -0.04464164  0.0250506  0.00810087  0.02044629  0.01778818
   0.05232174  -0.03949338  -0.04118039  0.00720652]
 [ 0.05260606  -0.04464164  -0.00405033  -0.03091833  -0.0469754  -0.0583069
   -0.01394774  -0.02583997  0.03605579  0.02377494]
 [-0.04547248  -0.04464164  0.03906215  0.00121513  0.01631843  0.01528299
   -0.02867429  0.02655962  0.04452837  -0.02593034]
 [ 0.0090156   0.05068012  -0.00189471  0.02187235  -0.03871969  -0.02480001
   -0.00658447  -0.03949338  -0.03980959  -0.01350402]]
----
[150. 232. 164. 270.  64.  95. 182. 198. 220.  44.]
```

图10-2 糖尿病数据集

首先查看以下数据的整体分布情况，给出解释变量和响应变量的描述性统计信息，具体示例代码及执行结果如图10-3所示。

```
"""
数据集的整体情况
"""
print('解释变量的描述性统计情况：')
pd.set_option('precision', 3)
cz_X_pd=pd.DataFrame(cz_diab_data).describe()
print(cz_X_pd.T)
print('---'*10)
print('响应变量的描述性统计情况：')
cz_y_pd=pd.DataFrame(cz_diab_y).describe()
print(cz_y_pd.T)
```

解释变量的描述性统计情况：								
	count	mean	std	min	25%	50%	75%	max
0	442.0	−3.634e−16	0.048	−0.107	−0.037	0.005	0.038	0.111
1	442.0	1.308e−16	0.048	−0.045	−0.045	−0.045	0.051	0.051
2	442.0	−8.045e−16	0.048	−0.090	−0.034	−0.007	0.031	0.171
3	442.0	1.282e−16	0.048	−0.112	−0.037	−0.006	0.036	0.132
4	442.0	−8.835e−17	0.048	−0.127	−0.034	−0.004	0.028	0.154
5	442.0	1.327e−16	0.048	−0.116	−0.030	−0.004	0.030	0.199
6	442.0	−4.575e−16	0.048	−0.102	−0.035	−0.007	0.029	0.181
7	442.0	3.777e−16	0.048	−0.076	−0.039	−0.003	0.034	0.185
8	442.0	−3.831e−16	0.048	−0.126	−0.033	−0.002	0.032	0.134
9	442.0	−3.413e−16	0.048	−0.138	−0.033	−0.001	0.028	0.136

响应变量的描述性统计情况：								
	count	mean	std	min	25%	50%	75%	max
0	442.0	152.133	77.093	25.0	87.0	140.5	211.5	346.0

图10-3 数据的描述性统计信息

由程序执行的结果可以发现，数据集本身不存在缺失值情况，且解释变量和响应变量都是连续型取值。

定义线性回归模型，并采用训练数据集训练模型，具体示例代码及执行结果如图10-4所示。

```
'''
定义线性回归模型，对数据进行回归分析
'''
def cz_LinearReg(X_data,y_data):
    '''
    Author: Chengzhang Wang
    Date: 2022-3-7
    根据传入的数据集训练线性回归模型。
    参数：
        X_data: 解释变量数据集(nsample,nfeature)
        Y_data: 响应变量数据集
    返回：
        训练好的线性回归模型
    '''
    cz_linearreg=linear_model.LinearRegression()
    cz_linearreg.fit(X_data,y_data)

    return cz_linearreg

# 调用函数进行回归分析
cz_linearreg=cz_LinearReg(cz_X_train,cz_y_train)
print('回归系数为：\n{}'.format(cz_linearreg.coef_))
print('回归截距项为：{:.2f}'.format(cz_linearreg.intercept_))
print('训练集上均方误差为：{:.2f}'.format(metrics.mean_squared_error(cz_y_train,cz_linearreg.predict(cz_X_train))))
print('训练集上平均绝对误差为：{:.2f}'.format(metrics.mean_absolute_error(cz_y_train,cz_linearreg.predict(cz_X_train))))
print('判定系数为：{:.2f}'.format(cz_linearreg.score(cz_X_train,cz_y_train)))
print('—'*10)
print('测试集上均方误差为：{:.2f}'.format(metrics.mean_squared_error(cz_y_test,cz_linearreg.predict(cz_X_test))))
print('测试集上平均绝对误差为：{:.2f}'.format(metrics.mean_absolute_error(cz_y_test,cz_linearreg.predict(cz_X_test))))
```

```
回归系数为：
[   4.82162607    -235.07445037   517.2244014   368.79040457   -465.12359705
   183.21024117   -55.09170969    83.81752251   644.94835298   81.97954842]
回归截距项为：152.99
训练集上均方误差为：2870.80
训练集上平均绝对误差为：43.18
判定系数为：0.51
————————————————————
测试集上均方误差为：2906.94
测试集上平均绝对误差为：44.00
```

图10-4 线性回归模型的回归结果

线性回归模型训练完成后，可以绘制残差图像以考察模型的回归效果，具体示例代码及执行结果如图10-5所示。

```
'''
绘制预测分析后的残差图像
'''
def cz_Residuals_plot(X_data,y_data,rg_model,title,fignum):
    '''
    Author: Chengzhang Wang
    Date: 2022-3-7
    根据传入的数据集及预测分析模型，绘制回归后的残差图。
    参数：
```

```
        X_data: 解释变量数据集(nsample,nfeature)
        Y_data: 响应变量数据集
        rg_model: 预测模型
        title: 图像的标题
        fignum: 图像的标号
    """
    y_hat=rg_model.predict(X_data)
    res_data=y_data−y_hat
    plt.figure(figsize=(6,4),dpi=300)
    plt.plot(np.arange(len(res_data)),res_data,'.',label='残差')
    plt.hlines(0,min(np.arange(len(res_data)))−1,max(np.arange(len(res_data)))+1,'k',linestyles='dashed')
    plt.xticks([])
    plt.yticks([])
    plt.xlim((min(np.arange(len(res_data)))−1,max(np.arange(len(res_data)))+1))
    plt.title(title)
    plt.savefig('.\图片\图10−'+str(fignum)+'.png')
    plt.show()

#绘制残差图
cz_Residuals_plot(cz_X_train,cz_y_train,cz_linearreg,'线性回归残差图',5)
```

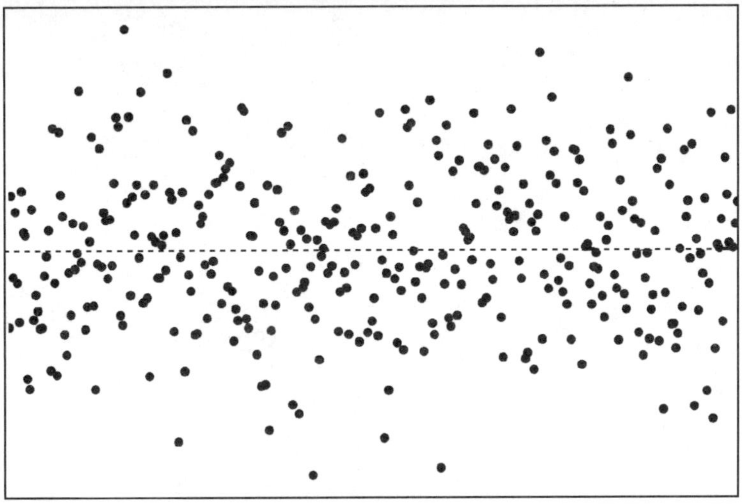

图10−5　数据回归的残差图

　　由程序执行的结果可以发现，残差图像分布无规律，说明模型定义中噪声项符合白噪声的条件，线性回归模型拟合的结果是正确的。

　　线性回归预测分析模型训练好之后即可用来预测解释变量对应的响应变量的取值，可以绘制出训练集上线性回归预测算法的预测曲线及残差图像，具体示例代码及执行结果如图10−6所示。

```
"""
绘制预测分析后的预测曲线、残差图像
"""
def cz_PredRes_plot(X_data,y_data,rg_model,title,fignum):
    """
    Author: Chengzhang Wang
    Date: 2022−3−7
    根据传入的数据集及预测分析模型，绘制回归曲线及残差图。
    参数：
```

```
        X_data: 解释变量数据集(nsample,nfeature)
        Y_data: 响应变量数据集
        rg_model: 预测模型
        title: 图像的标题
        fignum: 图像的标号
    """
    y_hat=rg_model.predict(X_data)
    res_data=y_data−y_hat
    fig, axs = plt.subplots(nrows=2, ncols=1, figsize=(10,8),dpi=300,sharex=True)
    axs[0].plot(np.arange(len(res_data)),y_data,'*−',label='真实值')
    axs[0].plot(np.arange(len(res_data)),y_hat,'s−−',label='预测值')
    axs[0].set_xticks([])
    axs[0].set_yticks([])
    axs[0].set_xlim((min(np.arange(len(res_data)))−1,max(np.arange(len(res_data)))+1))
    axs[0].set_title('预测')
    axs[0].legend()

    axs[1].plot(np.arange(len(res_data)),y_data−y_hat,'−',label='残差')
    axs[1].set_xticks([])
    axs[1].set_yticks([])
    axs[1].set_xlim((min(np.arange(len(res_data)))−1,max(np.arange(len(res_data)))+1))
    axs[1].set_title('残差')
    axs[1].legend()

    plt.suptitle(title)
    plt.savefig('.\图片\图10−'+str(fignum)+'.png')
    plt.show()

#绘制残差图
cz_PredRes_plot(cz_X_train,cz_y_train,cz_linearreg,'线性回归预测−残差图',6)
```

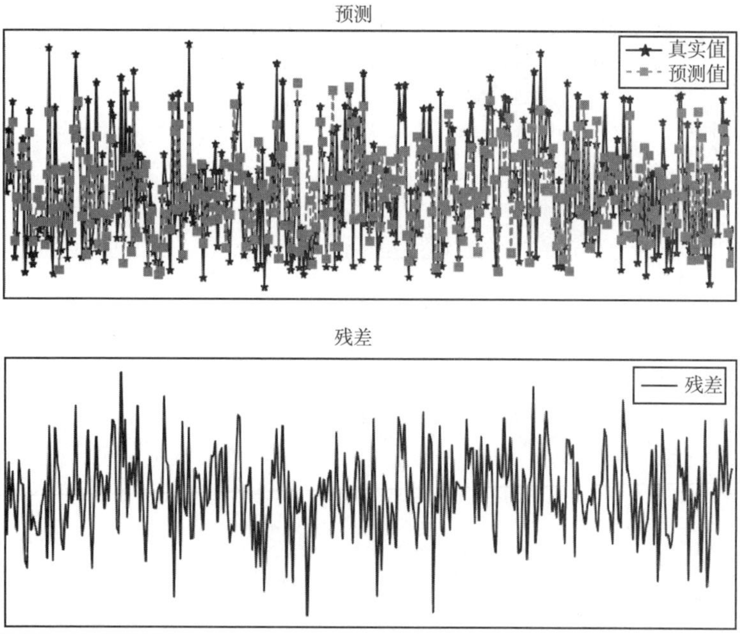

图 10−6　线性回归预测曲线及残差图

可以采用残差标准差大致计算每个样本点处预测值的误差，并可视化预测效果，具体
示例代码及执行结果如图 10−7 所示。

```
'''
绘制预测分析后的预测曲线及误差图像
'''
def cz_PredErr_plot(X_data,y_data,rg_model,title,fignum):
    '''
    Author: Chengzhang Wang
    Date: 2022-3-7
    根据传入的数据集及预测分析模型，绘制预测曲线及误差图像。
    参数：
        X_data: 解释变量数据集(nsample,nfeature)
        Y_data: 响应变量数据集
        rg_model: 预测模型
        title: 图像的标题
        fignum: 图像的标号
    '''
    y_hat=rg_model.predict(X_data)
    res_data=y_data-y_hat
    res_st=[]
    for i in np.arange(len(res_data)):
        if i==0:
            res_st.append(0)
        else:
            res_st.append(np.std(res_data[:i]))
    plt.subplots(figsize=(6,4),dpi=300)
    plt.plot(np.arange(len(res_data)),y_hat,'k-',label='预测值')
    plt.fill_between(np.arange(len(res_data)),y_hat-1.96*np.array(res_st), y_hat+1.96*np.array(res_st),capstyle='round',color='gray',alpha=.4)
    plt.xticks([])
    plt.yticks([])
    plt.xlim((min(np.arange(len(res_data)))-1,max(np.arange(len(res_data)))+1))
    plt.legend()

    plt.title(title)
    plt.savefig('.\图片\图10-'+str(fignum)+'.png')
    plt.show()

# 绘制预测曲线及误差图
cz_PredErr_plot(cz_X_train,cz_y_train,cz_linearreg,'线性回归预测-误差图',7)
```

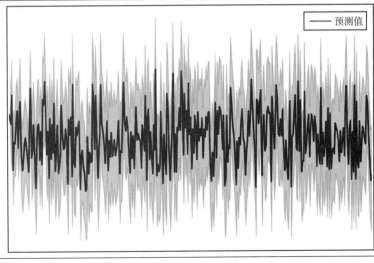

图10-7　预测曲线及误差

二、岭回归（Ridge Regression）预测算法的Python实践

为了采用岭回归（Ridge Regression）预测算法对数据集进行预测分析，首先导入Scikit-Learning模块中的linear_model子模块。载入糖尿病数据集即可调用函数对数据集进行预测分析，具体示例代码及执行结果如图10-8所示。

```
"""
定义岭回归模型，对数据进行回归分析
"""
def cz_RidgeReg(X_data,y_data,alp=1.0,slv='auto'):
    """
    Author: Chengzhang Wang
    Date: 2022-3-7
    根据传入的数据集训练岭回归模型。
    参数：
        X_data: 解释变量数据集(nsample,nfeature)
        Y_data: 响应变量数据集
        alp: 惩罚项权重
        slv: 求解模式
    返回：
        训练好的岭回归模型
    """
    cz_ridreg=linear_model.Ridge(alpha=alp,solver=slv,random_state=2022)
    cz_ridreg.fit(X_data,y_data)

    return cz_ridreg

# 调用函数进行回归分析
cz_ridreg=cz_RidgeReg(cz_X_train,cz_y_train)
print('回归系数为：\n{}'.format(cz_ridreg.coef_))
print('回归截距项为：{:.2f}'.format(cz_ridreg.intercept_))
print('训练集上均方误差为：{:.2f}'.format(metrics.mean_squared_error(cz_y_train,cz_ridreg.predict(cz_X_train))))
print('训练集上平均绝对误差为：{:.2f}'.format(metrics.mean_absolute_error(cz_y_train,cz_ridreg.predict(cz_X_train))))
print('判定系数为：{:.2f}'.format(cz_ridreg.score(cz_X_train,cz_y_train)))
print('——'*10)
print('测试集上均方误差为：{:.2f}'.format(metrics.mean_squared_error(cz_y_test,cz_ridreg.predict(cz_X_test))))
print('测试集上平均绝对误差为：{:.2f}'.format(metrics.mean_absolute_error(cz_y_test,cz_ridreg.predict(cz_X_test))))
```

```
回归系数为：
[  47.68989778  -67.66780042  278.50306258  211.14348395    1.47787544
  -30.25517215 -132.27127928   89.72044401  233.53041221  120.17719231]
回归截距项为：152.72
训练集上均方误差为：3388.24
训练集上平均绝对误差为：48.78
判定系数为：0.43
--------------------
测试集上均方误差为：3245.32
测试集上平均绝对误差为：47.84
```

图10-8　岭回归预测结果

岭回归模型训练完成后，可以绘制残差图像以考察模型的回归效果，具体示例代码及执行结果如图10-9所示。

```
"""
绘制预测分析后的残差图像
"""
cz_Residuals_plot(cz_X_train,cz_y_train,cz_ridreg,'岭回归残差图',9)
```

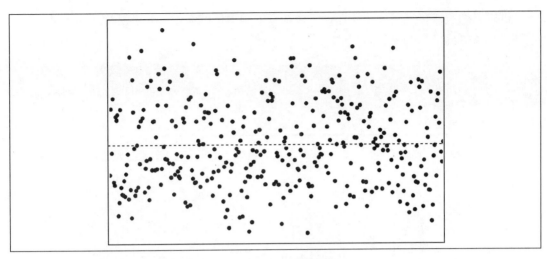

图 10-9　岭回归残差图

　　由程序执行的结果可以发现，残差图像分布无规律，说明模型定义中噪声项符合白噪声的条件，岭回归模型拟合的结果是正确的。

　　岭回归预测分析模型训练好之后即可用来预测解释变量对应的响应变量的取值，可以绘制出训练集上岭回归预测算法的预测曲线及残差图像，具体示例代码及执行结果如图 10-10 所示。

```
"""
绘制预测分析后的预测曲线、残差图像
"""
cz_PredRes_plot(cz_X_train,cz_y_train,cz_ridreg,'岭回归预测曲线及残差',10)
```

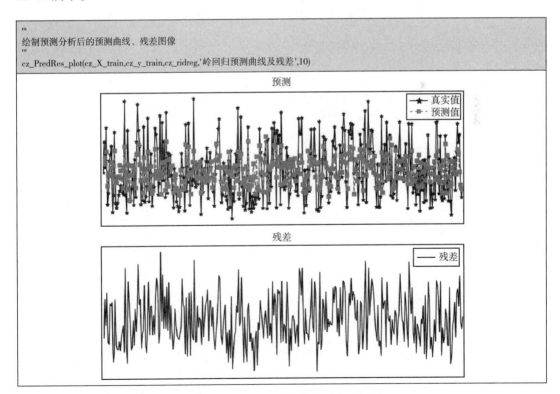

图 10-10　岭回归预测曲线及残差图

可以采用残差标准差大致计算每个样本点处预测值的误差，并可视化预测效果，具体示例代码及执行结果如图 10-11 所示。

```
'''
绘制预测分析后的预测曲线及误差图像
'''
#绘制预测曲线及误差图
cz_PredErr_plot(cz_X_train,cz_y_train,cz_ridreg,'岭回归预测曲线 – 误差图',11)
```

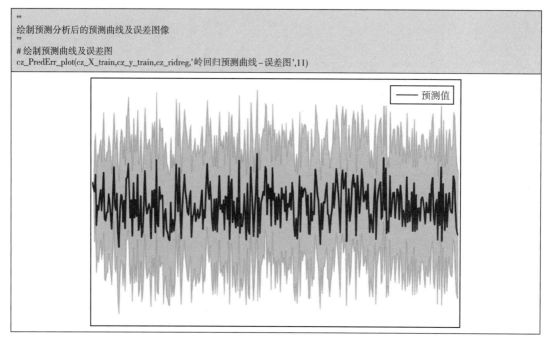

图 10-11　岭回归预测曲线及误差

岭回归预测模型中惩罚项的权重对算法的性能有较大影响，可以通过岭迹图来选择最优的超参数，具体示例代码及执行结果如图 10-12 所示。

```
'''
岭迹：超参数lambda的取值问题
'''
cz_alps=np.logspace(-2,3)
cz_scores=[]
for i,alp in enumerate(cz_alps):
    cz_rigreg=cz_RidgeReg(cz_X_train,cz_y_train,alp)
    cz_scores.append(cz_rigreg.coef_)
cz_scores=np.array(cz_scores)
plt.figure(figsize=(6,4),dpi=300)
ax=plt.gca()
#分别绘制每个系数的曲线
for i in np.arange(cz_scores.shape[1]):
    plt.plot(cz_alps, cz_scores[:,i])
labels=ax.get_xticklabels()+ax.get_yticklabels()
[label.set_fontname('Times New Roman') for label in labels]

plt.xlabel(r'参数 $\lambda$')
plt.xscale('log')
plt.ylabel('系数')
plt.grid(axis='x')
plt.title('岭迹图')
plt.savefig('.\图片\图 10-12.png')
plt.show()
```

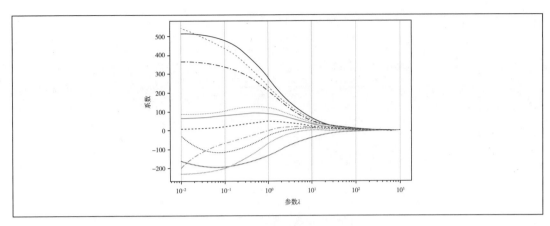

图10-12 岭回归的岭迹图

由程序执行的结果可以发现，参数取值为0.1时较为合理。

岭回归预测模型中函数求解模式对算法的性能有较大影响，可以绘制不同求解模式下的性能对比图，具体示例代码及执行结果如图10-13所示。

```
'''
岭回归求解方式的影响
'''
cz_slvs=['auto', 'svd', 'cholesky', 'lsqr', 'sparse_cg', 'sag', 'saga']
cz_scores=[]
for i,slv in enumerate(cz_slvs):
    cz_rigreg=cz_RidgeReg(cz_X_train,cz_y_train,0.1,slv)
    cz_scores.append(cz_rigreg.score(cz_X_train,cz_y_train))

plt.figure(figsize=(6,4),dpi=300)
ax=plt.gca()
plt.bar(cz_slvs, cz_scores)
for i in np.arange(len(cz_slvs)):
    plt.text(i-.5, cz_scores[i]+.01,'{:.5f}'.format(cz_scores[i]))
plt.xlabel('求解方法')
plt.ylabel('判断系数')
plt.ylim((0.3,0.55))
plt.title('求解方法效果')
plt.savefig('.\图片\图10-13.png')
plt.show()
```

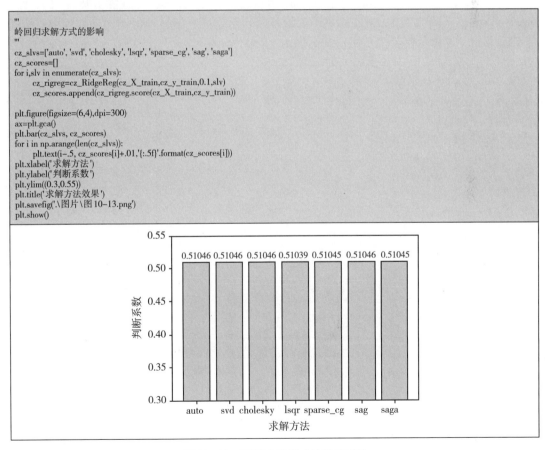

图10-13 不同求解模式的效果对比

由程序执行的结果可以发现，各种求解模式下性能差异不大。

最优超参数组合条件下，可以比较训练数据集和测试数据集上回归模型的性能，具体示例代码及执行结果如图10-14所示。

```
"""
最优超参数组合下模型预测结果
"""
cz_rigreg=cz_RidgeReg(cz_X_train,cz_y_train,0.1,'svd')
cz_tr_score=metrics.mean_squared_error(cz_rigreg.predict(cz_X_train),cz_y_train)
cz_tt_score=metrics.mean_squared_error(cz_rigreg.predict(cz_X_test),cz_y_test)
print('最优超参数组合下训练集上的预测均方误差为: {:.2f}'.format(cz_tr_score))
print('最优超参数组合下测试集上的预测均方误差为: {:.2f}'.format(cz_tt_score))
```
```
最优超参数组合下训练集上的预测均方误差为: 2895.82
最优超参数组合下测试集上的预测均方误差为: 2920.74
```

图10-14 最优超参数组合下的线性回归算法的性能

三、套索回归（LASSO Regression）预测算法的Python实践

为了采用套索回归（Ridge Regression）预测算法对数据集进行预测分析，首先导入Scikit-Learning模块中的linear_model子模块。载入糖尿病数据集即可调用函数对数据集进行预测分析，具体示例代码及执行结果如图10-15所示。

```
"""
定义套索模型，对数据进行回归分析
"""
def cz_LassoReg(X_data,y_data,alp=1.0):
    """
    Author: Chengzhang Wang
    Date: 2022-3-7
    根据传入的数据集训练套索模型。
    参数:
        X_data: 解释变量数据集 (nsample,nfeature)
        Y_data: 响应变量数据集
        alp: 惩罚项权重
    返回:
        训练好的套索模型
    """
    cz_lasreg=linear_model.Lasso(alpha=alp,random_state=2022)
    cz_lasreg.fit(X_data,y_data)

    return cz_lasreg

# 调用函数进行回归分析
cz_lasreg=cz_LassoReg(cz_X_train,cz_y_train)
print('回归系数为: \n{}'.format(cz_lasreg.coef_))
print('回归截距项为: {:.2f}'.format(cz_lasreg.intercept_))
print('训练集上均方误差为: {:.2f}'.format(metrics.mean_squared_error(cz_y_train,cz_lasreg.predict(cz_X_train))))
print('训练集上平均绝对误差为: {:.2f}'.format(metrics.mean_absolute_error(cz_y_train,cz_lasreg.predict(cz_X_train))))
print('判定系数为: {:.2f}'.format(cz_lasreg.score(cz_X_train,cz_y_train)))
print('--'*10)
print('测试集上均方误差为: {:.2f}'.format(metrics.mean_squared_error(cz_y_test,cz_lasreg.predict(cz_X_test))))
print('测试集上平均绝对误差为: {:.2f}'.format(metrics.mean_absolute_error(cz_y_test,cz_lasreg.predict(cz_X_test))))
```
```
回归系数为:
[ 0.          -0.          352.71111462  86.5205741    0.
  0.          -0.          0.           251.23698847  0.          ]
回归截距项为: 152.28
训练集上均方误差为: 3842.65
训练集上平均绝对误差为: 52.69
判定系数为: 0.35
------------------------
测试集上均方误差为: 3664.25
测试集上平均绝对误差为: 52.16
```

图10-15 套索回归预测结果

　　由程序执行的结果可以发现，套索回归预测模型中很多解释变量前的系数估计值都变成了0。

　　套索回归模型训练完成后，可以绘制残差图像以考察模型的回归效果，具体示例代码及执行结果如图10-16所示。

```
"""
绘制预测分析后的残差图像
"""
cz_Residuals_plot(cz_X_train,cz_y_train,cz_lasreg,'套索回归残差图',16)
```

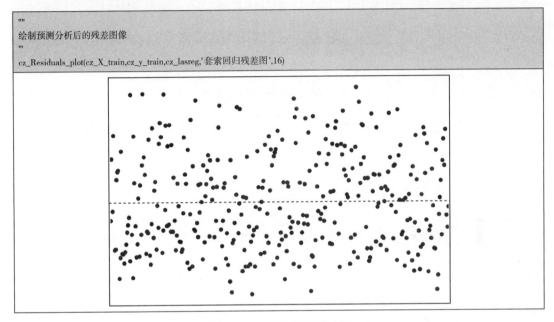

图10-16　套索回归残差图

　　由程序执行的结果可以发现，残差图像分布无规律，说明模型定义中噪声项符合白噪声的条件，套索回归模型拟合的结果是正确的。

　　套索回归预测分析模型训练好之后即可用来预测解释变量对应的响应变量的取值，可以绘制出训练集上套索回归预测算法的预测曲线及残差图像，具体示例代码及执行结果如图10-17所示。

```
"""
绘制预测分析后的预测曲线、残差图像
"""
cz_PredRes_plot(cz_X_train,cz_y_train,cz_lasreg,'套索回归预测曲线及残差',17)
```

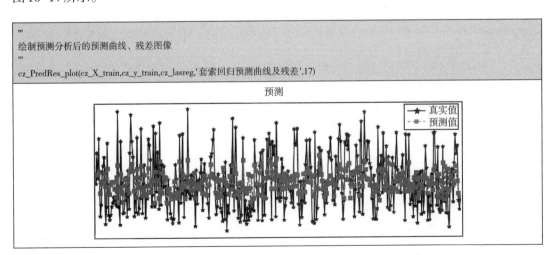

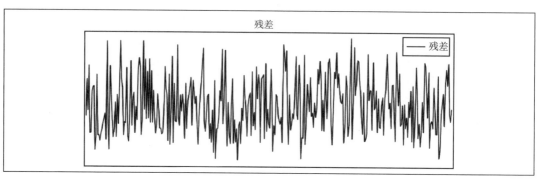

图 10-17　套索回归预测曲线及残差图

可以采用残差标准差大致计算每个样本点处预测值的误差，并可视化预测效果，具体
示例代码及执行结果如图 10-18 所示。

```
'''
绘制预测分析后的预测曲线及误差图像
'''
# 绘制预测曲线及误差图
cz_PredErr_plot(cz_X_train,cz_y_train,cz_lasreg,'套索回归预测曲线 – 误差图',18)
```

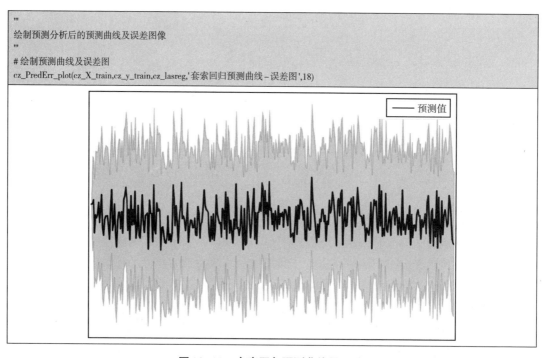

图 10-18　套索回归预测曲线及误差

套索回归预测模型中惩罚项的权重对算法的性能有较大影响，可以通过类似岭迹图来
选择最优的超参数，具体示例代码及执行结果如图 10-19 所示。

```
'''
惩罚项权重超参数 lambda 的取值问题
'''
cz_alps=np.logspace(-2,3)
cz_scores=[]
for i,alp in enumerate(cz_alps):
    cz_lasreg=cz_LassoReg(cz_X_train,cz_y_train,alp)
    cz_scores.append(cz_lasreg.coef_)
```

```
cz_scores=np.array(cz_scores)
plt.figure(figsize=(6,4),dpi=300)
ax=plt.gca()
# 分别绘制每个系数的曲线
for i in np.arange(cz_scores.shape[1]):
        plt.plot(cz_alps, cz_scores[:,i])
labels=ax.get_xticklabels()+ax.get_yticklabels()
[label.set_fontname('Times New Roman') for label in labels]

plt.xlabel(r' 参数 $\lambda$')
plt.xscale('log')
plt.ylabel(' 系数 ')
plt.grid(axis='x')
plt.title(' 系数变化曲线 ')
plt.savefig('.\图片\图 10-19.png')
plt.show()
```

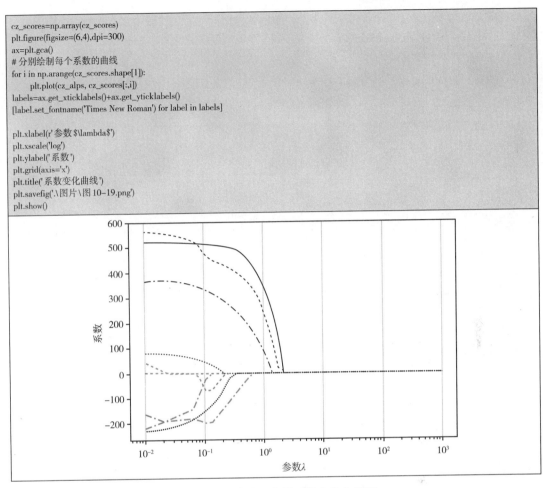

图 10-19　套索回归的系数变化曲线图

由程序执行的结果可以发现，参数取值为 0.1 时较为合理。

最优超参数组合条件下，可以比较训练数据集和测试数据集上回归模型的性能，具体示例代码及执行结果如图 10-20 所示。

```
'''
最优超参数组合下模型预测结果
'''
cz_lasreg=cz_LassoReg(cz_X_train,cz_y_train,.1)
cz_tr_score=metrics.mean_squared_error(cz_lasreg.predict(cz_X_train),cz_y_train)
cz_tt_score=metrics.mean_squared_error(cz_lasreg.predict(cz_X_test),cz_y_test)
print(' 最优超参数组合下训练集上的预测均方误差为: {:.2f}'.format(cz_tr_score))
print(' 最优超参数组合下测试集上的预测均方误差为: {:.2f}'.format(cz_tt_score))
```

最优超参数组合下训练集上的预测均方误差为: 2909.79
最优超参数组合下测试集上的预测均方误差为: 2896.54

图 10-20　最优超参数组合下的套索回归算法的性能

由程序执行的结果可以发现，套索回归预测模型的系数过于稀疏（为零的系数过多）有时也会导致模型的预测性能下降。

四、弹性网络回归（ElasticNet Regression）预测算法的 Python 实践

为了采用弹性网络回归（ElasticNet Regression）预测算法对数据集进行预测分析，首先导入 Scikit-Learning 模块中的 linear_model 子模块。载入糖尿病数据集即可调用函数对数据集进行预测分析，具体示例代码及执行结果如图 10-21 所示。

```
'''
定义弹性网络回归模型，对数据进行回归分析
'''
def cz_ElasticNetReg(X_data,y_data,alp=1.0,l1r=0.5):
    '''
    Author: Chengzhang Wang
    Date: 2022-3-7
    根据传入的数据集训练弹性网络模型。
    参数：
        X_data: 解释变量数据集(nsample,nfeature)
        Y_data: 响应变量数据集
        alp: 惩罚项权重
        l1r: 惩罚项权重的调节因子
    返回：
        训练好的弹性网络模型
    '''
    cz_enr=linear_model.ElasticNet(alpha=alp,l1_ratio=l1r,random_state=2022)
    cz_enr.fit(X_data,y_data)

    return cz_enr

# 调用函数进行回归分析
cz_enr=cz_ElasticNetReg(cz_X_train,cz_y_train)
print('回归系数为：\n{}'.format(cz_enr.coef_))
print('回归截距项为：{:.2f}'.format(cz_enr.intercept_))
print('训练集上均方误差为：{:.2f}'.format(metrics.mean_squared_error(cz_y_train,cz_enr.predict(cz_X_train))))
print('训练集上平均绝对误差为：{:.2f}'.format(metrics.mean_absolute_error(cz_y_train,cz_enr.predict(cz_X_train))))
print('判定系数为：{:.2f}'.format(cz_enr.score(cz_X_train,cz_y_train)))
print('--'*10)
print('测试集上均方误差为：{:.2f}'.format(metrics.mean_squared_error(cz_y_test,cz_enr.predict(cz_X_test))))
print('测试集上平均绝对误差为：{:.2f}'.format(metrics.mean_absolute_error(cz_y_test,cz_enr.predict(cz_X_test))))
```

```
回归系数为：
[ 0.61839832  0.          3.18907452  2.47438389  0.38624995  0.14714574
 -1.50743928  1.6478489   2.83230812  1.96097051]
回归截距项为：151.98
训练集上均方误差为：5866.64
训练集上平均绝对误差为：65.15
判定系数为：0.01
--------------------
测试集上均方误差为：5933.05
测试集上平均绝对误差为：66.79
```

图 10-21 弹性网络回归预测结果

由程序执行的结果可以发现，弹性网络回归预测模型中部分解释变量前的系数估计值变成了 0。

弹性网络回归模型训练完成后，可以绘制残差图像以考察模型的回归效果，具体示例代码及执行结果如图 10-22 所示。

```
'''
绘制预测分析后的残差图像
'''
cz_Residuals_plot(cz_X_train,cz_y_train,cz_enr,'弹性网络回归残差图',22)
```

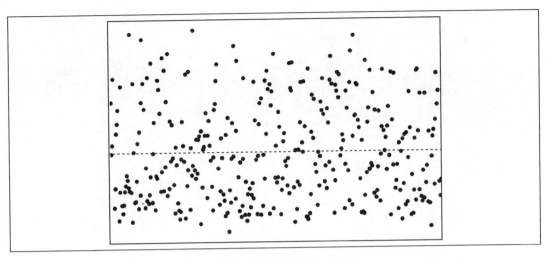

图10-22 弹性网络回归残差图

由程序执行的结果可以发现，残差图像分布无规律，说明模型定义中噪声项符合白噪声的条件，弹性网络回归模型拟合的结果是正确的。

弹性网络回归预测分析模型训练好之后即可用来预测解释变量对应的响应变量的取值，可以绘制出训练集上弹性网络回归预测算法的预测曲线及残差图像，具体示例代码及执行结果如图10-23所示。

```
"""
绘制预测分析后的预测曲线、残差图像
"""
cz_PredRes_plot(cz_X_train,cz_y_train,cz_enr,'弹性网络回归预测曲线及残差',23)
```

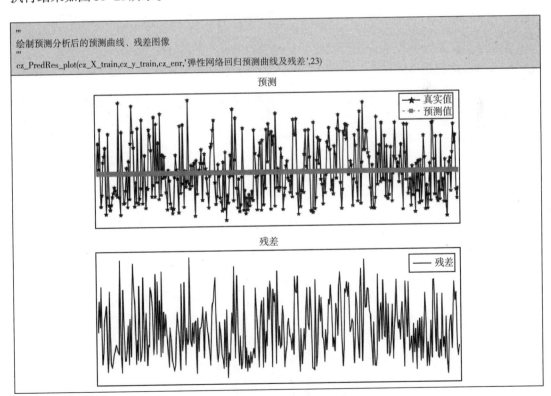

图10-23 弹性网络回归预测曲线及残差图

可以采用残差标准差大致计算每个样本点处预测值的误差，并可视化预测效果，具体示例代码及执行结果如图10-24所示。

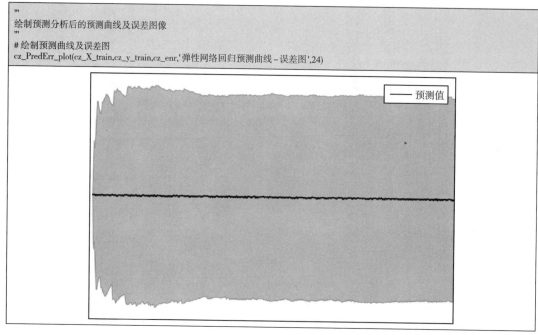

```
"""
绘制预测分析后的预测曲线及误差图像
"""
#绘制预测曲线及误差图
cz_PredErr_plot(cz_X_train,cz_y_train,cz_enr,'弹性网络回归预测曲线–误差图',24)
```

图 10-24　弹性网络回归预测曲线及误差

弹性网络回归预测模型中惩罚项的两个权重对算法的性能有较大影响，可以通过组合优化来选择最优的超参数，具体示例代码及执行结果如图10-25所示。

```
"""
超参数的组合优化
"""
cz_alps=np.logspace(-2,2)
cz_l1rs=np.linspace(.01,1)
# 存储性能指标及其对应的超参数
cz_para_score=pd.DataFrame(columns=['score','score_1','score_2','para'])
cz_para_comb=[(i,j) for i in cz_alps for j in cz_l1rs]
print('# 下面开始参数优化搜索：')
i=0
for para in cz_para_comb:
        enr=cz_ElasticNetReg(cz_X_train,cz_y_train,para[0],para[1])
        if metrics.mean_squared_error(cz_y_train,enr.predict(cz_X_train))!=0:
cz_scr1=enr.score(cz_X_train,cz_y_train)/metrics.mean_squared_error(cz_y_train,enr.predict(cz_X_train))
        else:
                cz_scr1=enr.score(cz_X_train,cz_y_train)
        if metrics.mean_squared_error(cz_y_test,enr.predict(cz_X_test))!=0:
cz_scr2=enr.score(cz_X_train,cz_y_train)/metrics.mean_squared_error(cz_y_test,enr.predict(cz_X_test))

        else:
                cz_scr2=enr.score(cz_X_test,cz_y_test)
cz_para_score=cz_para_score.append({'score': cz_scr1*cz_scr2,'score_1': cz_scr1,'score_2': cz_scr2,'para': para},ignore_index=True)
        if i<20:
                print('指标：{:.2f}、{:.2f}，参数：{}'.format(cz_scr1,cz_scr2,para))
        i+=1

print('--'*10)
cz_bidx=cz_para_score['score'].idxmax(axis=0)
print('最优的超参数组合为：{}'.format(cz_para_score.iloc[cz_bidx]['para']))
```

```
# 下面开始参数优化搜索：
指标：0.00、0.00,参数：(0.01, 0.01)
指标：0.00、0.00,参数：(0.01, 0.030204081632653063)
指标：0.00、0.00,参数：(0.01, 0.05040816326530612)
指标：0.00、0.00,参数：(0.01, 0.07061224489795918)
指标：0.00、0.00,参数：(0.01, 0.09081632653061224)
指标：0.00、0.00,参数：(0.01, 0.11102040816326529)
指标：0.00、0.00,参数：(0.01, 0.13122448979591836)
指标：0.00、0.00,参数：(0.01, 0.15142857142857144)
指标：0.00、0.00,参数：(0.01, 0.1716326530612245)
指标：0.00、0.00,参数：(0.01, 0.19183673469387755)
指标：0.00、0.00,参数：(0.01, 0.2120408163265306)
指标：0.00、0.00,参数：(0.01, 0.23224489795918368)
指标：0.00、0.00,参数：(0.01, 0.2524489795918367)
指标：0.00、0.00,参数：(0.01, 0.27265306122244898)
指标：0.00、0.00,参数：(0.01, 0.29285714285714287)
指标：0.00、0.00,参数：(0.01, 0.3130612244897959)
指标：0.00、0.00,参数：(0.01, 0.333265306122449)
指标：0.00、0.00,参数：(0.01, 0.35346938775510206)
指标：0.00、0.00,参数：(0.01, 0.3736734693877551)
指标：0.00、0.00,参数：(0.01, 0.39387755102040817)
-----------------------
最优的超参数组合为：(0.01, 1.0)
```

图10-25　弹性网络回归的超参数优化

各种超参数组合条件下，可以绘制预测模型性能指标的分布情况示意图，具体示例代码及执行结果如图10-26所示。

```
'''
超参数组合的性能指标示意图
'''
xx1,xx2=np.meshgrid(cz_alps,cz_l1rs)
scores=np.array(cz_para_score['score']).reshape(xx1.shape)

from matplotlib import cm
ax = plt.figure(figsize=(7,5),dpi=300).add_subplot(projection='3d')
surf=ax.plot_surface(xx1,xx2,scores,rstride=1,cstride=1,cmap=cm.rainbow,linewidth=1,antialiased=False)
labels=ax.get_xticklabels()+ax.get_yticklabels()
[label.set_fontname('Times New Roman') for label in labels]
ax.set_xlabel(r'参数 $\alpha$')
ax.set_ylabel(r'L1-ratio')
ax.set_zlabel("性能指标 ",rotation=90)
ax.set_title(" 弹性网络回归超参数优化 ")
ax.view_init(elev=30,azim=-30)
plt.savefig('.\图片\图10-26.png')
plt.show()
```

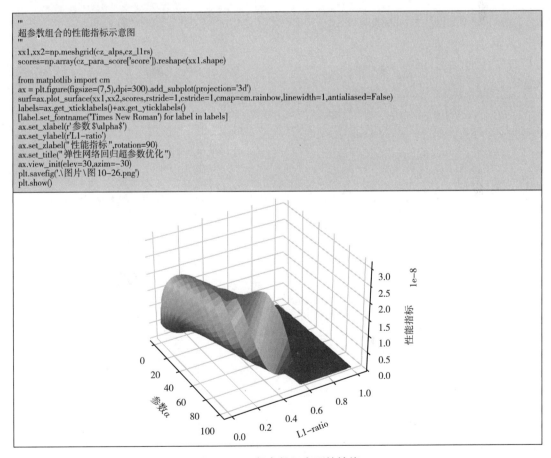

图10-26　超参数组合下的性能

在最优超参数组合条件下，可以计算弹性网络回归算法的预测性能，具体示例代码及执行结果如图 10-27 所示。

```
'''
最优超参数组合下算法的性能
'''
enr=cz_ElasticNetReg(cz_X_train,cz_y_train,0.01,1)
cz_scr1=enr.score(cz_X_train,cz_y_train)
print('最优超参数组合下训练集上性能指标为：')
print('均方误差：{}'.format(metrics.mean_squared_error(cz_y_train,enr.predict(cz_X_train))))
print('判断系数：{}'.format(cz_scr1))
print('--'*10)
print('最优超参数组合下训练集上性能指标为：')
print('均方误差：{}'.format(metrics.mean_squared_error(cz_y_test,enr.predict(cz_X_test))))
```

```
最优超参数组合下训练集上性能指标为：
均方误差：2873.036656138532
判断系数：0.5143071320785411
--------------------
最优超参数组合下训练集上性能指标为：
均方误差：2936.7398295759463
```

图 10-27　最优超参数组合下的弹性网络回归的性能

五、逻辑回归（Logistic Regression）预测算法的 Python 实践

为了采用逻辑回归（Logistic Regression）预测算法对数据集进行预测分析，首先导入 Scikit-Learning 模块中的 linear_model 子模块。载入鸢尾花数据集即可调用函数对数据集进行预测分析，具体示例代码及执行结果如图 10-28 所示。

```
'''
导入鸢尾花数据集
'''
cz_iris=datasets.load_iris()
cz_iris_data=cz_iris.data
cz_iris_y=cz_iris.target
cz_X_train,cz_X_test,cz_y_train,cz_y_test=train_test_split(cz_iris_data,cz_iris_y,test_size=.20,random_state=2022,stratify=cz_iris_y)


'''
定义逻辑回归模型，对数据进行分类分析
'''
def cz_LogisticReg(X_data,y_data,pen='l2',c=1.0,slv='lbfgs'):
    '''
    Author: Chengzhang Wang
    Date: 2022-3-7
    根据传入的数据集训练弹性网络模型。
    参数：
        X_data: 解释变量数据集 (nsample,nfeature)
        Y_data: 响应变量数据集
        pen: 惩罚项范数形式
        c: 惩罚项权重的调节因子
        slv: 优化问题的求解算法
    返回：
        训练好的逻辑回归模型
    '''

cz_logr=linear_model.LogisticRegression(penalty=pen,C=c,solver=slv,random_state=2022)
    cz_logr.fit(X_data,y_data)

    return cz_logr
```

```
# 调用函数进行分类分析
cz_logr=cz_LogisticReg(cz_X_train,cz_y_train)
cz_y_train_hat=cz_logr.predict(cz_X_train)
print('训练集上算法的准确率：{}'.format(metrics.accuracy_score(cz_y_train,cz_y_train_hat)))
print('训练集上算法的精确率：{:.2f}'.format(metrics.precision_score(cz_y_train,cz_y_train_hat,average='macro')))
print('训练集上算法的召回率：{}'.format(metrics.recall_score(cz_y_train,cz_y_train_hat,average='macro')))
print('训练集上算法的平均准确率：{}'.format(cz_logr.score(cz_X_train,cz_y_train)))
print('训练集部分样本点的置信得分：\n{}'.format(cz_logr.decision_function(cz_X_train)[:10,:]))
print('--'*10)
cz_y_test_hat=cz_logr.predict(cz_X_test)
print('测试集上算法的准确率：{:.2f}'.format(metrics.accuracy_score(cz_y_test,cz_y_test_hat)))
print('测试集上算法的精确率：{:.2f}'.format(metrics.precision_score(cz_y_test,cz_y_test_hat,average='macro')))
print('测试集上算法的召回率：{:.2f}'.format(metrics.recall_score(cz_y_test,cz_y_test_hat,average='macro')))
print('测试集上算法的平均准确率：{:.2f}'.format(cz_logr.score(cz_X_test,cz_y_test)))
print('测试集部分样本点的置信得分：\n{}'.format(cz_logr.decision_function(cz_X_test)[:10,:]))
```

```
训练集上算法的准确率：0.9833333333333333
训练集上算法的精确率：0.98
训练集上算法的召回率：0.9833333333333334
训练集上算法的平均准确率：0.9833333333333333
训练集部分样本点的置信得分：
[[ -2.27241622   2.43729585   -0.16487963]
 [ -4.65282748   2.16685912    2.48596836]
 [ -1.15446941   2.39409059   -1.23962119]
 [ -5.47925795   1.57956006    3.89969789]
 [  6.23521039   2.92446785   -9.15967825]
 [ -6.40272153   1.47684535    4.92587619]
 [ -4.25236547   2.23068746    2.02167801]
 [  6.90360104   3.14620466  -10.04980571]
 [ -7.15475635   0.9261995     6.22855685]
 [  5.68914623   2.91975873   -8.60890496]]
----------------------
测试集上算法的准确率：0.93
测试集上算法的精确率：0.94
测试集上算法的召回率：0.93
测试集上算法的平均准确率：0.93
测试集部分样本点的置信得分：
[[-7.11775436   1.74151017    5.37624419]
 [ 5.73277597   2.90845642   -8.64123239]
 [-4.38755579   2.07291762    2.31463817]
 [-2.32529448   2.15634235    0.16895213]
 [ 6.76819765   3.23040447   -9.99860212]
 [ 6.45225937   2.98529995   -9.43755932]
 [-4.00415977   1.73403079    2.27012898]
 [ 6.11995609   3.1792935    -9.29924959]
 [-3.99420943   1.87957604    2.11463339]
 [ 6.45201095   3.1057646    -9.55777555]]
```

图 10-28　逻辑回归预测结果

仅采用两维信息训练逻辑回归模型，可以考察模型的回归分类效果，具体示例代码及执行结果如图 10-29 所示。

```
"""
分类效果可视化展示
"""

def cz_2Dclassify(X_data, y_label, X_tdata, clser ,title, fignum):
    """
    Author: Chengzhang Wang
    Date: 2022-3-7
    根据给定的数据信息可视化分类效果。
    参数：
        X_data: 原始样本点属性特征数据集
        y_label: 原始样本点的类别标签
        X_tdata: 测试样本的属性特征数据
        clster: 分类器
        title: 图像标题
        fignum: 图像标号
```

```
'''
# 定义基本颜色colors.BASE_COLORS
colors=((1,0,0),(0,1,0),(0,0,1),(0, 0.5, 0),(0, 0.75, 0.75),(0.75, 0, 0.75),(0.75, 0.75, 0),(0, 0, 0),(1, 1, 1))
markers='*xos.,`v8pDd'
color_map = ListedColormap(colors[:len(np.unique(y_label))])
# 绘制分类面
x1_min = X_data[:, 0].min() – 1.5
x1_max = X_data[:, 0].max() + 1.5
x2_min = X_data[:, 1].min() – 1.5
x2_max = X_data[:, 1].max() + 1.5
#根据范围和密度(density)绘制交叉网格
density=0.05
xnet1, xnet2 = np.meshgrid(np.arange(x1_min, x1_max, density),np.arange(x2_min, x2_max, density))
#定义交叉网格点的类别信息
cz_xx_label = clser.predict(np.array([xnet1.ravel(), xnet2.ravel()]).T)
cz_xx_label = cz_xx_label.reshape(xnet1.shape)
#根据交叉网格点的类别信息绘制类别判断面
plt.figure(figsize=(6,5),dpi=300)
plt.contourf(xnet1, xnet2, cz_xx_label, alpha=0.3, cmap=color_map)
plt.xlim(xnet1.min(), xnet1.max())
plt.ylim(xnet2.min(), xnet2.max())
plt.xticks([])
plt.yticks([])

#根据真实数据的类别信息绘制散点图
for i, label in enumerate(np.unique(y_label)):
        plt.scatter(X_data[y_label == label, 0],X_data[y_label == label, 1],alpha=0.6, color=colors[i],
                    marker=markers[i], label='类别 '+str(label))
# 标记测试样本点: 空心圆圈
plt.scatter(X_tdata[:, 0],X_tdata[:, 1],c='none',alpha=1.0,edgecolor='white',linewidths=1.5,marker='o',
            label='测试数据')

plt.title(title)
plt.legend()
plt.savefig('.\图片\图10–'+str(fignum)+'.png')
plt.show()

# 调用函数考察分类效果
cz_logr=cz_LogisticReg(cz_X_train[:,:2],cz_y_train)
cz_2Dclassify(np.vstack((cz_X_train[:,:2],cz_X_test[:,:2])), np.hstack((cz_y_train,cz_y_test)),cz_X_test[:,:2],cz_logr,'基于花萼信息的分类效果',29)
```

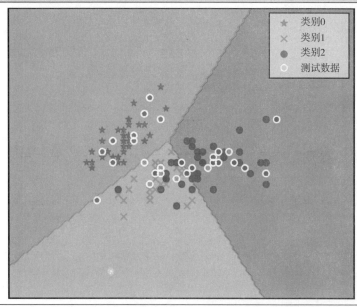

图10–29　逻辑回归在花萼属性上的分类效果

仅采用花瓣的两维信息训练逻辑回归模型，也可以考察模型的回归分类效果，具体示例代码及执行结果如图10-30所示。

```
"""
分类效果可视化展示
"""
# 调用函数考察分类效果
cz_logr=cz_LogisticReg(cz_X_train[:,2:],cz_y_train)
cz_2Dclassify(np.vstack((cz_X_train[:,2:],cz_X_test[:,2:])), np.hstack((cz_y_train,cz_y_test)),cz_X_test[:,2:],cz_logr,'基于花瓣信息的分类效果',30)
```

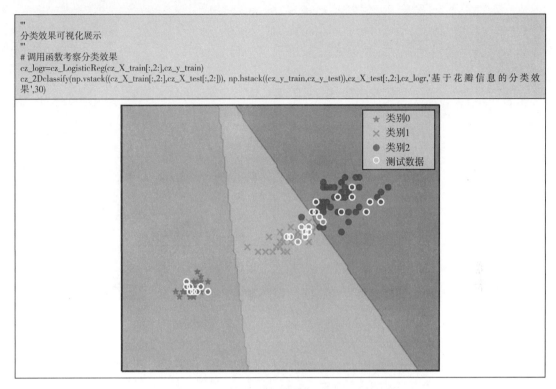

图10-30　逻辑回归在花瓣属性上的分类效果

惩罚项的范数模式、惩罚项的权重因子以及最优化问题的求解模式对于逻辑回归预测算法的性能有较大影响，可以基于数据集进行超参数的优化，具体示例代码及执行结果如图10-31所示。

```
"""
超参数的组合优化
"""
import pandas as pd
cz_pens=['l2', 'l1']
cz_cs=np.linspace(0.1,15.1)
cz_slvs=['liblinear', 'saga']
# 存储性能指标及其对应的超参数
cz_para_score=pd.DataFrame(columns=['score','score_1','score_2','para'])
cz_para_comb=[(i,j,k) for i in cz_pens for j in cz_cs for k in cz_slvs]
print('# 下面开始参数优化搜索：')
i=0
for para in cz_para_comb:
    cz_rfc=cz_LogisticReg(cz_X_train,cz_y_train,para[0],para[1],para[2])
    cz_scr1=cz_rfc.score(cz_X_train,cz_y_train)
    cz_scr2=cz_rfc.score(cz_X_test,cz_y_test)

cz_para_score=cz_para_score.append({'score': cz_scr1*cz_scr2,'score_1': cz_scr1,'score_2': cz_scr2,'para': para},ignore_index=True)
    if i<20:
        print('指标：{:.2f}、{:.2f}, 参数：{}'.format(cz_scr1,cz_scr2,para))
    i+=1
print('——'*10)
cz_bidx=cz_para_score['score'].idxmax(axis=0)
print('最优的超参数组合为：{}'.format(cz_para_score.iloc[cz_bidx]['para']))
```

```
#下面开始参数优化搜索：
指标：0.84、0.77,参数：('l2', 0.1, 'liblinear')
指标：0.97、0.90,参数：('l2', 0.1, 'saga')
指标：0.95、0.90,参数：('l2', 0.4061224489795918, 'liblinear')
指标：0.99、0.93,参数：('l2', 0.4061224489795918, 'saga')
指标：0.96、0.93,参数：('l2', 0.7122448979591837, 'liblinear')
指标：0.99、0.93,参数：('l2', 0.7122448979591837, 'saga')
指标：0.97、0.93,参数：('l2', 1.0183673469387755, 'liblinear')
指标：0.99、0.93,参数：('l2', 1.0183673469387755, 'saga')
指标：0.97、0.93,参数：('l2', 1.3244897959183675, 'liblinear')
指标：0.99、0.93,参数：('l2', 1.3244897959183675, 'saga')
指标：0.97、0.93,参数：('l2', 1.6306122448979594, 'liblinear')
指标：0.98、0.93,参数：('l2', 1.6306122448979594, 'saga')
指标：0.97、0.93,参数：('l2', 1.9367346938775512, 'liblinear')
指标：0.98、0.93,参数：('l2', 1.9367346938775512, 'saga')
指标：0.97、0.93,参数：('l2', 2.242857142857143, 'liblinear')
指标：0.98、0.93,参数：('l2', 2.242857142857143, 'saga')
指标：0.97、0.93,参数：('l2', 2.548979591836735, 'liblinear')
指标：0.98、0.93,参数：('l2', 2.548979591836735, 'saga')
指标：0.97、0.93,参数：('l2', 2.855102040816327, 'liblinear')
指标：0.98、0.93,参数：('l2', 2.855102040816327, 'saga')
--------------------
最优的超参数组合为：('l1', 7.140816326530612, 'liblinear')
```

图10-31　逻辑回归算法超参数优化

采用最优化的超参数可以考察逻辑回归预测算法的性能，具体示例代码及执行结果如图10-32所示。

```
'''
最优超参数组合下算法的性能
'''
cz_rfc=cz_LogisticReg(cz_X_train,cz_y_train,'l1', 7.140816326530612, 'liblinear')
cz_scr1=cz_rfc.score(cz_X_train,cz_y_train)
cz_scr2=cz_rfc.score(cz_X_test,cz_y_test)
print('最优超参数组合下算法在训练数据集上的性能：{:.2f}'.format(cz_scr1))
print('最优超参数组合下算法在测试数据集上的性能：{:.2f}'.format(cz_scr2))

最优超参数组合下算法在训练数据集上的性能：0.99
最优超参数组合下算法在测试数据集上的性能：0.97
```

图10-32　逻辑回归算法在最优超参数组合下的性能

六、分位数回归（Quantile Regression：QR）预测算法的Python实践

为了采用分位数回归（Quantile Regression）预测算法对数据集进行预测分析，首先导入Scikit-Learning模块中的linear_model子模块。载入Scikit-Learning模块中自带的糖尿病数据集，即可训练分位数回归算法进行预测分析，具体示例代码及执行结果如图10-33所示。

```
'''
定义分位数回归模型，对数据进行回归分析
'''
def cz_QuantileReg(X_data,y_data,q=0.5,alp=1.0):
    Author: Chengzhang Wang
```

```
Date: 2022-3-7
根据传入的数据集训练分位数回归模型。
参数：
    X_data: 解释变量数据集(nsample,nfeature)
    Y_data: 响应变量数据集
    q: 分位数
    alp: 正则项权重因子
返回：
    训练好的分位数回归模型
'''
cz_qreg=linear_model.QuantileRegressor(quantile=q,alpha=alp)
cz_qreg.fit(X_data,y_data)

    return cz_qreg
```

```
# 调用函数进行回归分析
cz_qreg=cz_QuantileReg(cz_X_train,cz_y_train)
print('回归系数为：\n{}'.format(cz_qreg.coef_))
print('回归截距项为：{:.2f}'.format(cz_qreg.intercept_))
print('训练集上均方误差为：{:.2f}'.format(metrics.mean_squared_error(cz_y_train,cz_qreg.predict(cz_X_train))))
print('训练集上平均绝对误差为：{:.2f}'.format(metrics.mean_absolute_error(cz_y_train,cz_qreg.predict(cz_X_train))))
print('判定系数为：{:.2f}'.format(cz_qreg.score(cz_X_train,cz_y_train)))
print('--'*10)
print('测试集上均方误差为：{:.2f}'.format(metrics.mean_squared_error(cz_y_test,cz_qreg.predict(cz_X_test))))
print('测试集上平均绝对误差为：{:.2f}'.format(metrics.mean_absolute_error(cz_y_test,cz_qreg.predict(cz_X_test))))
```

```
回归系数为：
[-1.11723379e-10 -3.02774310e-10  8.72897816e-09  3.10027908e-09
 -5.68905070e-10 -6.04316702e-10 -5.34870014e-10 -2.96306296e-10
  2.68183560e-09  7.40200330e-10]
回归截距项为：141.00
训练集上均方误差为：6035.71
训练集上平均绝对误差为：64.70
判定系数为：-0.02
----------------------
测试集上均方误差为：6125.73
测试集上平均绝对误差为：66.40
```

图10-33　分位数回归预测算法的结果

仅选择一个解释变量，训练分位数回归预测算法，可以绘制不同分位数下的回归曲线，具体示例代码及执行结果如图10-34所示。

```
'''
仅仅采用一维解释变量，绘制分位数回归曲线
'''
lie=8
# 注意如果解释变量是一维的，则需要reshape(-1,1)
cz_qreg1=cz_QuantileReg(cz_X_train[:,lie].reshape(-1,1),cz_y_train,q=0.05)
cz_qreg2=cz_QuantileReg(cz_X_train[:,lie].reshape(-1,1),cz_y_train,q=0.5)
cz_qreg3=cz_QuantileReg(cz_X_train[:,lie].reshape(-1,1),cz_y_train,q=0.25)
cz_qreg4=cz_QuantileReg(cz_X_train[:,lie].reshape(-1,1),cz_y_train,q=0.75)
cz_qreg5=cz_QuantileReg(cz_X_train[:,lie].reshape(-1,1),cz_y_train,q=0.95)
plt.figure(figsize=(6,6),dpi=300)
# 绘制样本点
plt.scatter(cz_X_train[:,lie],cz_y_train,label='样本点',marker='.')
x=np.linspace(min(cz_X_train[:,lie]),max(cz_X_train[:,lie]),20)
plt.plot(x,cz_qreg1.coef_*x+cz_qreg1.intercept_,'*-',linewidth=1,label='0.05分位数')
plt.plot(x,cz_qreg2.coef_*x+cz_qreg2.intercept_,'o-',linewidth=1,label='0.5分位数')
plt.plot(x,cz_qreg3.coef_*x+cz_qreg3.intercept_,'s-',linewidth=1,label='0.25分位数')
plt.plot(x,cz_qreg4.coef_*x+cz_qreg4.intercept_,'^-',linewidth=1,label='0.75分位数')
plt.plot(x,cz_qreg5.coef_*x+cz_qreg5.intercept_,'8-',linewidth=1,label='0.95分位数')
plt.xticks([])
plt.yticks([])
plt.legend(bbox_to_anchor=(.9,-.02),ncol=3)
plt.title('训练数据集上的分位数回归预测')
plt.savefig('.\图片\图10-37.png')
plt.show()
```

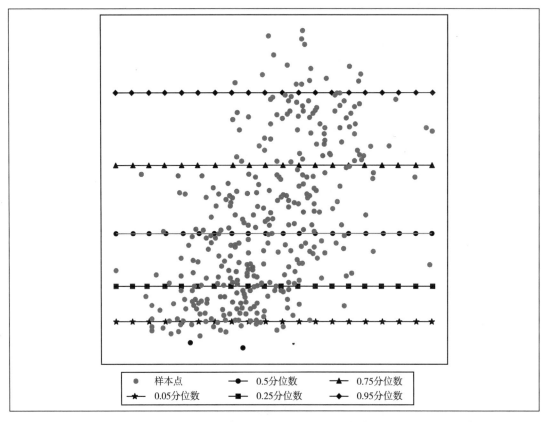

图 10-34　训练数据集上的分位数回归曲线

训练好分位数回归预测算法后，可以绘制测试数据集上不同分位数下的回归曲线，具体示例代码及执行结果如图 10-35 所示。

```
"""
仅仅采用一维解释变量，绘制分位数回归曲线
"""
lie=8
plt.figure(figsize=(6,6),dpi=300)
#绘制样本点
plt.scatter(cz_X_test[:,lie],cz_y_test,label='样本点',marker='.')
x=cz_X_test[:,lie].reshape(-1,1)
x=np.linspace(min(cz_X_test[:,lie]),max(cz_X_test[:,lie]),20)
plt.plot(x,cz_qreg1.coef_*x+cz_qreg1.intercept_,'*-',linewidth=1,label='0.05分位数')
plt.plot(x,cz_qreg2.coef_*x+cz_qreg2.intercept_,'o-',linewidth=1,label='0.5分位数')
plt.plot(x,cz_qreg3.coef_*x+cz_qreg3.intercept_,'s-',linewidth=1,label='0.25分位数')
plt.plot(x,cz_qreg4.coef_*x+cz_qreg4.intercept_,'^-',linewidth=1,label='0.75分位数')
plt.plot(x,cz_qreg5.coef_*x+cz_qreg5.intercept_,'8-',linewidth=1,label='0.95分位数')
plt.xticks([])
plt.yticks([])
plt.legend(bbox_to_anchor=(.9,-.02),ncol=3)
plt.title('测试数据集上的分位数回归预测')
plt.savefig('.\图片\图10-38.png')
plt.show()
```

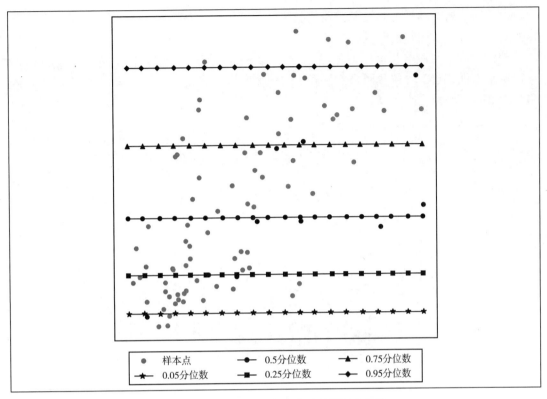

图10-35 测试数据集上的分位数回归曲线

分位数回归模型训练完成后，可以绘制残差图像以考察模型的回归效果，具体示例代码及执行结果如图10-36所示。

```
"""
绘制预测分析后的残差图像
"""
#绘制残差图
cz_qreg2=cz_QuantileReg(cz_X_train,cz_y_train,q=.5)
cz_Residuals_plot(cz_X_train,cz_y_train,cz_qreg2,'分位数回归残差图',39)
```

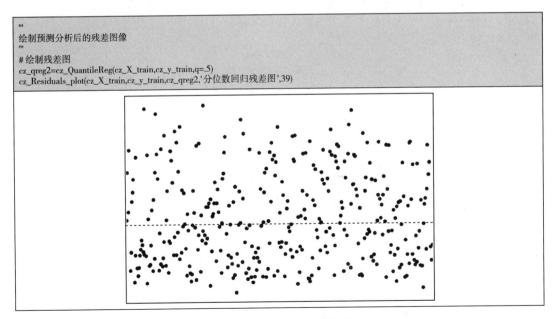

图10-36 分位数回归预测的残差图

　　由程序执行的结果可以发现，残差图像分布无规律，说明模型定义中噪声项符合白噪声的条件，分位数回归模型拟合的结果是正确的。

　　分位数回归预测分析模型训练好之后即可用来预测解释变量对应的响应变量的取值，可以绘制出训练集上分位数回归预测算法的预测曲线及残差图像，具体示例代码及执行结果如图10-37所示。

```
'''
绘制预测分析后的预测曲线、残差图像
'''
# 绘制残差图
cz_PredRes_plot(cz_X_train,cz_y_train, cz_qreg2,'分位数回归预测-残差图',40)
```

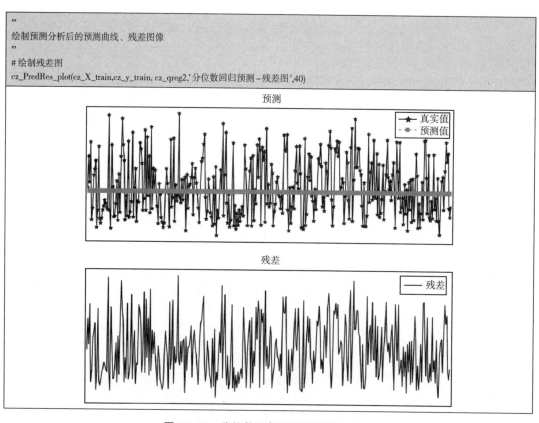

图 10-37　分位数回归预测曲线及残差图

　　可以采用残差标准差大致计算每个样本点处预测值的误差，并可视化预测效果，具体示例代码及执行结果如图10-38所示。

```
'''
绘制预测分析后的预测曲线及误差图像
'''
# 绘制预测曲线及误差图
cz_PredErr_plot(cz_X_train,cz_y_train, cz_qreg2,'分位数回归预测-误差图',41)
```

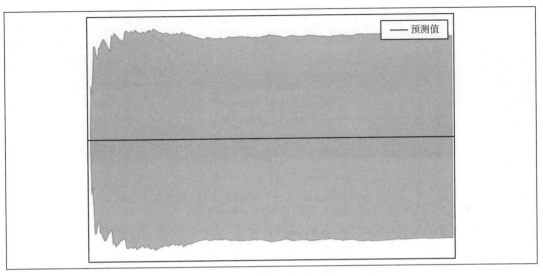

图10-38 分位数回归预测曲线及误差

正则项的权重因子对分位数回归预测算法的性能有较大影响，可以采用算法性能指标对该超参数进行优化，具体示例代码及执行结果如图10-39所示。

```
'''
超参数优化，正则项权重因子
'''
cz_alps=np.logspace(-4,1,10)
cz_scr1=[]
cz_scr2=[]
cz_scr3=[]
# 超参数优化
for alp in cz_alps:
    cz_qreg1=cz_QuantileReg(cz_X_train,cz_y_train,q=0.5,alp=alp)
    cz_qreg2=cz_QuantileReg(cz_X_train,cz_y_train,q=0.25,alp=alp)
    cz_qreg3=cz_QuantileReg(cz_X_train,cz_y_train,q=0.75,alp=alp)
    # 分别存储每一类的性能指标
    cz_scr1.append(cz_qreg1.score(cz_X_train,cz_y_train))
    cz_scr2.append(cz_qreg2.score(cz_X_train,cz_y_train))
    cz_scr3.append(cz_qreg3.score(cz_X_train,cz_y_train))

# 绘制性能关系图
plt.figure(figsize=(6,6),dpi=300)
ax=plt.gca()
plt.plot(cz_alps, cz_scr1,label='0.5 分位数')
plt.plot(cz_alps, cz_scr2,label='0.25 分位数')
plt.plot(cz_alps, cz_scr3,label='0.75 分位数')
# 修改坐标轴无法显示负号的问题：换个字体
labels=ax.get_xticklabels()+ax.get_yticklabels()
[label.set_fontname('Times New Roman') for label in labels]

plt.xscale('log')
plt.xlabel(r' 参数 $\lambda$')
plt.ylabel(' 性能指标 ')
plt.grid(axis='x')
plt.legend(ncol=1)
plt.title(' 分位数回归超参数调优 ')
plt.savefig('.\图片 \图 10-42.png')
plt.show()
```

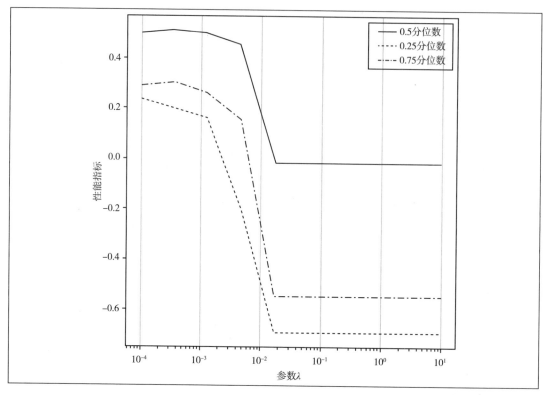

图 10-39　分位数回归超参数优化

　　由程序执行的结果可以发现，正则项的权重因子取值 0.001 时算法性能较好。

　　在最优超参数下，可以计算得到不同分位数下分位数回归算法的性能，具体示例代码及执行结果如图 10-40 所示。

```
'''
最优超参数下算法的性能
'''
cz_qreg1=cz_QuantileReg(cz_X_train,cz_y_train,q=0.5,alp=0.001)
cz_qreg2=cz_QuantileReg(cz_X_train,cz_y_train,q=0.25,alp=0.001)
cz_qreg3=cz_QuantileReg(cz_X_train,cz_y_train,q=0.75,alp=0.001)
cz_tr_er1=metrics.mean_squared_error(cz_y_train,cz_qreg1.predict(cz_X_train))
cz_tr_er2=metrics.mean_squared_error(cz_y_train,cz_qreg2.predict(cz_X_train))
cz_tr_er3=metrics.mean_squared_error(cz_y_train,cz_qreg3.predict(cz_X_train))
cz_tt_er1=metrics.mean_squared_error(cz_y_test,cz_qreg1.predict(cz_X_test))
cz_tt_er2=metrics.mean_squared_error(cz_y_test,cz_qreg2.predict(cz_X_test))
cz_tt_er3=metrics.mean_squared_error(cz_y_test,cz_qreg3.predict(cz_X_test))
print('0.5分位数回归算法在训练集上的误差为{:.2f},测试集上的误差为{:.2f}.'.format(cz_tr_er1,cz_tt_er1))
print('0.25分位数回归算法在训练集上的误差为{:.2f},测试集上的误差为{:.2f}.'.format(cz_tr_er2,cz_tt_er2))
print('0.75分位数回归算法在训练集上的误差为{:.2f},测试集上的误差为{:.2f}.'.format(cz_tr_er3,cz_tt_er3))
```

```
0.5分位数回归算法在训练集上的误差为2926.48,测试集上的误差为2901.13.
0.25分位数回归算法在训练集上的误差为4846.15,测试集上的误差为4522.64.
0.75分位数回归算法在训练集上的误差为4338.64,测试集上的误差为4572.80.
```

图 10-40　最优超参数下分位数回归性能

七、最近邻（Nearest Neighborhood：NN）回归预测算法的Python实践

为了采用最近邻回归预测算法对数据集进行预测分析，首先导入Scikit-Learning模块中的neighbors子模块。

（一）K近邻（K-Nearest Neighborhood：KNN）回归预测算法

载入糖尿病数据集即可调用函数对数据集进行预测分析，具体示例代码及执行结果如图10-41所示。

```
'''
导入需要的模块
'''
from sklearn import neighbors
'''
定义K近邻模型，对数据进行回归分析
'''
def cz_KNNReg(X_data,y_data,nbr=5,wht='uniform'):
    '''
    Author: Chengzhang Wang
    Date: 2022-3-7
    根据传入的数据集训练K近邻模型。
    参数：
        X_data: 解释变量数据集(nsample,nfeature)
        Y_data: 响应变量数据集
        nbr: 邻域内点的个数
        wht: 组合权重
    返回：
        训练好的K近邻模型
    '''
    cz_knnr=neighbors.KNeighborsRegressor(n_neighbors=nbr,weights=wht)
    cz_knnr.fit(X_data,y_data)

    return cz_knnr

# 调用函数进行回归分析
cz_knnr=cz_KNNReg(cz_X_train,cz_y_train)
print('训练集上均方误差为：{:.2f}'.format(metrics.mean_squared_error(cz_y_train,cz_knnr.predict(cz_X_train))))
print('训练集上平均绝对误差为：{:.2f}'.format(metrics.mean_absolute_error(cz_y_train,cz_knnr.predict(cz_X_train))))
print('判定系数为：{:.2f}'.format(cz_knnr.score(cz_X_train,cz_y_train)))
print('---'*10)
print('测试集上均方误差为：{:.2f}'.format(metrics.mean_squared_error(cz_y_test,cz_knnr.predict(cz_X_test))))
print('测试集上平均绝对误差为：{:.2f}'.format(metrics.mean_absolute_error(cz_y_test,cz_knnr.predict(cz_X_test))))

训练集上均方误差为：2421.79
训练集上平均绝对误差为：38.21
判定系数为：0.59
----------------------
测试集上均方误差为：3709.23
测试集上平均绝对误差为：48.62
```

图10-41 K近邻回归预测结果

K近邻回归模型训练完成后，可以绘制残差图像以考察模型的回归效果，具体示例代码及执行结果如图10-42所示。

```
"""
绘制预测分析后的残差图像
'''
cz_Residuals_plot(cz_X_train,cz_y_train,cz_knnr,'K近邻回归残差图',45)
```

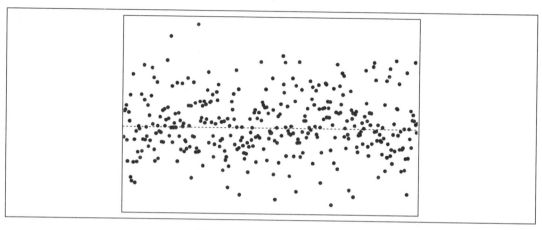

图10-42　K近邻回归残差图

由程序执行的结果可以发现，残差图像分布无规律，说明模型定义中噪声项符合白噪声的条件，K近邻回归模型拟合的结果是正确的。

K近邻回归预测分析模型训练好之后即可用来预测解释变量对应的响应变量的取值，可以绘制出训练集上K近邻回归预测算法的预测曲线及残差图像，具体示例代码及执行结果如图10-43所示。

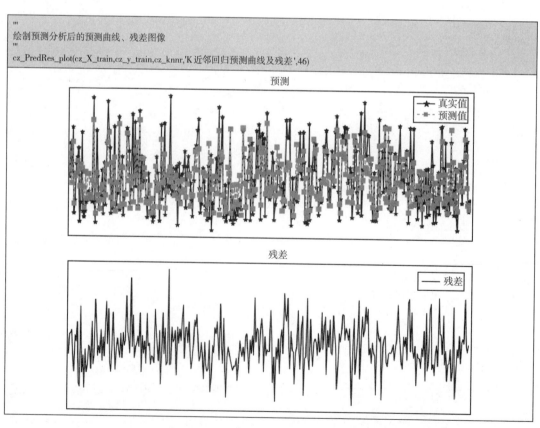

图10-43　K近邻回归预测曲线及残差图

可以采用残差标准差大致计算每个样本点处预测值的误差，并可视化预测效果，具体示例代码及执行结果如图10-44所示。

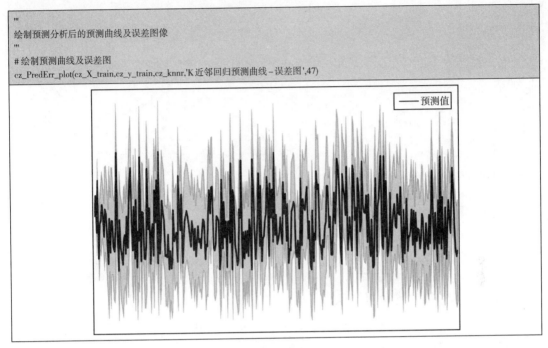

```
"""
绘制预测分析后的预测曲线及误差图像
"""
# 绘制预测曲线及误差图
cz_PredErr_plot(cz_X_train,cz_y_train,cz_knnr,'K近邻回归预测曲线–误差图',47)
```

图10-44　K近邻回归预测曲线及误差

K近邻回归预测模型中K近邻点的个数及组合权重模型对算法的性能有较大影响，可以优化超参数组合，具体示例代码及执行结果如图10-45所示。

```
"""
超参数调优
"""
cz_nbrs=np.linspace(1,50,dtype='int')
cz_whts=['uniform','distance']

# 存储性能指标及其对应的超参数
cz_para_score=pd.DataFrame(columns=['score','score_1','score_2','para'])
cz_para_comb=[(i,j) for i in cz_nbrs for j in cz_whts]
print('# 下面开始参数优化搜索：')
i=0
for para in cz_para_comb:
    cz_knnr=cz_KNNReg(cz_X_train,cz_y_train,para[0],para[1])
    cz_scr1=cz_knnr.score(cz_X_train,cz_y_train)
    cz_scr2=cz_knnr.score(cz_X_test,cz_y_test)

cz_para_score=cz_para_score.append({'score': cz_scr1*cz_scr2,'score_1': cz_scr1,'score_2': cz_scr2,'para': para}).ignore_index=True)
    if i<20:
        print('指标：{:.2f}、{:.2f}，参数：{}'.format(cz_scr1,cz_scr2,para))
    i+=1
print('--'*10)
cz_bidx=cz_para_score['score'].idxmax(axis=0)
print('最优的超参数组合为：{}'.format(cz_para_score.iloc[cz_bidx]['para']))
```

```
#下面开始参数优化搜索：
指标：1.00、0.03,参数：(1, 'uniform')
指标：1.00、0.03,参数：(1, 'distance')
指标：0.73、0.29,参数：(2, 'uniform')
指标：1.00、0.28,参数：(2, 'distance')
指标：0.66、0.40,参数：(3, 'uniform')
指标：1.00、0.39,参数：(3, 'distance')
指标：0.62、0.39,参数：(4, 'uniform')
指标：1.00、0.39,参数：(4, 'distance')
指标：0.59、0.38,参数：(5, 'uniform')
指标：1.00、0.38,参数：(5, 'distance')
指标：0.56、0.43,参数：(6, 'uniform')
指标：1.00、0.43,参数：(6, 'distance')
指标：0.54、0.45,参数：(7, 'uniform')
指标：1.00、0.45,参数：(7, 'distance')
指标：0.52、0.48,参数：(8, 'uniform')
指标：1.00、0.48,参数：(8, 'distance')
指标：0.52、0.48,参数：(9, 'uniform')
指标：1.00、0.48,参数：(9, 'distance')
指标：0.51、0.49,参数：(10, 'uniform')
指标：1.00、0.48,参数：(10, 'distance')
————————————————
最优的超参数组合为：(16, 'distance')
```

图 10-45　K 近邻回归超参数优化

由程序执行的结果可以发现，参数取值为（16，'distance'）时较为合理。

最优超参数组合条件下，可以比较训练数据集和测试数据集上回归模型的性能，具体示例代码及执行结果如图 10-46 所示。

```
"""
最优超参数组合下模型预测结果
"""
cz_knnr=cz_KNNReg(cz_X_train,cz_y_train,16, 'distance')
cz_tr_score=metrics.mean_squared_error(cz_knnr.predict(cz_X_train),cz_y_train)
cz_tt_score=metrics.mean_squared_error(cz_knnr.predict(cz_X_test),cz_y_test)
print('最优超参数组合下训练集上的预测均方误差为：{:.2f}'.format(cz_tr_score))
print('最优超参数组合下测试集上的预测均方误差为：{:.2f}'.format(cz_tt_score))

最优超参数组合下训练集上的预测均方误差为：0.00
最优超参数组合下测试集上的预测均方误差为：2926.90
```

图 10-46　最优超参数下 K 近邻回归的性能

（二）半径最近邻（Radius Neighborhood：RN）回归预测算法

载入糖尿病数据集即可调用函数对数据集进行预测分析，具体示例代码及执行结果如图 10-47 所示。

```
"""
导入需要的模块
"""
from sklearn import neighbors
"""
定义半径最近邻模型，对数据进行回归分析
"""
def cz_RNReg(X_data,y_data,r=1.0,wht='uniform'):
    """
    Author: Chengzhang Wang
    Date: 2022-3-7
    根据传入的数据集训练半径最近邻模型。
```

```
        参数：
            X_data: 解释变量数据集 (nsample,nfeature)
            Y_data: 响应变量数据集
            r: 半径大小
            wht: 组合权重
        返回：
            训练好的半径最近邻模型
        """
        cz_rnreg=neighbors.RadiusNeighborsRegressor(radius=r,weights=wht)
        cz_rnreg.fit(X_data,y_data)

        return cz_rnreg

# 调用函数进行回归分析
cz_rnreg=cz_RNReg(cz_X_train,cz_y_train)
print('训练集上均方误差为：{:.2f}'.format(metrics.mean_squared_error(cz_y_train,cz_rnreg.predict(cz_X_train))))
print('训练集上平均绝对误差为：{:.2f}'.format(metrics.mean_absolute_error(cz_y_train,cz_rnreg.predict(cz_X_train))))
print('判定系数为：{:.2f}'.format(cz_rnreg.score(cz_X_train,cz_y_train)))
print('--'*10)
print('测试集上均方误差为：{:.2f}'.format(metrics.mean_squared_error(cz_y_test,cz_rnreg.predict(cz_X_test))))
print('测试集上平均绝对误差为：{:.2f}'.format(metrics.mean_absolute_error(cz_y_test,cz_rnreg.predict(cz_X_test))))
```

```
训练集上均方误差为：5915.34
训练集上平均绝对误差为：65.41
判定系数为：0.00
--------------------
测试集上均方误差为：5987.72
测试集上平均绝对误差为：67.09
```

图 10-47　半径最近邻回归预测结果

半径最近邻回归模型训练完成后，可以绘制残差图像以考察模型的回归效果，具体示例代码及执行结果如图 10-48 所示。

```
"""
绘制预测分析后的残差图像
"""
cz_Residuals_plot(cz_X_train,cz_y_train,cz_rnreg,'半径最近邻回归残差图',51)
```

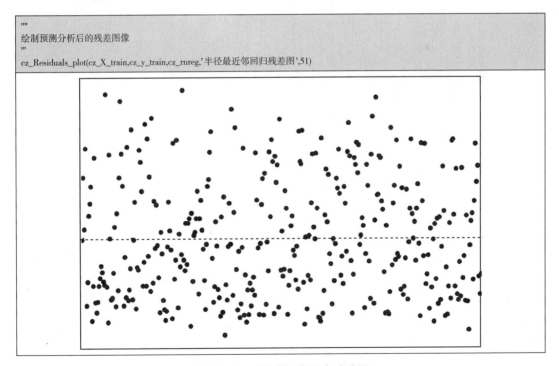

图 10-48　半径最近邻回归残差图

由程序执行的结果可以发现，残差图像分布无规律，说明模型定义中噪声项符合白噪声的条件，半径最近邻回归模型拟合的结果是正确的。

半径最近邻回归预测分析模型训练好之后即可用来预测解释变量对应的响应变量的取值，可以绘制出训练集上半径最近邻回归预测算法的预测曲线及残差图像，具体示例代码及执行结果如图10-49所示。

```
"""
绘制预测分析后的预测曲线、残差图像
"""
cz_PredRes_plot(cz_X_train,cz_y_train,cz_rnreg,'半径最近邻回归预测曲线及残差',52)
```

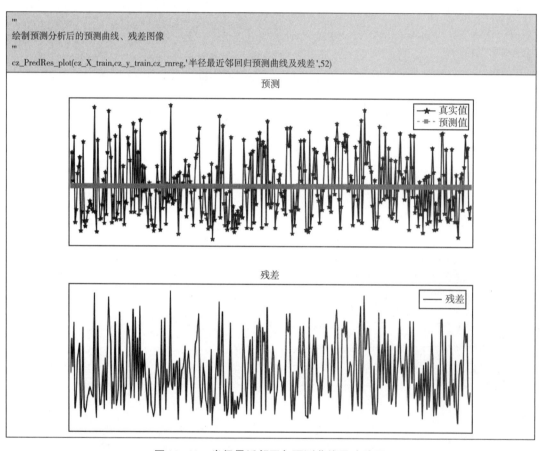

图10-49　半径最近邻回归预测曲线及残差图

可以采用残差标准差大致计算每个样本点处预测值的误差，并可视化预测效果，具体示例代码及执行结果如图10-50所示。

```
"""
绘制预测分析后的预测曲线及误差图像
"""
#绘制预测曲线及误差图
cz_PredErr_plot(cz_X_train,cz_y_train,cz_rnreg,'半径最近邻回归预测曲线–误差图',53)
```

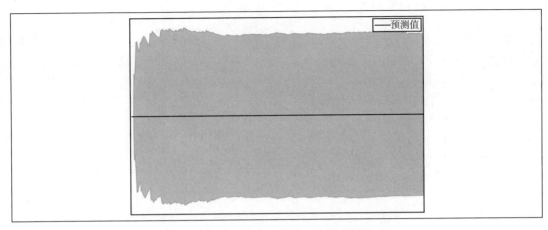

图 10-50　半径最近邻回归预测曲线及误差

半径最近邻回归预测模型中半径大小及组合权重模型对算法的性能有较大影响，可以优化超参数组合，具体示例代码及执行结果如图 10-51 所示。

```
""
超参数调优
""
cz_rs=np.logspace(-2,2,30)
cz_whts=['uniform','distance']

# 存储性能指标及其对应的超参数
cz_para_score=pd.DataFrame(columns=['score','score_1','score_2','para'])
cz_para_comb=[(i,j) for i in cz_nbrs for j in cz_whts]
print('# 下面开始参数优化搜索：')
i=0
for para in cz_para_comb:
    cz_rnreg=cz_RNReg(cz_X_train,cz_y_train,para[0],para[1])
    cz_scr1=cz_rnreg.score(cz_X_train,cz_y_train)
    cz_scr2=cz_rnreg.score(cz_X_test,cz_y_test)

cz_para_score=cz_para_score.append({'score': cz_scr1*cz_scr2,'score_1': cz_scr1,'score_2': cz_scr2,'para': para},ignore_index=True)
    if i<20:
        print('指标：{:.2f}、{:.2f}，参数：{}'.format(cz_scr1,cz_scr2,para))
    i+=1
print('--'*10)
cz_bidx=cz_para_score['score'].idxmax(axis=0)
print('最优的超参数组合为：{}'.format(cz_para_score.iloc[cz_bidx]['para']))
```

```
# 下面开始参数优化搜索：
指标：0.00、-0.00，参数：(1, 'uniform')
指标：1.00、0.13，参数：(1, 'distance')
指标：0.00、-0.00，参数：(2, 'uniform')
指标：1.00、0.13，参数：(2, 'distance')
指标：0.00、-0.00，参数：(3, 'uniform')
指标：1.00、0.13，参数：(3, 'distance')
指标：0.00、-0.00，参数：(4, 'uniform')
指标：1.00、0.13，参数：(4, 'distance')
指标：0.00、-0.00，参数：(5, 'uniform')
指标：1.00、0.13，参数：(5, 'distance')
指标：0.00、-0.00，参数：(6, 'uniform')
指标：1.00、0.13，参数：(6, 'distance')
指标：0.00、-0.00，参数：(7, 'uniform')
指标：1.00、0.13，参数：(7, 'distance')
指标：0.00、-0.00，参数：(8, 'uniform')
指标：1.00、0.13，参数：(8, 'distance')
指标：0.00、-0.00，参数：(9, 'uniform')
指标：1.00、0.13，参数：(9, 'distance')
指标：0.00、-0.00，参数：(10, 'uniform')
指标：1.00、0.13，参数：(10, 'distance')
--------------------
最优的超参数组合为：(1, 'distance')
```

图 10-51　半径最近邻回归超参数优化

由程序执行的结果可以发现，参数取值为（1，'distance'）时较为合理。

最优超参数组合条件下，可以比较训练数据集和测试数据集上回归模型的性能，具体示例代码及执行结果如图10-52所示。

```
'''
最优超参数组合下模型预测结果
'''
cz_rnreg=cz_RNReg(cz_X_train,cz_y_train,16,'distance')
cz_tr_score=metrics.mean_squared_error(cz_rnreg.predict(cz_X_train),cz_y_train)
cz_tt_score=metrics.mean_squared_error(cz_rnreg.predict(cz_X_test),cz_y_test)
print('最优超参数组合下训练集上的预测均方误差为: {:.2f}'.format(cz_tr_score))
print('最优超参数组合下测试集上的预测均方误差为: {:.2f}'.format(cz_tt_score))

最优超参数组合下训练集上的预测均方误差为: 0.00
最优超参数组合下测试集上的预测均方误差为: 5182.10
```

图10-52　最优超参数下半径最近邻回归的性能

八、决策树（Decision Tree Regression）回归预测算法的 Python 实践

为了采用决策树回归预测算法对数据集进行预测分析，首先导入 Scikit-Learning 模块中的 tree 子模块。载入糖尿病数据集即可调用函数对数据集进行预测分析，具体示例代码及执行结果如图10-53所示。

```
'''
导入必要的模块
'''
from sklearn.tree import DecisionTreeRegressor
'''
定义决策树模型，对数据进行回归分析
'''
def cz_DTReg(X_data,y_data,crt='squared_error',spl='best',mdp=None):
    '''
    Author: Chengzhang Wang
    Date: 2022-3-7
    根据传入的数据集训练决策树模型。
    参数:
        X_data: 解释变量数据集(nsample,nfeature)
        Y_data: 响应变量数据集
        crt: 内部节点的划分标准
        spl: 内部节点的分叉方式
        mdp: 树的最大深度
    返回:
        训练好的决策树模型
    '''
    cz_dtreg=DTR(criterion=crt,splitter=spl,max_depth=mdp,random_state=2022)
    cz_dtreg.fit(X_data,y_data)

    return cz_dtreg

# 调用函数进行回归分析
cz_dtreg=cz_DTReg(cz_X_train,cz_y_train)
print('训练集上均方误差为: {:.2f}'.format(metrics.mean_squared_error(cz_y_train,cz_dtreg.predict(cz_X_train))))
print('训练集上平均绝对误差为: {:.2f}'.format(metrics.mean_absolute_error(cz_y_train,cz_dtreg.predict(cz_X_train))))
print('判定系数为: {:.2f}'.format(cz_dtreg.score(cz_X_train,cz_y_train)))
print('---'*10)
print('测试集上均方误差为: {:.2f}'.format(metrics.mean_squared_error(cz_y_test,cz_dtreg.predict(cz_X_test))))
print('测试集上平均绝对误差为: {:.2f}'.format(metrics.mean_absolute_error(cz_y_test,cz_dtreg.predict(cz_X_test))))

训练集上均方误差为: 0.00
训练集上平均绝对误差为: 0.00
判定系数为: 1.00
----------------------
测试集上均方误差为: 6170.67
测试集上平均绝对误差为: 63.87
```

图10-53　决策树回归预测结果

决策树回归模型训练完成后，可以绘制残差图像以考察模型的回归效果，具体示例代码及执行结果如图10-54所示。

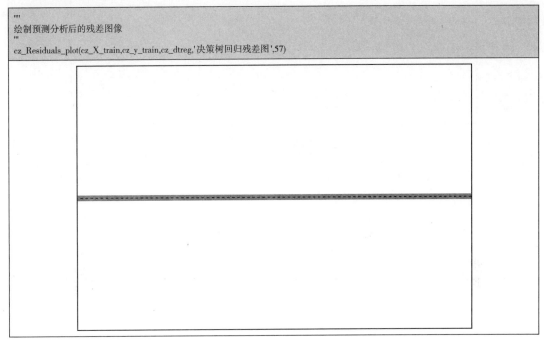

图10-54 决策树回归残差图

由程序执行的结果可以发现，残差图像分布无规律，说明模型定义中噪声项符合白噪声的条件，决策树回归模型拟合的结果是正确的。

决策树回归预测分析模型训练好之后即可用来预测解释变量对应的响应变量的取值，可以绘制出训练集上决策树回归预测算法的预测曲线及残差图像，具体示例代码及执行结果如图10-55所示。

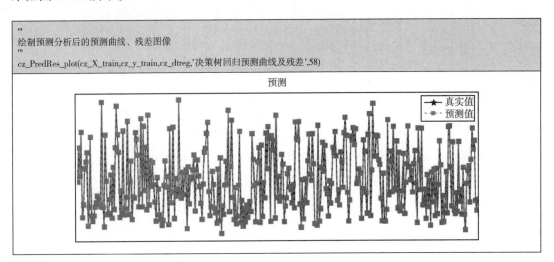

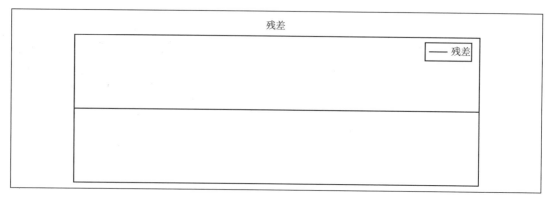

图 10-55　决策树回归预测曲线及残差图

可以采用残差标准差大致计算每个样本点处预测值的误差，并可视化预测效果，具体示例代码及执行结果如图 10-56 所示。

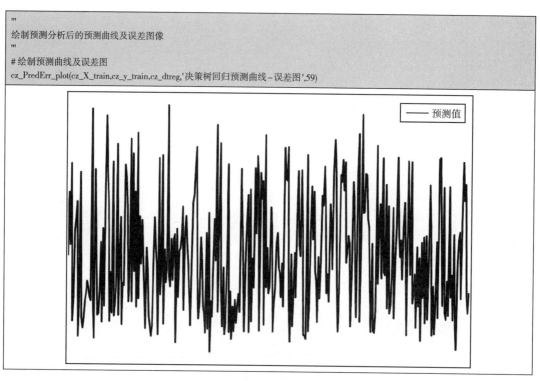

图 10-56　决策树回归预测曲线及误差

决策树回归预测模型中内部节点的划分标准、划分方式及树的最大深度对算法的性能有较大影响，可以优化超参数组合，具体示例代码及执行结果如图 10-57 所示。

```
"""
超参数调优
"""
cz_crts=["squared_error", "friedman_mse", "absolute_error","poisson"]
cz_spls=['best','random']
cz_mdps=np.arange(1,30,2)

# 存储性能指标及其对应的超参数
cz_para_score=pd.DataFrame(columns=['score','score_1','score_2','para'])
cz_para_comb=[(i,j,k) for i in cz_crts for j in cz_spls for k in cz_mdps]
print('# 下面开始参数优化搜索：')
i=0
for para in cz_para_comb:
    cz_dtreg=cz_DTReg(cz_X_train,cz_y_train,para[0],para[1],para[2])
    cz_scr1=cz_dtreg.score(cz_X_train,cz_y_train)
    cz_scr2=cz_dtreg.score(cz_X_test,cz_y_test)

cz_para_score=cz_para_score.append({'score': cz_scr1*cz_scr2,'score_1': cz_scr1,'score_2': cz_scr2,'para': para},ignore_index=True)
    if i<20:
        print('指标：{:.2f}、{:.2f},参数：{}'.format(cz_scr1,cz_scr2,para))
    i+=1
print('--'*10)
cz_bidx=cz_para_score['score'].idxmax(axis=0)
print('最优的超参数组合为：{}'.format(cz_para_score.iloc[cz_bidx]['para']))
```

```
# 下面开始参数优化搜索：
指标：0.29、0.29,参数：('squared_error', 'best', 1)
指标：0.51、0.34,参数：('squared_error', 'best', 3)
指标：0.65、0.23,参数：('squared_error', 'best', 5)
指标：0.84、0.04,参数：('squared_error', 'best', 7)
指标：0.96、0.00,参数：('squared_error', 'best', 9)
指标：1.00、−0.04,参数：('squared_error', 'best', 11)
指标：1.00、−0.14,参数：('squared_error', 'best', 13)
指标：1.00、−0.03,参数：('squared_error', 'best', 15)
指标：1.00、−0.03,参数：('squared_error', 'best', 17)
指标：1.00、−0.03,参数：('squared_error', 'best', 19)
指标：1.00、−0.03,参数：('squared_error', 'best', 21)
指标：1.00、−0.03,参数：('squared_error', 'best', 23)
指标：1.00、−0.03,参数：('squared_error', 'best', 25)
指标：1.00、−0.03,参数：('squared_error', 'best', 27)
指标：1.00、−0.03,参数：('squared_error', 'best', 29)
指标：0.09、0.02,参数：('squared_error', 'random', 1)
指标：0.33、0.29,参数：('squared_error', 'random', 3)
指标：0.51、0.09,参数：('squared_error', 'random', 5)
指标：0.74、0.20,参数：('squared_error', 'random', 7)
指标：0.87、−0.11,参数：('squared_error', 'random', 9)
--------------------
最优的超参数组合为：('absolute_error', 'best', 3)
```

图10-57　决策树回归超参数优化

由程序执行的结果可以发现，参数取值为（'absolute_error', 'best', 3）时较为合理。

最优超参数组合条件下，可以比较训练数据集和测试数据集上回归模型的性能，具体示例代码及执行结果如图10-58所示。

```
"""
最优超参数组合下模型预测结果
"""
cz_dtreg=cz_DTReg(cz_X_train,cz_y_train,'absolute_error', 'best', 3)
cz_tr_score=metrics.mean_squared_error(cz_dtreg.predict(cz_X_train),cz_y_train)
cz_tt_score=metrics.mean_squared_error(cz_dtreg.predict(cz_X_test),cz_y_test)
print('最优超参数组合下训练集上的预测均方误差为：{:.2f}'.format(cz_tr_score))
print('最优超参数组合下测试集上的预测均方误差为：{:.2f}'.format(cz_tt_score))
```

```
最优超参数组合下训练集上的预测均方误差为：3179.63
最优超参数组合下测试集上的预测均方误差为：3624.19
```

图10-58　最优超参数下决策树回归的性能

九、随机森林（Random Forest）回归预测算法的 Python 实践

为了采用随机森林回归预测算法对数据集进行预测分析，首先导入 Scikit-Learning 模块中的 ensemble 子模块。载入糖尿病数据集即可调用函数对数据集进行预测分析，具体示例代码及执行结果如图 10-59 所示。

```
"""
导入必要的模块
"""
from sklearn import ensemble
"""
定义随机森林模型，对数据进行回归分析
"""
def cz_RFReg(X_data,y_data,nst=100,crt='squared_error',mdp=None):
    """
    Author: Chengzhang Wang
    Date: 2022-3-7
    根据传入的数据集训练随机森林模型。
    参数：
        X_data: 解释变量数据集 (nsample,nfeature)
        Y_data: 响应变量数据集
        nst: 树的最大个数
        crt: 内部节点的划分标准
        mdp: 树的最大深度
    返回：
        训练好的随机森林模型
    """
    cz_rfreg=ensemble.RandomForestRegressor(n_estimators=nst,criterion=crt,max_depth=mdp,random_state=2022)
    cz_rfreg.fit(X_data,y_data)

    return cz_rfreg

# 调用函数进行回归分析
cz_rfreg=cz_RFReg(cz_X_train,cz_y_train)
print('训练集上均方误差为： {:.2f}'.format(metrics.mean_squared_error(cz_y_train,cz_rfreg.predict(cz_X_train))))
print('训练集上平均绝对误差为： {:.2f}'.format(metrics.mean_absolute_error(cz_y_train,cz_rfreg.predict(cz_X_train))))
print('判定系数为： {:.2f}'.format(cz_rfreg.score(cz_X_train,cz_y_train)))
print('--'*10)
print('测试集上均方误差为： {:.2f}'.format(metrics.mean_squared_error(cz_y_test,cz_rfreg.predict(cz_X_test))))
print('测试集上平均绝对误差为： {:.2f}'.format(metrics.mean_absolute_error(cz_y_test,cz_rfreg.predict(cz_X_test))))
```

```
训练集上均方误差为：0.00
训练集上平均绝对误差为：0.00
判定系数为：1.00
--------------------
测试集上均方误差为：6170.67
测试集上平均绝对误差为：63.87
```

图 10-59　随机森林回归预测结果

随机森林回归模型训练完成后，可以绘制残差图像以考察模型的回归效果，具体示例代码及执行结果如图 10-60 所示。

```
"""
绘制预测分析后的残差图像
"""
cz_Residuals_plot(cz_X_train,cz_y_train,cz_rfreg,'随机森林回归残差图',63)
```

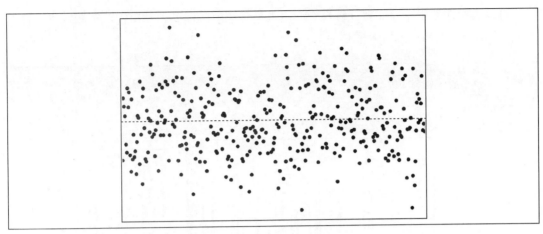

图 10-60　随机森林回归残差图

　　由程序执行的结果可以发现，残差图像分布无规律，说明模型定义中噪声项符合白噪声的条件，随机森林回归模型拟合的结果是正确的。

　　随机森林回归预测分析模型训练好之后即可用来预测解释变量对应的响应变量的取值，可以绘制出训练集上随机森林回归预测算法的预测曲线及残差图像，具体示例代码及执行结果如图 10-61 所示。

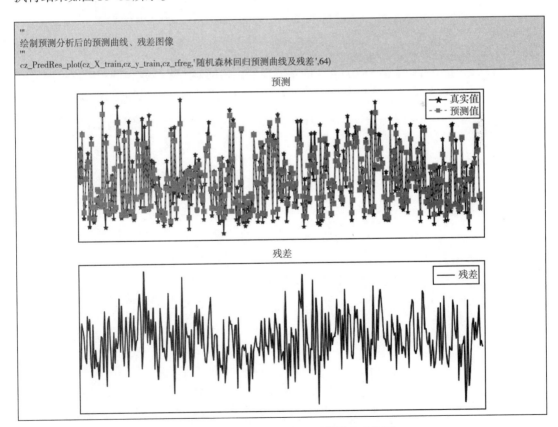

图 10-61　随机森林回归预测曲线及残差图

可以采用残差标准差大致计算每个样本点处预测值的误差，并可视化预测效果，具体示例代码及执行结果如图10-62所示。

```
'''
绘制预测分析后的预测曲线及误差图像
'''
# 绘制预测曲线及误差图
cz_PredErr_plot(cz_X_train,cz_y_train,cz_rfreg,'随机森林回归预测曲线 – 误差图',65)
```

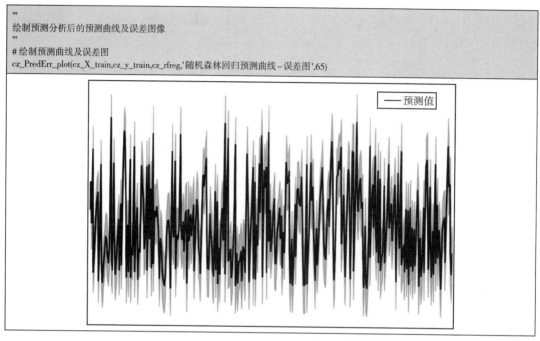

图10-62　随机森林回归预测曲线及误差

随机森林回归预测模型中内部节点的划分标准、树的最大个数及树的最大深度对算法的性能有较大影响，可以优化超参数组合，具体示例代码及执行结果如图10-63所示。

```
'''
超参数调优
'''
cz_crts=["squared_error", "friedman_mse", "absolute_error","poisson"]
cz_nsts=np.arange(1,100,20)
cz_mdps=np.arange(1,30,5)

# 存储性能指标及其对应的超参数
cz_para_score=pd.DataFrame(columns=['score','score_1','score_2','para'])
cz_para_comb=[(i,j,k) for i in cz_nsts for j in cz_crts for k in cz_mdps]
print('# 下面开始参数优化搜索：')
i=0
for para in cz_para_comb:
    cz_rfreg=cz_RFReg(cz_X_train,cz_y_train,para[0],para[1],para[2])
    cz_scr1=cz_rfreg.score(cz_X_train,cz_y_train)
    cz_scr2=cz_rfreg.score(cz_X_test,cz_y_test)

cz_para_score=cz_para_score.append({'score': cz_scr1*cz_scr2,'score_1': cz_scr1,'score_2': cz_scr2,'para': para},ignore_index=True)
    if i<20:
        print('指标： {:.2f}、{:.2f}，参数： {}'.format(cz_scr1,cz_scr2,para))
    i+=1
print('--'*10)
cz_bidx=cz_para_score['score'].idxmax(axis=0)
print('最优的超参数组合为： {}'.format(cz_para_score.iloc[cz_bidx]['para']))
```

```
#下面开始参数优化搜索:
指标: 0.29、0.29,参数: (1, 'squared_error', 1)
指标: 0.60、0.09,参数: (1, 'squared_error', 6)
指标: 0.62、-0.10,参数: (1, 'squared_error', 11)
指标: 0.61、-0.16,参数: (1, 'squared_error', 16)
指标: 0.61、-0.16,参数: (1, 'squared_error', 21)
指标: 0.61、-0.16,参数: (1, 'squared_error', 26)
指标: 0.29、0.29,参数: (1, 'friedman_mse', 1)
指标: 0.60、0.09,参数: (1, 'friedman_mse', 6)
指标: 0.62、-0.10,参数: (1, 'friedman_mse', 11)
指标: 0.61、-0.16,参数: (1, 'friedman_mse', 16)
指标: 0.61、-0.16,参数: (1, 'friedman_mse', 21)
指标: 0.61、-0.16,参数: (1, 'friedman_mse', 26)
指标: 0.28、0.28,参数: (1, 'absolute_error', 1)
指标: 0.52、0.01,参数: (1, 'absolute_error', 6)
指标: 0.55、-0.27,参数: (1, 'absolute_error', 11)
指标: 0.54、-0.22,参数: (1, 'absolute_error', 16)
指标: 0.50、-0.39,参数: (1, 'absolute_error', 21)
指标: 0.50、-0.39,参数: (1, 'absolute_error', 26)
指标: 0.01、-0.01,参数: (1, 'poisson', 1)
指标: 0.20、0.19,参数: (1, 'poisson', 6)
_____
最优的超参数组合为: (61, 'friedman_mse', 21)
```

图10-63　随机森林回归超参数优化

由程序执行的结果可以发现，参数取值为（61，'friedman_mse'，21）时较为合理。

最优超参数组合条件下，可以比较训练数据集和测试数据集上回归模型的性能，具体示例代码及执行结果如图10-64所示。

```
'''
最优超参数组合下模型预测结果
'''
cz_rfreg=cz_RFReg(cz_X_train,cz_y_train,61,'friedman_mse',21)
cz_tr_score=metrics.mean_squared_error(cz_rfreg.predict(cz_X_train),cz_y_train)
cz_tt_score=metrics.mean_squared_error(cz_rfreg.predict(cz_X_test),cz_y_test)
print('最优超参数组合下训练集上的预测均方误差为: {:.2f}'.format(cz_tr_score))
print('最优超参数组合下测试集上的预测均方误差为: {:.2f}'.format(cz_tt_score))

最优超参数组合下训练集上的预测均方误差为: 485.18
最优超参数组合下测试集上的预测均方误差为: 3260.54
```

图10-64　最优超参数下随机森林回归的性能

十、自适应提升（AdaBoost）回归预测算法的Python实践

为了采用自适应提升回归预测算法对数据集进行预测分析，首先导入Scikit-Learning模块中的ensemble子模块。载入糖尿病数据集即可调用函数对数据集进行预测分析，具体示例代码及执行结果如图10-65所示。

```
'''
定义自适应提升模型，对数据进行回归分析
'''
def cz_ADBReg(X_data,y_data,nst=50,lr=1.0):
    '''
    Author: Chengzhang Wang
    Date: 2022-3-7
    根据传入的数据集训练自适应提升模型。
```

```
    参数：
        X_data:解释变量数据集(nsample,nfeature)
        Y_data:响应变量数据集
        nst:弱学习器的最大个数
        lr:学习率
    返回：
        训练好的自适应提升模型
    '''

cz_adbreg=ensemble.AdaBoostRegressor(n_estimators=nst,learning_rate=lr,random_state=2022)
    cz_adbreg.fit(X_data,y_data)

    return cz_adbreg

# 调用函数进行回归分析
cz_adbreg=cz_ADBReg(cz_X_train,cz_y_train)
print('训练集上均方误差为：{:.2f}'.format(metrics.mean_squared_error(cz_y_train,cz_adbreg.predict(cz_X_train))))
print('训练集上平均绝对误差为：{:.2f}'.format(metrics.mean_absolute_error(cz_y_train,cz_adbreg.predict(cz_X_train))))
print('判定系数为：{:.2f}'.format(cz_adbreg.score(cz_X_train,cz_y_train)))
print('--'*10)
print('测试集上均方误差为：{:.2f}'.format(metrics.mean_squared_error(cz_y_test,cz_adbreg.predict(cz_X_test))))
print('测试集上平均绝对误差为：{:.2f}'.format(metrics.mean_absolute_error(cz_y_test,cz_adbreg.predict(cz_X_test))))
```

```
训练集上均方误差为：2167.02
训练集上平均绝对误差为：40.67
判定系数为：0.63
_____
测试集上均方误差为：3711.93
测试集上平均绝对误差为：49.33
```

图 10-65　自适应提升回归预测结果

自适应提升回归模型训练完成后，可以绘制残差图像以考察模型的回归效果，具体示例代码及执行结果如图 10-66 所示。

```
"""
绘制预测分析后的残差图像
"""
cz_Residuals_plot(cz_X_train,cz_y_train,cz_adbreg,'自适应提升回归残差图',69)
```

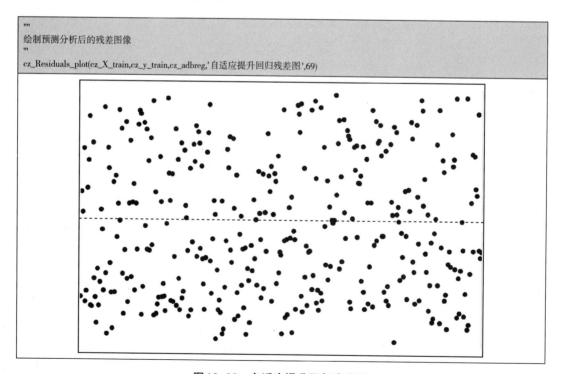

图 10-66　自适应提升回归残差图

　　由程序执行的结果可以发现，残差图像分布无规律，说明模型定义中噪声项符合白噪声的条件，自适应提升回归模型拟合的结果是正确的。

　　自适应提升回归预测分析模型训练好之后即可用来预测解释变量对应的响应变量的取值，可以绘制出训练集上自适应提升回归预测算法的预测曲线及残差图像，具体示例代码及执行结果如图10-67所示。

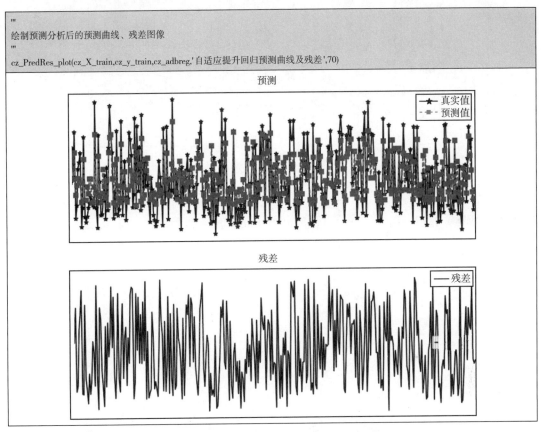

```
'''
绘制预测分析后的预测曲线、残差图像
'''
cz_PredRes_plot(cz_X_train,cz_y_train,cz_adbreg,'自适应提升回归预测曲线及残差',70)
```

图 10-67　自适应提升回归预测曲线及残差图

　　可以采用残差标准差大致计算每个样本点处预测值的误差，并可视化预测效果，具体示例代码及执行结果如图10-68所示。

```
'''
绘制预测分析后的预测曲线及误差图像
'''
#绘制预测曲线及误差图
cz_PredErr_plot(cz_X_train,cz_y_train,cz_adbreg,'自适应提升回归预测曲线－误差图',71)
```

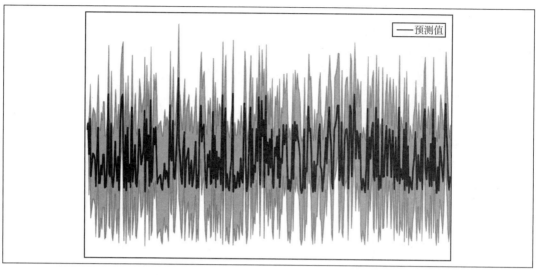

图 10-68　自适应提升回归预测曲线及误差

自适应提升回归预测模型中弱学习器的最大个数及学习率对算法的性能有较大影响，可以优化超参数组合，具体示例代码及执行结果如图 10-69 所示。

```
'''
超参数调优
'''
cz_nsts=np.arange(1,60,3)
cz_lrs=np.logspace(-2,1,20)

# 存储性能指标及其对应的超参数
cz_para_score=pd.DataFrame(columns=['score','score_1','score_2','para'])
cz_para_comb=[(i,j) for i in cz_nsts for j in cz_lrs]
print('# 下面开始参数优化搜索：')
i=0
for para in cz_para_comb:
    cz_adbreg=cz_ADBReg(cz_X_train,cz_y_train,para[0],para[1])
    cz_scr1=cz_adbreg.score(cz_X_train,cz_y_train)
    cz_scr2=cz_adbreg.score(cz_X_test,cz_y_test)
    if ((cz_scr1<0) | (cz_scr2<0)):
cz_para_score=cz_para_score.append({'score': -np.abs(cz_scr1*cz_scr2),'score_1': cz_scr1,'score_2': cz_scr2,'para': para},ignore_index=True)
    else:

cz_para_score=cz_para_score.append({'score': cz_scr1*cz_scr2,'score_1': cz_scr1,'score_2': cz_scr2,'para': para},ignore_index=True)

    if i<20:
        print('指标：{:.2f}、{:.2f},参数：{}'.format(cz_scr1,cz_scr2,para))
    i+=1
print('--'*10)
cz_bidx=cz_para_score['score'].idxmax(axis=0)
print('最优的超参数组合为：{}'.format(cz_para_score.iloc[cz_bidx]['para']))
```

```
# 下面开始参数优化搜索：
指标：0.41、0.34,参数：(1, 0.01)
指标：0.41、0.34,参数：(1, 0.01438449888287663)
指标：0.41、0.34,参数：(1, 0.0206913808111479)
指标：0.41、0.34,参数：(1, 0.029763514416313176)
指标：0.41、0.34,参数：(1, 0.04281332398719394)
指标：0.41、0.34,参数：(1, 0.06158482110660264)
指标：0.41、0.34,参数：(1, 0.08858667904100823)
指标：0.41、0.34,参数：(1, 0.12742749857031335)
指标：0.41、0.34,参数：(1, 0.18329807108324356)
```

```
指标: 0.41、0.34,参数: (1, 0.26366508987303583)
指标: 0.41、0.34,参数: (1, 0.37926901907322497)
指标: 0.41、0.34,参数: (1, 0.5455594781168517)
指标: 0.41、0.34,参数: (1, 0.7847599703514611)
指标: 0.41、0.34,参数: (1, 1.1288378916846884)
指标: 0.41、0.34,参数: (1, 1.623776739188721)
指标: 0.41、0.34,参数: (1, 2.3357214690901213)
指标: 0.41、0.34,参数: (1, 3.359818286283781)
指标: 0.41、0.34,参数: (1, 4.832930238571752)
指标: 0.41、0.34,参数: (1, 6.951927961775605)
指标: 0.41、0.34,参数: (1, 10.0)
-----------------------
最优的超参数组合为: (13, 0.029763514416313176)
```

图10-69 自适应提升回归超参数优化

由程序执行的结果可以发现,参数取值为(13, 0.0298)时较为合理。

最优超参数组合条件下,可以比较训练数据集和测试数据集上回归模型的性能,具体示例代码及执行结果如图10-70所示。

```
'''
最优超参数组合下模型预测结果
'''
cz_adbreg=cz_ADBReg(cz_X_train,cz_y_train,13, 0.029763514416313176)
cz_tr_score=metrics.mean_squared_error(cz_adbreg.predict(cz_X_train),cz_y_train)
cz_tt_score=metrics.mean_squared_error(cz_adbreg.predict(cz_X_test),cz_y_test)
print('最优超参数组合下训练集上的预测均方误差为: {:.2f}'.format(cz_tr_score))
print('最优超参数组合下测试集上的预测均方误差为: {:.2f}'.format(cz_tt_score))

最优超参数组合下训练集上的预测均方误差为: 2506.39
最优超参数组合下测试集上的预测均方误差为: 2960.70
```

图10-70 最优超参数下自适应提升回归的性能

十一、支持向量机(Support Vector Machine)回归预测算法的Python实践

为了采用支持向量机回归预测算法对数据集进行预测分析,首先导入Scikit-Learning模块中的svm子模块。载入糖尿病数据集即可调用函数对数据集进行预测分析,具体示例代码及执行结果如图10-71所示。

```
'''
定义支持向量机模型,对数据进行回归分析
'''
def cz_SVReg(X_data,y_data,knl='rbf',c=1.0,eps=0.1):
    '''
    Author: Chengzhang Wang
    Date: 2022-3-7
    根据传入的数据集训练支持向量机模型。
    参数:
        X_data: 解释变量数据集(nsample,nfeature)
        Y_data: 响应变量数据集
        knl: 核函数形式
        c: 惩罚项权重
        eps: Margin的半径
    返回:
        训练好的支持向量机模型
```

```
'''
cz_svmreg=svm.SVR(kernel=knl,C=c,epsilon=eps)
cz_svmreg.fit(X_data,y_data)

    return cz_svmreg
# 调用函数进行回归分析
cz_svmreg=cz_SVReg(cz_X_train,cz_y_train)
print('训练集上均方误差为：{:.2f}'.format(metrics.mean_squared_error(cz_y_train,cz_svmreg.predict(cz_X_train))))
print('训练集上平均绝对误差为：{:.2f}'.format(metrics.mean_absolute_error(cz_y_train,cz_svmreg.predict(cz_X_train))))
print('判定系数为：{:.2f}'.format(cz_svmreg.score(cz_X_train,cz_y_train)))
print('--'*10)
print('测试集上均方误差为：{:.2f}'.format(metrics.mean_squared_error(cz_y_test,cz_svmreg.predict(cz_X_test))))
print('测试集上平均绝对误差为：{:.2f}'.format(metrics.mean_absolute_error(cz_y_test,cz_svmreg.predict(cz_X_test))))
```

```
训练集上均方误差为：4936.68
训练集上平均绝对误差为：58.06
判定系数为：0.17
———————————————
测试集上均方误差为：4991.25
测试集上平均绝对误差为：59.25
```

图 10-71　支持向量机回归预测结果

支持向量机回归模型训练完成后，可以绘制残差图像以考察模型的回归效果，具体示例代码及执行结果如图 10-72 所示。

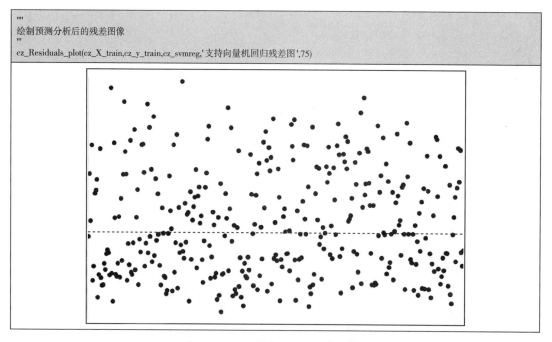

```
'''
绘制预测分析后的残差图像
'''
cz_Residuals_plot(cz_X_train,cz_y_train,cz_svmreg,'支持向量机回归残差图',75)
```

图 10-72　支持向量机回归残差图

由程序执行的结果可以发现，残差图像分布无规律，说明模型定义中噪声项符合白噪声的条件，支持向量机回归模型拟合的结果是正确的。

支持向量机回归预测分析模型训练好之后即可用来预测解释变量对应的响应变量的取值，可以绘制出训练集上支持向量机回归预测算法的预测曲线及残差图像，具体示例代码及执行结果如图 10-73 所示。

```
"""
绘制预测分析后的预测曲线、残差图像
"""
cz_PredRes_plot(cz_X_train,cz_y_train,cz_svmreg,' 支持向量机回归预测曲线及残差 ',76)
```

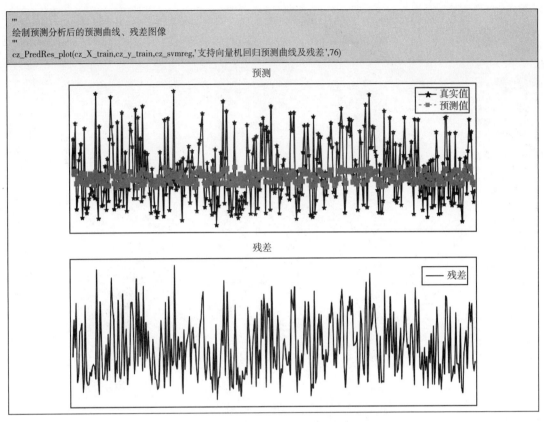

图 10-73 支持向量机回归预测曲线及残差图

可以采用残差标准差大致计算每个样本点处预测值的误差，并可视化预测效果，具体示例代码及执行结果如图 10-74 所示。

```
"""
绘制预测分析后的预测曲线及误差图像
"""
# 绘制预测曲线及误差图
cz_PredErr_plot(cz_X_train,cz_y_train,cz_svmreg,' 支持向量机回归预测曲线 – 误差图 ',77)
```

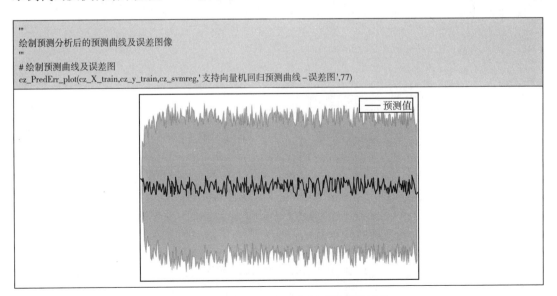

图 10-74 支持向量机回归预测曲线及误差

支持向量机回归预测模型中核函数的形式、惩罚项的权重及 Margin 的半径对算法的性能有较大影响，可以优化超参数组合，具体示例代码及执行结果如图 10-75 所示。

```
'''
超参数调优
'''
cz_knls=['linear', 'poly', 'rbf', 'sigmoid']
cz_cs=np.logspace(-2,2,20)
cz_eps=np.logspace(-1,2,20)

# 存储性能指标及其对应的超参数
cz_para_score=pd.DataFrame(columns=['score','score_1','score_2','para'])
cz_para_comb=[(i,j,k) for i in cz_knls for j in cz_cs for k in cz_eps]
print('# 下面开始参数优化搜索：')
i=0
for para in cz_para_comb:
    cz_svmreg=cz_SVReg(cz_X_train,cz_y_train,para[0],para[1],para[2])
    cz_scr1=cz_svmreg.score(cz_X_train,cz_y_train)
    cz_scr2=cz_svmreg.score(cz_X_test,cz_y_test)
    if ((cz_scr1<0) | (cz_scr2<0)):
        cz_para_score=cz_para_score.append({'score': -np.abs(cz_scr1*cz_scr2),'score_1': cz_scr1,'score_2': cz_scr2,'para': para},ignore_
index=True)
    else:

cz_para_score=cz_para_score.append({'score': cz_scr1*cz_scr2,'score_1': cz_scr1,'score_2': cz_scr2,'para': para},ignore_index=True)

    if i<20:
        print('指标：{:.2f}、{:.2f}，参数：{}'.format(cz_scr1,cz_scr2,para))
    i+=1
print('--'*10)
cz_bidx=cz_para_score['score'].idxmax(axis=0)
print('最优的超参数组合为：{}'.format(cz_para_score.iloc[cz_bidx]['para']))
```

```
# 下面开始参数优化搜索：
指标：-0.02、-0.02，参数：('linear', 0.01, 0.1)
指标：-0.02、-0.02，参数：('linear', 0.01, 0.14384498882876628)
指标：-0.02、-0.02，参数：('linear', 0.01, 0.20691380811147897)
指标：-0.02、-0.02，参数：('linear', 0.01, 0.29763514416313175)
指标：-0.02、-0.02，参数：('linear', 0.01, 0.42813323987193935)
指标：-0.02、-0.02，参数：('linear', 0.01, 0.6158482110660264)
指标：-0.02、-0.02，参数：('linear', 0.01, 0.8858667904100825)
指标：-0.02、-0.02，参数：('linear', 0.01, 1.2742749857031335)
指标：-0.02、-0.02，参数：('linear', 0.01, 1.8329807108324356)
指标：-0.02、-0.03，参数：('linear', 0.01, 2.636650898730358)
指标：-0.02、-0.03，参数：('linear', 0.01, 3.79269019073225)
指标：-0.03、-0.03，参数：('linear', 0.01, 5.455594781168517)
指标：-0.03、-0.03，参数：('linear', 0.01, 7.847599703514611)
指标：-0.03、-0.03，参数：('linear', 0.01, 11.288378916846883)
指标：-0.02、-0.02，参数：('linear', 0.01, 16.23776739188721)
指标：-0.02、-0.02，参数：('linear', 0.01, 23.357214690901213)
指标：-0.01、-0.02，参数：('linear', 0.01, 33.59818286283781)
指标：-0.01、-0.01，参数：('linear', 0.01, 48.32930238571752)
指标：-0.00、-0.00，参数：('linear', 0.01, 69.51927961775606)
指标：-0.02、-0.01，参数：('linear', 0.01, 100.0)
--------------------
最优的超参数组合为：('rbf', 61.584821106602604, 5.455594781168517)
```

图 10-75　支持向量机回归超参数优化

由程序执行的结果可以发现，参数取值为（'rbf'，61.58，5.456）时较为合理。

最优超参数组合条件下，可以比较训练数据集和测试数据集上回归模型的性能，具体示例代码及执行结果如图 10-76 所示。

```
"""
最优超参数组合下模型预测结果
cz_svmreg=cz_SVReg(cz_X_train,cz_y_train,'rbf', 61.584821106602604, 5.455594781168517)
cz_tr_score=metrics.mean_squared_error(cz_svmreg.predict(cz_X_train),cz_y_train)
cz_tt_score=metrics.mean_squared_error(cz_svmreg.predict(cz_X_test),cz_y_test)
print('最优超参数组合下训练集上的预测均方误差为：{:.2f}'.format(cz_tr_score))
print('最优超参数组合下测试集上的预测均方误差为：{:.2f}'.format(cz_tt_score))
```

```
最优超参数组合下训练集上的预测均方误差为：2100.84
最优超参数组合下测试集上的预测均方误差为：2954.99
```

图 10-76　最优超参数下支持向量机回归的性能

十二、人工神经网络（Artificial Neural Networks：ANN）回归预测算法的Python实践

为了采用人工神经网络回归预测算法对数据集进行预测分析，首先导入Scikit-Learning模块中的neural_network子模块。载入糖尿病数据集即可调用函数对数据集进行预测分析，具体示例代码及执行结果如图10-77所示。

```
"""
导入必要的模块
from sklearn import neural_network as ann
"""
定义人工神经网络模型，对数据进行回归分析
def cz_ANNReg(X_data,y_data,hds=(100,),act='relu',slv='adam',lr='constant'):
    """
    Author: Chengzhang Wang
    Date: 2022-3-7
    根据传入的数据集训练人工神经网络模型。
    参数：
        X_data: 解释变量数据集(nsample,nfeature)
        Y_data: 响应变量数据集
        hds: 隐含层节点的个数
        act: 激活函数形式
        slv: 优化求解算法
        lr: 学习率
    返回：
        训练好的人工神经网络模型
    """
    cz_annreg=ann.MLPRegressor(hidden_layer_sizes=hds,activation=act,solver=slv,learning_rate=lr,random_state=2022)
    cz_annreg.fit(X_data,y_data)

    return cz_annreg

# 调用函数进行回归分析
cz_annreg=cz_ANNReg(cz_X_train,cz_y_train)
print('训练集上均方误差为：{:.2f}'.format(metrics.mean_squared_error(cz_y_train,cz_annreg.predict(cz_X_train))))
print('训练集上平均绝对误差为：{:.2f}'.format(metrics.mean_absolute_error(cz_y_train,cz_annreg.predict(cz_X_train))))
print('判定系数为：{:.2f}'.format(cz_annreg.score(cz_X_train,cz_y_train)))
print('--'*10)
print('测试集上均方误差为：{:.2f}'.format(metrics.mean_squared_error(cz_y_test,cz_annreg.predict(cz_X_test))))
print('测试集上平均绝对误差为：{:.2f}'.format(metrics.mean_absolute_error(cz_y_test,cz_annreg.predict(cz_X_test))))
```

```
训练集上均方误差为：24242.79
训练集上平均绝对误差为：136.38
判定系数为：-3.10
----------------------
测试集上均方误差为：24411.53
测试集上平均绝对误差为：136.89
```

图 10-77　人工神经网络回归预测结果

人工神经网络回归模型训练完成后，可以绘制残差图像以考察模型的回归效果，具体示例代码及执行结果如图10-78所示。

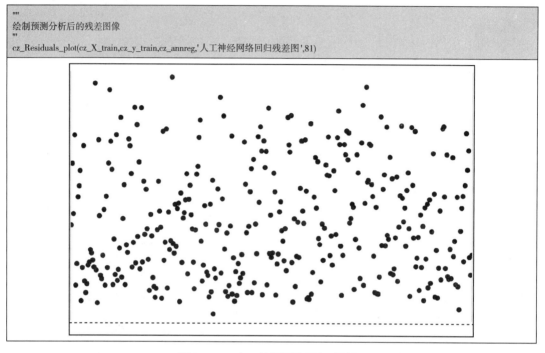

图10-78　人工神经网络回归残差图

由程序执行的结果可以发现，残差图像完全为正，人工神经网络回归模型拟合的效果并不好。

人工神经网络回归预测分析模型训练好之后即可用来预测解释变量对应的响应变量的取值，可以绘制出训练集上人工神经网络回归预测算法的预测曲线及残差图像，具体示例代码及执行结果如图10-79所示。

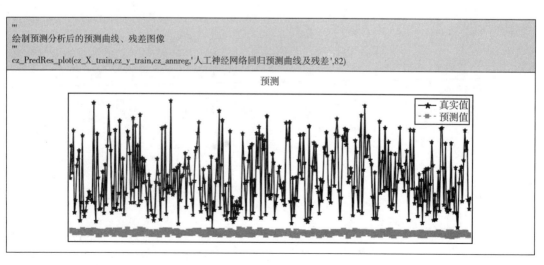

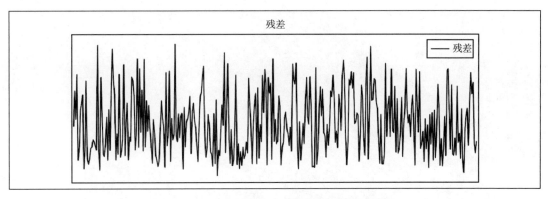

图10-79　人工神经网络回归预测曲线及残差图

可以采用残差标准差大致计算每个样本点处预测值的误差，并可视化预测效果，具体示例代码及执行结果如图10-80所示。

```
"""
绘制预测分析后的预测曲线及误差图像
"""
# 绘制预测曲线及误差图
cz_PredErr_plot(cz_X_train,cz_y_train,cz_annreg,'人工神经网络回归预测曲线 – 误差图',83)
```

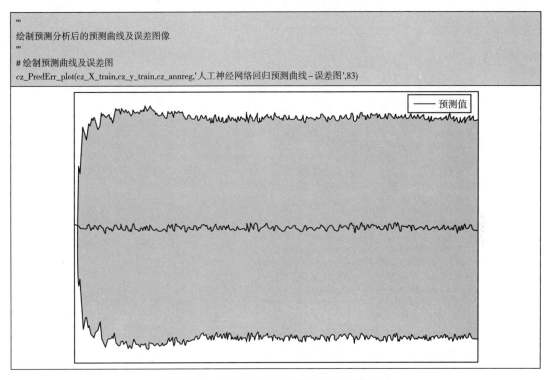

图10-80　人工神经网络回归预测曲线及误差

人工神经网络回归预测模型中隐含层节点的个数、激活函数的形式、优化问题求解算法及学习率对算法的性能有较大影响，可以优化超参数组合，具体示例代码及执行结果如图10-81所示。

```
"""
超参数调优
"""
cz_hds=np.arange(1,200,50)
cz_acts=['identity', 'logistic', 'tanh', 'relu']
cz_slvs=['lbfgs', 'sgd', 'adam']
cz_lrs=['constant', 'invscaling', 'adaptive']

# 存储性能指标及其对应的超参数
cz_para_score=pd.DataFrame(columns=['score','score_1','score_2','para'])
cz_para_comb=[(i,j,k,t) for i in cz_hds for j in cz_acts for k in cz_slvs for t in cz_lrs]
print('# 下面开始参数优化搜索：')
i=0
for para in cz_para_comb:

cz_annreg=cz_ANNReg(cz_X_train,cz_y_train,(para[0],),para[1],para[2],para[3])
    cz_scr1=cz_annreg.score(cz_X_train,cz_y_train)
    cz_scr2=cz_annreg.score(cz_X_test,cz_y_test)
    if ((cz_scr1<0) | (cz_scr2<0)):
cz_para_score=cz_para_score.append({'score': -np.abs(cz_scr1*cz_scr2),'score_1': cz_scr1,'score_2': cz_scr2,'para': para},ignore_index=True)
    else:

cz_para_score=cz_para_score.append({'score': cz_scr1*cz_scr2,'score_1': cz_scr1,'score_2': cz_scr2,'para': para},ignore_index=True)

    if i<20:
        print('指标：{:.2f}、{:.2f}，参数：{}'.format(cz_scr1,cz_scr2,para))
    i+=1
print('--'*10)
cz_bidx=cz_para_score['score'].idxmax(axis=0)
print('最优的超参数组合为：{}'.format(cz_para_score.iloc[cz_bidx]['para']))
```

```
# 下面开始参数优化搜索：
指标：0.51、0.51，参数：(1, 'identity', 'lbfgs', 'constant')
指标：0.51、0.51，参数：(1, 'identity', 'lbfgs', 'invscaling')
指标：0.51、0.51，参数：(1, 'identity', 'lbfgs', 'adaptive')
指标：0.51、0.51，参数：(1, 'identity', 'sgd', 'constant')
指标：0.01、0.02，参数：(1, 'identity', 'sgd', 'invscaling')
指标：0.51、0.50，参数：(1, 'identity', 'sgd', 'adaptive')
指标：−3.75、−3.74，参数：(1, 'identity', 'adam', 'constant')
指标：−3.75、−3.74，参数：(1, 'identity', 'adam', 'invscaling')
指标：−3.75、−3.74，参数：(1, 'identity', 'adam', 'adaptive')
指标：0.53、0.54，参数：(1, 'logistic', 'lbfgs', 'constant')
指标：0.53、0.54，参数：(1, 'logistic', 'lbfgs', 'invscaling')
指标：0.53、0.54，参数：(1, 'logistic', 'lbfgs', 'adaptive')
指标：0.00、−0.00，参数：(1, 'logistic', 'sgd', 'constant')
指标：−3.26、−3.26，参数：(1, 'logistic', 'sgd', 'invscaling')
指标：0.00、−0.00，参数：(1, 'logistic', 'sgd', 'adaptive')
指标：−3.81、−3.81，参数：(1, 'logistic', 'adam', 'constant')
指标：−3.81、−3.81，参数：(1, 'logistic', 'adam', 'invscaling')
指标：−3.81、−3.81，参数：(1, 'logistic', 'adam', 'adaptive')
指标：−0.00、−0.00，参数：(1, 'tanh', 'lbfgs', 'constant')
指标：−0.00、−0.00，参数：(1, 'tanh', 'lbfgs', 'invscaling')
--------------------
最优的超参数组合为：(51, 'relu', 'lbfgs', 'constant')
```

图 10-81 人工神经网络回归超参数优化

由程序执行的结果可以发现，参数取值为（51, 'relu', 'lbfgs', 'constant'）时较为合理。

最优超参数组合条件下，可以比较训练数据集和测试数据集上回归模型的性能，具体示例代码及执行结果如图 10-82 所示。

```
"""
最优超参数组合下模型预测结果
"""
cz_annreg=cz_ANNReg(cz_X_train,cz_y_train,51, 'relu', 'lbfgs', 'constant')
cz_tr_score=metrics.mean_squared_error(cz_annreg.predict(cz_X_train),cz_y_train)
cz_tt_score=metrics.mean_squared_error(cz_annreg.predict(cz_X_test),cz_y_test)
print('最优超参数组合下训练集上的预测均方误差为：{:.2f}'.format(cz_tr_score))
print('最优超参数组合下测试集上的预测均方误差为：{:.2f}'.format(cz_tt_score))
```

最优超参数组合下训练集上的预测均方误差为：2508.91
最优超参数组合下测试集上的预测均方误差为：3027.47

图10-82　最优超参数下人工神经网络回归的性能

由程序执行的结果可以发现，训练集上最优超参数组合下模型的预测均方误差为2508.91，测试集上最优超参数组合下模型的预测均方误差为3027.47。

参考文献

［1］ ［美］Wesley J.Chun. Python核心编程［M］.2版.CPUG，译.北京：人民邮电出版社，2008.

［2］ ［美］WesMcKinney.利用Python进行数据分析［M］.唐学韬，译.北京：机械工业出版社，2014.

［3］ 张延松，王成章，徐天晟.大数据计算机基础［M］.2版.北京：中国人民大学出版社，2020.

［4］ https：//zh.wikipedia.org/wiki/Python#.E5.BD.B1.E9.9F.BF.

［5］ http：//baike.baidu.com/link?url=iXY3lIZpOrcNX4Y32OuxEtlSq5Lvo4q0NCErJTKW7MAFrFSpNM-vHjA8
EZFkmPwLlYSYpkLv0FAQD6pqDwctCa.

［6］ MagnusLieHetland.BeginningPython：FromNovicetoProfessional，SecondEdition［M］.北京：人民邮电
出版社，2010.

［7］ MarkLutz.LearningPython，FourthEdition［M］.北京：机械工业出版社.2011.

［8］ http：//www.php100.com/manual/Python/ch06s04.html.

［9］ http：//www.cnblogs.com/GarfieldTom/archive/2013/01/14/2860206.html.

［10］ http：//sebug.net/paper/python/ch06s04.html.

［11］ http：//www.w3cschool.cc/python/python-for-loop.html.

［12］ http：//www.jb51.net/article/45864.htm.

［13］ http：//www.cnblogs.com/way_testlife/archive/2010/06/14/1758276.html.

［14］ http：//developer.51cto.com/art/200808/84690.htm.

［15］ http：//woodpecker.org.cn/abyteofpython_cn/chinese/ch06s03.html.

［16］ http：//www.w3cschool.cc/python/python-while-loop.html.

［17］ http：//ipseek.blog.51cto.com/1041109/793031.

［18］ http：//www.open-open.com/lib/view/open1346511811678.html.

［19］ http：//www.cnblogs.com/liubin0509/archive/2011/11/27/2265091.html.

［20］ http：//see.xidian.edu.cn/cpp/html/1820.html.

［21］ http：//blog.csdn.net/lynn_yan/article/details/5464911.

［22］ http：//www.2cto.com/kf/201106/92691.html.

［23］ http：//scikit-learn.org/stable/index.html.

［24］ IvanIdirs.Python数据分析基础教程NumPy学习指南［M］.二版.北京：人民邮电出版社，2014.

［25］ MagnusLieHetland. Python基础教程［M］.二版.北京：人民邮电出版社，2010.

［26］ www.python.org.

［27］ http：//www.cnblogs.com/0201zcr/p/4864887.html.

〔28〕 http：//blog.csdn.net/sding/article/details/5510754.

〔29〕 http：//www.crummy.com/software/BeautifulSoup/bs4/doc.zh/.

〔30〕 https：//zh.wikipedia.org/wiki/%E7%B6%B2%E8%B7%AF%E8%9C%98%E8%9B%9B.

〔31〕 http：//hyry.dip.jp/tech/book/page.html/scipynew/index.html.

〔32〕 http：//pbpython.com/visualization-tools-1.html.

〔33〕 http：//scikit-learn.org/stable/index.html.

〔34〕 TimAltom，MitchChapman.Python编程指南〔M〕.北京：中国水利水电出版社，2002.

〔35〕 TarekZiade.Python高级编程〔M〕.北京：人民邮电出版社，2010.

〔36〕 TimAltom，MitchChapman.Python编程指南〔M〕.北京：中国水利水电出版社，2002.

〔37〕 http：//www.blogbus.com/blankdesktop-logs/74200705.html.

〔38〕 http：//www.cnblogs.com/chaosimple/p/4153083.html.

〔39〕 http：//docs.scipy.org/doc/numpy/.

〔40〕 http：//pandas.pydata.org/pandas-docs/stable/.

〔41〕 http：//docs.scipy.org/doc/scipy/reference/.

〔42〕 http：//docs.sympy.org/latest/index.html.